T0139751

Umwelt und Gesellschaft

Herausgegeben von

Christof Mauch und
Helmuth Trischler

Band 24

Fabienne Will

Evidenz für das Anthropozän

Wissensbildung und Aushandlungsprozesse an der Schnittstelle
von Natur-, Geistes- und Sozialwissenschaften

Mit 20 Abbildungen

Vandenhoeck & Ruprecht

Gedruckt mit freundlicher Unterstützung der Deutschen Forschungsgemeinschaft, Bonn

Bibliografische Information der Deutschen Nationalbibliothek:
Die Deutsche Nationalbibliothek verzeichnet diese Publikation in der
Deutschen Nationalbibliografie; detaillierte bibliografische Daten sind
im Internet über https://dnb.de abrufbar.

Umschlagabbildung: Earth Day. Eyes of the World.
Foto: Shutterstock (Stockfoto Nr. 20198968)

Satz: textformart, Göttingen | www.text-form-art.de
Umschlaggestaltung: SchwabScantechnik, Göttingen
Druck und Bindung: ⊕ Hubert & Co. BuchPartner, Göttingen
Printed in the EU

Vandenhoeck & Ruprecht Verlage | www.vandenhoeck-ruprecht-verlage.com

ISSN 2198-7157
ISBN 978-3-525-31731-0

Für meine Eltern

Inhalt

Einleitung

Es ist Mittwoch, der fünfte September Zweitausendachtzehn. Mainz. Hier wird die *Anthropocene Working Group* (AWG) in den kommenden Tagen konferieren. Ich selbst werde dabei eine Beobachterrolle einnehmen. Worüber wird man diskutieren? Wie wird man diskutieren? Werden die Diskussionen spannungsgeladen oder primär von kooperativer Gesinnung geprägt sein? Wie konsensfähig ist die Arbeitsgruppe in der Praxis? Werden sich meine Hypothesen bewahrheiten? Das sind nur einige der Fragen, die mir durch den Kopf gehen, während ich in den Aufzug steige, um in die Lobby zu fahren. Ich steige aus. Will Steffen wartet bereits. Nach und nach trudeln weitere Mitglieder ein. Ein Teil der Arbeitsgruppe nächtigt an einem anderen Ort. So ziehen wir schließlich los, um das Meeting mit einem gemeinsamen Abendessen zu beginnen. Kaum angekommen, scheint das Restaurant gut gefüllt zu sein. Nicht nur in personeller Hinsicht, sondern auch atmosphärisch. Jan und Colin, ganz ihren Rollen gerecht werdend, begrüßen jeden einzelnen herzlich. Die Stimmung ist gelöst. Neben der obligatorischen Diskussion um die Qualität des deutschen Bieres entspinnen sich unmittelbar Gespräche um den Gegenstand, der alle am Tisch Sitzenden vereint.

Schnell bemerke ich, dass die Grenzen zwischen formell und informell, Scherz und Ernst verschwimmen. Links von mir sitzt Will Steffen, daneben Erle Ellis. Mir gegenüber sitzen in einer Reihe Martin Head, Phil Gibbard und Colin Waters. Auch Jan Zalasiewicz ist nicht weit. Einen besseren Sitzplatz hätte es für mich an diesem Abend wohl kaum geben können. Und so finde ich mich plötzlich mitten in einem Aushandlungsprozess wieder, um dessen Struktur und Funktionsweise ich mir in den letzten achtzehn Monaten so viele Gedanken gemacht habe. Ich spiele mit offenen Karten. Der Beweggrund für mein Dasein ist allen Anwesenden klar. Niemand ist kritisch. Man begegnet mir offen und interessiert. Dennoch führt meine Anwesenheit in diesen Tagen in manchen Momenten zu amüsierten Blickwechseln. Meist inmitten höchst kontroverser Diskussionen jenseits des offiziellen Programmes – wenn sich einzelne Mitglieder meiner Aufmerksamkeit und ihres eigenen Studienobjektstatus' bewusst werden. Wir alle sind uns meiner eigenen Doppelrolle bewusst. Spätestens meine Teilnahme bei einem Treffen des innersten anthropozänen Zirkels, der Objekt meiner Forschung ist, lässt mich zugleich zu einem Player der Debatte werden und verringert die Distanz zwischen mir als Historikerin und meinem Forschungsobjekt. Historische Studien halten selten die Möglichkeit der Gegenwartsforschung bereit. Das erklärt, weswegen mancher

Vertreter[1] meines Faches die Fallstricke, die in methodischer Perspektive aus meiner Rolle als teilnehmende Beobachterin erwachsen, höher hängt als die Chancen, die eine um einen in der sozialwissenschaftlichen Feldforschung und Ethnologie beheimateten Ansatz ergänzte wissenschaftshistorische Untersuchung der Anthropozändebatte bereithält. Obwohl es sich bei der teilnehmenden Beobachtung um eine fachfremde Herangehensweise handelt, wohnt der Methode auch für die Geschichtswissenschaft fruchtbares Potential inne: Denn es bietet sich die Chance, den Verlauf der Anthropozändebatte aus einer Innenperspektive heraus mitzuverfolgen. Und fordert nicht gerade die Anthropozändebatte, die in ihrer Struktur und Reichweite so einzig- und neuartig erscheint, dazu auf, eine streng geschichtswissenschaftlich-disziplinäre Methodik unter stetiger Reflexion bewusst aufzubrechen? Es versteht sich von selbst, dass dabei ein Bewusstsein für die potentielle Beeinflussung seiner selbst oder an der Debatte Beteiligter sowie für einen möglichen Distanzverlust vorhanden sein muss. Um einer subjektiven Überlagerung des Forschungsprozesses vorzubeugen, bedarf es daher einer stetigen reflexiven Auseinandersetzung mit den Fallstricken der gewählten Methode.[2]

Das Anthropozän unterscheidet sich grundlegend von jedem seiner Vorläuferkonzepte. Kann eine adäquate Beforschung anthropozäner Phänomene folglich nicht ebenfalls nur unter veränderten methodischen Vorzeichen geschehen?

Der Mensch als geologischer Faktor

Heute ist es kein Geheimnis mehr, dass die einzelnen erdsystemischen Kreisläufe des Planeten Erde eng miteinander interagieren. Doch dieses Wissen ist gerade einmal ein halbes Jahrhundert alt.[3]

Neben der Entstehung des globalen Umweltbewusstseins ab den 1950er-Jahren und dessen Institutionalisierung in der sich formierenden Umweltgesetzgebung auf transnationaler Ebene leistete die *National Aeronautics and Space Administration* (NASA) mit ihren Forschungen der 1960er und 1970er-Jahre einen wesentlichen Beitrag zu dem sich durchsetzenden systemischen Blick auf den Planeten Erde. Dieser zeichnet sich dadurch aus, dass man von jenem Mo-

---

1 Aus Gründen der leichteren Lesbarkeit wird in der vorliegenden Arbeit die gewohnte männliche Sprachform bei personenbezogenen Substantiven und Pronomen verwendet. Dies ist im Sinne der sprachlichen Vereinfachung als geschlechtsneutral zu verstehen und impliziert keine Benachteiligung des weiblichen Geschlechts.
2 Vgl. etwa Aglaja Przyborski, Monika Wohlrab-Sahr, Qualitative Sozialforschung. Ein Arbeitsbuch. München ⁴2014, 39–176; Gabriele Weigand, Remi Hess (Hrsg.), Teilnehmende Beobachtung in interkulturellen Situationen. Frankfurt a. M. 2007.
3 Vgl. hierzu James P. M. Syvitski, Sybil P. Seitzinger (Hrsg.), IGBP and Earth-System Science. Stockholm 2015.

ment an die einzelnen natürlichen Zyklen nicht mehr, wie lange angenommen, als unverbundene, in sich abgeschlossene Kreisläufe begriff. Stattdessen setzte sich das Verständnis von einer auf engen Wechselwirkungen basierenden Verwobenheit der physikalischen, chemischen und biologischen Prozesse durch, welche die Funktionsweise des Erdsystems bestimmen. Mit dieser Erkenntnis legte die NASA den Grundstein für die Herausbildung der *Earth System Sciences* (ESS) als neue interdisziplinäre Metawissenschaft. Ein Bericht des 1983 gegründeten *Earth System Sciences Committee* führt die Erdsystemwissenschaften 1986 schließlich als einen Forschungsansatz ein, der zwar auf etablierten naturwissenschaftlichen Disziplinen aufbaut, über die Zusammenführung der Wissensbestände jedoch ein vertieftes Verständnis der systemischen Zusammenhänge zwischen den einzelnen Komponenten des Erdsystems verspricht.[4]

Der Mensch stieg nun zum zentralen Einflussfaktor auf: »The Earth system now includes human society, [o]ur social and economic systems are now embedded within the Earth system. In many cases, the human systems are now the main drivers of change in the Earth system«, was den ESS die Notwendigkeit einer sozialwissenschaftlich-naturwissenschaftlichen Kooperation vor Augen führte.[5]

Mit der Gründung des *International Geosphere-Biosphere Programme* (IGBP) 1987 ging die Institutionalisierung der Erdsystemwissenschaften in eine nächste Runde. Zentrale wissenschaftliche Akteure des erdsystemischen Gegenstandsfeldes waren in der Laufzeit von knapp 30 Jahren an den zahlreichen Forschungsprogrammen des IGBP beteiligt. Einer von ihnen, der das Programm von Beginn an begleitete, ist der niederländische Atmosphärenchemiker Paul J. Crutzen.

Crutzen, der den erdsystemwissenschaftlichen Blick nicht zuletzt durch seine Forschungen zum Ozonloch bereits seit langem verinnerlicht hatte, führte die zahlreichen beobachtbaren erdsystemischen Veränderungen, die einen Zusammenhang zu menschlichem Handeln aufweisen, im Konzept des Anthropozäns zusammen. Als er im Jahr 2000 auf einer Tagung des IGBP im mexikanischen Cuernavaca den Begriff erstmals einführte, ahnte er wohl nicht, welch weitreichende Debatte er damit anregen würde.[6] Noch im selben Jahr legte er

---

4 NASA Advisory Council, Earth System Science. Overview. A Program for Global Change. Washington D.C. 1986.

5 International Geosphere-Biosphere Programme, Earth System Definitions [Onlinedokument] (zuletzt aufgerufen am 19.11.2019).

6 Die Begriffe Debatte und Diskurs werden im Folgenden synonym verwendet. Mit Diskurs beziehe ich mich nicht auf den Diskurs im Foucault'schen Sinne. Stattdessen lehne ich mich an die Begriffsverwendung von Jürgen Habermas an, der den Diskurs als argumentativen Dialog versteht und in seiner Bedeutung damit der Debatte nahesteht, die ein Streitgespräch zwischen unterschiedlichen Positionen bezeichnet. Vgl. dazu Jürgen Habermas, Vorstudien und Ergänzungen zur Theorie des kommunikativen Handelns. Frankfurt a.M. 1984, 130–131.

gemeinsam mit dem Limnologen Eugene Stoermer in einem Artikel des IGBP-
Newsletters seine These dar:

»Considering these and many other major and still growing impacts of human
activities on earth and atmosphere, and at all, including global, scales, it seems to
us more than appropriate to emphasize the central role of mankind in geology and
ecology by proposing to use the term ›anthropocene‹ for the current geological epoch.
The impacts of current human activities will continue over long periods.«[7]

Den Beginn dieser neuen geologischen Epoche, das Zeitalter des Menschen,
datierte er auf die Industrielle Revolution. Crutzen wählte bei seinem Vorschlag
die geologische Hierarchieebene einer Epoche für das Anthropozän. Damit
implizierte er nicht weniger als das Ende des Holozäns, der gegenwärtigen geologischen Epoche, die vor rund 11 700 Jahren begann.

Es steht außer Frage, dass sich Paul Crutzens Konzeption des Anthropozäns,
nicht zuletzt aufgrund der Verwurzelung seines Denkens in dem sich verstärkt
ab den 1970er-Jahren entwickelnden Verständnis der Erde als System, grundlegend von Vorläufern des Anthropozänkonzepts unterscheidet. Die Grundidee
des Anthropozäns beschreibt einen radikalen Bruch mit früheren Konzeptionen
des menschlichen Einflusses auf die Erdgeschichte, die allesamt von anthropogenem Einwirken auf die Umwelt und die Erdoberfläche, nicht aber auf die Erde
als System ausgingen. Zu den prominentesten Vordenkern der Anthropozänidee
werden neben frühen Vertretern wie Georges-Louis Leclerc Comte de Buffon,
George Perkins Marsh und Antonio Stoppani mit Robert L. Sherlock, Ernst
Fischer, Vladimir Vernadsky, Eduard Suess, Édouard Le Roy, Pierre Teilhard de
Chardin, Fairfield Osborn, Hubert Markl oder Andrew Revkin auch Wissenschaftler des 20. Jahrhunderts gezählt.[8] Der Wert einer Historisierung des Anthropozänkonzepts ist in der Frühphase der Debatte intensiv diskutiert worden.
Clive Hamilton und Jacques Grinevald liegen zweifelsohne richtig, wenn sie
konstatieren, dass die Urheber der als Vorläufer der Anthropozänidee betitelten

   7 Paul J. Crutzen, Eugene F. Stoermer, The »Anthropocene«, in: Global Change Newsletter 41, 2000, 17–18, hier: 17; Vgl. außerdem Paul J. Crutzen, Geology of mankind, in: Nature
415, 2002, H. 6867, 23.
   8 Näher zur Geschichte des Konzepts vgl. Christian Schwägerl, A concept with a past,
in: Nina Möllers, Christian Schwägerl, Helmuth Trischler (Hrsg.), Welcome to the Anthropocene. The Earth in Our Hands. München 2015, 128–129; Will Steffen u. a., The Anthropocene.
Conceptual and historical perspectives, in: Philosophical Transactions of the Royal Society.
Series A, Mathematical, Physical & Engineering Sciences 369, 2011, H. 1938, 842–867; Jacques
Grinevald u. a., History of the Anthropocene Concept, in: Jan A. Zalasiewicz u. a. (Hrsg.), The
Anthropocene as a Geological Time Unit. A Guide to the Scientific Evidence and Current
Debate. Cambridge 2019, 4–11; Christophe Bonneuil, Jean-Baptiste Fressoz, The Shock of the
Anthropocene. The Earth, History, and Us. London. New York 2016, 3–5; Helmuth Trischler,
The Anthropocene. A Challenge for the History of Science, Technology, and the Environment,
in: NTM 24, 2016, H. 3, 309–335.

Konzepte des systemischen Blicks auf den Planeten Erde noch entbehrten.[9] Dies aber ändert nichts an der Tatsache, dass sich der beschriebene Wandel seit dem ausgehenden 18. Jahrhundert in beschleunigter Form sowie bis dato ungekanntem Ausmaß abzeichnete, was schließlich zu denjenigen Konsequenzen führte, die wir heute unter dem Begriff Anthropozän diskutieren. Trotz ähnlicher Terminologie und einer als ideengeschichtliche Linie anmutenden konzeptionellen Fortentwicklung unterscheidet sich das Anthropozänkonzept mit der These vom Menschen als geologischem Faktor, der das gesamte planetare Erdsystem nachhaltig und unumkehrbar verändert und es damit in einen »no-analogue state« versetzt, in zentralen Aspekten von jedem seiner Vorläuferkonzepte.[10]

Crutzen zufolge verursache das menschliche Handeln eine Art von Erdsystemwandel, der in der Vergangenheit stets durch disruptive geologische Ereignisse, wie Asteroiden- oder Kometeneinschläge, hervorgerufen wurde.[11] Seine These führt verschiedene Tatsachenbestände zusammen, die das Anthropozän in ihrer Gesamtheit ausmachen. Dazu zählt der Biodiversitätsverlust, der unter anderem Artensterben und Artenmigration in sich vereint. Häufig ist gar von einem drohenden sechsten Massensterben die Rede.[12] Anthropogene Aktivitäten wie großflächige Landnutzungsänderungen oder technologische Innovationen, welche die Transportrevolution ermöglichten, resultierten seit der Industriellen Revolution nicht nur in der Ausrottung vieler Arten, sondern beförderten ebenso die Artenmigration. Der Warentransport zu Wasser und zu Land sowie touristische Aktivitäten sind nur zwei Ursachen für die Verdrängung heimischer

9 Clive Hamilton, Jacques Grinevald, Was the Anthropocene anticipated?, in: The Anthropocene Review 2, 2015, H. 1, 59–72; Mit der Aufführung als Erstautor in dem Teilkapitel zur Geschichte des Anthropozänkonzepts in der 2019 von der Anthropocene Working Group veröffentlichten Publikation scheint Jacques Grinevald, selbst Mitglied der Arbeitsgruppe, seine 2015 gemeinsam mit Clive Hamilton vertretene Meinung zu revidieren. Vgl. dazu Grinevald, McNeill, Oreskes u. a., History of the Anthropocene Concept.

10 Berrien Moore u. a., The Amsterdam Declaration on Global Change, in: Will Steffen u. a. (Hrsg.), Challenges of a Changing Earth. Proceedings of the Global Change Open Science Conference. Amsterdam, The Netherlands, 10–13 July 2001. Berlin u. a. 2002, 207–208, hier: 208; Paul J. Crutzen, Will Steffen, How Long Have We Been in the Anthropocene Era?, in: Climatic Change 61, 2003, H. 3, 251–257, hier: 253.

11 Als geologische Ereignisse werden einschneidende, häufig disruptive Ereignisse wie beispielsweise Faunenwechsel, Massensterben oder Kometeneinschläge bezeichnet. Die Eventstratigraphie beschäftigt sich mit der zeitlichen Einordnung von Gesteinsschichten über die Korrelation geologischer Ereignisse.

12 Vgl. etwa Anthony D. Barnosky u. a., Has the Earth's sixth mass extinction already arrived?, in: Nature 471, 2011, H. 7336, 51–57. Nach heutigem Kenntnisstand hat die Erde bisher fünf große Massensterben durchlebt: vor rund 445 Millionen Jahren am Ende des Ordoviziums, vor gut 337 Millionen Jahren im mittleren Devon, vor etwa 251 Millionen Jahren am Ende des Perm, als 96 % aller Meereslebewesen und rund 70 % der Pflanzen und an Land lebenden Tiere ausgerottet wurden (das dritte Massensterben war damit das bisher schwerste), vor 200 Millionen Jahren an der Trias-Jura-Grenze sowie vor gut 66 Millionen Jahren am Ende der Kreide.

durch invasive Arten. Laut einem Bericht der *Intergovernmental Science-Policy Platform on Biodiversity and Ecosystem Services* (IPBES) aus dem Jahr 2019 sind bei einem Artenbestand von insgesamt acht Millionen momentan rund eine Million Arten vom Aussterben bedroht.[13]

Die Landnutzungsänderungen beziehen sich – um nur einige Beispiele zu nennen – auf die Änderung von Flussläufen, die Trockenlegung von Feuchtgebieten oder die Umwandlung von Natur- in landwirtschaftliche Kulturflächen durch die Rodung großer Waldflächen. Den Angaben des *Intergovernmental Panel on Climate Change* (IPCC) zufolge sind weltweit nur noch 9 % des gesamten Waldbestandes intakt.[14]

In engem Zusammenhang zu Landnutzungsänderungen steht der Ressourcenabbau. Letzterer manifestiert sich mittlerweile nicht mehr nur in einer Übernutzung, sondern teils gar im Verlust bestimmter Ressourcen. Exemplarisch hierfür kann das Erdöl angeführt werden. In der Forschungsliteratur ist strittig, ob das Produktionsmaximum dieses wichtigen Energielieferanten der Industriegesellschaft bereits erreicht ist. Einigkeit herrscht allerdings bezüglich der Tatsache, dass das *Peak Oil* in naher Zukunft einzutreten droht.[15] Auch die Wasserknappheit stellt eine ernst zu nehmende Bedrohung dar. Während heute bereits eine Milliarde Menschen in wasserarmen Regionen leben, könnten im Jahr 2100 die Hälfte der Weltbevölkerung von dieser Gefährdung betroffen sein. Bei gleichbleibender Wachstumsrate wären das etwa 5,5 Milliarden Menschen.[16]

Während die Gewässer-, Licht- und Luftverschmutzung, die Verteilung radioaktiven Staubes sowie die Vermüllung des Planeten durch die fortwährende Produktion und Nutzung von nicht abbaubaren oder langlebigen Materialien wie Plastik zur Umweltverschmutzung zählen, die als weiteres Charakteristikums des Anthropozäns gilt, beschreibt der Klimawandel letztlich nichts weniger als die Konsequenzen all dieser Faktoren. Diese werden mit der globalen Erderwär-

---

13 E. S. Brondizio u. a. (Hrsg.), IPBES Global assessment report on biodiversity and ecosystem services of the Intergovernmental Science-Policy Platform on Biodiversity and Ecosystem Services. Bonn 2019. Bei 5,5 der genannten 8 Millionen handelt es sich um Insekten.

14 Intergovernmental Panel on Climate Change, Climate Change and Land. An IPCC Special Report on climate change, desertification, land degradation, sustainable land management, food security, and greenhouse gas fluxes in terrestrial ecosystems. Summary for Policymakers. s.l. 2020, 8 (zuletzt aufgerufen am 10.08.2020).

15 International Energy Agency, World Energy Outlook 2018. s.l. 2018; UKERC, Global Oil Depletion. An assessment of the evidence for a near-term peak in global oil production. s.l. 2009 (zuletzt aufgerufen am 16.10.2019).

16 Intergovernmental Panel on Climate Change, Climate Change and Land. An IPCC Special Report on climate change, desertification, land degradation, sustainable land management, food security, and greenhouse gas fluxes in terrestrial ecosystems. s.l. 2019, 6-1-6-21 (zuletzt aufgerufen am 18.09.2019); Christopher B. Field u. a. (Hrsg.), Climate Change 2014: Impacts, Adaptation, and Vulnerability. Working Group II Contribution to the Fifth Assessment Report of the Intergovernmental Panel on Climate Change. New York 2014, 229–269.

mung, dem damit verbundenen Abschmelzen der Polkappen und Gletscher oder der Degradation von Böden, die vielfach in Versteppung mündet, nicht nur auf dem Festland spürbar.

Auch die Ozeane sind von den Klimafolgen betroffen. Dazu zählen die Übersäuerung der Meere, der Anstieg des Meeresspiegels, der veränderter Sauerstoffgehalt der Meere sowie die unter anderem daraus resultierende Korallenbleiche.[17] All diese Faktoren sind untrennbar miteinander verknüpft und beeinflussen sich wechselseitig. Die Funktionsweise des Erdsystems basiert seit jeher auf ebendiesen Zirkulationen. Der Grad der ›natürlichen‹ Zirkulationen aber wurde im Verlauf der letzten Dekaden durch den Menschen in ungekanntem Maße beschleunigt, was nicht ohne Auswirkungen auf das Erdsystem bleibt – in planetarer Perspektive. Und diese Entwicklung ist es, auf die Crutzen mit dem Konzept des Anthropozäns zielt.

Heute, gut zwei Jahrzehnte intensiver Debatte und Beweisführung später, zeichnen sich wichtige Schritte in Richtung einer formalen Anerkennung des Anthropozäns als einem neuen geologischen Zeitabschnitt ab.

Die so intensiv geführte Debatte und die vielschichtigen Prozesse auf inhaltlicher wie struktureller Ebene innerhalb und zwischen den einzelnen wissenschaftlichen Disziplinen zeugen von dem enormen diskursiven, analytischen und heuristischen Potential, das dem Konzept des Anthropozäns innewohnt und sich auf unterschiedlichsten Ebenen entfaltet. Die ursprünglich erdsystemwissenschaftliche These wird heute als geologisches Konzept verhandelt und hat zahlreiche geistes- und sozialwissenschaftliche Interpretationen und Umwertungen erfahren. Zudem hat sich eine öffentliche Debatte um das Anthropozän etabliert, die sowohl in den Print- und digitalen Medien als auch in Wissenschafts- und Kunstausstellungen sowie im künstlerisch-performativen Bereich geführt wird. Die ursprünglich erdsystemwissenschaftliche These hat sich somit zu einem Konzept mit vielfältigen Bedeutungen entwickelt, die in ihrer jeweiligen Lesart und für ein je unterschiedliches Publikum allesamt Geltung beanspruchen.

Diese Multiperspektivität ist es zugleich, die eine vielstimmige Diskussion erfordert. Die einzelnen an der Debatte beteiligten Disziplinen sehen sich von

17 Zum aktuellen Stand vgl. Intergovernmental Panel on Climate Change, Climate Change and Land. An IPCC Special Report on climate change, desertification, land degradation, sustainable land management, food security, and greenhouse gas fluxes in terrestrial ecosystems; dass., Global Warming of 1.5°C. An IPCC Special Report on the impacts of global warming of 1.5°C above pre-industrial levels and related global greenhouse gas emission pathways, in the context of strengthening the global response to the threat of climate change, sustainable development, and efforts to eradicate poverty [Masson-Delmotte, V; Zhai, P; Pörtner, H.-O; Roberts, D; Skea, J; Shukla, P. R; Pirani, A; Moufouma-Okia, W; Péan, C; Pidcock, R; Connors, S; Matthews, J. B. R; Chen, Y; Zhou, X; Gomis, M. I; Lonnoy, E; Maycok, T; Tignor, M; Waterfield, T. (Hrsg.)]. s.l. 2018 (zuletzt aufgerufen am 22.08.2019).

unterschiedlichen Aspekten des Konzepts in besonderer Weise herausgefordert. Zahlreiche Erkenntnisinteressen, Argumentations- und Interpretationslinien laufen in der Debatte um das Anthropozän zusammen, was zu Aushandlungsprozessen um legitimes Wissen in neuartigen Konstellationen führt.

Evidenz – Annäherung an einen epistemischen Begriff

Die Legitimität wissenschaftlichen Wissens ergibt sich aus der Präsentation von Evidenz. Doch was bedeutet Evidenz eigentlich? Der Begriff erschöpft sich nicht in einer klaren Definition.

Da an der Debatte um das Anthropozän ein äußerst breites Spektrum an Disziplinen beteiligt ist, liegt der Analyse eine breite Definition von Evidenz zugrunde. Evidenz wird definiert als sozial konsentiertes, gesichertes Wissen, das in Aushandlungsprozessen entsteht und durch kontextspezifische Praktiken zu stabilisieren versucht wird.[18] In Anlehnung an den österreichischen Philosophen Wolfgang Stegmüller wird Evidenz hier als »›Wie‹ und nicht [...] [als] ›Worüber‹ des Urteilens« verstanden.[19]

Evidenz ist und war allerdings stets ein mehrdeutiger und damit *Unruhe stiftender* Begriff; er lässt sich nur kontextspezifisch bestimmen.[20] Im Sinne Stegmüllers wird Evidenz, lange Leitbegriff rationalen Wissens entgegen Offenbarung und Glauben, im Sinne kontinuierlich ablaufender vorrationaler Entscheidungen selbst zur Glaubenssache und nähert sich damit ihrer etymologischen Bedeutung *e-videri, einleuchten,* wieder an.[21] Das *Historische Wörterbuch der Rhetorik* definiert Evidenz dementsprechend als »dasjenige, was einleuchtet, weil es gleichsam aus sich herausstrahlt«.[22] Sowohl in der epikureischen Erkenntnislehre als auch bei Cicero beschrieb der Evidenzbegriff das Offenkundige.[23] Die

18 Richard Rorty, Der Spiegel der Natur. Eine Kritik der Philosophie. Übers. v. Michael Gebauer. Frankfurt a. M. 1987. In der Literatur wird hierfür auch der Begriff *diskursive Evidenz* gebraucht; vgl. Jürgen Mittelstraß, Evidenz, in: ders. (Hrsg.), Enzyklopädie Philosophie und Wissenschaftstheorie. Bd. 1: A–G. Stuttgart, Weimar 1995, 609–610; Karin Zachmann, Sarah Ehlers (Hrsg.), Wissen und Begründen. Evidenz als umkämpfte Ressource in der Wissensgesellschaft. Baden-Baden 2019.
19 Wolfgang Stegmüller, Metaphysik, Skepsis, Wissenschaft. Berlin u. a. ²1969, 168.
20 Zur Mehrdeutigkeit des Begriffs vgl. Helmut Lethen, Vorwort, in: Rüdiger Campe, Helmut Lethen (Hrsg.), Auf die Wirklichkeit zeigen. Zum Problem der Evidenz in den Kulturwissenschaften. Frankfurt a. M. 2015, 9–12; Thomas Kelly, Evidence, in: Edward N. Zalta (Hrsg.), Stanford Encyclopedia of Philosophy. Stanford 2016; Mittelstraß, Evidenz.
21 Stegmüller, Metaphysik, Skepsis, Wissenschaft, 162–221; Mittelstraß, Evidenz; René Descartes, Prinzipien der Philosophie, hrsg. v. Karl-Maria Guth. Berlin 2016.
22 Ansgar Kemmann, Evidentia, Evidenz, in: Gert Ueding (Hrsg.), Historisches Wörterbuch der Rhetorik. Eup-Hör. Bd. 3. Tübingen 1996, Spalten 33–47, hier: Spalte 33.
23 Wilhelm Halbfass, Klaus Held, Evidenz, in: Historisches Wörterbuch der Philosophie online. Basel 2017.

mittelalterliche Scholastik fasste die letzte Instanz widerspruchsfreier Evidenz mit Gott.[24] Mit der Entwicklung der rationalistischen Philosophie der Aufklärung begann man, die metaphysische Selbstgewissheit des Evidenzbegriffs in Zweifel zu ziehen. Seitdem hat sich die Definitionsschärfe des Begriffs aufgelöst und an seine Stelle ist ein Konzept mit vielfältigem Bedeutungsinhalt getreten.[25] Auch die Definition im *Historischen Wörterbuch der Philosophie* verweist auf den Gewissheitsanspruch von Evidenz, die »in der Philosophie und Geschichte die gleichermaßen zentrale wie umstrittene Instanz der offenkundigen, unmittelbar einleuchtenden Selbstbezeugung wahrer Erkenntnis und der immanenten Legitimation von Urteilen« bezeichnet.[26] Der Terminus *umstritten* jedoch deutet bereits auf die Komplexität des Evidenzbegriffs hin. Die Herstellung und Anwendung von Evidenz sind vielschichtige Prozesse, die sich besonders seit Mitte des 20. Jahrhunderts immer weiter ausdifferenziert haben. So gilt Evidenz nicht nur als Grundbegriff der Philosophie, sondern fungiert darüber hinaus als wichtiger Referenzbegriff für verschiedene wissenschaftliche Disziplinen. Zudem ist Evidenz zum unverzichtbaren Qualitätsmerkmal spätmoderner *Wissensgesellschaften* geworden.[27]

Begleitet wird diese Bedeutungszunahme von Evidenz im öffentlichen Raum von zunehmenden Legitimationszwängen, denen sich die Wissenschaften ausgesetzt sehen.[28] Letztere scheinen sich in Anbetracht der mittlerweile omnipräsenten Diskurse um Risiko und Nichtwissen beziehungsweise Nichtwissen-Können zu potenzieren.[29] Zudem wird Wissen nicht mehr als gegeben akzeptiert.

24 Rolf Schönberger, Evidenz und Erkenntnis. Zu mittelalterlichen Diskussionen um das erste Prinzip, in: Görres-Gesellschaft (Hrsg.), Philosophisches Jahrbuch. Freiburg 1995, 4–19.

25 Vgl. Kelly, Evidence.

26 Halbfass, Held, Evidenz.

27 Bei dem Begriff ›Wissensgesellschaft‹ handelt es sich um einen nicht ganz unumstrittenen Terminus, um den sich zu Beginn des 21. Jahrhunderts eine eigene Debatte formiert hat. Vgl. dazu beispielsweise Hans-Dieter Kübler, Mythos Wissensgesellschaft. Gesellschaftlicher Wandel zwischen Information, Medien und Wissen. Eine Einführung. Wiesbaden ²2009; Uwe H. Bittlingmayer, ›Wissensgesellschaft‹ als Wille und Vorstellung. Konstanz 2005; Stefan Böschen, Wissensgesellschaft, in: Marianne Sommer, Staffan Müller-Wille, Carsten Reinhardt (Hrsg.), Handbuch Wissenschaftsgeschichte. Stuttgart 2017, 324–332; Peter Weingart, Die Stunde der Wahrheit? Zum Verhältnis der Wissenschaft zu Politik, Wirtschaft und Medien in der Wissensgesellschaft. Weilerswist ³2011.

28 Vgl. etwa Friedhelm Neidhardt u. a. (Hrsg.), Wissensproduktion und Wissenstransfer. Wissen im Spannungsfeld von Wissenschaft, Politik und Öffentlichkeit. Bielefeld 2008; Daniel R. Sarewitz, Roger A. Pielke, Radford Byerly (Hrsg.), Prediction. Science, Decision Making, and the Future of Nature. Washington, D. C. 2000; Roger A. Pielke, The Honest Broker. Making Sense of Science in Policy and Politics. Cambridge ¹⁰2014.

29 Peter Weingart, Die Wissenschaft der Öffentlichkeit. Essays zum Verhältnis von Wissenschaft, Medien und Öffentlichkeit. Weilerswist ²2006, 9–33; Silvio O. Funtowicz, Jerome R. Ravetz, Science for the post-normal age, in: Futures 25, 1993, H. 7, 739–755; Stefan Böschen, Peter Wehling, Neue Wissensarten: Risiko und Nichtwissen, in: Sabine Maasen, Mario Kaiser (Hrsg.), Handbuch Wissenschaftssoziologie. Wiesbaden 2012, 317–327; Stefan Böschen, Zur

Die Ursachen hierfür sind in der vergangenen etwa 200-jährigen Entwicklung des Status wissenschaftlichen Wissens zu finden. Hypothesen, die ab Mitte des 19. Jahrhunderts »zum festen Bestandteil wissenschaftlicher Erkenntnis« wurden, führten die Vorläufigkeit von Wissen vor Augen. Die zunehmende Forderung nach dem prognostischen Potential von Wissen, das im Verlauf des 20. Jahrhunderts zu einem dominierenden Faktor aufstieg, steigerte den hypothetischen Charakter von Evidenz noch.[30] Die Ausdifferenzierung des Wissenschaftssystems sowie der Anstieg von Forschungsleistungen auf der Anbieterseite leisteten einen weiteren Beitrag, die Validierung von Ergebnissen zu erschweren. Verstärkt seit Mitte des 20. Jahrhunderts begannen wirtschaftliche Akteure, »die Glaubwürdigkeit von Wissen durch die Pervertierung der Norm des organisierten Skeptizismus zu untergraben«.[31] Der wachsende Einfluss wirtschaftlicher Interessen auf die Präsentation von Evidenz leistete somit einen weiteren Beitrag, die Glaubwürdigkeit von Wissen zu unterminieren. Und nicht zuletzt die Digitalisierung konfrontiert wissenschaftliche Evidenz mit bisher ungekannten Schwierigkeiten. Zu denken ist hier beispielsweise an das Internet als mittlerweile omnipräsentes Medium der Informationsvermittlung und -generierung, das nicht selten als Grundlage vermeintlich evidenten Wissens herangezogen wird.[32]

Im Zuge dessen treten nicht nur Demokratisierungstendenzen hervor, die verstärkt mit der Forderung nach Partizipation und Ko-Produktion wissenschaftlichen Wissens einhergehen.[33] Auch steigt der Erwartungsdruck seitens

Einleitung: Fragile Evidenz – Wissenspolitischer Sprengstoff. Einführung in den Schwerpunkt, in: Technikfolgenabschätzung – Theorie und Praxis 22, 2013, H. 3, 4–9; Naomi Oreskes, Erik M. Conway, Merchants of Doubt. How a Handful of Scientists Obscured the Truth on Issues from Tobacco Smoke to Global Warming. London 2012; Nicholas Rescher, Ignorance. On the Wider Implications of Deficient Knowledge. Pittsburgh 2009; Cornel Zwierlein, Imperial Unknowns. The French and British in the Mediterranean, 1650–1750. Cambridge 2016. Zur historischen Rolle von Nichtwissen vgl. etwa Cornel Zwierlein (Hrsg.), The Dark Side of Knowledge. Histories of Ignorance, 1400 to 1800. Leiden Boston 2016.

30 Sarah Ehlers, Karin Zachmann, Wissen und Begründen: Evidenz als umkämpfte Ressource in der Wissensgesellschaft. Einleitung, in: Dies. (Hrsg.), Wissen und Begründen, 9–29, hier: 13; zum prognostischen Potential von Wissen vgl. Nicolai Hannig, Malte Thießen (Hrsg.), Vorsorgen in der Moderne. Akteure, Räume und Praktiken. Berlin, Boston 2017.

31 Ehlers, Zachmann, Wissen und Begründen, 16. Naomi Orekes und Erik Conway illustrieren dies am Beispiel der Tabakindustrie; vgl. Oreskes, Conway, Merchants of Doubt.

32 Näher dazu vgl. Ehlers, Zachmann, Wissen und Begründen, 9–29.

33 Vgl. etwa Sheila S. Jasanoff, The idiom of co-production, in: Dies. (Hrsg.), States of Knowledge. The Co-Production of Science and Social Order. London 2010, 1–12; dies., Ordering knowledge, ordering society, in: Dies. (Hrsg.), States of Knowledge. The Co-Production of Science and Social Order. London 2010, 13–44; Sabine Maasen, Sascha Dickel, Partizipation, Responsivität, Nachhaltigkeit. Zur Realfiktion eines neuen Gesellschaftsvertrags, in: Dagmar Simon, Andreas Knie, Stefan Hornbostel u.a. (Hrsg.), Handbuch Wissenschaftspolitik. Wiesbaden 2016, 225–242. Zu den aktuellen Entwicklungen, die von der Ko-Produk-

Gesellschaft und Politik an Evidenzierung durch Wissenschaftsakteure. Beide Faktoren tragen zum konstatierten wachsenden Legitimierungsdruck bei. Während paradoxerweise einerseits das Vertrauen in wissenschaftliches Wissen abnimmt, nehmen Bedeutung von und Bedürfnis nach Evidenz zu. Parallel zu diesem zunehmenden Legitimierungsdruck erhöht sich somit die Signifikanz von (behaupteter) Evidenz, welcher je nach Kontext ein anderer Stellenwert zugeschrieben wird.[34] Der wachsende Literaturkorpus sowie die allseits zu vernehmende Forderung nach Evidenzbasierung in den letzten drei Jahrzehnten belegen dies ebenso wie die Hinwendung zum Themenfeld durch zahlreiche Forschungsverbünde.[35]

Die Anthropozändebatte wird in den Naturwissenschaften ebenso geführt wird wie in den Geistes- und Sozialwissenschaften und im gesellschaftlichen Raum. Das macht sie zu einem vielversprechenden Untersuchungsgegenstand im Hinblick auf die Frage nach Prozessen wissenschaftlicher Wissensproduktion.

Die Wissenschaftstheoretikerin Karin Knorr-Cetina definiert wissenschaftliche Produkte als kontextspezifische Konstruktionen und verweist auf die Notwendigkeit, diesen stets selektiven Prozess der Wissensproduktion in jedweder

tion von Evidenzen zeugen, zählen Citizen Science Projekte wie *Topothek* und *EteRNA* sowie beispielsweise für den medizinischen Bereich Plattformen wie *Quantified Self, CureTogether, Patient Science* oder *PatientsLikeMe*, um nur einige Beispiele zu nennen. Hier wird der Laie zum Produzenten von Daten, die in allgemein zugängliche Datenbanken einfließen. Michael Gibbons u. a. bezeichnet diese sich neu entwickelnde Form wissenschaftlicher Wissensproduktion jenseits disziplinärer Grenzen und dem rein innerwissenschaftlichen Raum als Mode 2. Die Bedingungen für die Entstehung einer neuen Art der Wissensproduktion liegen in der steigenden Zahl potentieller Wissensproduzenten auf der Anbieterseite sowie in dem wachsenden Bedarf an Expertenwissen auf der Nachfrageseite; vgl. Michael Gibbons u. a., The New Production of Knowledge. The Dynamics of Science and Research in Contemporary Societies. London 1994, 17–45, 90–105.

34 Die Corona-Pandemie führt der Gesellschaft und Politik aktuell einmal mehr vor Augen, dass Aushandlungsprozesse Teil guter wissenschaftlicher Praxis sind und der Umgang mit Nicht-Wissen und Wissen hypothetischen Charakters einen zentralen Bestandteil des Prozesses wissenschaftlicher Evidenzgenerierung darstellt.

35 Vgl. etwa Gerry Stoker, Mark Evans (Hrsg.), Evidence-Based Policy Making in the Social Sciences. Methods That Matter. Bristol, Chicago 2016; Sabine Weiland, Evidenzbasierte Politik zwischen Eindeutigkeit und Reflexivität, in: Technikfolgenabschätzung – Theorie und Praxis 22, 2013, H.3, 9–15; Nancy Cartwright, Jeremy Hardie, Evidence-Based Policy. A Practical Guide to Doing it Better. Oxford, New York 2012; Denise M. Rousseau (Hrsg.), The Oxford Handbook of Evidence-Based Management. Oxford 2012. In Bezug auf die Forschungsverbünde seien hier exemplarisch zu nennen: Rainer Bromme, Schwerpunktprogramm »Wissenschaft und Öffentlichkeit: Das Verständnis fragiler und konfligierender wissenschaftlicher Evidenz« (SPP 1409). 2009–2019 (zuletzt aufgerufen am 20.11.2019); Peter Geimer, Klaus Krüger, Kolleg-Forschergruppe BildEvidenz. Geschichte und Ästhetik. Forschungsprogramm (zuletzt aufgerufen am 20.11.2019); Olga Zlatkin-Troitschanskaia, EviS. Evidenzbasiertes Handeln im schulischen Mehrebenensystem – Bedingungen, Prozesse und Wirkungen (EviS II) (zuletzt aufgerufen am 20.11.2019).

Bewertung von Evidenz zu beachten.[36] Sicherlich unterscheiden sich naturwissenschaftliche Prozesse der Evidenzerzeugung einerseits und geistes- und
sozialwissenschaftliche Evidenzgenerierungsmechanismen andererseits stärker
voneinander, als sie dies auf intrawissenschaftlicher Ebene tun.

Während naturwissenschaftliche Disziplinen nach empirischer, meist auf
statistischen Daten basierender Evidenz streben, operieren Vertreter geisteswissenschaftlicher Disziplinen häufig mit einem sehr viel offeneren und stärker
interpretativen Evidenzbegriff. Doch auch die Evidenzansprüche und Evidenzproduktionsmechanismen der einzelnen naturwissenschaftlichen Disziplinen
unterscheiden sich in zentralen Punkten voneinander.

Vornehmlich die Laborwissenschaften galten früh als zuverlässiger Lieferant
objektiven Wissens. Dieses zeichnet sich durch seinen Universalitätsanspruch
aus. Die künstliche Umwelt des Labors erlaubt es vermeintlich, das Experiment
potentiell störende Faktoren auszuschalten und zugleich bestimmte Szenarien
durch die bewusste Einschaltung von Störfaktoren zu simulieren, um daraus allgemeine Gesetzmäßigkeiten weitreichender Erklärungskraft zu abstrahieren.[37]

Das feldwissenschaftliche Verständnis von Evidenz hingegen basiert auf anderen Merkmalen. Der zentrale Unterschied zu den Laborwissenschaften liegt
dabei in der Ortsgebundenheit der Feldwissenschaften,

»[i]f, in a world of anonymous global information, place becomes the one attribute that
makes science credible, then field science is likely to remain in the limelight as a model
of authentic, situated practice […]. Once the ›view from nowhere‹ and then the ›view
from everywhere,‹ since may become the view from somewhere. Many labs, factories,
offices, and museums are ›truth spots‹. *All* the field is somewhere«.[38]

36 Karin Knorr-Cetina, Rom Harré, Die Fabrikation von Erkenntnis. Zur Anthropologie
der Naturwissenschaft. Frankfurt a.M. ³2012, 25–28.
37 Vgl. dazu Robert E. Kohler, Lab History: Reflections, in: Isis 99, 2008, H. 4, 761–768;
Zum Labors als Ort der Wissensproduktion vgl. auch Bruno Latour, Give Me a Laboratory
and I Will Raise the World, in: Karin Knorr-Cetina, Michael Mulkay (Hrsg.), Science Observed. Perspectives on the Social Study of Science. London 1983, 141–170; ders., Science in
action. How to follow scientists and engineers through society. Cambridge, MA ¹¹2003; ders.,
Steve Woolgar, Laboratory Life. The Construction of Scientific Facts: With a New Postscript
and Index by the Authors. Princeton 1986; Catherine M. Jackson, Laboratorium, in: Sommer,
Müller-Wille, Reinhardt (Hrsg.), Handbuch Wissenschaftsgeschichte, 244–255. In der Praxis
verlaufen diese Prozesse keineswegs stets problemlos. So kann die subjektive Wahrnehmung
auch in der künstlichen Umwelt des Labors eine große Rolle spielen. Zudem stellt sich das
Problem der Übertragbarkeit von im Labor gewonnenen Einsichten auf die unterschiedlichen
Ausformungen desselben Phänomens in der Realität. Vgl. dazu exemplarisch Rainer Lange,
Experimentalwissenschaft Biologie. Methodische Grundlagen und Probleme einer technischen Wissenschaft vom Lebendigen. Würzburg 1999.
38 Robert E. Kohler, Jeremy Vetter, The Field, in: Bernard V. Lightman (Hrsg.), A Companion to the History of Science. Chichester, Malden, MA 2016, 283–295, hier: 290.

Über das *Upscaling* der Räume[39] versuchten die Feldwissenschaften schließlich, sich dem Universalitätsanspruch der Laborwissenschaften anzunähern.[40] Naturwissenschaftliche Feldwissenschaften, wie etwa die bereits erwähnte Geologie oder die Paläontologie, beanspruchen darüber hinaus kontextspezifisch einen exklusiven Gewissheitsanspruch für sich.

In den 1980er- und 1990er-Jahren erfuhren die Feldwissenschaften eine neue Konjunktur, wobei diejenigen Disziplinen eine Pionierrolle einnahmen, die ohnehin auf eine lange Tradition von Feldarbeit zurückblicken konnten. Neben der Geologie und Paläontologie zählen dazu insbesondere die Anthropologie und die Ökologie.[41] Festzuhalten aber ist: Letztlich handelt es sich bei den Labor- und Feldwissenschaften um einander ergänzende Orte der Wissensproduktion.

Im feldwissenschaftlichen Ansatz werden durchaus Parallelen zum geisteswissenschaftlichen, insbesondere geschichtswissenschaftlichen Erkenntnisinteresse offenkundig. Dennoch, die Differenzen in Bezug auf den Evidenzbegriff bleiben groß.[42] Klassischerweise baut historische Evidenz auf der Methode der Quellenkritik auf, die stets standortgebunden ist. Intersubjektive Überprüfbarkeit wird über die Offenlegung der einzelnen Verfahrensschritte zu garantieren versucht. Dennoch bleibt historische Erkenntnis stets dem Status unabgeschlossener und somit verhandelbarer Evidenz verhaftet. Bei der Geschichtswissenschaft handelt es sich somit um keine Disziplin, die einen Exklusivitäts- oder gar Universalitätsanspruch erheben kann oder möchte. Vielmehr kommt ihr eine Orientierungsfunktion zu, vornehmlich im Bereich des politischen und gesellschaftlichen Raumes. Rainer Maria Kiesow definiert geschichtswissenschaftliche Evidenz in seiner Auseinandersetzung mit der Krise des geschichtswissenschaftlichen Forschungsparadigmas wie folgt: Die Evidenz der Geschichte ergebe

»sich aus der Anschaulichkeit eines linearen Zeitmodells und dem damit unausweichlichen jederzeitigen Verlust der Zeit [...]. Die Evidenz der Geschichte führt nicht zur Evidenz der Geschichtswissenschaft. Die Evidenz der Geschichte, die Evidenz der verlorenen Zeit öffnet vielmehr gerade ihre Tore für die wissenschaftlicher Wahrheit

---

39 Der Raum hat in zweifacher Hinsicht eine Aufwertung erfahren: in horizontaler Perspektive, über die Ausweitung des geographischen Raumes, sowie in vertikaler Perspektive über die Integration von Räumen wie der Atmosphäre oder dem Erdinneren.

40 Jeremy Vetter, Introduction, in: ders. (Hrsg.), Knowing Global Environments. New Historical Perspectives on the Field Sciences. Piscataway 2011, 1–16, hier: 2–5.

41 Vgl. exemplarisch Martin J. Rudwick, The Great Devonian Controversy. The Shaping of Scientific Knowledge Among Gentlemanly Specialists. Chicago 1985; George W. Stocking, Observers Observed. Essays on Ethnographic Fieldwork. Madison 1983; Ronald C. Tobey, Saving the Prairies. The Life Cycle of the Founding School of American Plant Ecology, 1895–1955. Berkeley 1981; Nicholas Jardine, James A. Secord, Emma C. Spary (Hrsg.), Cultures of Natural History. Cambridge 1996; Henrika Kuklick, Robert E. Kohler (Hrsg.), Science in the Field. Chicago 1996.

42 Eva-Maria Engelen (Hrsg.), Heureka. Evidenzkriterien in den Wissenschaften. Heidelberg 2010.

abholde Kunst und Poesie und ermöglicht das Gedächtnis, das immer nur gegenwärtige Gedächtnis, in dem die Geschichten als stets neu geschaffene aufbewahrt sind«.[43]

Das Zitat verweist auf drei wesentliche Merkmale der Geschichtswissenschaft: erstens, auf die zentrale Rolle von Zeitgebundenheit in der geschichtswissenschaftlichen Disziplin, zweitens auf die Praxis der Narrativierung als primärer Herstellungs- und Anwendungsmechanismus historischer Evidenz sowie, drittens, auf die stets im Wandel begriffene historische *Faktenlage*.

In den mannigfachen Nutzbarkeiten des Evidenzbegriffs steckt bemerkenswertes Argumentationspotential. Die stark voneinander abweichenden Definitionen von Evidenz führen jedoch auch nicht selten zu Missverständnissen und erschweren die disziplinübergreifende Kommunikation. In der Debatte um das Anthropozän zeigt sich das auf exemplarische Weise.

Mit ihrem Fokus auf Praktiken der Evidenzerzeugung, -darstellung und -nutzung ist diese Arbeit auf eine Praxeologie der Herstellung und des Umgangs mit Evidenz ausgerichtet, die über die konzeptionell-epistemische Ebene hinausgeht, um die konkreten Verfahren, Praktiken und inner- wie außerwissenschaftlichen Netzwerke in den Blick zu nehmen.

Im Zentrum des Interesses steht die Frage, wie Evidenz hergestellt, wie beziehungsweise mit welchen zugrundeliegenden Absichten sie gebraucht wird und inwieweit Reaktionen auf präsentierte Evidenz in einer Art Rückkopplungsschleife auf spezifische Praktiken der Evidenzgenerierung wirken.

Prozesse und Mechanismen der Evidenzproduktion und -anwendung, die sich stets in Aushandlung vollziehen, werden in dieser Arbeit als Evidenzpraktiken gefasst. Evidenzpraktiken werden dabei als konkrete Handlungsweisen im Prozess wissenschaftlicher Wissensproduktion in und zwischen den Disziplinen untersucht.

In Anlehnung an das Verständnis der DFG-Forschungsgruppe *Practicing Evidence – Evidencing Practice* begreife ich die der Evidenzgenerierung zugrundeliegenden Aushandlungsprozesse als *sozioepistemische Arrangements*, wobei *sozioepistemisch* einerseits das Ineinandergreifen von Sozialität und Wissen betont sowie mit *Arrangements* andererseits zunächst unbestimmt bleibt, welche Entitäten wie etwa Akteure oder Diskurse in den einzelnen Evidenzpraktiken zusammenspielen.[44] Der Fokus in der Analyse liegt auf der Verschränkung von Herstellungs- und Anwendungszusammenhängen von Evidenz. Diese geben insofern Aufschluss über Evidenzpraktiken, als Evidenz darin häufig im Dienste

---

43 Rainer M. Kiesow, Auf der Suche nach der verlorenen Wahrheit. Eine Vorbemerkung, in: ders., Dieter Simon (Hrsg.), Auf der Suche nach der verlorenen Wahrheit. Zum Grundlagenstreit in der Geschichtswissenschaft. Frankfurt a. M. 2000, 7–12, hier: 9–10.

44 Karin Zachmann, Practicing Evidence – Evidencing Practice. DFG Forschergruppe 2448. Evidenzpraktiken in Wissenschaft, Medizin, Technik und Gesellschaft. Förderphase I 2017–2020 (zuletzt aufgerufen am 21.11.2019).

eines übergeordneten Anspruches gezielt auf spezifische, kontextabhängig von-einander abweichende Weise eingesetzt wird. Intendierte wie tatsächliche Reak-tionen auf den Einsatz von Evidenz können eine sowohl stabilisierende als auch destabilisierende Wirkung in Bezug auf die Ausgangsevidenz entfalten und im Zuge dessen eine Transformation etablierter Evidenzpraktiken im Prozess der Wissensproduktion anstoßen. Stabilisierung und Destabilisierung gehen dabei oft Hand in Hand, was bereits darauf verweist, dass Evidenzpraktiken häufig paarweise auftreten und keineswegs linear aufeinander folgen, sondern vielmehr Teil zirkulärer Mechanismen sind.

Eine Analyse des Wechsel-, Zusammen- und Gegenspiels der Herstellungs- und Anwendungszusammenhänge von Evidenz gibt den Blick auf Spannungen und Dynamiken innerhalb der Anthropozändebatte frei. Letztere entpuppt sich geradezu als Ballungsraum an Aushandlungsprozessen um Evidenz, die sich stets auf mehreren Ebenen abspielen.

Die verschiedenen disziplinären Communities setzen sich mit ähnlichen Fragestellungen auseinander. So werden etwa naturwissenschaftlich gewonnene Daten und Statements von fachfremden Disziplinen kulturell anschlussfähig gemacht und in erweiterte Deutungshorizonte eingepasst, indem sie unter Rück-griff auf andere Mechanismen der Evidenzerzeugung interpretiert und trans-formiert werden. Damit wird die von Max Weber beschriebene *Entzauberung der Welt* durch die Wissenschaft abgelöst beziehungsweise abhängig von einer »Neuverzauberung im Gestus der Wissenschaftlichkeit […] [, solchen Phänome-nen], die wissenschaftlich produziertem Wissen nach verschiedenen Seiten hin Glaubwürdigkeit verleihen«.[45]

Der Fokus in der Untersuchung anthropozäner Evidenzproduktionsprozesse wird auf innerwissenschaftlichen, disziplinübergreifenden Kontaktzonen als Aushandlungsraum liegen. Bezeichnen werde ich diese Art des Zusammen-wirkens jenseits disziplinärer Grenzen als interdisziplinär. Interdisziplinarität beschreibt in vorliegender Arbeit Kontaktzonen zwischen verschiedenen wissen-schaftlichen Disziplinen. Ihr wohnt das Potential inne, eine Verwischung oder gar Auflösung von Disziplingrenzen auszulösen. In der kooperativen Unter-suchung wissenschaftlicher Fragestellung, die hierarchiefrei erfolgt, kommt es zum Methodentransfer, was in die Umgestaltung disziplinärer Teilbereiche münden kann.[46] Mit dem Begriff der Transdisziplinarität hingegen beziehe ich

45 Veronika Lipphardt, Kiran Klaus Patel, Neuverzauberung im Gestus der Wissenschaft-lichkeit. Wissenspraktiken im 20. Jahrhundert am Beispiel menschlicher Diversität, in: Ge-schichte und Gesellschaft 34, 2008, 425–454, hier: 427. Zur Entzauberung der Welt vgl. Max Weber, Wissenschaft als Beruf. München ⁶1975.
46 Julie Thompson Klein, Crossing Boundaries. Knowledge, Disciplinarities, and Inter-disciplinarities. Charlottesville 1996; Robert Frodeman, Julie Thompson Klein, Roberto Car-los dos Santos Pacheco (Hrsg.), The Oxford Handbook of Interdisciplinarity. Oxford ²2017; Wolfgang Deppert, Werner Theobald, Eine Wissenschaftstheorie der Interdisziplinarität.

mich auf den Aspekt der Verflechtung wissenschaftlicher und außerwissenschaftlicher Akteure.[47]

Da es diese Arbeit zum Ziel hat, die Anthropozändebatte auf Fragen der Evidenzgenerierung hin zu untersuchen, erfolgt an dieser Stellte eine Typisierung derjenigen Evidenzpraktiken, die die Anthropozändebatte strukturieren. Diese dienen später als Analysewerkzeug.

Wie hängen Evidenzpraktiken mit Prozessen der Einschließung und Ausschließung im Bereich der wissenschaftlichen Wissensproduktion zusammen? Als impliziter Nebeneffekt von (Ent-)Differenzierungsvorgängen stellt sich stets die Frage, wer oder was in Wissensproduktionsprozesse einbezogen wird. Die Wissenschaft folgt seit dem 19. Jahrhundert einer internen Differenzierungslogik, die auf inhaltlicher, methodischer wie personeller Ebene im Sinne fortschreitender Spezialisierung eine wachsende Verengung hin zu immer kleineren und immer stärker voneinander getrennten Expertisebereichen befeuert.[48] Seit den 1970er-Jahren jedoch formieren sich zunehmende Erwartungen an eine stärker inkludierende Wissenschaft. Etwa im selben Zeitraum sind zudem zahlreiche interdisziplinäre Forschungsbereiche entstanden, die eine Gegentendenz zur spezialisierten wissenschaftlichen Wissensproduktion darstellen.

Sowohl inter- als auch transdisziplinäre Öffnungen in der Wissenschaft erzeugen Einschlüsse, die im Kontext von disziplinär-spezialisierter Forschung tendenziell ausgeschlossen sind. Diese Einschlüsse resultieren in der Sozialdimension in der Einbeziehung von Personenkreisen als Wissensproduzenten, die klassischerweise nicht als adäquat Beitragende behandelt werden. In der Sachdimension kommt es zum Einschluss von Begrifflichkeiten, Themen, Wissensbeständen und Verfahrensweisen.[49] Inter- wie auch transdisziplinäre Forschungszusammenhänge generieren neuartige sozioepistemische Arrangements, die wiederum Schließungsprozesse nach sich ziehen. Sowohl Öffnungs-

Zur Grundlegung interdisziplinärer Umweltforschung und -bewertung, in: Achim Daschkeit, Winfried Schröder (Hrsg.), Umweltforschung quergedacht. Perspektiven integrativer Umweltforschung und -lehre. Berlin 1998, 75–106.

47 Jürgen Mittelstraß, Auf dem Wege zur Transdisziplinarität, in: GAIA 1, 1992, H. 5, 250; Julie Thompson Klein (Hrsg.), Transdisciplinarity: Joint Problem Solving Among Science, Technology, and Society. An Effective Way for Managing Complexity. Basel 2001; Frodeman, Klein, Pacheco, The Oxford Handbook of Interdisciplinarity.

48 Hans-Christof Kraus, Kultur, Bildung und Wissenschaft im 19. Jahrhundert. München 2008; Erhard Wiersing, Geschichte des historischen Denkens. Zugleich eine Einführung in die Theorie der Geschichte. Paderborn 2007; Rudolf Stichweh, Zur Entstehung des modernen Systems wissenschaftlicher Disziplinen. Physik in Deutschland, 1740–1890. Frankfurt a. M. 1984; ders., Wissenschaft, Universität, Professionen. Soziologische Analysen. Bielefeld 2013.

49 Mit der Unterscheidung von Sozial-, Sach-, und Zeitdimension beziehe ich mich auf Niklas Luhmanns Unterscheidung von Sinndimensionen und verwende diese heuristisch zur analytischen Unterscheidung im Zusammenhang mit der Frage nach Einschluss und Ausschluss. Vgl. Niklas Luhmann, Soziale Systeme. Grundriß einer allgemeinen Theorie. Frankfurt a. M. [8]2000, 111–112.

Abb. 1: Eine Typisierung der Evidenzpraktiken in der Sozial- und Sachdimension, Quelle: Fabienne Will.

prozesse als auch damit einhergehende Schließungstendenzen stellen selbst Evidenpraktiken dar.[50]

Die *Sozialdimension* bezieht sich auf Fragen der Regulierung des Zugangs von Personen zu sozialen Bereichen: Welche Personen werden in einem sozialen Bereich wie behandelt (Hierarchie, Heterarchie), zugelassen oder abgewiesen? Die *Sachdimension* bezieht sich auf Regulierungen der inhaltlichen (epistemischen) Ebene von Äußerungen: Welche Arten von Kommunikationen und welche Inhalte werden ein- oder ausgeschlossen? Mit der *Zeitdimension* sind historische Variationen in sozialen Systemen angesprochen, im Falle von Ein- und Ausschluss etwa die Frage nach historischen Entstehungsbedingungen und Verlaufsformen von Disziplinen, deren Grenzen und partizipativen Öffnungstendenzen. Ich werde Luhmanns Sinndimensionen in dieser Studie heuristisch als Analysekategorien nutzen. Der Fokus liegt dabei auf der Sach- und Sozialdimension. Abb. 1 stellt daher nur diese beiden Dimensionen dar. Die Zeitdimension auf analytischer Ebene ergänzend zu berücksichtigen, ist meines Erachtens erst dann sinnvoll, wenn die geowissenschaftliche Debatte um das Anthropozän zu einem robusten Ergebnis gekommen ist und sich zeigt, welche Konsequenzen dies im geistes- und sozialwissenschaftlichen Bereich nach sich zieht. Zudem

---

50 Teile dieses Abschnitts wurden bereits an anderer Stelle veröffentlicht: Andreas Wenninger, Fabienne Will, Sascha Dickel u. a., Ein- und Ausschließen: Evidenzpraktiken in der Anthropozändebatte und der Citizen Science, in: Zachmann, Ehlers (Hrsg.), Wissen und Begründen, 31–58.

wäre es vermessen, als Historikerin den Anspruch zu erheben, im Hinblick auf eine Debatte, die noch im Werden begriffen ist, valide Aussagen zu Variationen in disziplinären Systemen zu treffen.

Die vorliegende Arbeit nimmt das komplexe Wechselverhältnis von Ein- und Ausschließungsprozessen als Evidenzpraktiken in den Blick. Ein Fokus liegt dabei insbesondere auf den sich aus diesem Spannungsfeld ergebenden Dynamiken, die auf den Prozess wissenschaftlicher Wissensproduktion einwirken. Die Debatte um das Anthropozän eignet sich aufgrund der Interdisziplinarität verhandelter Inhalte besonders als Fallbeispiel komplexer Evidenzpraktiken.

Es sind primär Ein- und Aussschließungsprozesse, die der Debatte fortwährend ihre Dynamik verleihen. Praktiken des Ein- und Ausschließens treten sowohl in der Sachdimension als auch in der Sozialdimension hervor und erweisen sich dabei als produktives Spannungsfeld, das sich im Prozess der Evidenzgenerierung auf unterschiedlichen Ebenen entfaltet. Auch das Verhältnis der beiden Dimensionen zueinander ist durch ein enges Wechselspiel charakterisiert.

Bei den der Sach- und Sozialdimension in Abb. 1 zugeordneten Evidenzpraktiken handelt es sich um Praktiken, die nicht nur eng mit der Ein- und/oder Ausschließung verknüpft sind, sondern selbst ein- wie ausschließende Momente in sich tragen.

Die Institutionalisierung und die Interdisziplinarität als spezifische Praktiken des Ein- und Ausschließens öffnen den Blick für das dynamisierende Potential von Evidenzpraktiken in der Sozialdimension. Innerwissenschaftliche Auseinandersetzungen entstehen häufig aus neuer wissenschaftlicher Erkenntnis oder einer aktuellen Thematik und deren interdisziplinärer Behandlung. Nicht selten ziehen solche Prozesse die Entstehung neuer wissenschaftlicher Disziplinen oder die Etablierung neuer (bereichsübergreifender) Institutionen nach sich. Die Herausbildung der Tropenmedizin im ausgehenden 19. Jahrhundert als spezialisiertes eigenes Fachgebiet, das auf die europäische Kolonisation Afrikas reagierte, oder die Entstehung der Erdsystemwissenschaften als eine Art Metawissenschaft in den 1970er- und 1980er-Jahren sind nur zwei in ihrer (Ent-)Differenzierungsdimension gegenläufige Beispiele innerwissenschaftlicher In- und Exklusionsprozesse.[51]

---

51 Tropenmedizinische Fachzeitschriften zu Beginn des 20. Jahrhunderts beispielsweise versammelten neben medizinischen Artikeln auch Beiträge von Geographen, Biologen oder Veterinärmedizinern. All sie versorgten die entstehende Fachdisziplin mit Wissen über die Spezifika tropischer Gebiete. Als die Tropenmedizin dann als eigenes Feld der Medizin etabliert war, brachte sie selbst eigens spezialisierte Experten und spezifisches Wissen über die Tropen hervor. Die Tropenmedizin behauptete sich damit zum einen als eigenes Feld der Medizin und grenzte sich zum anderen gegen andere Disziplinen ab, so dass die disziplinäre Vielfalt der Anfangszeit aus ihren Institutionen verschwand. Vgl. Michael Worboys, The Emergence of Tropical Medicine: A Study in the Establishment of a Scientific Speciality, in: Gérard Lemaine (Hrsg.), Perspectives on the Emergence of Scientific Disciplines. Den Haag 1976, 75–98.

Die grundständige, etablierte Praxis der Narrativierung, die insbesondere im geistes- und sozialwissenschaftlichen Bereich als zentrales Moment der Evidenzgenerierung gilt, präsentiert sich in der Anthropozändebatte als den Ein- und Ausschließungsprozessen untergeordnete Evidenzpraxis in der Sachdimension. Seit Jahrtausenden dienen Narrative dazu, wissenschaftliche Ergebnisse zu kontextualisieren und kulturell anschlussfähig zu machen. Die Relevanz von im wissenschaftlichen Forschungsprozess gewonnenen Thesen und Fakten ergibt sich nicht aus ihrer bloßen Verfügbarkeit. Vielmehr ist der Stellenwert wissenschaftlichen Wissens Resultat eines kontinuierlichen Wechselspiels kontextabhängiger Narrative. Als Evidenzpraktiken, die alle spezifische Formen der Narrativierung darstellen, erweisen sich dabei die Praktiken der Verflechtung, der Translation, der Lokalisierung und der Entgrenzung sowie die Gegensatzpaare des De- und Rekontextualisierens, des De- und Rezentrierens sowie des Differenzierens und Entdifferenzierens.[52]

All die genannten Praktiken treten nicht nur häufig in Reaktion auf Ein- oder Ausschluss auf, sondern generieren in einer Art Rückkopplungsschleife selbst neue ein- wie ausschließende Dynamiken. Wie Abb. 1 illustriert, gehen Ein- und Ausschlussprozesse stets mit einer de- oder restabilisierende Wirkung einher, die ihrerseits neue Ein- und Ausschließungen anstößt. Was in dem einen Kontext als destabilisierend wahrgenommen wird, kann in einem anderen Kontext als restabilisierend gelten. Evidenzpraktiken sind Teil eines zirkulären Mechanismus und stets im Zusammenspiel und nicht als Einzelhandlungen zu betrachten.[53]

Forschungsdesign

Eine unabgeschlossene, aktuelle Debatte aus historischer Perspektive zu betrachten, birgt wie erwähnt besondere methodische Herausforderungen. Doch nicht von ungefähr wird das Anthropozän in Historikerkreisen besonders intensiv diskutiert.[54] Als Expertinnen für Menschheitsgeschichte sind die Geschichts-

---

52 Die hier genannten Evidenzpraktiken wurden teils in der Auseinandersetzung mit dem Gegenstandsfeld vorliegender Arbeit entwickelt und zum Teil in Kooperation mit der DFG-Forschungsgruppe Practicing Evidence – Evidencing Practice herausgearbeitet.
53 Vgl. hierzu die einzelnen Beiträge in Zachmann, Ehlers, Wissen und Begründen.
54 Vgl. hierzu exemplarisch Libby Robin, Will Steffen, History for the Anthropocene, in: History Compass 5, 2007, H. 5, 1694–1719; Dipesh Chakrabarty, The Climate of History: Four Theses, in: Critical Inquiry 35, 2009, 197–222; John R. McNeill, Peter Engelke, The Great Acceleration. An Environmental History of the Anthropocene since 1945. Cambridge, MA, London 2014; Paul Warde, Libby Robin, Sverker Sörlin, Stratigraphy for the Renaissance: Questions of expertise for ›the environment‹ and ›the Anthropocene‹, in: The Anthropocene Review 4, 2017, H. 3, 246–258; Sverker Sörlin, Reform and responsibility – the climate of history in times of transformation, in: Historisk tidsskrift 97, 2018, H. 1, 7–23; Helmuth Trischler, The Anthropocene from the Perspective of History of Technology, in: Möllers, Schwägerl, Trischler (Hrsg.), Welcome to the Anthropocene, 25–29.

wissenschaften im Allgemeinen und die Umwelt-, Wissenschafts- und Technikgeschichte im Besonderen von Herausforderungen und Provokationen, die sich
aus dem Anthropozänkonzept sowohl auf inhaltlicher als auch auf struktureller
Ebene ergeben, ganz unmittelbar betroffen. So verhandeln alle Periodisierungsvorschläge letztlich zentrale umweltgeschichtliche sowie wissenschafts- und
technikhistorische Zusammenhänge. Die Umwelt-, Wissenschafts- und Technikgeschichte sehen sich dazu aufgefordert, ihre etablierten Narrative und ihre
theoretischen, konzeptionellen sowie methodischen Fundamente kritisch auf
den Prüfstand zu stellen. Zudem sind es neben Soziologen und Kulturwis-
senschaftlern Historiker, die aufgrund ihrer methodischen Expertise eine er-
kenntnisleitende Funktion im Hinblick auf die Analyse der Debattenstruktur
einnehmen und die Ergebnisse auf wissenschaftstheoretischer Ebene nutzbar
machen können. Auf dem methodischen Fundament der Quellenkritik aufbauend, gehört es zum Grundrepertoire eines jeden Historikers, unter Berücksichtigung des jeweiligen Kontextes Sachverhalte zu deuten und zu analysieren.
Da je nach Fragestellung einzelne Phänomene vielfach unterschiedlich erklärt
und interpretiert werden, handeln Historiker kontinuierlich aus. Strukturen der
Anthropozändebatte schon jetzt, wo diese noch im Werden begriffen ist, aus wissenschaftshistorischer Perspektive aufzudecken, birgt einerseits das Potential,
zur Funktionalität der Debatte beizutragen, indem in der Debatte ablaufende
Prozesse und Schwierigkeiten bewusst explizit gemacht und direkt darauf re-
agiert werden kann. Andererseits wird es über die Einnahme einer historisch
vergleichenden Perspektive möglich, Veränderungs- wie Stagnationsmomente
im wissenschaftlichen Umgang mit Krisensituationen zu identifizieren.

Für die Umweltgeschichte präsentiert sich das Anthropozän in zweierlei
Hinsicht als besonders attraktiver Untersuchungsgegenstand. Eine Analyse der
Anthropozändebatte in Verlängerung historischer Umweltdebatten und der Umweltbewegung, deren Anfänge ins 19. Jahrhundert zurückreichen, gibt den Blick
auf Kontinuitäten und Diskontinuitäten frei. Besonders die sich seit der zweiten
Hälfte des 20. Jahrhunderts formierenden Umweltdiskursstränge scheinen in
der Anthropozändebatte zusammenzulaufen.[55] Zudem können strukturelle und

---

55 Insbesondere die Umwelt-, Klima- und Nachhaltigkeitsdebatten sowie Debatten um
Risiko und Nichtwissen angesichts des Einsatzes bestimmter Technologien (von Kernkraft
bis Geoengineering) fließen in der Debatte um das Anthropozän zusammen. Exemplarisch
sei an dieser Stelle auf einzelne Publikationen verwiesen, welche die verschiedenen inhaltlichen Schwerpunkte der genannten ›Vorläuferdebatten‹ widerspiegeln: Jan A. Zalasiewicz
u. a., Response to »The Anthropocene forces us to reconsider adaptationist models of human-
environment interactions«, in: Environmental Science & Technology 44, 2010, H. 16, 6008;
Antonello Pasini, Grammenos Mastrojeni, Francesco Nicola Tubiello, Climate actions in a
changing world, in: The Anthropocene Review 5, 2018, H. 3, 237–241; Rasmus Karlsson, Three
metaphors for sustainability in the Anthropocene, in: The Anthropocene Review 3, 2016, H. 1,
23–32; Douglas K. Bardsley, Limits to adaptation or a second modernity? Responses to climate

thematische Vergleiche mit historischen Wissenschafts- und Umweltdebatten zum einen Aufschluss über inhaltliche beziehungsweise konzeptionelle Fragestellungen wie derjenigen nach ideengeschichtlicher Entwicklung sowie dem Einflussgrad der jeweiligen historischen politischen, wirtschaftlichen oder gesellschaftlichen Situation geben. Zum anderen ist es möglich, mithilfe derartiger Vergleiche Transformationsprozesse in der Kommunikation zwischen wissenschaftlichen Disziplinen aufzudecken.

Für die Wissenschaftsgeschichte wohnt der Anthropozändebatte das Potential inne, auf einer Metaebene eine neue Wissensordnung zu schaffen, welche die seit der Aufklärung strikt disziplinäre Trennung zu überwinden vermag. Ob diese Zeichen eines Wandels auf der Ebene des Wissenschaftssystems selbst gar nicht so neuartig sind, sondern vielmehr eine Hinwendung zu Strukturen und Kommunikationsebenen der Wissenschaft darstellen, wie sie vor der Aufklärung praktiziert wurden, ist eine aus wissenschaftshistorischer Perspektive äußerst interessante Fragestellung.[56]

Da die vorliegende Arbeit eine umfassende Systematisierung der Debatte um das Anthropozän vornimmt und sich das gesamte Werk auch als Forschungsüberblick liest, werde ich an dieser Stelle darauf verzichten, einen Gesamtüberblick zum anthropozänen Forschungsstand zu geben. Vielmehr werde ich mich darauf beschränken, gezielt auf einige Publikationen zu verweisen, die, meiner Vorgehensweise ähnlich, einen metaperspektivischen Ansatz wählen.

Metaperspektivische Syntheseleistungen unterschiedlichen disziplinären Ursprungs beginnen jüngst, die reichhaltige Literatur zum Anthropozän zu bereichern. Während sich manche Autoren einer inhaltlichen Synthese der Gesamtdebatte annehmen, betrachten andere bestimmte Subdiskursstränge und spezifische an der Debatte beteiligte Akteursgruppen aus einer Metaperspektive heraus. Doch die Grenzen einer Metaanalyse als solcher und einer Metaanalyse, die zugleich mit einem inhaltlichen Beitrag in der Debatte verbunden ist, verschwimmen. So positionieren sich bestimmte Wissenschaftler trotz der postulierten metaperspektivischen Betrachtung eindeutig zu bestimmten Argumentationslinien und werden so zu einem aktiven Teil des Aushandlungsprozesses um anthropozäne Evidenz. Neben Erle Ellis, der mit seinem 2018 veröffentlichten *Anthropocene: A Very Short Introduction* primär eine inhaltliche Synthese der

change risk in the context of failing socio-ecosystems, in: Environment, Development and Sustainability 17, 2015, H. 1, 41–55; Brad R. Allenby, Geoengineering redivivus, in: Elementa. Science of the Anthropocene 2, 2014, Art. 23.

56 Zu Wissenschaft im Anthropozän vgl. Jürgen Renn, The Evolution of Knowledge: Rethinking Science in the Anthropocene, in: HoST – Journal of History of Science and Technology 12, 2018, H. 1, 1–22; ders., From the History of Science to the History of Knowledge – and Back, in: Centaurus 57, 2015, H. 1, 37–53; ders. (Hrsg.), The Globalization of Knowledge in History. Based on the 97th Dahlem Workshop. Berlin 2012; ders. u.a., Wissen im Anthropozän. Jahrbuch Max-Planck-Institut für Wissenschaftsgeschichte 2013/2014. Berlin 2014.

geowissenschaftlichen Debatte um das Anthropozän leistet, können an dieser
Stelle exemplarisch die Geographen Simon Lewis und Mark Maslin, die eine
Metaanalyse des Periodisierungsdiskurses bieten, oder Christophe Bonneuil und
Jean-Baptiste Fressoz, die das Konzept aus historischer Perspektive beleuchten,
angeführt werden.[57] Weil es Anspruch der vorliegenden Untersuchung ist, die
Debatte aus einer von inhaltlichen Positionierungen losgelösten Perspektive zu
beleuchten, werden diese Art metaperspektivischer Synthesen an dieser Stelle
nicht eingehender behandelt.

Vielmehr werde ich mich an den wenigen, unlängst publizierten Analysen
orientieren, die eine metaanalytische Perspektive jenseits inhaltlicher Positionierungen einnehmen. Der sich jüngst formierende systemisch geisteswissenschaftliche Blick auf die Debatte verweist auf das dem Konzept inhärente transformative wie provokative Potential in Bezug auf das Wissenschaftssystem selbst. Der
Wissenschaftshistoriker Jürgen Renn hat sich der Debatte beispielsweise früh
von metaperspektivischer Warte aus genähert und die Frage nach einer neuen
Wissensordnung des Anthropozäns gestellt.[58]

Und auch der Wissenschaftssoziologe Johannes Lundershausen nimmt eine
Metaperspektive ein, indem er die *Anthropocene Working Group* zum Ausgangspunkt seiner Forschungen um die Frage nach dem Spannungsverhältnis zwischen Disziplinarität und Interdisziplinarität im geowissenschaftlichen, speziell
stratigraphischen Raum macht. In einer 2018 veröffentlichten, auf qualitativer
Interviewanalyse basierenden Studie beschreibt er die Interdisziplinarität in
der AWG als Selbstzweck, die ohne nachhaltig transformierende Wirkung auf
etablierte disziplinspezifische Methoden und Praktiken geowissenschaftlicher
Wissensformation bleibt: »[T]he integration of natural scientists comprises a
bridge building between disciplines rather than a unification of existing bodies of
knowledge and a change of discplinary practices«.[59] Ob sich diese Beobachtung
auf Grundlage einer Betrachtung der Gesamtdebatte als Aushandlungsraum
bestätigt, bleibt abzuwarten.

Konzeptionelle und inhaltliche Systematisierung der Debatte

Analytisch lässt sich die Debatte um das Anthropozän in drei Diskursstränge
einteilen. Erstens in die Debatte um das Anthropozän als geologisches Konzept,
wie sie in den Geo-, Bio- und Erdsystemwissenschaften geführt wird. Zweitens

57 Erle C. Ellis, Anthropocene. A very short introduction. Oxford 2018; Simon L. Lewis,
Mark A. Maslin, Defining the Anthropocene, in: Nature 519, 2015, H. 7542, 171–180; Bonneuil, Fressoz, The Shock of the Anthropocene.
58 Renn u. a., Wissen im Anthropozän; ders., The Evolution of Knowledge.
59 Johannes Lundershausen, The Anthropocene Working Group and its (inter-)discipli-
narity, in: Sustainability: Science, Practice and Policy 14, 2018, H. 1, 31–45, hier: 37.

in die geistes- und sozialwissenschaftliche Debatte um das Anthropozän als kulturelles Konzept. Und drittens in die Debatte um das Anthropozän als gesellschaftliches Phänomen, die in bestimmten (medialen) Teilöffentlichkeiten stattfindet.[60] Diese konzeptionelle Systematisierung geht auf den Wissenschafts- und Technikhistoriker Helmuth Trischler zurück und dient als Impulsgeber für den strukturellen Zugriff, den ich in meiner Untersuchung gewählt habe.[61] Dieser Ansatz könnte als bloße Reproduktion des vielfach infragegestellten Dualismus von Natur und Kultur interpretiert werden. Daher sei an dieser Stelle darauf verwiesen, dass diese Systematisierung alleine dem heuristischen Zugriff dient und die Untersuchung nicht auf die Darstellung der Debatte als eine Debatte der zwei Kulturen, sondern vielmehr auf Interaktionsmechanismen zwischen den einzelnen Debattensträngen und beteiligten Akteursgruppen zielt.[62]

Der geowissenschaftliche Diskursstrang hat seinen institutionellen Kern in der 2009 auf Anraten der *Subcommission on Quaternary Stratigraphy* (SQS) gegründeten *Anthropocene Working Group*. Diese ist mit der Aufgabe betraut, die These vom Anthropozän als neuer geologischer Epoche auf ihre wissenschaftliche Evidenz hin zu prüfen und basierend auf eigenen stratigraphischen Untersuchungen einen validen Datierungsentwurf vorzulegen. Dieser sollte dem Ratifizierungsprozess für geochronologische Zeiteinheiten idealerweise standhalten.

Die Debatte um das Anthropozän als kulturelles Konzept kreist um die Erkenntnis, dass die das moderne Denken charakterisierenden Dichotomien wie

---

60 Der Öffentlichkeitsbegriff entzieht sich einer klaren Definition und lässt sich nur kontextspezifisch bestimmen. Erfolgt, sofern im Folgenden von Öffentlichkeit die Rede ist, keine genaue Eingrenzung, beziehe ich mich damit auf die Gesamtheit des außerwissenschaftlichen Bereiches. Dazu zähle ich neben der Politik, der Wirtschaft und der Gesellschaft auch die Medien und Künste – diejenigen Bereiche, die sich in ihrer Arbeit an der Schnittstelle von Wissenschaft und Öffentlichkeit bewegen. Zum Begriff vgl. u. a. Otfried Jarren, Patrick Donges, Politische Kommunikation in der Mediengesellschaft. Eine Einführung. Wiesbaden ³2011, 95–117; Peter U. Hohendahl (Hrsg.), Öffentlichkeit. Geschichte eines kritischen Begriffs. Stuttgart 2000; Sybilla Nikolow, Arne Schirrmacher, Das Verhältnis von Wissenschaft und Öffentlichkeit als Beziehungsgeschichte. Historiographische und systematische Perspektiven, in: Dies. (Hrsg.), Wissenschaft und Öffentlichkeit als Ressourcen füreinander. Studien zur Wissenschaftsgeschichte im 20. Jahrhundert. Frankfurt a. M. 2007, 11–36; Lucian Hölscher, Öffentlichkeit, in: Otto Brunner, Werner Konze, Reinhart Koselleck (Hrsg.), Geschichtliche Grundbegriffe. Historisches Lexikon zur politisch-sozialen Sprache in Deutschland. Bd. 4 Mi-Pre. Stuttgart 1978, 413–467, hier: 465–467; Jürgen Habermas, Strukturwandel der Öffentlichkeit. Untersuchungen zu einer Kategorie der bürgerlichen Gesellschaft. Frankfurt a. M. ⁵1996.
61 Zur Systematisierung der Debatte auf konzeptioneller Ebene vgl. Trischler, The Anthropocene.
62 Zu den zwei Kulturen vgl. Charles P. Snow, Die zwei Kulturen. Literarische und naturwissenschaftliche Intelligenz. Stuttgart 1967. Diejenigen Konzepte, die als Vorläufer des Anthropozäns gelten, gingen von dem menschlichen Einfluss auf Umwelt und Erdoberfläche, noch nicht aber auf das Erdsystem aus.

die von Natur und Kultur fraglich geworden seien und das Verhältnis von Umwelt und Gesellschaft neu bestimmt werden müsse. Sie wird insbesondere in der Geschichtswissenschaft, der Literaturwissenschaft, der Politikwissenschaft, der Anthropologie, der Soziologie und der Philosophie geführt. Auch Vertreter der Rechts- oder Religionswissenschaft nehmen das Konzept mittlerweile auf immer breiterer Front auf. Als kulturelles wie als geologisches Konzept sieht sich das Anthropozän vielfältiger Kritik ausgesetzt. Erst dessen prüfende Begutachtung aber macht die Debatte dynamisch und die Thematik zu einem so kontrovers und divers verhandelten Aushandlungsgegenstand.

Einen Beitrag zu der Dynamik der Debatte leistet die Analyse des Anthropozäns als gesellschaftliches Phänomen. Inwiefern die mediale Verhandlung des Konzepts auf seine wissenschaftliche Verhandlung rückwirkt oder diese gar transformiert, kann im Rahmen dieser Qualifikationsarbeit nicht im Detail untersucht werden. Dennoch ist es, um einer adäquaten Analyse der Fragestellung gerecht zu werden, wichtig, auch diese dritte Ebene des Konzepts stets mitzudenken. Denn dass diese in enger Wechselwirkung zur wissenschaftlichen Verhandlung des Konzepts steht, ist nicht zu leugnen. Daher wäre es verfehlt, den transdisziplinären Bereich gänzlich außen vor zu lassen und die Debatten um das Anthropozän als geologisches und kulturelles Konzept losgelöst von derjenigen um das Anthropozän als gesellschaftliches Phänomen zu betrachten.

Trotz der engen Verwobenheit der einzelnen Diskursstränge der Anthropozändebatte auf praktischer Ebene erweist es sich auf analytischer Ebene als sinnvoll, eine differenzierte Systematisierung der Debatte vorzunehmen – insbesondere in Anbetracht der angestrebten Aufdeckung von Veränderungen im Prozess der Evidenzgenerierung. Eine solche Systematisierung bietet sich nicht allein auf konzeptioneller Ebene an. Inhaltlich setzt sich die Anthropozändebatte aus einzelnen Subdiskurssträngen zusammen, die um spezifische Aspekte des Konzepts kreisen.

Je kleinschrittiger die Analyse und je enger der inhaltliche Fokus sind, desto mehr Subdiskurse treten hervor. Diese können im Rahmen der vorliegenden Arbeit nicht in ihrer Gesamtheit untersucht werden. Deshalb werde ich mich im Analyseteil auf sechs Diskussionsfelder beschränken, welche den geowissenschaftlichen Aushandlungsprozess um das Konzept sowie die geistes- und sozialwissenschaftliche Auseinandersetzung mit diesem am treffendsten abbilden.

Die Evidenzpraktiken in der Debatte um das Anthropozän als geologisches Konzept werden anhand der folgenden drei Teildebatten untersucht: *erstens*, dem Periodisierungsdiskurs, *zweitens*, dem technisch-stratigraphischen Diskurs um geeignete Primär- und Sekundärmarker sowie einen GSSP, die den neuen geologischen Zeitabschnitt definieren, und *drittens*, der Debatte um die Rolle von Technik für die Vergangenheit, Gegenwart und Zukunft des Anthropozäns. Im Hinblick auf die Untersuchung der Evidenzpraktiken, welche die geistes- und sozialwissenschaftliche Auseinandersetzung mit dem Anthropozän strukturieren, werde ich ebenfalls drei Teildebatten näher beleuchten: *erstens* die Diskussion um Verantwortlichkeiten im Anthropozän, *zweitens* den posthumanistischen Diskurs sowie *drittens* die sich jüngst formierende Umsetzung einer lokalen Aneignung des Planetaren.

Fragestellung und Thesen

Das Anthropozän fordert auf allen Ebenen heraus und lässt Grenzen unscharf werden – strukturelle, disziplinäre, inhaltliche und besonders kategoriale.

Der Fokus in der Analyse der Anthropozändebatte liegt auf mehreren, miteinander zusammenhängenden Fragenkomplexen: *Erstens*, auf dem transformativen Potential des Anthropozänkonzepts im intradisziplinären Raum, das, *zweitens*, anhand der Analyse von Aushandlungsprozessen zwischen naturwissenschaftlichen Disziplinen einerseits und geistes- und sozialwissenschaftlichen Disziplinen andererseits greifbar wird. Das Hauptaugenmerk liegt dabei auf der Frage nach einem Wandel in den Evidenzpraktiken. Es interessieren insbesondere die Wechselwirkungsprozesse zwischen Geologie und Geschichtswissenschaft, welche vor allem in der *Anthropocene Working Group*, aber auch in der darüber hinausreichenden Debatte manifest werden. Deswegen wird – zumal deren Zusammensetzung ein absolutes Novum für die Stratigraphie darstellt – den AWG-internen Strukturen und Prozessen sowie deren Ausstrahlung auf über die eigene Gruppe hinausreichende Bereiche in der Analyse gesonderte Aufmerksamkeit geschenkt. Ein weiterer Fokus liegt *drittens* auf den Herausforderungen und Chancen, die sich aus dem Zusammenprall der verschiedenen Temporalitätsdimensionen ergeben, die im Anthropozän zusammenlaufen.

Die Resultate dieser Analysen wiederum leisten alle einen Beitrag zur Beantwortung der auf einer Metaebene zu verortenden wissenschaftsgeschichtlichen Fragestellung nach der Veränderung von Evidenzproduktionsprozessen im Zuge der Debatte um das Anthropozän.

Die Voraussetzung zur Beantwortung dieser Fragestellung bildet die Untersuchung von Praktiken der Evidenzgenerierung und -sicherung in der Debatte um das Anthropozän als geologisches Konzept einerseits sowie derjenigen um das Anthropozän als kulturelles Konzept andererseits. In der Analyse werde ich mich folglich auf zwei der drei identifizierten konzeptionellen Debattenstränge beschränken. Dass die Debatten um das Anthropozän auf diesen Ebenen zwar einerseits den jeweils historisch gewachsenen und damit sozial und kulturell gefestigten Prozeduren, Praktiken und Normen der Wissensproduktion und Evidenzsicherung entsprechen, andererseits aber die Unterschiede der Evidenzproduktion und -sicherung zwischen den einzelnen Ebenen im Verlauf der Debatte allmählich aufweichen und zunehmend in Frage gestellt werden, bildet auf theoretischer Ebene eine Ausgangsthese.

Konkret strukturieren folgende Leitfragen die Untersuchung der Prozesse der
Evidenzgenerierung und -sicherung: Welches Wissen von wem gilt warum, wann
und wo als legitim? Welche Evidenzpraktiken erweisen sich in welchem Kontext
als funktional, und verändert sich der kontextspezifische Einsatz spezifischer
Praktiken im Verlauf der Debatte? Es gibt Schwierigkeiten, die sich daraus ergeben, dass sich die verschiedenen Akteursgruppen unterschiedlicher disziplinspezifischer Methoden, Argumentations- und Interpretationsmuster bedienen. Dies
kann dazu führen, dass aus gleichen Sachverhalten unterschiedliche Evidenzen
resultieren. Wie gehen die an der Debatte beteiligten Akteure mit diesem Spannungsverhältnis um? Verursacht die Anthropozändebatte eine Destabilisierung
disziplinspezifischer Evidenzpraktiken? Und stößt sie infolgedessen Transformationsprozesse im Prozess wissenschaftlicher Wissensgenerierung an, die in
konzeptioneller und methodischer Hinsicht disziplinäre Ansätze, etwa in Bezug
auf Zeitlichkeitsmodelle, über die Anthropozändebatte hinausgehend nachhaltig verändern? Zieht die Kommunikation auf divergierender methodischer
Ebene eine Verstärkung der gegenseitigen Abgrenzung nach sich oder lassen
sich tiefergehende Annäherungsmuster identifizieren? Lösen sich Unterschiede
bereichsspezifischer Evidenzpraktiken in der Anthropozändebatte auf?

Der Fokus des Interesses liegt insbesondere auf der Frage danach, wie sich die
Kommunikation zwischen der Geologie und der Geschichtswissenschaft verändert, die als Expertinnen für Zeitlichkeit beide von der Debatte ganz unmittelbar betroffen sind und in ihren methodischen und disziplinären Grundfesten
erschüttert werden. Bereits die in der Ursprungsthese gewählte Formulierung
verweist auf die Verbindung sowie die Zentralität der von der Fragestellung
nach einem neuen, nach dem Menschen benannten geologischen Zeitabschnitt
betroffenen und in besonderem Maße herausgeforderten Disziplinen der Geologie einerseits sowie der Geschichtswissenschaft andererseits. Mit dem Titel
»Geology of Mankind« setzen Crutzen und Stoermer von Beginn an eine Auseinandersetzung mit einander auf den ersten Blick ausschließenden Temporalitätsvorstellungen auf die Tagesordnung.[63] Lässt sich historische Zeit ohne weiteres von geologischer Zeit trennen, wie es seit der Aufklärung in vermeintlich
oppositionell zueinander stehenden Kategoriensystemen praktiziert wird? Geht
es nicht vielmehr darum, die menschliche, die historische, die archäologische
Zeit als Teil der geologischen Zeit beziehungsweise als in die geologische Zeit
hineinwirkende und die geologische als die in die historische Zeit hineinwirkende Kraft zu verstehen? Und spiegelt sich in ebendieser Wechselwirkung nicht
gerade die mit dem Anthropozändiskurs neu entfachte Forderung danach, dem
Denken in den mit der Ankunft der Moderne übernommenen und mittlerweile
überkommenen Kategorien von Natur und Kultur den Rücken zu kehren und
sich stattdessen auf die Wechselwirkungen zwischen beiden zu konzentrieren?

---

63 Crutzen, Geology of mankind.

Wie gehen Historiker konkret mit der Herausforderung um, geologische Zeitdimensionen in ihr Denken zu integrieren? Wie gestaltet sich die interne Situation parallel dazu in der Geologie, in deren Temporalitätsdimension die historische Zeit bisher einen »little passing blip« darstellte, die nun, da der Mensch begrifflich und stratigraphisch als geologischer und erdsystemischer Faktor verhandelt wird, nicht mehr zu ignorieren ist?[64] Geologische und historische Zeitvorstellungen verknüpfen sich in der wissenschaftlichen Debatte um den Beginn des Anthropozäns zu einer unauflösbaren Gemengelage. Diese Verbindung verleiht nicht nur Ernst Blochs Idee von der Gleichzeitigkeit des Ungleichzeitigen eine neue Dimension.[65] Auch die Thesen des Historikers Reinhart Koselleck scheinen aktueller denn je. Koselleck thematisierte die scheinbare Unvereinbarkeit natur- und geschichtswissenschaftlicher Zeitdimensionen bereits in seinem im Jahr 2000 veröffentlichten Werk *Zeitschichten* und provozierte unter Historikern damit eine grundlegende Diskussion um das Wesen der Geschichtswissenschaft. In Analogie zur geowissenschaftlichen Disziplin, deren Zeitbegriff auf materielle Zeitschichten bezogen ist, spricht Koselleck von der Mehrschichtigkeit historischer Zeitlichkeit. Es kommt nicht von ungefähr, dass er seine Überlegungen mit Beispielen illustriert, die um 1800, und damit in der Sattelzeit, angesiedelt sind – demjenigen Zeitraum, in dem sich die das moderne Denken charakterisierende Dichotomie von geologischer Zeit einerseits und historischer Zeit andererseits herausbildete. Kosellecks Plädoyer für die Untrennbarkeit von Raum- und Zeitdimensionen und die inhärente Vielschichtigkeit historischer Zeitlichkeit gewinnt nun, angesichts anthropozäner Fragestellungen, neu an Gewicht.[66]

Der Versuch, die sich so grundlegend voneinander unterscheidenden Zeitvorstellungen zusammenzudenken, stellt gleichermaßen eine Provokation wie eine Herausforderung dar. Während sich Historiker mit der Herausforderung konfrontiert sehen, Schichtenmodelle historischer Zeitlichkeit zu konzeptualisieren, sind Geologen dazu aufgefordert, ihre Argumente mit historischen Ereignissen zu verbinden. Doch trotz aller Herausforderung: Auf disziplinärer

64 Jan A. Zalasiewicz, Leicester 20.06.2017.

65 Der Begriff der Ungleichzeitigkeit wurde auf vielfältige Weise genutzt und vereint unterschiedliche Bedeutungen in sich; vgl. dazu Falko Schmieder, Gleichzeitigkeit des Ungleichzeitigen, in: Zeitschrift für kritische Sozialtheorie und Philosophie 4, 2017, H. 1–2, 325–363. Einen Markstein in Bezug auf das Konzept der Gleichzeitigkeit des Ungleichzeitigen stellt die Beschäftigung mit demselben durch den Philosophen Ernst Bloch in den 1930er-Jahren dar. Er verwendete den Begriff in seiner Auseinandersetzung mit dem Nationalsozialismus und referierte damit auf den diachronen Charakter gesellschaftlichen Fortschritts; vgl. Ernst Bloch, Erbschaft dieser Zeit. Frankfurt a. M. 1985.

66 Reinhart Koselleck, Hans-Georg Gadamer, Zeitschichten. Studien zur Historik. Frankfurt a. M. ³2013. Zu Zeitvorstellungen in der Geschichtswissenschaft vgl. außerdem Rüdiger Graf, Zentrum für Zeithistorische Forschung Potsdam, Zeit und Zeitkonzeptionen in der Zeitgeschichte. s.l. 2012 (zuletzt aufgerufen am 04.04.2018).

Ebene wohnt diesem Versuch ebenfalls großes Potential inne – das Potential, bestimmte Phänomene und Ereignisse multiperspektivisch zu betrachten, bisher verdeckte Ursache-Wirkungs-Prozesse zu erkennen sowie disziplinäre Grenzen zu überwinden.

Methodisches Vorgehen

Wie einleitend erwähnt liegt der Untersuchung ein Methodenmix aus Literaturanalyse, Experteninterview, teilnehmender Beobachtung und (sozialer) Netzwerkanalyse zugrunde. Dies ist nicht zuletzt der hohen Aktualität und Multiperspektivität der Anthropozändebatte geschuldet, die geradezu dazu auffordert, disziplinspezifische Methoden unter bewusster Reflexion zu ergänzen.

Das soll nicht heißen, dass dies unter wahllosem Rückgriff auf fachfremde methodische Mittel geschehen und die etablierte historische Methodik völlig außer Acht gelassen werden darf. Auch Quellenbestände sind für die wissenschaftsgeschichtliche Untersuchung einer solch aktuellen Debatte von hoher Relevanz. Nicht nur die punktuell skizzierten historischen Vergleiche zu anderen disziplinübergreifenden Debatten, denen umwälzendes Potential innewohnte, beruhen auf der Sichtung relevanter Quellenbestände. Gleiches ist für die Rekonstruktion derjenigen Entwicklungslinien und desjenigen historischen Kontextes zu konstatieren, die zur Entwicklung der Phänomene, die das Anthropozänkonzept beschreibt, und damit zur Entstehung des Konzepts beigetragen haben.

Ein Hauptbestandteil des zugrundeliegenden Materials stellt der sich seit der Begriffsbildung durch Paul Crutzen im Jahr 2000 stetig weiter ausdifferenzierende Literaturkorpus dar. Neben zahlreichen Monographien, die sich mit dem Anthropozän auseinandersetzen, fußt die Arbeit auf einer systematischen Analyse der drei seit den Jahren 2013 beziehungsweise 2014 existierenden Zeitschriften *The Anthropocene Review, Elementa. Science of the Anthropocene* und *Anthropocene*, die je einen inter- beziehungsweise gar transdisziplinären Anspruch erheben. Besonders *The Anthropocene Review* gilt im Hinblick auf die Gesamtdebatte als zentrales Publikationsorgan. Die systematische Durchsicht dieser Zeitschriften gibt den Blick auf die Genese, Struktur und Entwicklung der Debatte frei und erweist sich im Hinblick auf die Beantwortung der übergreifenden Fragestellung nach Interaktionsmechanismen zwischen den Disziplinen im Prozess wissenschaftlicher Wissensproduktion als äußerst gewinnbringend.

Um eine ergebnisorientierte Analyse für eine unabgeschlossene Debatte zu gewährleisten, wurde der systematische Leseschnitt mit September 2018 festgesetzt.[67] Dies liegt einerseits in der im Juni 2018 erfolgten Ratifizierung des

---

67 Der systematische Leseschnitt betrifft nur die drei genannten Anthropozänzeitschriften.

Meghalayums begründet, die ein historisierendes Moment für die Anthropozändebatte darstellt und seither verstärkt an die Öffentlichkeit dringt.[68] Zum anderen fand im September 2018 das genannte Treffen der *Anthropocene Working
Group* statt, bei dem sich abzeichnete, dass es ab sofort um den letzten Schritt
auf dem Weg zur Formalisierung gehen sollte: die Suche nach einem geeigneten
GSSP, um die These vom Beginn des Anthropozäns in den 1950er-Jahren stratigraphisch zu untermauern.

Aufgrund der Fülle an Publikationen konnte die Literaturanalyse keine Total-
erhebung aller relevanten Texte zum Anthropozän leisten. Die Untersuchung des
geowissenschaftlichen Diskursstrangs stützt sich primär auf die Auswertung der
von der *International Commission on Stratigraphy* (ICS), der *Subcommission on
Quaternary Stratigraphy* und der *Anthropocene Working Group* veröffentlichten
Materialien wie Berichte, Sitzungs- und Abstimmungsprotokolle, Interviewmaterial sowie Ergebnispublikationen.

Die Untersuchung des geistes- und sozialwissenschaftlichen Diskursstrangs
konzentriert sich auf Texte, die das Theorie-, Methoden- und Konzeptions-
verständnis der jeweiligen Disziplin im Lichte des Anthropozäns auf den Prüfstand stellen und vor dem Hintergrund des disziplinären Koordinatensystems
Bezug auf die naturwissenschaftlichen Prozesse der Evidenzgenerierung nehmen. Einen Schwerpunkt bildet dabei wie bereits erwähnt die Auswertung der
Artikel der Zeitschrift *The Anthropocene Review*, die sich nicht nur den Naturwissenschaften, sondern verstärkt und ganz explizit auch den Geistes- und
Sozialwissenschaften öffnet. Neben der reichhaltigen Literatur basieren auch
die Ausführungen zur Debatte um das Anthropozän als kulturelles Konzept
auf aus Experteninterviews gewonnenem Interviewmaterial. Der Experten-
status definiert sich dabei in erster Linie über die aktive Partizipation an den
zu untersuchenden Prozessen. Zwar wird die Methode der Oral History, die in
Disziplinen wie der Ethnologie oder der Soziologie auf eine deutlich längere
Tradition zurückblicken kann und in Europa erst seit den späten 1970er-Jahren
Eingang in das geschichtswissenschaftliche Arbeiten gefunden hat, von vielen
Historikern noch immer kritisch gesehen.[69] Dennoch hat sie in den letzten
Jahren zunehmend und Bedeutung gewonnen und wird mehr und mehr, vor-
nehmlich als Ergänzung zu anderen Quellentypen, zu schätzen gelernt. So-
fern der Einsatz von Oral History reflektiert und unter Auseinandersetzung
mit den methodischen Fallstricken erfolgt, kann Interviewmaterial für die Ge-

---

68 Das Meghalayum ist die jüngste Subepoche des Holozäns, der gegenwärtigen geologischen Epoche.
69 Vgl. hierzu exemplarisch Julia Obertreis (Hrsg.), Oral History. Stuttgart 2012; Linde
Apel, Knut Andresen (Organisatoren), Glauben, was man hört. Hören, was man glaubt? Zeitgeschichtliche Potenziale von Interviews und Oral History. Hamburg 23.09.2016 (51. Deutscher Historikertag, 20.–23. September 2016); Renn u. a., Wissen im Anthropozän.

schichtswissenschaft durchaus sinnvoll nutzbar gemacht werden.[70] Gerade weil
es sich bei der Anthropozändebatte um einen andauernden Diskurs handelt,
bietet sich hier die aus historischer Vorgehensweise äußerst seltene Chance, die
Untersuchungsperspektive auf vielversprechende Weise zu ergänzen. So spielt
auch die methodische Andersartigkeit eine Rolle, wenn Wissenschaftshistoriker wie Jürgen Renn konsequenterweise konstatieren, dass die Anthropozändebatte gleichsam als Chance zu verstehen ist, eine neue Wissensordnung zu
schaffen.[71]

Als wichtig erwies es sich, bei der Auswahl der Interviewpartner darauf zu
achten, dass das Interviewsample sowohl die disziplinäre Vielfalt der Debatte
als auch deren globale Realität widerspiegelt. Insgesamt besteht das Sample
aus 25 semi-strukturierten, leitfadenbasierten Interviews, die sich auf drei Akteursgruppen verteilen. Für jede der drei Gruppen wurde ein eigener Leitfaden
entwickelt. Diese gliedern sich entsprechend der zentralen Fragestellung der
Arbeit in bestimmte Themenfelder. Während diese sich in großen Teilen über-
schneiden, um Vergleichbarkeit und Validität zu sichern – so wurden etwa
alle Interviewpartner zum Arbeitsprozess der *Anthropocene Working Group*,
inter- und transdisziplinärer Zusammenarbeit, Veränderungen in Bezug auf
Herstellungs- und Anwendungszusammenhänge von Evidenz sowie mögliche
politische und sozio-ökonomische Folgen der Anthropozändebatte befragt –,
war es im Hinblick auf das Erkenntnisziel und die Gruppenzugehörigkeit dennoch notwendig, bestimmte Inhalte zu differenzieren.

Da ein analytischer Fokus auf der *Anthropocene Working Group* selbst liegt,
setzt sich eine Gruppe an Interviewten aus acht Mitgliedern der Arbeitsgruppe
zusammen. Die zweite Gruppe, bestehend aus 14 Befragten, bilden für die
Anthropozändebatte zentrale Vertreter aus geistes-, sozial- und naturwissenschaftlichen Disziplinen, die nicht Mitglieder der AWG sind. Um der mitgedach-
ten Frage nach für die Debatte um das Anthropozän relevanten Wechselwirkungsprozessen zwischen Wissenschaft und bestimmten (Teil-)Öffentlichkeiten
Rechnung zu tragen, sind zudem drei Personen Teil des Samples, die an der
Schnittstelle von Wissenschaft und Öffentlichkeit agieren und eine Kommuni-
kations- und Vermittlerrolle bekleiden.

Das transkribierte Interviewmaterial wurde in Anlehnung an Michael Meuser
und Ulrike Nagel ausgewertet und wird in vorliegender Arbeit teils in anony-

70 Zur Methode der Oral History vgl. u. a. Peter Atteslander, Methoden der empirischen
Sozialforschung. Berlin [13]2010; Ulrike Froschauer, Manfred Lueger, Das qualitative Interview.
Zur Praxis interpretativer Analyse sozialer Systeme. Wien 2003; Alexander Bogner, Beate Lit-
tig, Wolfgang Menz (Hrsg.), Experteninterviews. Theorien, Methoden, Anwendungsfelder.
Wiesbaden [3]2009; Uwe Kaminsky, Oral History, in: Hans-Jürgen Pandel, Gerhard Schneider
(Hrsg.), Handbuch Medien im Geschichtsunterricht. Schwalbach [6]2011, 483–499.
71 Renn u. a., Wissen im Anthropozän.

misierter Form verwendet.[72] Die anonym behandelten Interviews lassen keinen Rückschluss auf die Identität der Person zu, sind jedoch so kodiert, dass nachvollziehbar bleibt, welcher der drei Gruppen der Befragte angehört (Kodierung siehe Anhang).

Daneben greife ich in der Untersuchung punktuell zusätzlich auf Methoden der sozialen Netzwerkanalyse zurück. Der Einsatz von Netzwerkanalyse erlaubt nicht nur die Visualisierung von Strukturen und Zusammenhängen, sondern bietet darüber hinaus eine Möglichkeit, sich aus Textanalyse und Interviewauswertung ergebende Aussagen gegenzuprüfen.[73]

Anhand von Netzwerken lassen sich für die nun gut zwei Jahrzehnte andauernde Debatte um das Anthropozän einzelne Phasen sowie inhaltliche Schwerpunktsetzungen identifizieren. Außerdem präsentiert sich diese Form der Visualisierung als ein Mittel, das dabei hilft, Rückschlüsse auf ausschlaggebende Faktoren innerhalb sozialer sowie inhaltlicher Beziehungsgefüge zu ziehen. Zudem kann die durch den Einsatz von vergleichender sozialer Netzwerkanalyse erreichte Visualisierung Aufschluss über einschlägige Momente in der Debatte geben, die sowohl auf inhaltlicher als auch auf struktureller Ebene eine dynamisierende Wirkung entfalten, was sich in einer Art Feedbackloop nicht zuletzt auch in den in den Netzwerken erkennbaren personellen Konstellationen niederschlägt.

Trotz allen Potentials, die Netzwerkanalyse wird auch vielfach kritisiert.[74] Sie dient in dieser Arbeit nicht als Leitmethode, die die Analyse strukturiert. Vielmehr wird sie in ausgewählten Fällen als Visualisierungstool genutzt, insbesondere für ein erneutes Gegenprüfen von Hypothesen.

Ein letzter Bereich, der den angewendeten Methodenmix komplettiert, bilden Erkenntnisse, die auf teilnehmender Beobachtung beruhen. Das Setting hierfür

---

72 Zur Methodik vgl. Michael Meuser, Ulrike Nagel, Das Experteninterview. Konzeptionelle Grundlagen und methodische Anlage, in: Susanne Pickel u. a. (Hrsg.), Methoden der vergleichenden Politik- und Sozialwissenschaft. Neue Entwicklungen und Anwendungen. Wiesbaden 2009, 465–479; dies., Experteninterview und der Wandel in der Wissensproduktion, in: Alexander Bogner, Beate Littig, Wolfgang Menz (Hrsg.), Experteninterviews. Theorien, Methoden, Anwendungsfelder. Wiesbaden ³2009, 35–60; Dorothee Wierling, Oral History, in: Michael Maurer (Hrsg.), Aufriß der historischen Wissenschaften. Neue Themen und Methoden der Geschichtswissenschaft. Stuttgart 2003, 81–151.

73 Marten Düring u. a. (Hrsg.), Handbuch Historische Netzwerkforschung. Grundlagen und Anwendungen. Berlin 2016; Christian Stegbauer, Roger Häussling (Hrsg.), Handbuch Netzwerkforschung. Wiesbaden 2010.

74 Die Archäologen Tom Brughmans, Anna Collar und Fiona Susan Coward identifizieren vier verschiedene Herausforderungen, die mit der Netzwerkanalyse assoziiert werden: methodische Herausforderungen, räumlich-chronologische Herausforderungen, Probleme, die sich aus den zugrundeliegenden Daten ergeben, sowie interpretative Herausforderungen; vgl. hierzu Tom Brughmans, Anna Collar, Fiona S. Coward (Hrsg.), The Connected Past. Challenges to Network Studies in Archaeology and History. Oxford 2016. Vgl. auch Arnold Windeler, Unternehmungsnetzwerke. Konstitution und Strukturation. Wiesbaden 2001, 91–123.

boten Tagungen und Konferenzen zum Anthropozän, bei denen namhafte Vertreter der Anthropozändebatte zugegen waren. Neben dem Treffen der *Anthropocene Working Group* am 5.–8. September 2018 zählen dazu der *Anthropocene Campus* in Philadelphia im Oktober 2017, eine geisteswissenschaftliche Tagung zum Thema *Interdisziplinäre Perspektiven auf das Anthropozän-Konzept* in Vechta, ebenfalls im September 2018 oder auch der *Third International Congress on Stratigraphy*, der am 2.–5. Juli 2019 in Mailand stattfand, um nur einige Beispiele zu nennen.

Zweifelsohne ist die Teilnahme an solchen Tagungen in hohem Maße zielführend und leistet einen erheblichen Beitrag im Hinblick auf die Beantwortung der Fragestellung. Zudem dient sie gewissermaßen als Praxistest anhand dessen überprüft werden kann, ob sich die a priori angestellten Überlegungen bestätigen: Aushandlungsprozesse um Inhalte sowie die zwischen einzelnen Disziplinen ablaufenden Prozesse werden greifbar, und es kann aktiv und unmittelbar mitverfolgt werden, wie Wissen in einem für eine stratigraphische Arbeitsgruppe ungewöhnlichem Setting formiert wird.

Aufbau der Arbeit

Das Kap. 1 zeichnet zunächst die Entwicklung und Spielregeln der Geologie als wissenschaftliche Disziplin nach. Ein besonderer Fokus liegt dabei auf der Stratigraphie. Um die Neuartigkeit stratigraphischer Evidenzproduktion durch die *Anthropocene Working Group* auf struktureller wie argumentativer Ebene angemessen beurteilen zu können, nimmt dieses Kapitel sowohl die Entstehungsgeschichte der geowissenschaftlichen Disziplin als auch die Geschichte stratigraphischer Entscheidungsfindung sowie die diesem Prozess zugrundeliegende Methodik, die bis zum heutigen Zeitpunkt gültig ist, unter die Lupe. Am Beispiel zweier kontrovers verhandelter geochronologischer Zeitabschnitte, dem Quartär auf Systemebene sowie dem Holozän auf Epochenebene, wird der etablierte stratigraphische Aushandlungs- und Evidenzbereitstellungsprozess exemplarisch aufgezeigt. Dieses Hintergrundwissen ist nicht nur nötig, um das Verständnis der in der Analyse folgenden Ausführungen zu gewährleisten, sondern darüber hinaus, um zu verdeutlichen, inwiefern und weshalb die Verhandlung des Anthropozäns als neue geologische Epoche eine Provokation an geowissenschaftliche Disziplinen darstellt und etablierte Evidenzpraktiken außer Kraft setzt. Zudem wird die Andersartigkeit geschichtswissenschaftlicher Evidenzgenerierung vor dem Hintergrund geowissenschaftlicher Mechanismen der Evidenzerzeugung explizit.

Die Kap. 3 bis 6 widmen sich sodann der wissenschaftlichen Debatte um das Anthropozän. Der Analyseteil gliedert sich entsprechend der konzeptionellen Systematisierung der Debatte. Dem vorgelagert steht Kap. 2, das die historischen

Voraussetzungen für die Entstehung der Debatte und die Frühphase der Anthropozändebatte von der Begriffsprägung durch Paul Crutzen im Jahr 2000 bis hin zur Gründung der *Anthropocene Working Group* 2009 beleuchtet. Die Betrachtung dieses präinstitutionellen Zeitraums gibt den Blick auf die Ursprünge der sich ausbildenden Subdiskursstränge und Akteurskonstellationen frei, die die Debatte in den Folgejahren charakterisieren und strukturieren sollten. Hier ist die Ausdifferenzierung der Debatte auf konzeptioneller Ebene in eine Debatte um das Anthropozän als geologisches Konzept, als kulturelles Konzept und als gesellschaftliches Phänomen noch nicht erfolgt.

Die tatsächliche Analyse der Debatten um das Anthropozän als geologisches Konzept einerseits und als kulturelles Konzept andererseits erfolgt in den folgenden vier Kapiteln jeweils zweigeteilt. Beiden Debattensträngen widme ich ein Akteurskapitel. Dieses stellt die jeweils zentralen Akteure der geowissenschaftlichen sowie der geistes- und sozialwissenschaftlichen Debatte ins Zentrum der Untersuchung. Ziel ist es dabei, Umgangsformen mit den disziplinspezifischen Herausforderungen des Anthropozäns aufzudecken und ausgehend davon nach Transformationsprozessen im Hinblick auf etablierte Evidenzpraktiken zu fragen. Ist dies für beide Debattenstränge auf struktureller Ebene erfolgt, so werden die Annahmen anhand inhaltlicher Analysen ausgewählter Subdiskurse der Debatte in den Kapiteln 4, *Evidenz geowissenschaftlich gedacht*, und 6, *Evidenz geistes- und sozialwissenschaftlich gedacht*, überprüft.

Die Analyse beginnt mit der geologischen Verhandlung des Konzepts. Ausgangspunkt hierfür bildet die Gründung der *Anthropocene Working Group* im Jahr 2009 und damit die offizielle, ab diesem Zeitpunkt sich auf institutionalisierter Ebene abspielende, wissenschaftliche Überprüfung der These des Menschen als geologischem Faktor. Weil die Arbeitsgruppe zentrale Instanz wie Akteurin der geowissenschaftlichen Debatte um das Anthropozän ist und sich in ihr Provokation, Herausforderung und Neuartigkeit auf besondere Weise vereinen, steht sie im Zentrum der Analyse. Nicht nur anhand von Prozessen, die sich innerhalb der AWG abspielen, sondern auch in Aushandlungsprozessen mit unterschiedlichen disziplinären Communities wird greifbar, dass veränderte Konstellationen eine transformative Wirkung auf den Evidenzproduktionsprozess entfalten. Auf Grundlage von mit Mitgliedern der Arbeitsgruppe geführten Interviews sowie der Teilnahme an ihren Treffen war es möglich, AWG-interne Strukturen und Prozesse der Debatte sichtbar zu machen, die sich für gewöhnlich hinter verschlossenen Türen abspielt. Das Aufdecken dieser Prozesse leistet einen wesentlichen Beitrag zum strukturellen Verständnis der Gesamtdebatte.

Das darauffolgende Kapitel *Evidenz geowissenschaftlich gedacht* prüft die dabei gewonnenen strukturellen Ergebnisse und theoretischen Annahmen anhand der inhaltlichen Fokussierung auf drei für die geowissenschaftliche Verhandlung des Konzepts zentrale Subdiskursstränge. Insbesondere der Diskurs um die Periodisierung des neuen geochronologischen Zeitabschnitts eignet sich

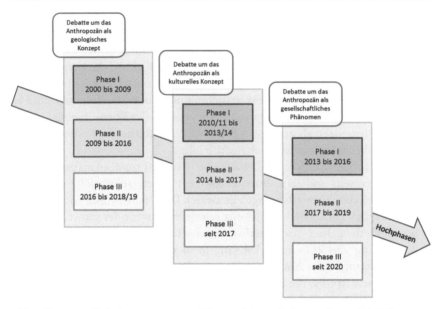

Abb. 2: Konzeptuelle Debattenstränge und die zugehörigen Debattenphasen. Die Debatte um das Anthropozän als geologisches Konzept ist in Phase I noch erdsystemwissenschaftlich dominiert, Quelle: Fabienne Will.

dazu, Wissensproduktionsprozesse nachzuzeichnen, die sich primär innerhalb der geowissenschaftlichen Community abspielen. Debattenchronologisch ist der Periodisierungsdiskurs die am frühesten entstehende und sich am frühesten ausdifferenzierende Subdebatte. Zudem handelt es sich hierbei um denjenigen Strang, der sich im Hinblick auf die Gesamtdebatte als eine Art Metadiskurs präsentiert: Letztlich erwachsen alle anderen identifizierten und in vorliegender Arbeit untersuchten Subdiskurse einzelnen, in der Periodisierungsdebatte enthaltenen und verhandelten Aspekten. Periodisierungsfragen zählen zu den zentralen Diskussionsfeldern der Stratigraphie. Sind die einer Formalisierung vorgelagerten Fragestellungen zufriedenstellend beantwortet und wird im Zuge dessen für die Annahme eines von entsprechender Seite vorgebrachten Formalisierungsvorschlages gestimmt, wird der betreffende Zeitabschnitt der Geologischen Zeitskala hinzugefügt. In Bezug auf das hier untersuchte Anthropozän würde dieses im Spektrum möglicher Zeiteinheiten als Epoche firmieren. In diesem Falle wären aus geowissenschaftlicher Sicht vorerst alle relevanten Fragen geklärt, und die Debatte um das Anthropozän wäre zunächst abgeschlossen. Und genau dieses Ad-acta-Legen infolge einer Abstimmung ist es, was die geowissenschaftliche Evidenzpraxis dem geisteswissenschaftlichen Vorgehen gegenüber so kontrastiv erscheinen lässt und was es so interessant macht, einen Blick hinter

die Kulissen zu werfen und den Fokus dabei insbesondere auf Wechselwirkungs-
und Aushandlungsprozesse zwischen naturwissenschaftlichen und geistes- und
sozialwissenschaftlichen Disziplinen zu richten.

Die Subdebatte um geeignete Primär- und Sekundärmarker sowie einen
Global Stratotype Section and Point (GSSP) ist ein eng mit der Periodisierungsfrage verbundenes, zweites Diskussionsfeld, das primär Geologen vorbehalten
ist. Die Bestimmung eines Primärmarkers, der die Globalität und Synchronität
des Übergangs markiert, und die Entscheidung für einen Periodisierungsvorschlag sind kausal miteinander verknüpft. Beide Fragen sind in der internen
geowissenschaftlichen Debatte um das Anthropozän mittlerweile weitestgehend
beantwortet. Keineswegs aber lässt sich Gleiches für die geforderte Festlegung
der Sekundärmarker konstatieren. Da es den Rahmen des Kapitels sprengen
würde, die diskutierten Sekundärmarker in ihrer Vollständigkeit abzubilden,
werde ich mich in der Darstellung auf drei *Proxies* beschränken, die aufgrund
ihrer geologischen Neuartigkeit besonders hervorstechen und im Zuge dessen
besonders kontrovers diskutiert werden.[75] Die gewählten Sekundärmarker –
Plastik, Technofossilien und das Masthuhn – entfalten in der Debatte eine
Disziplingrenzen verwischende Wirkung, die in unterschiedliche Richtungen
ausstrahlt. Insbesondere die Omnipräsenz der genannten Sekundärmarker im
alltäglichen Leben leistet einen Beitrag zur Öffnung und Anschlussfähigkeit des
einst rein technisch-stratigraphischen Untersuchungsfeldes gegenüber geistes-
und sozialwissenschaftlichen sowie öffentlichen Diskussionen. Doch die transformative Wirkung auf eingeübte Evidenzpraktiken wird nicht nur von dem
Öffnungsprozess selbst angestoßen. Darüber hinaus stößt die Brückenfunktion
der genannten Sekundärmarker Wechselwirkungsprozesse im Bereich der Evidenzproduktion an. Und auch die normative Aufladung der Debatten um diese
drei potentiellen Marker außerhalb des naturwissenschaftlichen Bereichs trägt
zur Entfaltung des konstatierten transformativen Potentials bei.

Noch gänzlich im Werden begriffen präsentiert sich die Suche nach einem
geeigneten GSSP, der in der Geologie Beginn und Ende zweier aufeinanderfol-
gender Zeiteinheiten markiert. Dennoch sind die erforderlichen Bohrungen und
Analysen bereits in vollem Gange – ein Ergebnis wird für das Jahr 2022 erwartet.
In diesem Kapitel wird die Unabgeschlossenheit der Debatte besonders explizit.
Und möglicherweise ist es gerade diese Offenheit, die einen unverstellten Blick
auf die tatsächlichen Praktiken der Evidenzerzeugung freigibt.

Wissenschaft und Technik kommt in Bezug auf die Herausbildung moderner
Gesellschaften eine zentrale Rolle zu. Erst die umfassende Technisierung aller
Lebensbereiche, deren Anfänge weit in die Geschichte zurückreichen, haben
jene Eindringtiefe des Menschen in das Erdsystem ermöglicht, die heute Dis-

---

75 Die Begriffe *marker* und *proxy* werden in der geowissenschaftlichen Fachsprache synonym verwendet.

kussionsgegenstand der Debatte um das Anthropozän ist. Die beiden zentralen geowissenschaftlichen Subdiskurse der Anthropozändebatte um die Periodisierung einerseits sowie um Marker und GSSP andererseits sind daher eng mit Fragen nach technikhistorischen Prozessen und deren Wirkung auf den Planeten Erde und dessen Bewohner verbunden. So hat sich als weiterer Subdiskurs eine multidimensionale Teildebatte um das Wesen von Technik selbst, genauer ihre Entstehungsgeschichte, ihre gegenwärtige Wirkungsdimension und ihr künftiges Lösungspotential, etabliert. Technologie erweist sich darin nicht nur als Zeitenbrücke, sondern offenbart fernerhin eine Vermittler- und Übersetzungsfunktion, die disziplinspezifische Erkenntnisinteressen und methodische Herangehensweisen in Dialog miteinander bringt. Mitunter ist es diese Eigenschaft von Technik, die die Anschlussfähigkeit des genannten Diskursstranges sowohl für den naturwissenschaftlichen als auch für den geistes- und sozialwissenschaftlichen Bereich erklärt.

Erstens wird dieses Kapitel die Diskussionen um das Geoengineering beleuchten. Ziel ist es dabei nicht, einen vollständigen Überblick über diese facettenreiche Debatte zu geben, die sich durch enormes Provokationspotential auszeichnet. Vielmehr werden im Sinne der übergeordneten Fragestellung nach Veränderung in Evidenzproduktionsprozessen die Art und Weise der anthropozäninternen Aushandlung, Einbindung und Position einzelner AWG-Mitglieder in der breiteren Geoengineering-Debatte sowie daraus resultierende Effekte auf die etablierten geowissenschaftlichen Evidenzpraktiken der AWG in den Blick genommen. Zweitens werden die Konzepte der Technosphäre und des Technozäns diskutiert, die bereits in ihrer Begrifflichkeit den analytischen Anspruch signalisieren, die (lange) Gegenwart als eine von Technik nicht nur geprägte, sondern dominierte Periode zu fassen.

Im Fokus des Interesses steht auch hierbei die Frage nach Veränderungen im (wissenschaftlichen) Evidenzproduktionsprozess im Allgemeinen sowie der Nutzung disziplinspezifischer Evidenzpraktiken im Besonderen.

In Analogie zum gewählten Vorgehen für die Analyse der Debatte um das Anthropozän als geologisches Konzept schließt nun ein Kapitel an, das zentrale Akteure der geistes- und sozialwissenschaftlichen Debatte um das Anthropozän als kulturelles Konzept in den Blick nimmt. Zunächst einmal soll dabei das Tableau beteiligter Disziplinen entfaltet werden. Die Untersuchung des von geisteswissenschaftlicher Seite formulierten Erkenntnisinteresses und der methodischen Herangehensweise an die Thematik gibt den Blick auf zentrale Unterschiede, insbesondere zur geowissenschaftlichen Verhandlung des Konzepts, frei. In der Aneignung einer geologischen These von geistes- und sozialwissenschaftlicher Seite selbst liegt bereits eine Besonderheit des Konzepts. Die Frage danach, inwieweit ein Öffnungs- und Einschließungsprozess gegenüber und von naturwissenschaftlichen Herangehensweisen zu erkennen ist, verdient gesonderte Aufmerksamkeit. Ob das Anthropozän im geistes- und sozialwissenschaftlichen Bereich in Bezug auf etablierte Evidenzpraktiken ähnlich tiefgreifende Transformationsprozesse anzustoßen vermag wie im geowissenschaftlichen Raum, wird dieses Kapitel untersuchen. Trotz der breit angelegten Perspektive wird der Fokus dabei auf den Geschichtswissenschaften liegen – mitunter verbunden mit der zweiten übergeordneten Fragestellung nach einem Wandel nicht nur in Bezug auf disziplinspezifische Vorstellungen von Zeitlichkeit, sondern auch bezüglich der Entwicklung neuer Temporalitätsmodelle. Die im Zentrum der Analyse stehenden Geschichtswissenschaften führen Schwierigkeiten, Möglichkeiten und auch das methodisch-innovative Potential vor Augen, das ein solcher, temporaler Öffnungsprozess nach sich zieht.

Die in Kap. 5 zur Debatte um das Anthropozän als kulturelles Konzept aufgestellten Hypothesen werden im Abschnitt 6, *Evidenz geistes- und sozialwissenschaftlich gedacht*, in einer inhaltlichen Untersuchung von, speziell der geistes- und sozialwissenschaftlichen Verhandlung des Konzepts zuzuordnenden, Subdiskurssträngen geprüft. Die Auswahl der beleuchteten Teildebatten entspricht dem im Akteurskapitel gewählten Schwerpunkt, der die Geschichtswissenschaften in den Mittelpunkt stellt. Die Untersuchung, erstens, des Subdiskurses um Verantwortlichkeiten im Anthropozän, zweitens, der posthumanistischen Auseinandersetzung des Konzepts sowie drittens, der lokalen Aneignung des Planetaren, lenkt die Aufmerksamkeit besonders auf die Aufgaben und das Potential der Geschichtswissenschaften im Anthropozän.

Die eingehendere Betrachtung der Diskussionen um Verantwortlichkeiten und die Rolle des Kapitalismus führt die methodischen Differenzen zwischen natur- und geisteswissenschaftlichen Disziplinen vor Augen, die sich in Bezug auf die Verhandlung des Anthropozäns in erster Linie in der Ursachen- und Prozessorientierung von Vertretern geisteswissenschaftlicher Disziplinen manifestiert. Ausgangspunkt der Diskussion um das sogenannte Kapitalozän bildet der von geistes- und sozialwissenschaftlicher Seite vielfach formulierte Kritikpunkt, das Anthropozänkonzept verdecke mit der terminologischen Spiegelung der Spezieskategorie im Determinans *anthropo* sowohl Ungleichheiten als auch unterschiedliche Dimensionen der Verantwortlichkeit. Anstatt dringend notwendige soziale und politische Veränderungen zu stimulieren, verschleire der Begriff die Zuschreibung konkreter Verantwortlichkeiten, die eng mit kapitalistischen Interessen in Zusammenhang stünden. Um dieser Homogenisierungstendenz entgegenzutreten, schlagen Vertreter der Kapitalozän-These diesen Alternativbegriff vor. Inwiefern das Marxsche Fetischkonzept als lösungsorientierter Denkansatz fungieren kann, bildet in diesem Subdiskurs ein zentrales Diskussionsfeld.

Schon in der Auseinandersetzung des Kapitalismus klingen *agency*-Zuschreibungen an nicht-menschliche Entitäten, in diesem Falle das Kapital, an, die Parallelen zu posthumanistischen Denkansätzen aufweisen. Der zweite in diesem Unterkapitel behandelte Subdiskursstrang wird ebendiesen Ansatz thematisieren. Vertreter des Posthumanismus fühlen sich vom Anthropozänkonzept in besonderer Weise provoziert. So befürchten sie, die Verhandlung des Anthropozäns befördere die von ihnen abgelehnte anthropozentrische Perspektive noch, anstatt ihr entgegenzuwirken, was sie angesichts der Phänomene, die das Anthropozän beschreibt, für so wichtig halten. Die posthumanistische Verhandlung des Konzepts zeugt von unterschiedlichen Herangehensweisen. Während die einen nicht-menschliche Lebewesen wie Pflanzen und Tiere in den Fokus nehmen, beginnen andere, das Handlungspotential materieller Entitäten auszuloten.[76] Was alle Ansätze miteinander vereint, ist das Moment der Dezentrierung. Und dieses ist es auch, das die posthumanistische Aneignung des Anthropozän auf besondere Weise in oppositionellem Verhältnis in erster Linie zum geowissenschaftlichen Verständnis des Konzepts erscheinen lässt. In diesem Kapitel wird zu zeigen sein, dass trotz aller Gegenläufigkeit auch hier Interaktionsmechanismen zwischen dem Aushandlungsprozess um das Anthropozän als geologisches Konzept einerseits und kulturelles Konzept andererseits zu beobachten sind.

Die Darstellung der mittlerweile von einigen Historikern praktizierten Lokalisierung des planetaren Anthropozänkonzepts komplettiert das Kapitel *Evidenz geistes- und sozialwissenschaftlich gedacht*. Weniger als eigener Subdiskurs und mehr als eine Form des geschichtswissenschaftlichen Umgangs mit und Antwort auf die konzeptionellen Herausforderungen des Anthropozäns präsentiert sich der noch in seinen Kinderschuhen steckende Teilbereich geschichtswissenschaftlicher Lokalisierungsbestrebungen. Erneut gibt ein von geisteswissenschaftlicher Seite formulierter Kritikpunkt den Anstoß für die differenzierte lokale Aneignung des Konzepts in globalem Raum: Beim Anthropozän handle es sich um ein eurozentrisches, westliches Konzept, das auf den Globalen Süden projiziert würde, ohne eine historisch und geographisch differenzierte Perspektive einzunehmen. Die verschiedenen Dimensionen von Räumlichkeit potenzieren die Herausforderung einer lokalen Aneignung. Während die einen bei der Übersetzung des globalen Konzepts einen kontinentalen Fokus wählen – so ist mittlerweile beispielsweise von einem afrikanischen und einem asiatischen Anthropozän die Rede –, entscheiden sich andere, wie im Falle des brasilianischen oder britischen Anthropozäns, für einen nationalen Fokus. Welche Evidenzpraktiken in der

---

76 Die *Human-Animal Studies* nehmen als interdisziplinäres Forschungsfeld das komplexe Verhältnis von Mensch und Tier in den Blick. Das Interesse ist dabei nicht wie im Posthumanismus auf die Frage nach *agency* beschränkt. Fragen nach der symbolisch-kulturellen Bedeutung von Tieren werden in den *Animal Studies* ebenso untersucht wie die Rolle von Tierbildern in spezifischen Denksystemen oder das Tierrecht. Es handelt sich dabei um ein Forschungsfeld, das in den 1980er-Jahren im angloamerikanischen Raum entstanden ist. Vgl. dazu exemplarisch Margo DeMello, Animals and Society. An Introduction to Human-Animal Studies. New York 2012; Gabriela Kompatscher-Gufler, Reingard Spannring, Karin Schachinger, Human-Animal Studies. Eine Einführung für Studierende und Lehrende. Mit Beiträgen von Reinhard Heuberger und Reinhard Margreiter. Münster u. a. 2017.

Lokalisierung zum Einsatz kommen und inwieweit es Historikern gelingt, den eurozentrischen Fokus über lokale Aneignungen aufzulösen, darüber soll dieses Kapitel Aufschluss geben.

Weil vorliegende Arbeit auf konzeptioneller Ebene mit einer Dreiteilung der Anthropozändebatte operiert, wird das abschließende Fazit die Debatte um das Anthropozän an der Schnittstelle von Wissenschaft und Öffentlichkeit in Form eines Ausblicks thematisieren und so den gewählten Ansatz komplettieren.

Das Spektrum öffentlichkeitsgerichteter Darstellungsformate ist groß und hat sich seit den Jahren 2015/16 erheblich ausdifferenziert. Eine systematische Analyse der Interaktionsmechanismen an der Schnittstelle von Wissenschaft und Öffentlichkeit und deren Auswirkungen auf disziplinspezifische Evidenzpraktiken einerseits sowie derjenigen Mechanismen der Evidenzerzeugung, die im außerwissenschaftlichen Bereich zum Einsatz kommen, andererseits, würde den Rahmen vorliegender Arbeit sprengen. Diese dritte konzeptionelle Ebene außen vor zu lassen, ließe die Arbeit, vornehmlich angesichts der zentralen Rolle, die Medien in der Wissensgesellschaft des 21. Jahrhunderts spielen – vor allem im Hinblick auf die Vermittlung wissenschaftlichen Wissens, die stets Rückwirkungseffekte auf wissenschaftliche Wissensproduktionsmechanismen impliziert –, unvollständig zurück.[77] Daher soll es in diesem skizzenhaften Ausblick vielmehr darum gehen, das Spektrum öffentlicher Formate zu entfalten, Hypothesen aufzustellen, die sich aus der Untersuchung der Verhandlung des Anthropozäns als geologisches und kulturelles Konzept ableiten lassen, und ein mögliches Forschungsdesign zu skizzieren, das die durchgeführte Analyse auf sinnvolle und fruchtbare Weise ergänzen könnte.

---

77 Weingart u. a., Die Wissenschaft der Öffentlichkeit; ders., Die Stunde der Wahrheit?; Neidhardt u. a., Wissensproduktion und Wissenstransfer.

1. Die Geologie – Entwicklung und Spielregeln einer wissenschaftlichen Disziplin

Bevor ich mich einer dezidierten inhaltlichen und strukturellen Analyse der Anthropozändebatte widme, wird dieses Kapitel die Entstehung der geologischen Tiefenzeit sowie Grundlagen geowissenschaftlicher Wissensproduktionsmechanismen und stratigraphischer Entscheidungsfindungsprozesse beleuchten. Dieser historische Vorspann ist im Hinblick auf die übergreifende Fragestellung nach sich wandelnden disziplinspezifischen Evidenzpraktiken unerlässlich. Zudem ist es nur auf Grundlage einer Auseinandersetzung mit dem Gewordensein verschiedener Temporalitätsvorstellungen und -dimensionen möglich, diesbezügliche Veränderungen sowie Herausforderungen zu identifizieren.

Die Verhandlung des Anthropozänkonzepts zeugt vielfach von Kompetenzstreitigkeiten – Kompetenzstreitigkeiten, die sich unter anderem in Diskussionen um die jeweiligen disziplinären Zuständigkeitsbereiche äußern. Insbesondere die Deutungshoheit um Temporalitätsfragen, die sich in der Debatte um das Anthropozän in der Suche nach einem geeigneten Periodisierungsvorschlag (vgl. Kap. 4.1) und damit verbunden in der Frage nach der Befugnis, über eine zeitliche Grenze zu bestimmen, manifestiert, zeugt von disziplinären, nicht selten kompetitiv orientierten Grenzziehungen, die angesichts der dem Anthropozän inhärenten Vielschichtigkeit zu verwischen scheinen.

Um eine fundierte Analyse des anthropozänen Metadiskurses um die Frage nach Veränderungen in Bezug auf etablierte disziplinspezifische Temporalitätsvorstellungen vornehmen zu können, wird der Fokus zunächst auf der Ausdifferenzierung der Disziplinen, insbesondere auf der Formation Geologie ab Mitte des 18. Jahrhunderts, liegen. Der für die Anthropozändebatte zentrale Bereich der Stratigraphie steht dabei im Mittelpunkt. Dabei wird nicht allein die Rolle des sich aus der Aufklärung speisenden Denkens im Zeichen von Fortschritt und dualistischen Kategorien in den Blick genommen, welches das moderne Denken in den folgenden 250 Jahren prägen sollte und in der Debatte um das Anthropozän nun so explizit in Frage gestellt wird. In erster Linie sollen anhand der Nachzeichnung der Entwicklung der geologischen Disziplin im Allgemeinen und stratigraphischer Prinzipien im Besonderen und deren kontrastiver Gegenüberstellung zu geschichtswissenschaftlichen Praktiken grundlegende Gemeinsamkeiten wie Unterschiede zwischen den beiden Disziplinen identifiziert werden. Der Fokus liegt hierbei auf theoretischen und methodischen Aspekten der Zeiteinteilung und damit auf etablierten disziplinären Evidenzpraktiken. Besonders stratigraphische Evidenzpraktiken, die bei der Definition geologischer Zeiteinheiten zum Einsatz kommen, werden aufgrund ihrer Relevanz für die Debatte um das Anthropozän näher beleuchtet. Zwei konkrete Beispiele, das Quartär sowie das Holozän, illustrieren den Verlauf stratigraphischer Entscheidungsfindungsprozesse. Zugleich wird dadurch offenkundig, dass und aus welchen Gründen das Anthropozän geowissenschaftliches Provokationspotential enthält.

Ob und inwieweit die Ursache für die momentan zu vernehmende Infragestellung der modernen disziplinären Differenzierung sowie des kategorialen Denkens bereits in deren Entstehung begründet liegt und inwiefern das Anthropozänkonzept, das gewissermaßen als Metapher für die Untrennbarkeit von Inhalten und Disziplinen steht, als Spiegel und Endpunkt eines Charakterisitikums des modernen Denkens gelesen werden kann, das in prämodernen Zeiten begann und nun in postmodernen Zeiten kulminiert, soll hier mitgedacht werden. Wahrnehmung wie Auseinandersetzung der transformativen menschlichen Kraft auf die verschiedenen Erdsysteme beginnen mit der disziplinären Ausdifferenzierung im Zuge der Aufklärung. Historische und geologische Zeitvorstellungen sind aus heutiger Sicht zwei Zeitregime, die nicht viel miteinander gemein haben. Die Nachzeichnung von deren Entstehung, die sich auch als Abgrenzungsgeschichte lesen lässt, wird zeigen, dass diese Abgrenzung zwischen Geologie und Geschichtswissenschaft aus einem Widerstreit um Deutungsansprüche in Bezug auf die Kategorie Zeit heraus entstanden ist. Heute, etwa 200 Jahre später, beschwört das Anthropozän dieselbe Konstellation herauf. Wieder sind es die Geologie und die Geschichtswissenschaft, die sich in ihrer temporalen Definitionsmacht gefährdet sehen. Die Ausgangslage gestaltet sich jedoch anders als im ausgehenden 18. Jahrhundert: Die disziplinäre Trennung ist bereits erfolgt und Abgrenzung damit nicht mehr möglich. Allenfalls könnte es zu einer Restabilisierung der Disziplintrennung kommen.

1.1 Disziplinäre Formung und Abgrenzung der Geologie

Erste entscheidende Veränderungen im philosophischen Denken, die den Umbruch hin zur Entstehung der modernen Wissenschaften einläuteten, lassen sich im Zeitalter der Renaissance verorten. Der Zeitraum vom ausgehenden 15. bis zum Ende des 17. Jahrhunderts erweist sich dabei als komplexes Wirkungsgefüge. Drei Entwicklungslinien sind für den vielfach konstatierten, in diese Zeit fallenden wissenschaftlichen Umbruch und das sich im 18. Jahrhundert entwickelnde moderne Denken von besonderer Relevanz:[1] erstens die sich zunehmend intensivierende Abkehr der Gelehrten von der Allmacht Gottes, zweitens

---

1 Vgl. etwa Wiersing, Geschichte des historischen Denkens, 173–243.

die disziplinäre Ausdifferenzierung und Institutionalisierung und drittens der damit einhergehende Übergang vom Universalgelehrten- zum Spezialisten-Dasein.

Abgelöst von einer Art neuen Religion im Zeitalter der Aufklärung, die in Vernunft- und Fortschrittsglauben ihren Ausdruck fand, entwickelte sich – gestützt durch eine theologische Begründung der Herrschaft des Menschen über die Natur – das mechanistische Weltbild zur Leitidee wissenschaftlicher Rationalität. In diesem liegt die für das moderne Denken so charakteristische kategoriale Trennung von Natur und Kultur gewissermaßen begründet. Es steht für den Wunsch, die Beschreibung der Natur um deren Beherrschung zu ergänzen, was in der nun verstärkt vorangetriebenen technischen Weiterentwicklung und der beginnenden Industrialisierung manifest wird.

Trotz der noch nicht vollzogenen disziplinären Ausdifferenzierung sind im 18. Jahrhundert erste Anzeichen eines wissenschaftlichen Institutionalisierungsprozesses erkennbar. Die tatsächliche Trennung und Entstehung von neuen Forschungsbereichen und deren Institutionalisierung jedoch fallen in das sich durch technologische Errungenschaften auszeichnende 19. Jahrhundert. Letztere schufen neue Anwendungsmöglichkeiten von Wissenschaft und stießen damit eine Dynamik an, welche einerseits die Differenzierung in kleinere Fachgebiete befeuerte und andererseits den Stellenwert von Wissenschaft anhob und diese damit zur für die Wissensgesellschaft des 20. Jahrhunderts so charakteristischen Legitimationsinstanz machte.[2] Lars Jaeger bezeichnet das 19. Jahrhundert treffenderweise auch als »Jahrhundert der wissenschaftlichen Synthesen«.[3]

Die Formierung der Geologie als empirische Wissenschaft und deren methodische Weiterentwicklung weg von in erster Linie deskriptiven hin zu experimentellen Herangehensweisen begann sich ab 1750 zu vollziehen. Beachtenswert ist an dieser Stelle, dass die Geologie im Gegensatz zu anderen Naturwissenschaften von Beginn an einen historischen Ansatz pflegte. Denn früh stand die Frage danach, wie etwas geworden ist, seien es Gebirgszüge, Ozeane oder Gesteinsformationen, im Zentrum. Mit der Distanzierung gegenüber christlichen Begründungszusammenhängen gingen auch die Lossagung von der in der Genesis beschriebenen Entstehung der Erde sowie eine neuartige Offenheit gegenüber der Kategorie Erdzeit einher, deren Dauer mit der biblischen Zeitvorstellung bisher klar begrenzt gewesen war.

Georges-Louis Leclerc Comte de Buffon, derselbe, der bereits zwischen ursprünglicher und zivilisierter Natur unterschieden hatte und damit zu einem

---

2 Kraus, Kultur, Bildung und Wissenschaft im 19. Jahrhundert, 16; Lars Jaeger, Die Naturwissenschaften. Eine Biographie. Berlin 2015; Wiersing, Geschichte des historischen Denkens, 207–223, 246–283.
3 Jaeger, Die Naturwissenschaften, 144.

frühen Vordenker des Anthropozäns zählt, entwickelte schließlich eine erste auf natürlichen Mechanismen aufbauende Theorie zur Entstehungsgeschichte der Erde. Demnach sei die Erde in Folge eines Kometenaufschlags in die Sonne entstanden. De Buffon schätzte das Alter der Erde entgegen der biblischen Annahme von etwa 6000 Jahren auf 75 000 Jahre.[4]

Ob die Neptunistentheorie Abraham Werners einerseits sowie die Plutonistentheorie James Huttons andererseits nun auf den Ausführungen de Buffons aufbauten oder andersherum, darüber herrscht in der Sekundärliteratur keine Einigkeit. Konsens aber besteht bezüglich der Tatsache, dass sich aus diesen oppositionell zueinanderstehenden Theorien eine in weiten Teilen der Welt geführte wissenschaftliche Kontroverse, auch als Basaltstreit bekannt, entspann, die das ausgehende 18. sowie das beginnende 19. Jahrhundert prägen sollte – eine Debatte, die Gottfried Wilhelm Leibniz in seiner *Protogaea* 1684 gewissermaßen antizipierte:

»Man sieht also hieraus einen doppelten Ursprung der festen Körper; einmal da sie aus dem Schmelzen des Feuers erkalteten; und einmal, da sie aus der Solation des Wassers wieder zusammen wuchsen. […] [Infolge dieser beiden Prozesse haben sich] verschiedene Gattungen des Erdreiches formiret, ein anderer, sich zu Stein verhärtet, unter welchen die verschiedenen übereinander liegenden Schichten, von abwechselnden Präcipitationen und Zeiten, die dazwischen verlaufen, zeugen.«[5]

Während der Mineraloge Abraham Gottlob Werner, Vater des Neptunismus, sich auf Passagen der Bibel stützend die Ansicht vertrat, alle Sedimentation sei auf eine Reihe katastrophaler Überflutungsereignisse zurückzuführen, war der Plutonist und Geologe James Hutton der bis zu Beginn des 19. Jahrhunderts eher unkonventionellen Meinung, Gesteine seien durch vulkanische und magmatische Kräfte entstanden. Dabei handle es sich um einen zyklischen, evolutionären Prozess, der sich stetig fortsetze.

»What clearer evidence could we have had of the different formation of these rocks, and of the long interval which separated their formation, had we actually seen them emerging from the bosom of the deep? We felt ourselves necessarily carried back to the time when the schistus on which we stood was yet at the bottom of the sea, and when the sandstone before us was only beginning to be deposited, in the shape of sand or mud, from the waters of a superincumbent ocean. An epocha still more remote presented itself, when even the most ancient of these rocks, instead of standing upright

---

4 Claude C. Albritton, The Abyss of Time. Changing Conceptions of the Earth's Antiquity after the Sixteenth Century. San Francisco 1980, 84–86; Georges Louis LeClerc de Buffon, Les Époques de la Nature. Par Monsieur Le Comte De Buffon. Intendant du Jardin & du Cabinet du Roi, de l'Académie Françoise, de celle des Sciences. Paris 1780, 117.

5 Gottfried Wilhelm Leibniz, Protogaea Oder Abhandlung Von der ersten Gestalt der Erde und den Spuren der Historie in den Denkmaalen der Natur. Leipzig 1749, 45–46.

in vertical beds, lay in horizontal planes at the bottom of the sea, and was not yet disturbed by that immeasurable force which has burst asunder the solid pavement of the globe. Revolutions still more remote appeared in the distance of this extraordinary perspective [...]. The mind seemed to grow giddy by looking so far into the abyss of time.«[6]

Die Auseinandersetzung zwischen den beiden Lagern hielt sich bis in die 20er-Jahre des 19. Jahrhunderts, fand ihren Kulminationspunkt jedoch bereits im Basaltstreit von Scheibenberg 1787/88.[7]

Dem Bergbau, der als erster die Beziehungen zwischen verschiedenen Ge-steinseinheiten untersuchte, kam eine Schlüsselstellung hinsichtlich der Etab-lierung einer systematischen Geologie zu. Eine erste Studie dazu, welche sich für den Bereich der Stratigraphie als äußerst bedeutsam und einflussreich erweisen sollte, legte der dänische Universalgelehrte Niels Stensen im Jahr 1669 vor. Darin beschrieb er wichtige Grundprinzipien der stratigraphischen Analyse, mit deren Hilfe er die geologische Geschichte der Toskana rekonstruierte. Er bestimmte erstens, dass sich Sedimentgestein horizontal festsetzt und zweitens, dass sich jüngere Gesteinseinheiten auf älteren ablagern. Tieferliegende Gesteins-einheiten sind damit zeitlich älter als höherliegende. Dieses Prinzip wird auch als Superpositionsprinzip bezeichnet. Mit der Einsicht, dass die Strata letztlich Aufschluss über eine chronologische Folge von Ereignissen gaben, die weltweit korreliert werden konnten, legte er das gedankliche Fundament für die heutige Stratigraphie.[8]

Stensen führte mit seinen Ausführungen eine Zeitkonzeption ein, die es durchaus verdient, als revolutionär bezeichnet zu werden: Sie verlieh der abstrak-ten Kategorie Zeit in der Geologie eine räumliche Entsprechung. Mit den Strata

---

6 John Playfair, Biographical Account of James Hutton, M. D. F. R.S. Ed.. Cambridge 1797, 34–35.

7 Kieran D. O'Hara, A Brief History of Geology. Cambridge, MA 2018, 1–8, 71–76; Scott A. Elias, Basis for Establishment of Geologic Eras, Periods, and Epochs, in: Dominick A. Del-laSala, Michael I. Goldstein (Hrsg.), Encyclopedia of the Anthropocene. Oxford 2018, 9–17; N. MacLeod, Stratigraphical Principles, in: Richard C. Selley, L.R.M. Cocks, I.R. Plimer (Hrsg.), Encyclopedia of Geology. Amsterdam, Boston 2005, 295–305; David R. Oldroyd, His-tory of Geology from 1780 to 1835, in: ebd., 173–179; Jaeger, Die Naturwissenschaften; Helmut Hölder, Kurze Geschichte der Geologie und Paläontologie. Ein Lesebuch. Berlin, Heidelberg 1989, 36–61; David R. Oldroyd, Die Biographie der Erde. Zur Wissenschaftsgeschichte der Geologie. Frankfurt a. M. ²2007, 125–153. Zum Basaltstreit bzw. der Reichweite dieser geologi-schen Kontroverse vgl. Hugh Barr Nisbet, Herder and the Philosophy and History of Science. Cambridge 1970; Helge Martens, Goethe und der Basalt-Streit. 11. Sitzung der Humboldt-Ge-sellschaft am 13.06.1995 [Onlinedokument] (zuletzt aufgerufen am 09.04.2019); David Schulz, Die Natur der Geschichte. Die Entdeckung der geologischen Tiefenzeit und die Geschichts-konzeptionen zwischen Aufklärung und Moderne. Boston 2020.

8 Niels Stensen, De solido intra solidum naturaliter contento dissertationis prodromus. Lugduni Batavorum 1679, 41–95.

als Materialisierung von Zeit wird Zeit greifbar, bleibt dem kognitiven Fassungs-
vermögen des Menschen aufgrund ihrer tiefenzeitlichen Dimension jedoch zugleich verwehrt. Inwieweit sich letzteres nun mit dem Anthropozän zu verändern
beginnt, wird der Hauptteil der Arbeit untersuchen.

Als zentral für den Übergang von der biblisch orientierten hin zu einer post-
biblischen Chronostratigraphie stuft die Forschungsliteratur die Sintfluttheorie
ein, die gegen Ende des 17. Jahrhunderts in John Woodward und Johann Jakob
Scheuchzer zwei prominente Vertreter fand. Ausgehend von einer Kontroverse
um Thomas Burnets als *The Sacred Theory of the Earth* bekannt gewordenes
Werk, in welchem er Elemente biblischer und wissenschaftlicher Begründungszusammenhänge miteinander verband, entwickelte auch Woodward seine Sintfluttheorie unter Rekurs auf wissenschaftliche Erkenntnisse, namentlich New-
tons Gravitationstheorie.[9] Ebenso wie Burnet erhob er den Anspruch, nicht
nur Licht ins Dunkel der Genesisaussagen, sondern auch in die Geschichte der
Erde zu bringen. Woodward und Scheuchzer verband zu Lebzeiten ein enges
Arbeitsverhältnis. Eine entscheidende These, die Scheuchzer über Woodwards
Tod hinaus vertrat, war die Diluvialthese. Diese beschreibt Fossilien nicht nur
als Überreste während der Sinflut umgekommener Lebewesen, sondern geht darüber hinaus von einer »schichtenspezifischen Ablagerung der Fossilien gemäß
ihrer Schwere« aus.[10] Es handelt sich folglich um eine These, die Stensens Sedi-
mentationsgedanken aufgreift und selbst wiederum Vertretern des Neptunismus
als Anknüpfungspunkt dient. Ausgehend von diesen Annahmen entspann sich
ein Sintflutdiskurs, der Michael Kempe zufolge einen wesentlichen Beitrag zur
Herausbildung der Geologie und der Paläontologie als wissenschaftliche Disziplinen leistete.[11]

Gut dreißig Jahre später sollte es der italienische Bergwerksdirektor Giovanni
Arduino sein, der mit einer ersten, auf seinen Beobachtungen des alpinen Ge-
steins aufbauenden chronostratigraphischen Klassifizierung in Primär, Sekundär, Tertiär und Alluvium die Grundlage für die heutige chronologische Unterteilung der geologischen Erdgeschichte schuf.[12]

9 Thomas Burnet, The Theory of the Earth. Containing an Account of the Original of
the Earth and of all the Changes Which it hath already undergone, or is to undergo, Till the
Cinsummation of all Things. The Two First Books, Concerning the Deluge, and Concerning
Paradise. London ³1697; ders., The Theory Of The Earth. Containing an Account of the Ori-
ginal of the Earth and of all the Changes Which it hath already undergone, or is to undergo,
Till the Cinsummation of all Things. The Two Last Books, Concerning the Burning of the
World, and Concerning the New Heavens and New Earth. London 1690.

10 Michael Kempe, Wissenschaft, Theologie, Aufklärung. Johann Jakob Scheuchzer
(1672–1733) und die Sintfluttheorie. Epfendorf 2003, 137.

11 Ebd., 30–149.

12 Philip L. Gibbard, Giovanni Arduino – the man who invented the Quaternary, in: Quaternary International 500, 2019, 11–19.

Einen weiteren Beitrag zur Entstehung der Stratigraphie leistete Ende des
18. Jahrhunderts erneut James Hutton, der damit zum Urheber einer neuer-
lichen Kontroverse zweier konträr zueinanderstehender Paradigmen wurde.
Nicht selten wird die Genese der Geologie in der Forschungsliteratur anhand
dieser wissenschaftlichen Debatten nachgezeichnet. Hutton formulierte in seiner
Theory of the Earth 1788 erstmals das Uniformitätsprinzip, heute bekannt als
Aktualismus:[13]

»We have been representing the system of this earth as proceeding with a certain reg-
ularity, which is not perhaps in nature, but which is necessary for our clear conception
of the system of nature. The system of nature is certainly in rule, although we may
not know every circumstance of its regulation. […] That system is comprehended in
the preparation of future land at the bottom of the ocean, from those materials which
the dissolution and attrition of the present land may have provided, and from those
which the natural operations of the sea afford.«[14]

Hutton zufolge formten sich die Strata entlang eines endlosen, äußerst lang-
samen, aber stetigen zyklischen Mechanismus: »[W]e find no vestige of a beginning, – no prospect of an end.«[15] Mit dieser Sichtweise steht er heutigen
erdsystemwissenschaftlichen Denklinien bereits Ende des 18. Jahrhunderts sehr
nahe.[16] Nachdem Huttons Ideen durch John Playfair bekannt geworden waren,
war es schließlich Charles Lyell, der die Uniformitätsidee in seinem dreibändi-
gen Werk *Principles of Geology* weiterentwickelte und spezifizierte. Allerdings
flocht er in Abgrenzung zum Katastrophismus, der in Wettstreit stehenden
Theorie, gradualistische Ansichten in seine Ausführungen mit ein. Während
der Katastrophismus, 1832 von William Whewell als Gegenbegriff zum *uniformitarianism* geprägt, den enormen Einfluss signifikanter, einmaliger Ereignisse
auf Erdsystem, Sonnensystem sowie Evolution als gegeben annimmt, war Lyell
der Überzeugung, die Erdgeschichte, selbst umwälzende Veränderungen, sei
ausnahmslos als die Summe unzähliger, sich über einen weiten Zeitraum er-
streckender Vorgänge zu betrachten.[17] Hier zeigt sich eindrücklich, dass sich
diese Kontroverse auch durch den Widerstreit zweier Zeitverständnisse aus-

13 David Schulz weist in seiner Dissertationsschrift darauf hin, dass nicht James Hutton,
sondern Georg Christian Füchsel Urheber des Uniformitarianismus ist und wirft die Frage
auf, ob konsequenterweise nicht auch Füchsel als eigentlicher Entdecker der geologischen
Tiefenzeit anzusehen sei; Schulz, Die Natur der Geschichte, 113–117.
14 James Hutton, Theory of the Earth, in: Royal Society of Edinburgh (Hrsg.), Transactions of the Royal Society of Edinburgh. Edinburgh 1788, 209–304, hier: 301–302.
15 Ebd., 304; Vgl. dazu auch Stephen J. Gould, Time's Arrow Time's Cycle. Myth and Metaphor in the Discovery of Geological Time. Cambridge, MA, London 1987, 61–97.
16 O'Hara, A Brief History of Geology, 1–7.
17 Entgegen der landläufigen Vorstellung, die Wissenschaft habe mit dem Sieg des Aktualismus über die theologische Vorstellung des Katastrophismus triumphiert, ist dieser Tri-

zeichnet: Während der Katastrophismus mit seinem Progressionsgedanken dem zeitgenössischen historisch linearen Zeitverständnis nahe steht, bewegt sich der Uniformitarianismus mit seiner zyklisch-repititiven Zeitvorstellung ahistorisch in der Zeit.[18] Noch heute präsentiert sich der Aktualismus als wissenschaftliche Grundlage für die Interpretation geologischer Erscheinungen, allerdings mit einigen Ausnahmen. Diese betreffen etwa Entwicklungssprünge und Umbrüche, die auf Extremereignisse wie Meteoriteneinschläge oder klimatisch extreme Bedingungen rekurrieren, für die keine rezente Vergleichsbasis existiert.

Die verbreitete Anerkennung der uniformitarianistischen Idee resultierte in der ersten Hälfte des 19. Jahrhunderts in Versuchen, Gesteinstypen zu klassifizieren und diese in eine chronologische Ordnung zu bringen. Als ein wichtiges Leitprinzip erwies sich dabei die 1815 erstmals von William Smith vorgenommene Unterscheidung in Bio- und Lithostratigraphie und die damit verbundene Erkenntnis, dass besonders alte Gesteinsschichten keine Zeichen fossilen oder primitiven Lebens enthalten würden. Unter Rückgriff auf das Prinzip der Fossilfolge, auch Leitfossilienprinzip genannt, erstellte Smith eine geologische Karte Englands. Das Prinzip besagt, dass Sedimentgestein geographisch unterschiedlicher Herkunft, welches dasselbe Leitfossil aufweist, etwa gleich alt sein müsse. Auch, wenn diese Ergebnisse erst in den 1830er-Jahren durch Adam Sedgwick bekannt wurden, gilt William Smith bis heute als Vater der englischen Geologie.[19] Die Einsichten Smiths sollten sich als wegweisend für die Untersuchungen von John Phillips erweisen. Da es bis ins 20. Jahrhundert an Methoden mangelte, die absolute Zeit stratigraphischer Erscheinungen zu messen, mussten sich Wissenschaftler damit begnügen, ihre Beobachtungen in relative Zeit einzubetten, indem sie die stratigraphische Position von Gesteinen im Verhältnis zueinander bestimmten.[20] Im Jahr 1841 veröffentlichte Phillips, basierend auf der Analyse von Sedimentationsprozessen, die erste Version einer globalen Geologischen Zeitskala.

Die von ihm eingeführte Dreiteilung in Paläozoikum, Mesozoikum und Känozoikum besteht bis heute. Phillips trug mit seiner Arbeit signifkant zur Erweiterung der geologischen Zeitdimension bei. In der Auseinandersetzung mit Theorien Charles Darwins, der das Alter der Erde auf etwa 300 Millionen

umph eher als Sieg über den theologischen als über den wissenschaftlichen Katastrophismus zu deuten; Hölder, Kurze Geschichte der Geologie und Paläontologie, 55–74.

18 Gould, Time's Arrow Time's Cycle, 61–90, 99–179; O'Hara, A Brief History of Geology, 18–24.

19 Zur Frühgeschichte der Geologie und der Entwicklung der tiefenzeitlichen Dimension vgl. auch Fredrik Albritton Jonsson, Abundance and Scarcity in Geological Time, 1784–1844, in: Katrina Forrester, Sophie Smith (Hrsg.), Nature, Action and the Future. Political Thought and the Environment. Cambridge, New York 2018, 70–93.

20 Oldroyd, Die Biographie der Erde, 185–203.

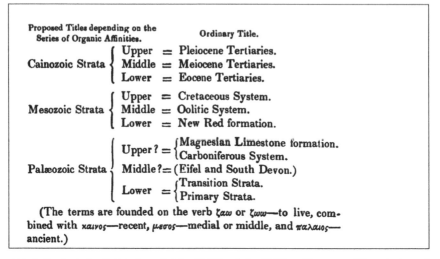

Proposed Titles depending on the Series of Organic Affinities.		Ordinary Title.
Cainozoic Strata	Upper =	Pleiocene Tertiaries.
	Middle =	Meiocene Tertiaries.
	Lower =	Eocene Tertiaries.
Mesozoic Strata	Upper =	Cretaceous System.
	Middle =	Oolitic System.
	Lower =	New Red formation.
Palæozoic Strata	Upper ? =	{Magnesian Limestone formation. {Carboniferous System.
	Middle ?=	(Eifel and South Devon.)
	Lower =	{Transition Strata. {Primary Strata.

(The terms are founded on the verb ζαω or ζωω—to live, combined with καινος—recent, μεσος—medial or middle, and παλαιος—ancient.)

Abb. 3: Geologische Zeitskala nach John Phillips; John Phillips, Figures and Descriptions of the Palaeozoic Fossils of Cornwall, Devon, and West Somerset. Observed in the Course of the Ordnance Geological Survey of that district. London 1841, 160.

Jahre schätzte, kam Phillips schließlich zu dem Ergebnis, dass die Erde etwa eine Milliarde Jahre alt sein müsse.[21]

Analog zum Fortschrittsdenken der Aufklärung und der voranschreitenden Industrialisierung wurden verstärkt spezialisierte Akademien für die Fachgebiete der Mineralogie, des Bergbaus oder der unterirdischen Geometrie eingerichtet. Erste Lehrstühle wurden gegründet, und die Mineralogie begann sich allmählich in kleinere, ausdifferenzierte Fachgebiete aufzuspalten. Ein frühes Beispiel für den Institutionalisierungsprozess sind die Gründungen von Geologischen Gesellschaften wie beispielsweise die *Royal Society of London*, die im Jahr 1660 etabliert wurde.

Zudem setzte Großbritannien mit der Gründung des ersten *Ordnance Geological Survey* im Jahr 1835 den Startschuss für die weltweite Etablierung vergleichbarer Institutionen: Bis 1896 wurden weltweit 24 weitere *Geological Surveys* gegründet, die allesamt auf Regierungsebene angesiedelt waren. Zu den zentralen Aufgaben der Surveys zählte es, geologische Daten zu sammeln und zu interpretieren, um so die Regierung, die Industrie und die Wirtschaft mit

---

21 John Phillips, Life on the Earth: Its Origin and Succession. Cambridge 1860, 122–137; ders., Figures and Descriptions of the Palaeozoic Fossils of Cornwall, Devon, and West Somerset. Observed in the Course of the Ordnance Geological Survey of that district. London 1841; Jack Morrell, Genesis and geochronology: the case of John Phillips (1800–1874), in: Cherry Lewis (Hrsg.), The Age of the Earth. From 4004 BC to AD 2002. London 2001, 85–90.

grundlegenden geowissenschaftlichen Informationen zu versorgen. Neben der Erstellung von Kartierungen und deren Publikation gehörten dazu Einschätzungen zu vorhandenen Ressourcen oder Studien zu potentiellen Georisiken.[22]

Die Schaffung der institutionellen Basis für die neue Disziplin der Geologie fiel somit in die Sattelzeit und koinzidierte mit dem Historismus.[23] Ein kurzer Exkurs zu letzterem zeigt nicht nur, dass die Geologie zu diesem Zeitpunkt mit ihrem historisierenden Ansatz hinsichtlich des Verständnisses der Erde dem Zeitgeist entsprach. Darüber hinaus wird deutlich, dass die Anfänge der institutionalisierten Geschichtswissenschaft einerseits und der Geologie andererseits eng aufeinander bezogen sind. Sie weisen durchaus Parallelen und Gemeinsamkeiten auf, auf die zu rekurrieren besonders vor dem Hintergrund einer Analyse der Anthropozändebatte relevant ist.

Parallel zu dem sich in den Naturwissenschaften vollziehenden Übergang hin zu einer Wahrnehmung der Erde als Objekt, dessen Geschichte mittels empirischer Analysen aufgedeckt werden kann, erwächst aus der Krisenerfahrung, welche die Französische Revolution, die Napoleonischen Kriege sowie die Industrialisierung mit sich brachten, auch ein neuartiges Interesse an der kulturellen Vergangenheit und der geschichtlichen Bedingtheit der Welt. Die Entdeckung der »Geschichtlichkeit der Kultur« vollzog sich dabei jedoch keineswegs im Sinne eines abrupten Wandels.[24] Vielmehr reichen deren Wurzeln ebenfalls

---

22 Peter M. Allen, Geological Surveys, in: Selley, Cocks, Plimer (Hrsg.), Encyclopedia of Geology, 65–72.

23 Die Forschungsliteratur zum Historismus-Begriff zeigt, dass dieser mehrdeutig und umstritten ist. Vgl. dazu etwa Daniel Fulda, Friedrich Jaeger, Historismus, in: Helmut Reinalter, Peter J. Brenner (Hrsg.), Lexikon der Geisteswissenschaften. Sachbegriffe – Disziplinen – Personen. Wien 2011, 328–336; Otto G. Oexle, Geschichtswissenschaft im Zeichen des Historismus. Studien zu Problemgeschichten der Moderne. Göttingen 1996; Friedrich Jaeger, Jörn Rüsen, Geschichte des Historismus. Eine Einführung. München 1992; Annette Wittkau-Horgby, Historismus. Zur Geschichte des Begriffs und des Problems. Göttingen 1992; Wiersing, Geschichte des historischen Denkens, 369–394. Vorliegender Arbeit liegt ein engeres Begriffsverständnis zugrunde: Um das sich von der Spätaufklärung abhebende geschichtsphilosophische Naturverständnis hervorzuheben, wird der Historismus hier in Anlehnung an Jacob Burckhardt, Johann Gustav Droysen und Leopold von Ranke als geschichtswissenschaftliche Methodik gefasst, die sich bewusst von der Aufklärungshistoriographie abgrenzen gewillt war. Vgl. dazu Dirk Niefanger, Historismus, in: Gert Ueding (Hrsg.), Historisches Wörterbuch der Rhetorik. Eup-Hör. Bd. 3. Tübingen 1996, 1410–1420; Hans-Jürgen Goertz, Umgang mit Geschichte. Eine Einführung in die Geschichtstheorie. Reinbek 1995, 39–49. Dass Historismus und Aufklärungshistoriographie dennoch Gemeinsamkeiten aufweisen, zeigt beispielsweise Peter H. Reill, Aufklärung und Historismus: Bruch oder Kontinuität?, in: Otto G. Oexle, Jörn Rüsen (Hrsg.), Historismus in den Kulturwissenschaften. Geschichtskonzepte, historische Einschätzungen, Grundlagenprobleme; [Konferenz vom 24. bis zum 27. November 1993 im Kulturwissenschaftlichen Institut im Wissenschaftszentrum Nordrhein-Westfalen in Essen]. Köln 1996, 45–68.

24 Wiersing, Geschichte des historischen Denkens, 246.

bis zur anthropologischen Wende seit 1500 zurück. In methodischer Analogie
zur geowissenschaftlichen Vorgehensweise begann man, Geschichte anhand
des überlieferten historischen Materials zu erforschen. Mit der daraus entstehenden Quellenkritik bildete sich im 19. Jahrhundert schließlich die empirische Geschichtswissenschaft heraus, die zur Leitwissenschaft des Jahrhunderts
werden sollte.[25]

Geologische Zeit einerseits und historische Zeit andererseits differieren im
heutigen Verständnis erheblich voneinander. Dennoch entstanden beide Zeitvorstellungen aus denselben historischen Bedingungen und in Abgrenzung zu
denselben Phänomenen heraus, sodass beide Entwicklungen ihren Beitrag zur
Erweiterung des menschlichen Erkenntnishorizontes »in die Unendlichkeit der
Zeitdimension hinein« leisteten.[26] Lenkt man den Blick auf das Begriffspaar
von absoluter Zeit und relativer Zeit, fällt auf, dass beide Disziplinen in ihrer
Anfangsphase mit diesen Termini operierten, dabei jedoch auf verschiedene
Schwierigkeiten stießen. Während die Geologie, wie erwähnt, einer Methode
entbehrte, um Aussagen zur absoluten Zeit bestimmter Gesteinseinheiten zu
treffen, war die Geschichtswissenschaft mit der Erkenntnis konfrontiert, dass
Kulturerscheinungen statt der bisher auf Grundlage der biblischen Geschichts-
darstellung angenommenen absoluten Geltung nur relative Geltung für sich
beanspruchen konnten. War der religiöse Begründungszusammenhang von
einer zeitlichen Symmetrie von Erd- und Menschheitsgeschichte geprägt, so
ging diese Vorstellung mit der Entdeckung der geologischen Tiefenzeit und der
damit verbundenen Verräumlichung von Zeit verloren. Die sich seither fortwährend weiterentwickelnde geologische Zeitvorstellung bildet die Grundlage nicht
nur für die Pluralisierung von Zeitkonzepten – der Historiker David Christian
spricht für das 20. Jahrhundert nicht von ungefähr von einer »chronometric
revolution« –, sondern auch für die sich mit der Historismusbewegung in den
Geschichtswissenschaften vollziehende Denaturalisierung von Zeit.[27] Letztere
ist in erster Linie als Reaktion auf die Bedrohung der Sonderstellung des Menschen auf dem Planeten durch die geologische Tiefenzeit zu sehen. Die Geologisierung der Zeit ließ die Begrenztheit von Kultur offenkundig werden.

»Die kümmerlichen fünf Jahrzehntausende des homo sapiens‹, sagt ein neuer Biologe, ›stellen im Verhältnis zur Geschichte des organischen Lebens auf der Erde etwas
wie zwei Sekunden am Schluss eines Tages von vierundzwanzig Stunden dar. Die
Geschichte der zivilisierten Menschheit vollends würde, in diesen Maßstab einge-
tragen, ein Fünftel der letzten Sekunde der letzten Stunde füllen.‹ Die Jetztzeit, die

---

25 Vgl. dazu genauer ebd., 224–243, 246–266.
26 Wittkau-Horgby, Historismus, 14.
27 David Christian, History and Science after the Chronometric Revolution, in: Steven
J. Dick, Mark L. Lupisella (Hrsg.), Cosmos & Culture. Cultural Evolution in a Cosmic Context.
Pittsburgh 2012, 303–316, hier: 303.

als Modell der messianischen in einer ungeheueren Abbreviatur die Geschichte der ganzen Menschheit zusammenfasst, fällt haarscharf mit *der* Figur zusammen, die die Geschichte der Menschheit im Universum macht.«[28]

Bemühte sich die Geschichtsphilosophie während der Aufklärung noch, ihre Überlegungen in die Naturzeit einzubetten, so erfolgte die endgültige Entkoppelung von geologischer und historischer Zeit in der zweiten Hälfte des 19. Jahrhunderts.[29] Die Geschichtswissenschaft war in der Folgezeit bestrebt, den durch die geologische Tiefenzeit verloren geglaubten Anthropozentrismus durch Abgrenzung zu kompensieren.

Mit der *Historik* Gustav Droysens erfuhr die Geschichtswissenschaft im Jahr 1857 ihre erste erkenntnistheoretische Fundierung. Darin definiert Droysen den Gegenstand der Geschichte wie folgt:[30] Während wir

»die Gesamtheit der sich uns so darstellenden Erscheinungen des Seins und des im Kreise sich drehenden Werdens [...] als Natur [...] [auffassen, sehen wir] hier ein stetes Werden neuer individueller Bildungen. [...] Es ist eine Kontinuität, in der jedes Frühere sich erweitert und ergänzt durch das Spätere [...], eine Kontinuität, in der die ganze Reihe durchlebter Gestaltungen sich zu fortschreitenden Ergebnissen summiert und jede der durchlebten Gestaltungen als ein Moment der werdenden Summe erscheint. In diesem rastlosen Nacheinander, in dieser sich steigernden Kontinuität gewinnt die allgemeine Anschauung Zeit ihren diskreten Inhalt, den einer unendlichen Folgenreihe fortschreitenden Werdens. Die Gesamtheit der sich uns so darstellenden Erscheinungen des Werdens und Fortschreitens fassen wir auf als Geschichte.«[31]

Mit der »Geschichte als das sich in der Zeit steigernde und summierende Wachstum der Kultur« stellt er im Gegensatz zur naturwissenschaftlichen zyklischen Zeitvorstellung das lineare Moment heraus.[32]

Angesichts der sich nicht allein in der Wissenschaft ausdifferenzierenden Zeitvorstellungen, sondern auch der sich auf ebenso bahnbrechende Weise mit

28 Walter Benjamin, Über den Begriff der Geschichte, in: Rolf Tiedemann, Hermann Schweppenhäuser (Hrsg.), Gesammelte Schriften. Bd. I, 2. Frankfurt a. M. 1974, 691–703, hier: 703.

29 Zu den Zeitvorstellungen während der Aufklärung, der Spätaufklärung und des Historismus vgl. Schulz, Die Natur der Geschichte. Vgl. außerdem beispielsweise Jörn Graber, Selbsreferenz und Objektivität: Organisationsmodelle von Menschheits- und Weltgeschichte in der deutschen Spätaufklärung, in: Hans E. Bödeker, Peter H. Reill, Jürgen Schlumbohm (Hrsg.), Wissenschaft als kulturelle Praxis. 1750–1900. Göttingen 1999, 137–185; Wolfgang Pross, Die Begründung der Geschichte aus der Natur: Herders Konzept von »Gesetzen« in der Geschichte, in: ebd., 187–225; Koselleck, Gadamer, Zeitschichten.

30 Johann Gustav Droysen, Grundriss der Historik. Leipzig ²1875.

31 Ders., Historik. Vorlesungen über Enzyklopädie und Methodologie der Geschichte, hrsg. v. Rudolf Hübner. München ⁵1967, 11–12.

32 Cornelia C. Ginz, Die Ungefragten der Geschichte. Eine Lektüre von Stefan Heyms »Der König David Bericht« mit dem Diskurs um Gedächtnis und Geschichte. Berlin 2014, 98.

der Industrialisierung in Verbindung stehenden Veränderung der Zeiterfahrung
breiter Bevölkerungsteile – man denke an die Beschleunigung von Arbeitspro-
zessen infolge der Maschinisierung, diejenige auf Kommunikationsebene mittels
telegraphischer Übermittlungstechnik oder physisch erfahrbare Beschleunigung
durch die Eisenbahn – ließe sich für den behandelten Zeitraum in gewisser Weise
wohl gar von einem *Jahrhundert der neuen Temporalitäten* sprechen. Hatten
sich Erd- und Menschheitsgeschichte 300 Jahre zuvor noch auf etwa 6000 Jahre
linearen, horizontalen Voranschreitens beschränkt, so hatte man es nun mit
einem Spektrum an Zeitlichkeiten zu tun, das weit über die bisherige Vorstellung
von Vergangenheit, Gegenwart und Zukunft hinausging.[33] Obwohl Ernst Bloch
seine Idee von der Gleichzeitigkeit des Ungleichzeitigen erst im 20. Jahrhundert
entwickelte, scheint es ganz, als wären die Menschen im 19. Jahrhundert erstmals
ganz offensichtlich mit diesem Phänomen konfrontiert gewesen. Geologische
und historische Zeitvorstellung, synchrones und diachrones, vertikales und
horizontales, zyklisches, lineares und nicht-lineares Denken von Zeit, all diese
Kategorisierungsversuche waren im Kontext der in der ersten Hälfte des 19. Jahrhunderts stattfindenden wirtschaftlichen, sozialen und politischen Umbrüche
sowie des sich formierenden modernen Wissenschaftssystems bereits angelegt.

Die weiterhin im christlichen Glauben fortbestehende biblische Zeitvorstellung wurde somit um ein breites Spektrum zusätzlicher Zeitdimensionen ergänzt, deren tiefergehende Auseinandersetzung fortan gesondert in den einzeln
darauf spezialisierten Disziplinen erfolgen sollte.[34]

Der Institutionalisierungsprozess schritt infolgedessen auf beiden Seiten weiter fort. Die enger werdende internationale Kooperation führte Vertretern der
Geologie immer deutlicher vor Augen, dass die Kommunikation untereinander
angesichts der sich von Land zu Land unterscheidenden Terminologie und
Farbsymbolik immer schwieriger wurde. Nachdem 1875 anlässlich einer Konferenz der *American Association for the Advancement of Science* in New York ein
Komitee gebildet worden war, das prüfen sollte, ob es sinnvoll sei, einen Internationalen Geologischen Kongress zu etablieren, beschloss der Ausschuss 1876,
im Jahr 1878 anlässlich der Weltausstellung in Paris den ersten *International
Geological Congress* (IGC) abzuhalten. Primäres Ziel dieser Zusammenkunft war
es, Nomenklatur wie Farbsymbolik der Geologie zu vereinheitlichen, um Kom-

---

33 Helga Nowotny, Eigenzeit. Entstehung und Strukturierung eines Zeitgefühls. Frankfurt a. M. 1990, 47–76.
34 Zur Auseinandersetzung, die sich Ende des 18. Jahrhunderts aus der Entdeckung der
geologischen Tiefenzeit ergab, vgl. exemplarisch Johann Ernst Basilius Wiedeburg, Neue
Muthmasungen über die SonnenFlecken Kometen und die erste Geschichte der Erde. Gotha
1776; oder Siegmund Jacob Baumgarten, Untersuchung Theologischer Streitigkeiten. Erster
Band. Mit einigen Anmerkungen, Vorrede und fortgesetzten Geschichte der christlichen
Glaubenslehre. Hrsg. von Johann Salomo Semler. Halle 1762; vgl. auch Nowotny, Eigenzeit, 81–90.

munikationsbarrieren zu beseitigen, die sich auf internationaler Ebene aufgrund unterschiedlicher Begrifflichkeiten ergaben, sowie transnationale Korrelationen zu vereinfachen. Zu diesem Zwecke wurden zwei internationale Kommissionen ins Leben gerufen, die explizit mit der Aufgabe betraut waren, die Standardisierung geologischer Symbole und Begrifflichkeiten voranzutreiben.

Zwar bewertet der Geologe François Ellenberger sowohl die Durchführung als auch die Resultate dieses ersten Kongresses eher kritisch und benennt Unzulänglichkeiten, die sich bis heute mit überraschender Kontinuität gehalten haben. Dazu zählt er etwa die fehlende Berücksichtigung größerer zeitgenössischer Diskussionsfelder oder die unverhältnismäßige Repräsentation einzelner Länder auf dem Kongress. Dennoch war mit diesem Kongress die Grundlage nicht nur für einen kontinuierlichen internationalen Austausch – der Kongress wurde seitdem in einem Abstand von drei bis vier Jahren regelmäßig abgehalten, mit Ausnahme einer neunjährigen Unterbrechung während und infolge des Ersten Weltkrieges –, sondern auch für die Etablierung der *International Union of Geological Sciences* (IUGS) geschaffen.[35] Im Jahr 1922, während des IGC in Belgien, wurde erstmals der Wunsch nach der Bildung einer geologischen Union laut. Dieser stieß allerdings auf wenig Gehör und wurde mit dem Argument abgetan, mit dem IGC existiere bereits eine Art Union. Im Jahr 1948 warfen Vertreter der UNESCO die Thematik erneut auf. Trotz aller Vorteile, die eine Verbindung zur UNESCO mit sich gebracht hätten, entzog man sich der Unionsbildung aus Angst davor, nicht mehr unabhängig agieren zu können. Die Haltung der Geologen änderte sich während des Geophysikalischen Jahres 1957/58, als sie erkannten, dass ihre Handlungsmöglichkeiten ohne Unionsgründung stark eingeschränkt waren und ihre Disziplin als einzige aus dem geowissenschaftlichen Bereich nicht sichtbar war. Infolgedessen setzte sich zur Ausarbeitung eines Arbeitsprogramms und entsprechender Statuten ein Organisationskomitee zusammen. Dessen Arbeit resultierte 1961 in einem Treffen mit der UNESCO und der Gründung der IUGS.[36] Zu den Zielen der IUGS gehört es seitdem,

»to unite the global geological community in (a) contributing to the development of the Earth and planetary sciences through the support of broad-based scientific studies relevant to the Earth and planetary systems including climate, geohazards,

35 Gian B. Vai, The Second International Geological Congress. Bologna, 1881 [Onlinedokument] (zuletzt aufgerufen am 30.08.2018); ders., Giovanni Capellini and the origin of the International Geological Congress, in: Episodes 25, 2002, H. 4, 248–254; François Ellenberger, The First International Geological Congress (1878) [Onlinedokument] (zuletzt aufgerufen am 22.01.2019); International Union of Geological Sciences, The International Geological Congress (A Brief History) [Onlinedokument] (zuletzt aufgerufen am 22.01.2019).
36 James Harrison, The Roots of IUGS, 1978 [Onlinedokument] (zuletzt aufgerufen am 30.08.2018); Henning Sørensen, The 21st International Geological Congress, Norden 1960, in: Episodes 30, 2007, H. 2, 125–130; Arne Noe-Nygaard, The Twenty-First International Geological Congress, in: Nature 188, 1960, H. 4754, 901–902.

and earth resources, (b) applying the results of these studies to sustain Earth's natural environment, to use all natural resources wisely, and to mitigate the impacts of geohazards for the benefit of society in the attainment of their economic, cultural and social goals, (c) strengthening public awareness of geology and promoting geological education in the widest sense, (d) facilitating interaction among geoscientists from all parts of the world, (e) promoting participation of geoscientists in international endeavours regardless of race, citizenship, language, political stance or gender, and (f) encouraging international cooperation in meeting the geoscientific needs of any country or region«.[37]

Die IUGS hat, um diesen Aufgaben beizukommen, innerhalb der Union einzelne Komitees für die verschiedenen Verantwortlichkeitsbereiche sowie selbstständige wissenschaftliche Komitees eingerichtet. An oberster Stelle in der Hierarchie steht dabei das *Executive Committee*. Derzeit gehören Vertreter aus 69 Ländern zu den aktiven Mitgliedern der IUGS.[38]

Das wohl bedeutendste untergeordnete wissenschaftliche Komitee bildet die 1974 gegründete *International Commission on Stratigraphy*. Um die Herausforderungen und Reibungspunkte zu verstehen, welche die Definition des Anthropozäns als geologische Epoche mit sich bringt, sollen zunächst methodische Herangehensweise sowie die Grundlagen und Hierarchieebenen der geochronologischen Zeiteinteilung in den Blick genommen werden. Ein vertieftes Verständnis jener Methodik bildet nicht nur die Voraussetzung für einen adäquaten Umgang mit dem geowissenschaftlichen Diskursstrang der Anthropozändebatte, sondern präsentiert sich vielmehr als Grundvoraussetzung dafür, die Entwicklung der Debatte nachvollziehen und angemessen beurteilen zu können.

1.2 Die Stratigraphie – Expertin für geologische Zeiteinteilung

Die zentrale Aufgabe der *International Commission on Stratigraphy* bestand von Beginn an in der Erstellung eines möglichst lückenlosen, global gültigen *Geological Timescale* (GTS), der als »standard scale of reference for the dating of all rocks everywhere and for relating all rocks everywhere to world geologic history« dienen soll.[39]

Als Grundlage für eine absolute Datierung geologischer Zeitabschnitte, welche die bis zu Beginn des 20. Jahrhunderts einzig vorherrschende Methode

---

37 International Union of Geological Sciences, Statutes and Bylaws of the International Union of Geological Sciences [Onlinedokument], 2016, 3–4 (zuletzt aufgerufen am 25.02.2019).

38 Die Zahl zur Mitgliedschaft bezieht sich auf den auf der Website der IUGS veröffentlichten Stand 2017. Neben den 69 aktiven Ländern sind dort auch 51 inaktive Mitgliedsländer aufgelistet.

39 Michael A. Murphy, Amos Salvador, International Stratigraphic Guide – An abridged version, in: Episodes 22, 1999, H. 4, 255–272, hier: 267.

der relativen Zuordnung einzelner Einheiten zueinander ablösen sollte, sind die durchaus richtungsweisenden Arbeiten Arthur Holmes' aus dem frühen 20. Jahrhundert zu sehen. Aufbauend auf den Erkenntnissen Marie und Pierre Curies sowie Ernst Rutherfords läutete Holmes den Übergang zur Definition von geologischen Zeiteinheiten mittels radiometrischer Datierungstechniken ein.

Angeregt von der Entdeckung der Röntgenstrahlung im Jahr 1885 und der Uranstrahlung durch Jean Becquerel 1896, gelang es Marie und Pierre Curie ein Jahr später, den Nachweis für zwei neue Elemente zu erbringen: Polonium und Radium. Die Signifikanz der Entdeckung der natürlichen Radioaktivität für die Geologie war enorm: War man bis dato der Meinung gewesen, die Erde befinde sich seit deren Entstehung aus einem flüssigen Zustand heraus in einem Prozess kontinuierlicher Abkühlung, so zeigte sich nun, dass dieser Abkühlungsprozess aufgrund der im Erdinneren stetig Hitze produzierenden radioaktiven Elemente weit größere Zeitdimensionen umfasste als bisher angenommen. Dieses neue Bewusstsein, verbunden mit der Möglichkeit exakterer Datierung, beflügelte einige Wissenschaftler dazu, neue Datierungsmethoden zu entwickeln. Ernst Rutherford, der versuchte, das Alter der Erde mittels Schätzungen zur Akkumulation von Helium im Gestein zu bestimmen, legte 1904 einen ersten Vorschlag vor. Demnach sei das Alter der Erde mit etwa 40 Ma zu bestimmen.[40] Nur ein Jahr später revidierte er diese Einschätzung mit einer neuen Angabe von 500 Ma. Doch es sollte schließlich Arthur Holmes sein, der, den Zweifeln seines Professors an Rutherfords Methode Rechnung tragend, Messungen zum Uran- und Bleigehalt in Gesteinen durchführte und diese mit den Ausführungen Frederick Soddys zu instabilen Radioisotopen kombinierte.[41] Mit *The Age of the Earth* aus dem Jahr 1913 präsentierte Holmes eine erste vollständige Übersicht dieser Methoden. Ein früher Versuch Holmes', eine Geologische Zeitskala zu etablieren, geht auf das Jahr 1911 zurück. In den folgenden Jahren arbeitete er bis 1947 mit vier weiteren Versionen stetig daran, diese zu verbessern.[42]

Auch Willard Frank Libby leistete mit der Entwicklung der Radiokarbonmethode 1952 einen Beitrag zur Weiterentwicklung radiometrischer Datierungstechniken. Diese ermöglichte – zumindest für einen in die Vergangenheit hineinreichenden Zeitraum von etwa 55 000 Jahren – spezifizierte Altersbestimmungen. Schlussendlich aber sollte es der US-amerikanische Geochemiker Clair Patterson sein, der Holmes' Uran-Blei-Datierungsmethode optimierte, indem er

---

40 In der Geologie werden Zeiteinheiten häufig mit der Abkürzung Ma angegeben. Ma steht für *Megaannum* und bezeichnet einen Zeitabschnitt von einer Million Jahre.

41 Bei Blei handelt es sich um ein Endprodukt von Uran.

42 O'Hara, A Brief History of Geology, 39–45; MacLeod, Stratigraphical Principles; David R. Oldroyd, History of Geology from 1835 to 1900, in: Selley, Cocks, Plimer (Hrsg.), Encyclopedia of Geology, 179–185; D. F. Branagan, History of Geology from 1900 to 1962, in: ebd., 185–196; Cherry Lewis, Arthur Holmes' vision of a geological timescale, in: dies. (Hrsg.), The Age of the Earth. From 4004 BC to AD 2002. London 2001, 121–138.

den in Meteoritenfragmenten enthaltenen Bleigehalt als Vergleichsbasis nutzte. Es gelang ihm im Zuge dessen, das bis zum heutigen Zeitpunkt angenommene Alter der Erde von »approximately 4.5×10^9 yr« zu bestimmen.[43] Der Bereich der Geochronologie war somit gegen Ende der 1950er-Jahre relativ gut etabliert.

Unterdessen drängte sich ebenso wie Geologen auch Vertretern der Stratigraphie die Notwendigkeit global einheitlicher stratigraphischer Prinzipien, Klassifizierungen sowie Terminologien immer stärker auf. Im Zuge des 19. Internationalen Geologischen Kongresses 1952 in Algier wurde daher die *International Subcommission on Stratigraphic Classification* (ISSC) gegründet, die nach 1974 als Unterkommission der ICS beibehalten wurde.

Innerhalb der Stratigraphie entwickelten sich im Laufe des 20. Jahrhunderts neben den bereits existierenden Praktiken der Bio- und Lithostratigraphie weitere Subdisziplinen, die im Bereich der Chronostratigraphie seit Gründung der ICS in erster Linie einen Beitrag zur Bereitstellung von sekundären Markern für die jeweils zu verhandelnden geologischen Zeitabschnitte leisten. Dazu zählen die Magneto- und die Chemostratigraphie, die Allo-, Klimato- und Isotopstratigraphie, die Cryo-, Pedo- und Morphostratigraphie sowie die Sequenz- und Ereignisstratigraphie.[44] Die Existenz einer ganzen Bandbreite an stratigraphischen Spezialisierungen spiegelt die Vielschichtigkeit und Vielfalt stratigraphischer Möglichkeiten der Evidenzbereitstellung wider. Sie verweist zugleich bereits auf das komplexe Wechselspiel sowie den Aushandlungsprozess, der sich aus der Beantwortung einer spezifischen geologischen Fragestellung in Kombination mit den festgelegten Kriterien und Vorgehensweisen ergibt, denen stratigraphische Evidenz entsprechen muss. Chronostratigraphische Einheiten bieten »the greatest promise for formally-named units of worldwide application because they are based on their time of formation«.[45] Daher setzt sich der *Geological Time Scale* beziehungsweise *International Chronostratigraphic Chart* aus einzelnen chronostratigraphischen Einheiten zusammen.

In Bezug auf die eingehendere Betrachtung der geowissenschaftlichen Debatte um das Anthropozän als geologischen Zeitabschnitt ist es wichtig, sich des Unterschieds zwischen der Geochronologie einerseits sowie der Chronostratigraphie andererseits bewusst zu sein. Zwar beziehen sich beide Termini

---

43 C. Patterson, G. Tilton, M. Inghram, Age of the Earth, in: Science 121, 1955, H. 3134, 69–75, hier: 75; G. Brent Dalrymple, The age of the Earth in the twentieth century: a problem (mostly) solved, in: Cherry Lewis (Hrsg.), The Age of the Earth. From 4004 BC to AD 2002. London 2001, 205–221. Basierend auf Pattersons Messungen der Uran-Blei-Isotope berechnete auch der deutsche Physiker Friedrich Georg Houtermans das Alter der Erde neu. Er kam dabei auf das gleiche Ergebnis wie Patterson und veröffentlichte dieses noch im Jahr 1953; vgl. dazu F. G. Houtermans, Determination of the Age of the Earth from the Isotopic Composition of Meteoritic Lead, in: Il Nuovo Cimento 10, 1953, H. 12, 1623–1633.

44 Jan A. Zalasiewicz u. a., Stratigraphy of the Anthropocene, in: Philosophical Transactions of the Royal Society 369, 2011, H. 1938, 1036–1055, hier: 1037–1038.

45 Murphy, Salvador, International Stratigraphic Guide, 256.

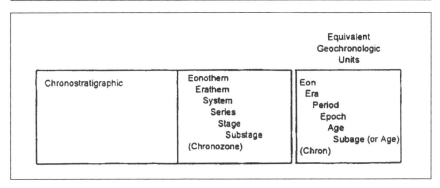

Abb. 4: Im stratigraphischen Kriterienkatalog festgelegte terminologische Hierarchie; aus Michael A. Murphy, Amos Salvador, International Stratigraphic Guide – An abridged version, in: Episodes 22, 1999, H. 4, 255–272, hier: 256.

auf dieselbe Zeiteinheit. Doch gibt es einen zentralen Unterschied. Während es sich bei geochronologischen Einheiten um geologische Zeiteinheiten handelt, welche die zeitliche Abfolge von Ereignissen in der Erdgeschichte anhand spezifischer Daten festlegen, zeichnet sich eine chronostratigraphische Einheit durch Materialität aus. Sie besteht aus »all rocks formed during a specific interval of geologic time, and only those rocks formed during that time span. Chronostratigraphic units are bounded by synchronous horizons.«[46] Chronostratigraphische Einheiten werden im GTS entlang einer standardisierten Hierarchie angeordnet. Jede chronostratigraphische Hierarchieebene hat dabei ihr geochronologisches Äquivalent. Die entsprechende chronostratigraphische Einheit für die gegenwärtige geochronologische Epoche des Holozäns etwa ist demnach die *Holocene Series*. Die Strata der *Holocene Series* umfassen konsequenterweise alles Gestein, das sich während der Holozänepoche abgelagert hat.

Solche chronostratigraphischen Einheiten werden möglichst anhand von GSSPs definiert, informell als sogenannte *golden spikes* bekannt.[47] Diese markieren einen »specific point in a specific sequence of rock strata« und markieren alsdann die Obergrenze der jeweiligen chronostratigraphischen Einheiten. Sie kennzeichnen also »simultaneously [...] the boundaries between both a time unit and its equivalent time-rock unit« und fungieren konsequenterweise auch als Untergrenze für den unmittelbar anschließenden Zeitabschnitt.[48] Ein GSSP

46 Ebd., 266.
47 Bei dem Begriff *golden spike* handelt es sich um eine Entlehnung aus der Geschichtswissenschaft. Im Jahr 1869 stellte Leland Stanford in Utah in einem symbolischen Akt mit einem vergoldeten Nagel die erste transkontinentale Eisenbahnstrecke fertig. In visueller Anlehnung an ihren historischen Vorgänger werden die GSSPs im GTS ebenfalls als goldene Nägel dargestellt.
48 Zalasiewicz u. a., Stratigraphy of the Anthropocene, 1038.

wird stets über einen primären Marker korreliert. Zusätzlich werden mehrere sekundäre Marker, auch *proxies* genannt, bereitgestellt, um die GSSP-Lokalisation zu stützen.

Um formal anerkannt zu werden, müssen GSSPs den Richtlinien eines festgelegten Kriterienkatalogs entsprechen, der im *International Stratigraphic Guide* (ISG) zu finden ist. Letzterer stellt das Ergebnis der Bemühungen innerhalb der Stratigraphie um eine einheitliche Terminologie und Methodik dar und wurde in seiner ersten Fassung im Jahr 1976 vorgelegt.[49] Besonders hervorzuheben sind dabei zwei der zu erfüllenden Kriterien: Ein GSSP muss erstens isochron sein, also global und synchron auftreten. Dies bedeutet, dass einer Definition vielerorts durchgeführte Analysen vorausgehen müssen, die dann zu einer globalen Synthese zusammengefasst werden können. Zweitens sollte ein GSSP radiometrisch datierbar sein und nicht allein auf einem Primärmarker, sondern zusätzlich auf mehreren Sekundärmarkern aus unterschiedlichen stratigraphischen Teilbereichen basieren, vor allem der Biostratigraphie.[50] Bemerkenswert erscheint an dieser Stelle ein Kriterium, das ebenfalls zu dem im ISG enthaltenen Kriterienkatalog für die GSSP-Findung gehört und sich explizit auf außerstratigraphische Disziplinen bezieht: »The selection of the boundary stratotype, where possible, should take account of historical priority and usage and should approximate traditional boundaries.«[51] Entgegen der landläufigen Meinung, Geologen blickten nicht über ihren naturwissenschaftlichen Tellerrand hinaus, findet sich in den Bestimmungen damit nicht nur ein disziplinübergreifender Bezug. Vielmehr wird zum einen implizit die Verbindung zu der geisteswissenschaftlichen Expertise um Zeitlichkeiten herausgestellt sowie zum anderen das Bestreben geäußert, sofern möglich, Synergien zwischen geologischer und historischer Zeitdimension herzustellen, ja, historische und geologische Ereignisse zu korrelieren. Auch wenn es dabei aufgrund des den historischen Zeitrahmen um ein Vielfaches übersteigenden Maßstabs bisher in erster Linie um erdgeschichtliche oder allenfalls archäologisch relevante Ereignisse geht – ein

49 Hollis D. Hedberg, International Stratigraphic Guide. A Guide to Stratigraphic Classification, Terminology, and Procedure. New York 1976.

50 John W. Cowie, Guidelines for Boundary Stratotypes, in: Episodes 9, 1986, H. 2, 78–82; ders. u. a., Guidelines and statutes of the International Commission on Stratigraphy (ICS), in: Courier Forschungsinstitut Senckenberg 83, 1986, 1–14; Felix M. Gradstein u. a., ICS on stage, in: Lethaia 36, 2003, H. 4, 371–377; Jürgen Remane u. a., Revised guidelines for the establishment of global chronostratigraphic standards by the International Commission on Stratigraphy (ICS), in: Episodes 19, 1996, 77–81; Amos Salvador, International Stratigraphic Guide. A Guide to Stratigraphic Classification, Terminology, and Procedure. Trondheim, Boulder ²1994; Felix M. Gradstein, James G. Ogg, Alan G. Smith (Hrsg.), A Geologic Time Scale 2004. Cambridge 2005; Walter B. Harland u. a. (Hrsg.), A Geologic Time Scale 1989. Cambridge 1990; Stanley C. Finney, Lucy E. Edwards, The »Anthropocene« epoch. Scientific decision or political statement?, in: GSA Today 26, 2016, H. 3, 4–10, hier: 4–6.

51 Murphy, Salvador, International Stratigraphic Guide, 269.

Beispiel hierfür ist der Danium GSSP, der mit dem fünften Massensterben an der Grenze von Oberkreide und Paläozän koinzidiert, – erweist sich das hinsichtlich der Debatte um das Anthropozän als im Wandel begriffen, denn es wird ein geologischer Zeitraum diskutiert, der historisch mehr als gut fassbar ist.

Neben den vielen Proponenten der GSSP-Methode werden vornehmlich in den 1960er-und 1970er-Jahren auch kritische Stimmen laut. Der Paläontologe Spencer Lucas etwa greift diese Diskussion aktuell wieder auf und bemängelt, die ICS habe, indem sie sich dem zentralen Ziel verschrieb, einen standardisierten, global gültigen GTS zu etablieren, mehrere Unzulänglichkeiten zu verantworten. Dazu zählt er Widersprüchlichkeiten in Namensgebung und Definition chronostratigraphischer Einheiten, Willkür in der GSSP-Wahl, Reduktionismus oder die idealistische Vorstellung, ein lokaler GSSP könne eine Korrelation von globaler Bedeutung für sich beanspruchen.[52] Wie an späterer Stelle zu sehen sein wird, erlangt diese Kritik im Zeichen der Debatte um das Anthropozän eine neue Dimension (vgl. Kap. 4.2).

Trotz dieser längst nicht vollends ausgeräumten Kritikpunkte an der GSSP-Nutzung begann man mit Gründung der ICS, den GTS anhand dieser Methode zu etablieren. Die seit den 1960er-Jahren zur Anwendung kommende GSSP-Methode markiert damit den letzten Schritt einer dreistufigen Entwicklung der geologischen Zeiteinteilungspraxis und löst die bis zu diesem Zeitpunkt vorherrschende fossile Praxis ab – von Spencer Lucas als »natural chronostratigraphy« bezeichnet –, die zu Beginn des 19. Jahrhunderts auf die lithologische Praxis folgte.

Der erste GSSP wurde im Jahr 1972 formal anerkannt und markiert die Grenze zwischen Devon und Silur. Als primärer Marker dient hierfür das beginnende Auftreten des Graptolithen *Monograptus uniformis*.[53] Mittlerweile sind im GTS insgesamt 72 GSSPs definiert (Stand 01/19). Die entsprechenden Bohrkerne der einzelnen GSSPs werden archivalisch aufbewahrt und müssen jederzeit als Untersuchungsobjekt zugänglich sein. Obwohl es das formulierte Endziel der ICS ist, den GTS zu vervollständigen und alle Zeitgrenzen mit Hilfe eines GSSP zu markieren, ist dieser Prozess längst noch nicht abgeschlossen. Abgesehen davon, dass diese Prozesse oft Jahre, wenn nicht Jahrzehnte in Anspruch nehmen,

---

52 S. V. Meyen, The concepts of »naturalness« and »synchroneity« in stratigraphy, in: International Geology Review 18, 2009, H. 1, 80–88; Norman D. Newell, Problems of Geochronology, in: Proceedings of the Academy of Natural Sciences of Philadelphia 118, 1966, 63–89; Spencer G. Lucas, The GSSP Method of Chronostratigraphy. A Critical Review, in: Frontiers in Earth Science 6, 2018, Art. 191; Duncan P. McLaren, Time, Life, and Boundaries, in: Journal of Paleontology 44, 1970, H. 5, 801–815; Derek V. Ager, The stratigraphic code and what it implies, in: William A. Berggren (Hrsg.), Catastrophes and Earth History. The New Uniformitarianism. Princeton 1984, 91–100.

53 Bei Graptolithen handelt es sich um fossile Überreste mariner Organismen aus der Zeit vom Kambrium bis zum Karbon.

bevor ausreichend Bohrungen und Analysen durchgeführt wurden, die einer Abstimmung hinsichtlich der Eignung eines GSSP standhalten können, was die Kommissionen, die in der Regel ohne finanzielle Förderung operieren, wiederholt vor Herausforderungen stellt, eignet sich die GSSP-Methode durchaus nicht zur Einteilung der gesamten Erdzeit. Die Definition von Präkambrium-Grenzen beispielsweise erfolgt daher aufgrund der kaum vorhandenen fossilen Evidenz, auf die sich ein GSSP in der Regel mit stützt, in erster Linie über *Global Standard Stratigraphic Age* (GSSA). Zwar ist die Eignung dieser Methode zur geologischen Zeiteinteilung umstritten, doch da kein spezifischer *golden spike* identifiziert und damit kein absoluter Zeitpunkt gesetzt werden kann, findet die Methodik der Geochronologie für das Präkambrium dennoch Anwendung, indem der Formationszeitraum der Strata in Relation zu den darunter und darüber liegenden Schichten bestimmt wird.[54]

Auch in Bezug auf die angewandten Datierungstechniken ist eine gewisse Flexibilität nötig. Ihre bis heute andauernde Nutzung zeigt, dass sich die im frühen 20. Jahrhundert entwickelten radiometrischen Datierungsmethoden als gewinnbringend erwiesen haben. Strata unterschiedlichen Alters erfordern aufgrund deren differierender Zusammensetzung jedoch divergierende Datierungstechniken.[55] Diejenige Methode, die sich insbesondere zur Datierung von Quartärsstrata eignet, basiert auf »the proportion of the radiocarbon isotope (^{14}C) to normal carbon in the organic matter of sediments«.[56] Untenstehende Abb. 5 zeigt, dass der GTS für das Quartär im Vergleich zu zeitlich früheren Zeitabschnitten sehr gut erschlossen ist. Das ist primär darauf zurückzuführen, dass stratigraphische Daten diesen Alters reichlicher und detaillierter ausfallen und zudem leichter zugänglich sind als tiefer liegende Strata.

Um die nötige Forschungsarbeit effizient und erfolgreich leisten zu können, hat sich die *International Commission on Stratigraphy* über die Jahre hinweg zu einem komplexen Gefüge mit klar abgesteckten Zuständigkeitsbereichen ausdifferenziert. Insgesamt 16 Unterkommissionen unterstehen der ICS, an deren Spitze jeweils – genau wie bei der ICS selbst – ein Exekutivkomitee steht, bestehend aus Vorsitzendem, stellvertretendem Vorsitzenden und Sekretär. Für alle zwölf bisher für das Phanerozoikum definierten Perioden wurde eine Subkommission eingerichtet. Das Präkambrium betreffend gestaltet sich die Situation

---

54 Vgl. Felix M. Gradstein, James G. Ogg, Time Scale, in: Selley, Cocks, Plimer (Hrsg.), Encyclopedia of Geology, 503–520; Murphy, Salvador, International Stratigraphic Guide; Scott A. Elias, Finding a »Golden Spike« to Mark the Anthropocene, in: DellaSala, Goldstein (Hrsg.), Encyclopedia of the Anthropocene, 19–28; Jan A. Zalasiewicz, Colin P. Summerhayes, Martin J. Head u. a., Stratigraphy and the Geological Time Scale, in: Zalasiewicz u. a. (Hrsg.), The Anthropocene as a Geological Time Unit, 11–31.

55 Colin N. Waters u. a., How to date natural archives of the Anthropocene, in: Geology Today 34, 2018, H. 5, 182–187.

56 Murphy, Salvador, International Stratigraphic Guide, 269–270.

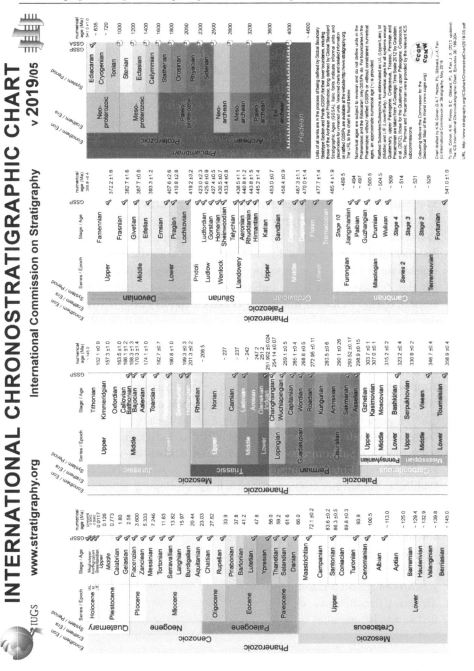

Abb. 5: Geologische Zeitskala Stand Mai 2019; K. M. Cohen, D. A. T. Harper, Philip L. Gibbard, ICS International Chronostratigraphic Chart 2019/05. International Commission on Stratigraphy, IUGS. 2019 (zuletzt aufgerufen am 30.12.2019).

etwas anders: Hier wurden für das Präkambrium selbst sowie die beiden zeitlich jüngsten Perioden dieses Äons drei Subkommissionen etabliert. Zudem blieb die 1952 gegründete ISSC als Subkommission der ICS bestehen, die weiterhin mit der stratigraphischen Klassifizierung betraut ist. Doch die Ausdifferenzierung geht noch weiter, was beispielhaft anhand der für das Anthropozän relevanten *Subcommission on Quaternary Stratigraphy* aufgeführt wird. Diese besteht derzeit aus vier Arbeitsgruppen, die sich ausschließlich mit Quartärstratigraphie beschäftigen: der *Pleistocene – Holocene boundary working group*, der *Middle/Late Pleistocene working group*, der *Early/Middle Pleistocene working group* und der *Anthropocene working group*. Jede Arbeitsgruppe ist für die Erforschung des ihr zugewiesenen Teilbereichs des GTS zuständig und ersucht, der übergeordneten Kommission in regelmäßigen Abständen die Ergebnisse zu berichten.

Sobald die Untersuchungen einer Arbeitsgruppe der untersten Instanz soweit abgeschlossen sind, dass ein Vorschlag gemacht werden kann, der eine formale Anerkennung eines GSSPs wahrscheinlich macht, trägt diese Arbeitsgruppe ihre Ergebnisse in einem Paper zusammen, das im Falle der Anerkennung in *Episodes*, der Zeitschrift der IUGS, publiziert wird. Bis es zu dieser Formalisierung kommt, hat der Zeitabschnitt in spe jedoch einen vierstufigen Instanzenweg zu durchlaufen. Stufe eins bildet dabei die Arbeitsgruppe selbst, die über das Ergebnis ihrer Arbeit abstimmt. Die Wahl fällt nur positiv aus, sofern der Vorschlag mit einer mindestens 60 %-igen Mehrheit angenommen wird. Gilt ein Vorschlag auf dieser Ebene als angenommen, wird er an die *Subcommission for Quaternary Stratigraphy* weitergereicht, für die dieselben Wahlbestimmungen gelten wie auf Stufe eins. Wird der Vorschlag auch hier angenommen, wird er an Stufe drei, die ICS, gegeben, die ebenfalls mit einer Mehrheit von 60 % zustimmen muss. Die Wählerschaft der ICS setzt sich aus deren Exekutivkomitee sowie den Vorsitzenden aller Subkommissionen zusammen. Schließlich wird der Vorschlag an das oberste Entscheidungsorgan, die IUGS, gegeben. Erst, wenn auch die Wahlberechtigten der IUGS mehrheitlich der Festlegung eines neuen geologischen Zeitabschnitts zugestimmt haben, gilt dieser als formalisiert und kann dem *Chronostratigraphic Chart* hinzugefügt werden. Ist ein geologischer Zeitabschnitt anerkannt, so kann diese Entscheidung zwar grundsätzlich revidiert werden – nicht aber in den zehn Jahren ab dem Zeitpunkt der Anerkennung.[57]

Bezüglich der Nomenklatur der verschiedenen chronostratigraphischen und geochronologischen Einheiten findet sich im ISG ebenfalls ein Regelwerk. Für die Series/Epoch-Ebene, die für die Debatte um das Anthropozän von zentraler Bedeutung ist, gestaltet sich das wie folgt: Der Name sollte auf ein geographi-

---

57 International Commission on Stratigraphy, International Commission on Stratigraphy (ICS). Statutes 2017 [Onlinedokument] (zuletzt aufgerufen am 25.02.2019); International Union of Geological Sciences, Statutes and Bylaws of the International Union of Geological Sciences (zuletzt aufgerufen am 25.02.2019).

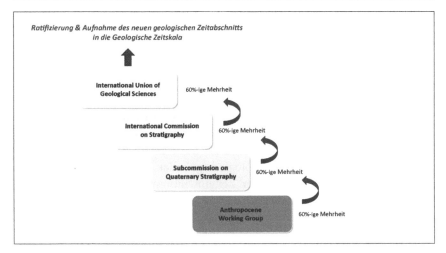

Abb. 6: Instanzweg zur Anerkennung eines neuen geochronologischen Zeitabschnitts, Quelle: Fabienne Will.

sches Charakteristikum, das die räumliche Nähe zu dem gewählten GSSP kennzeichnet oder die geographische Lage selbst verweisen und idealerweise auf die Suffixe *ian* oder *an* enden. Im Chronostratigraphic Chart wird ersichtlich, dass diese Regel einschließlich der Kreidezeit konsequent angewandt wurde. Mit dem Paläogen jedoch ändert sich die epochale Nomenklatur. Die bis zu diesem Punkt in der Zeitskala auf Epochen angewandte terminologische Regel wird bei den auf die Kreidezeit folgenden Zeitabschnitten nur noch bei der Bezeichnung von Subepochen umgesetzt. Die epochenkennzeichnenden Suffixe *ian* und *an* werden ab dem Pliozän von dem Suffix *cene* abgelöst. In Anlehnung an Charles Lyell, der 1833 die Epochenbezeichnungen Eozän, Miozän und Pliozän einführte, schlug Wilhelm Philipp Schimper im Jahr 1875 den Begriff Paläozän für die zwischen Oberkreide und Eozän liegende Epoche vor, um den Übergang von alt zu neu zu markieren. Der Terminus Eozän setzt sich etymologisch aus griech. *eos*, was so viel wie Anbruch, und griech. *kainos*, was so viel wie neuartig bedeutet, zusammen. Lyell wählte diesen Begriff für diejenige Epoche, in deren Series sich die ersten Anzeichen modernen Lebens finden. Mit dem Terminus Paläozän, gebildet aus den beiden Begriffen ›paläo‹ und ›Eozän‹, kennzeichnet Schimper folglich die Übergangsphase hin zu neuen Lebensformen, »›the old part of the dawn of the recent‹«.[58] Das Oligozän wurde im Jahr 2001 schließlich als erste Epoche auf die Endung *cene* formal von der IUGS ratifiziert, was nicht nur einen Kontinuitätsbruch, sondern auch einen stratigraphischen Regelbruch darstellte.

---

58 Zitiert nach T. Christoph R. Pulvertaft, »Paleocene« or »Palaeocene«, in: Bulletin of the Geological Society of Denmark 46, 1999, 52.

Auch wenn die Provokation des Anthropozän im Hinblick auf potentielle Lockerungen und Veränderungen der stratigraphischen Methodik deutlich größere
Implikationen mit sich bringt (vgl. Kap. 3 und 4), so handelt es sich dennoch
auch in dem hier skizzierten Fall, der auf die Terminologie beschränkt bleibt,
um eine Abweichung von stratigraphischen Vorgaben, die mittlerweile angenommen ist.[59]

Hinsichtlich des Zeiteinteilungsprozesses wird hier eine zentrale Differenz
zwischen Geologie und Geschichtswissenschaft mehr als offenkundig und liegt
letztlich in den Charakteristika der naturwissenschaftlichen beziehungsweise
geisteswissenschaftlichen Methodologie begründet. Zwar ist Debatte wesentlicher Bestandteil stratigraphischer Zeiteinteilungsprozesse, Entscheidungen
jedoch werden schlussendlich auf Grundlage der erhobenen Daten mittels einer
Abstimmung gefällt – eine Abstimmung über Zeitlichkeiten, die in geschichtswissenschaftlicher Perspektive undenkbar ist. Zudem sei an dieser Stelle darauf
hingewiesen, dass nicht nur die Art und Weise der Zeiteinteilung in Geologie
und Geschichtswissenschaft enorm voneinander abweicht, sondern auch der
Epochenbegriff gänzlich verschiedene Implikationen mit sich bringt. Während
die Epoche in der Stratigraphie nur eine von mehreren Bezeichnungen für
Zeitabschnitte unterschiedlicher Größe ist, bezeichnet der Begriff in der Geschichtswissenschaft Zeitabschnitte unterschiedlicher Dauer. Auch Historiker
operieren häufig mit Begriffen wie Zeitalter oder Ära, verwenden diese jedoch
weitestgehend synonym. Darüber hinaus existieren keine festgelegten Kriterien,
die ein Zeitraum erfüllen muss, um als geschichtliche Epoche bezeichnet werden zu dürfen. Im Gegensatz zur geowissenschaftlichen Zeiteinteilungspraxis,
die auf der Zuschreibung eindeutiger Grenzpunkte basiert, ist die historische
Gliederung in Zeitabschnitte folglich recht flexibel, die Grenzen sind fließend,
und die Epochen werden regional oft verschieden angesetzt. Das liegt zum einen
daran, dass die Geschichtswissenschaft als interpretative Wissenschaft gilt und
die als charakteristisch, umwälzend oder epochal wahrgenommenen Kennzeichen stark von der kontextspezifischen Betrachtungsweise des Forschenden

---

59 Charles Lyell, Principles of Geology: Being an attempt to explain the former changes of
the Earth's surface are referable to causes now in operation. London [3]1835, 296; Mike Walker
u. a., Formal definition and dating of the GSSP (Global Stratotype Section and Point) for the
base of the Holocene using the Greenland NGRIP ice core, and selected auxiliary records, in:
Journal of Quaternary Science 24, 2009, H. 1, 3–17; Pulvertaft, »Paleocene« or »Palaeocene«;
Murphy, Salvador, International Stratigraphic Guide; International Commission on Stratigraphy, GSSP Table – All Periods. Global Boundary Stratotype Section and Point (GSSP) of
the International Commission on Stratigraphy [Onlinedokument] (zuletzt aufgerufen am
26.03.2019); Subcommision on Neogene Stratigraphy [Onlinedokument] (zuletzt aufgerufen am 04.11.2019); The International Subcommission on Paleogene Stratigraphy, International Subcommission on Paleogene Stratigraphy [Onlinedokument] (zuletzt aufgerufen am
04.11.2019).

abhängen. Zum anderen vollziehen sich gesellschaftliche, wirtschaftliche, soziale und politische Prozesse im Gegensatz zu geologischen Prozessen keineswegs isochron. Während der ISG mit der Angabe von »13 to 35 million years« die Dauer einer geologischen Epoche vorgibt, variieren die Epochenzeiträume in der Geschichtswissenschaft stark.[60] Trotz aller Unterschiedlichkeit haben die beiden Epochenbegriffe auch etwas gemein: Die Einteilung findet in beiden Fällen anhand von Merkmalen statt, die für die jeweilige Epoche charakteristisch sind. Zwar ist die Zeiteinteilung in beiden Disziplinen kontinuierlich Gegenstand von Aushandlung und gibt Anlass zu Diskussion und Kritik. Nichtsdestotrotz geben solche Kategorisierungsversuche einen vertikalen geologischen und horizontal historischen Überblick und erleichtern die Einordnung bestimmter Prozesse und Phänomene.

Es ist nicht verwunderlich, dass Geologen, speziell Stratigraphen, gemeinhin als Hüter der geologischen Zeit gelten. Gleiches wird von Historikern für die historische Zeit behauptet. Dass nun das Anthropozän, das aufgrund seiner inhärenten Vielschichtigkeit sowohl für die Geologie als auch für die Geschichtswissenschaft weitreichende Implikationen hat, eine Auseinandersetzung um die Deutungshoheit von Zeiteinheiten provoziert, ist ein Faktum, das es näher zu untersuchen gilt.

1.3 Quartär und Holozän – Beispiele für die Formalisierung geochronologischer Zeitabschnitte

Die Betrachtung bisheriger stratigraphischer Entscheidungsfindungsprozesse zeigt, dass Kontroverses und Iteratives innerhalb der stratigraphischen Community an der Tagesordnung sind und den Normalmodus der geowissenschaftlichen Wissensproduktion darstellen. Dieser Modus ist so alt wie die Disziplin selbst, worauf eine Kontroverse der 1830er-Jahre um die Grenze zwischen Kambrium und Silur zwischen Adam Sedgwick und Roderick Murchinson hinweist.[61]

Die einzelnen Kontroversen beziehen sich dabei keineswegs ausschließlich auf Zeitgrenzen und potentielle GSSPs, sondern ebenso auf die Passung der Nomenklatur von Zeiteinheiten.

Zur Illustration sollen an dieser Stelle zwei Beispiele dienen: das auf der Ebene einer Periode verortete Quartär sowie das Holozän auf Epochenebene. Es lohnt sich, den Blick gerade auf diese beiden Fälle zu lenken, da beide zum Bereich der Quartärstratigraphie gehören, in dem auch das Anthropozän ver-

60 Murphy, Salvador, International Stratigraphic Guide, 266.
61 John C. Thackray, The Murchinson-Sedgwick Controversy, in: Journal of the Geological Society 132, 1976, 367–372.

ortet werden würde. Zudem handelt es sich um Fälle, an denen charakteristische geowissenschaftliche Aushandlungsprozesse besonders explizit werden. Deren Auseinandersetzung – zumindest diejenige des Quartärs – nahm ihren Ausgang bereits im 18. Jahrhundert.

Diskussionen um den Status und die stratigraphische Position des Quartärs, die bis 2009 andauerten, wurden 1760 von Giovanni Arduino mit seiner chronostratigraphischen Klassifizierung in Primär, Sekundär, Tertiär und Alluvium angestoßen, wobei er sich mit letzterem auf die oberflächlichsten Ablagerungen des Tertiärs bezog. Im Jahr 1829 war es Jules Desnoyers, der den Begriff Quartär als solchen erstmals gebrauchte und damit marine und alluviale Ablagerungen beschrieb. Und auch Charles Lyell, der den Quartärsbegriff zwar nie verwendete, unterteilte das Tertiär dennoch so, dass davon auszugehen ist, die von ihm beschriebene Epoche des Pleistozäns und die gegenwärtige Epoche sei mit dem Quartärskonzept gleichzusetzen. In Konkurrenz dazu führte Moriz Hörnes im Jahr 1853 die Begriffe Neogen sowie Paläogen auf der Ebene geologischer Perioden für das Känozoikum ein.[62] Damit war die fortan über ein Jahrhundert andauernde Diskussion um die miteinander konkurrierenden Termini Quartär und Neogen eröffnet.

Als es für die ICS und die *International Union for Quaternary Research* (INQUA) in den 1980er-Jahren schließlich darum ging, die Standardisierung der Pliozän-Pleistozän Grenze voranzutreiben und einen geeigneten GSSP zu definieren, wurde die Debatte um den Status des Quartärs, das formal bis dato nicht Teil des GTS war, aktuell wie nie zuvor. Denn die Suche nach einem geeigneten GSSP zur Festlegung der Untergrenze des Pleistozäns implizierte im Falle einer Entscheidung für dessen Formalisierung ebenfalls die Diskussion um die Untergrenze des Quartärs, das in seiner informellen Verwendung bisher die oberste Stufe des Pliozäns, das Gelasium sowie die Epochen Pleistozän und Holozän umfasste. Nachdem die IUGS sich 1983 in Bezug auf die Pliozän-Pleistozän Grenze für den Calabrium GSSP um 1,8 Ma ausgesprochen hatte, flammte die Debatte um den Rang des Quartärs daher neu auf. Die ICS trat in der Folgezeit mit der Übereinkunft, das Quartär sei ein durchaus nützlicher klimabasierter chronostratigraphischer Begriff – als Kriterium für den Beginn des Quartärs galt traditionellerweise der mit den Eiszeitepochen in der nördlichen Hemisphäre einsetzende Erdsystemwandel – eine Kontroverse los, die sich in zahlreichen

---

62 M. Hörnes, Mittheilungen an Professor Bronn gerichtet. Wien, 3. Okt. 1853, in: K. C. von Leonhard, H. G. Bronn (Hrsg.), Neues Jahrbuch für Mineralogie, Geologie, Geognosie und Petrefakten-Kunde. Stuttgart 1853, 806–810; Jules Desnoyers, Observations sur un ensemble de dépôts marins plus récents que les terrains tertiaires du bassin de la Seine, et constituant une formation géologique distincte; précédées d'un aperçu de la nonsimultanéité des bassins tertiares, in: Annales des sciences naturelles. comprenant La physiologie animale et végétale, l'anatomie comparée des deux règnes, la zoologie, la botanique, la minéralogie et la géologie. Paris 1829, 171–214.

Formalisierungsoptionen niederschlug und in der Sache Neogen oder Quartär neu aufflammte. Ihren Kulminationspunkt fand die Auseinandersetzung um die Position des Quartärs in der Geologischen Zeitskala in den Jahren von 2004 bis 2009, zusätzlich angeheizt von Felix M. Gradstein u. a., die das Quartär 2004 aus dem GTS entfernten.[63] Das zentrale Problem hinsichtlich der Verhandlung des Quartärs als Periode bestand darin, dass es – im bisherigen Verständnis mit dem vor 2,6 Ma beginnenden Eiszeitalter gleichgesetzt – eine eindeutig dem Neogen zuzuordnende Epoche, namentlich das Gelasium, mit einschloss, dessen GSSP eben den Zeitpunkt 2,6 Ma b2k markiert.[64] Angesichts dessen hätte eine dem bisherigen Verständnis des Quartärs entsprechende Formalisierung desselben eine fundamentale Veränderung im GTS bedeutet.[65]

Untenstehende Abb. 7 bietet einen Überblick über die verschiedenen Formalisierungsoptionen des Quartärs, wie sie sich bis zum Jahr 2004 herauskristallisierten: Das Quartär nicht in den GTS aufzunehmen, sodass Pleistozän und Holozän Epochen des Neogens blieben, das Quartär mit dem GSSP der Stufe Gelasium koinzidierend als Subperiode des Neogens zu erhalten, oder das Quartär als eigene, auf das Neogen folgende Periode zu definieren, welche die Epochen Pleistozän und Holozän umfasst. Interessanterweise finden sich in manchen Argumentationen wie etwa bei Brad Pillans, der für die Einführung des Quartärs als Subsystem plädierte, auch historische Argumente. So schreibt Pillans:

»Historically there have been close links between Quaternary science and archaeology. Indeed, the Quaternary has sometimes been called the Anthropogene. An extended Quaternary (to 2.6 Ma) would conveniently encompass the time of humans as toolmakers«.[66]

---

63 Felix M. Gradstein u. a., A new Geologic Time Scale, with special reference to Precambrian and Neogene, in: Episodes 27, 2005, H. 2, 83–100; James G. Ogg, Brad Pillans, Establishing Quaternary as a formal international Period/System, in: Episodes 31, 2008, H. 2, 230–233.

64 Für gewöhnlich werden auf der Radiokohlenstoffdatierung beruhende Altersangaben mit ›before present‹ (BP) angegeben. Das BP bezieht sich auf das Jahr 1950 und meint folglich ›vor 1950‹. Dieses Bezugsjahr ergibt sich aus zwei Faktoren: dem beginnenden Einsatz radiometrischer Datierungstechniken in den 1950er-Jahren und dem vor den Kernwaffentests noch natürlichen Atmosphärengehalt von Kohlenstoff-Isotopen. Weil mit der Jahrtausendwende eine gewisse Unzufriedenheit mit dem Bezugsjahr 1950 aufgekommen war, gibt es nun die Tendenz, 1950 durch 2000 zu ersetzen. Letzteres wird mit b2k, *before 2000*, angegeben.

65 James G. Ogg, Introduction to concepts and proposed standardization of the term Quaternary, in: Episodes 27, 2004, H. 2, 125–126; Philip L. Gibbard u. a., What status for the Quaternary?, in: Boreas 34, 2005, H. 1, 1–6; Gradstein, Ogg, Smith u. a., A new Geologic Time Scale; Ogg, Pillans, Establishing Quaternary as a formal international Period/System; Lucas J. Lourens, On the Neogene – Quaternary debate, in: Episodes 31, 2008, H. 2, 239–242; Martin J. Head, Philip L. Gibbard, Amos Salvador, The Quaternary: its character and definition, in: Episodes 31, 2008, H. 2, 234–238; Zalasiewicz u. a., Stratigraphy and the Geological Time Scale.

66 Brad Pillans, Proposal to redefine the Quaternary, in: Episodes 27, 2004, H. 2, 127.

(A) current span of "Quaternary"
(interval of major oscillations in N. Hemis. ice volume; but lacks formal definition)

CENOZOIC

AGE (Ma)	Period	Epoch	Stage	AGE (Ma)
0	Neogene	Holocene		
		Pleistocene	Late	
			Middle	
			Early	1.8
		Pliocene L	Gelasian	2.6
			Piacenzian	3.6
5		Pliocene E	Zanclean	5.3
		Miocene	Messinian	7.3

(B) Quaternary is a sub-Period
(proposed by Brad Pillans, INQUA)

CENOZOIC

AGE (Ma)	Period	Epoch	Stage	AGE (Ma)
0	Neogene	Holocene		
		Pleistocene	Late	
			Middle	
			Early	1.8
		Pliocene L	Gelasian	2.6
			Piacenzian	3.6
5		Pliocene E	Zanclean	5.3
		Miocene	Messinian	7.3

(C) Quaternary is a "composite epoch"
(no formal rank in chronostratigraphic scale, but formally defined as Gelasian (2.6 Ma) to Present)

CENOZOIC

AGE (Ma)	Period	Epoch	Stage	AGE (Ma)
0	Neogene	Holocene		
		Pleistocene	Late	
			Middle	
			Early	1.8
		Pliocene L	Gelasian	2.6
			Piacenzian	3.6
5		Pliocene E	Zanclean	5.3
		Miocene	Messinian	7.3

(D) Quaternary is a Period
(equal to Pleistocene plus Holocene)

CENOZOIC

AGE (Ma)	Period	Epoch	Stage	AGE (Ma)
0	Quaternary	Holocene		
		Pleistocene	Late	
			Middle	
			Early	1.8
	Neogene	Pliocene L	Gelasian	2.6
			Piacenzian	3.6
5		Pliocene E	Zanclean	5.3
		Miocene	Messinian	7.3

Abb. 7: Übersicht der Formalisierungsvorschläge für das Quartär; nach James G. Ogg, Introduction to concepts and proposed standard-ization of the term Quaternary, in: Episodes 27, 2004, H. 2, 125–126, hier: 125.

Im Sinne einer möglichst zeitnahen Lösung dieser Kontroverse beschlossen die amtierenden Präsidenten der INQUA und IUGS sowie der Chair der ICS im Jahr 2005, eine Task Force einzurichten, die mit der Aufgabe betraut war, eine Empfehlung für die stratigraphische Definition des Quartärs zu erarbeiten. Dieser Vorschlag sollte sodann den vorgeschriebenen Ratifizierungsprozess durchlaufen. Infolge diverser Vorschläge und Gegenvorschläge seitens der Sub-kommission für das Neogen, die nicht weniger als Ausdruck zweier konkurrie-render methodologischer Herangehensweisen waren, wurde die Empfehlung, das Quartär mit dem Gelasium GSSP zusammenfallend formal auf der Hierarchie-ebene einer geologischen Periode zu ratifizieren, von der ICS mit einer Mehrheit von 89 % angenommen und an die letzte Instanz, die IUGS weitergereicht, die dem Vorschlag am 29. Juni 2009 zustimmte.[67]

67 Stanley C. Finney, Result details of the FIRST vote on the definition of Quaternary – Pleistocene [Onlinedokument] 2009 (zuletzt aufgerufen am 27.12.2019); ders., Result de-tails of the SECOND vote on the definition of Quaternary – Pleistocene [Onlinedokument] 2009 (zuletzt aufgerufen am 25.03.2019); Alberto Riccardi, Formal ratification letter of base Quaternary and Pleistocene at 2.6 ma [Onlinedokument] 30.06.2009 (zuletzt aufgerufen am

Bereits ein Jahr zuvor, im Mai 2008, erkannte die IUGS mit der Ratifizierung des NorthGRIP GSSP, einem grönländischen Eisbohrkern, das Holozän als gegenwärtige geologische Epoche an, das zwar seit einiger Zeit in der Geologischen Zeitskala aufgeführt, jedoch noch nicht formalisiert gewesen war.[68] Dieser Eisbohrkern stellt Evidenz für den konstatierten Wandel der klimatischen Bedingungen bereit, »marked by a shift to ›heavier‹ oxygen isotope values […] [and] most clearly marked by a change in deuterium excess values«, die den Übergang von Pleistozän zu Holozän um 11 700 Jahre b2k markieren.[69] Dabei handelt es sich um die Effekte eines anomalen Kühlungsprozesses, der die post-glaziale Erwärmungsphase (infolge der 14 500 b2k endenden letzten Eiszeit) unterbrach. Das Holozän zeichnet sich durch relativ stabile klimatische Bedingungen aus, die gemeinhin als günstige Voraussetzungen für die Entwicklung menschlicher Hochkulturen gelten. Eben diese relative klimatische Stabilität ist es, die in naturwissenschaftlichen, dem Anthropozän zugetanen Argumentationen vielfach als entscheidendes Abgrenzungskriterium herangezogen wird.

Auch die Formalisierung des Holozäns ist das Resultat eines kontroversen Aushandlungsprozesses, der auf Konferenzen ebenso ausgetragen wurde wie über Artikel und E-Mails. Im Gegensatz zur Quartärsdebatte war die Kontroverse um das Holozän jedoch nicht von Problemen der Grenzziehung zwischen zwei konkurrierenden geologischen Zeiteinheiten geprägt, sondern vielmehr von der Infragestellung konventioneller stratigraphischer Operationsmodi.

Im Jahr 1867 führte Paul Gervais den Terminus »holocènes« ein, den der *International Geological Congress* 1885 adaptierte.[70] Nachdem die Begriffe Quartär und Pleistozän lange parallel gebraucht worden waren, zeichnete sich im Verlauf des 20. Jahrhunderts mehr und mehr die Tendenz ab, das Quartär auf Ebene einer/s Periode/Systems und Pleistozän wie Holozän auf Ebene einer Serie/Epoche zu verorten.

Um das Holozän verbindlich in der Geologischen Zeitskala zu fixieren und die Suche nach einem geeigneten GSSP voranzutreiben, bildete die ICS 2004 eine gemeinsame Arbeitsgruppe aus INTIMATE und SQS-Mitgliedern.

22.02.2019); Frits Hilgen u. a., Paleogene and Neogene Periods of the Cenozoic Era. A formal proposal and inclusive solution for the status of the Quaternary, in: Stratigraphy 6, 2009, H. 1, 1–16. Vgl. dazu außerdem die Dokumente auf der Website der *Subcommission on Quaternary Stratigraphy*, die die Korrespondenz zwischen den einzelnen Instanzen über den Verhandlungszeitraum von 2005 bis 2009 dokumentieren: Subcommission on Quaternary Stratigraphy, ICS formal vote on the base of the Quaternary and redefinition of Pleistocene 2009 [Onlinedokument] (zuletzt aufgerufen am 04.11.2019).

68 Gradstein u. a., A new Geologic Time Scale, 86.

69 Walker u. a., Formal definition and dating of the GSSP, 10.

70 Paul Gervais, Zoologie et paléontologie générales. Nouvelles recherches sur les animaux vertébrés vivants et fossils. Par Paul Gervais. Paris 1867–1869, 32; Vgl. Persifor Frazer (Hrsg.), The Work of the International Congress of Geologists, and of its Committees. s. l. 1886, 99.

Die GSSP-Suche konzentrierte sich für gewöhnlich auf marine und/oder terrestrische Sedimente. Um Schwierigkeiten zu umgehen, die sich bei der Untersuchung dieser beiden Sedimentarten hinsichtlich der GSSP-Findung für das Holozän auftaten, wählte die Arbeitsgruppe einen dritten Weg und fokussierte sich erstmals in der Geschichte stratigraphischer Zeiteinteilung auf Gletscher.[71] In Reaktion auf eine Welle an Kritik gegenüber dieser unkonventionellen Vorgehensweise begründete die Arbeitsgruppe ihre Wahl wie folgt: Bei Gletscher handle es sich ebenso um ein Sediment wie bei Gestein, und für keine geologische Exposition könne grundsätzlich Beständigkeit gewährleistet werden. Zudem bergen Eisschollen den Vorteil, ein kontinuierliches Bild zu zeichnen, da sie sich durch die jährliche Anhäufung von Schnee formen, was einer möglichst präzisen Datierung zuträglich sei. Aufgrund seiner geographischen Lage eigne sich Grönland als Indikator für den Klimawandel der westlichen Hemisphäre in besonderer Weise. Vor allen Dingen aber solle die Funktion eines Stratotyps nicht vergessen werden. Dieser dient als Fixpunkt zur globalen Korrelation. Zwar wurden GSSPs bis dahin vielfach über biostratigraphische Evidenz als Primärmarker definiert. Dieses Vorgehen schließt einen Eisbohrkern aufgrund der kaum vorhandenen fossilen Evidenz jedoch aus. Allerdings könne dieses Manko in diesem Fall aufgrund des eindeutigen klimatischen Signals ausgeglichen werden.[72]

Damit gelang es der Gruppe, den Gegenargumenten weitestgehend den Wind aus den Segeln zu nehmen und den Vorschlag im Jahr 2008 zur Abstimmung zu bringen. Nach 100 %-iger Zustimmung in der Holozän-Arbeitsgruppe und der SQS wurde der Vorschlag mit einer 94 %-ig befürwortenden Quote von der ICS an die IUGS weitergegeben, die den GSSP sodann am 8. Mai 2008 ratifizierte. Anhand der veröffentlichten Wahldokumente wird deutlich, dass die zeitgleich stattfindenden Debatten um das Quartär einerseits sowie das Holozän andererseits in engem Wechselspiel zueinanderstehen. So formulierte der Chair der Neogenen Subkommission auf seinem Wahlschein: »The Holocene GSSP proposal is acceptable, but the reference to the Quaternary is not«.[73]

---

71 Walker, Johnsen, Rasmussen u. a., Formal definition and dating of the GSSP (Global Stratotype Section and Point) for the base of the Holocene using the Greenland NGRIP ice core, and selected auxiliary records, 4–10.

72 Mike Walker u. a., The Global Stratotype Section and Point (GSSP) for the base of the Holocene Series/Epoch (Quaternary System/Period) in the NGRIP ice core, in: Episodes 31, 2008, H. 2, 264–267; ders. u. a., Formal definition and dating of the GSSP (Global Stratotype Section and Point) for the base of the Holocene using the Greenland NGRIP ice core, and selected auxiliary records; International Union of Geological Sciences, Voting details [Online dokument] 2008 (zuletzt aufgerufen am 25.02.2019); Zalasiewicz u. a., Stratigraphy and the Geological Time Scale.

73 International Union of Geological Sciences, Voting details (zuletzt aufgerufen am 25.02.2019).

Die angeführten Beispiele illustrieren, dass Debatte ein wesentlicher Bestandteil stratigraphischer Evidenzproduktion ist. Doch obwohl die Stratigraphie seit jeher von Kontroversen und Evidenzproblemen durchzogen ist – die Verhandlung des Anthropozäns als neuem geologischen Zeitabschnitt zeugt in vielerlei Hinsicht von neuer Qualität und setzt traditionelle stratigraphische Konventionen auf ungekannte Weise außer Kraft.

1.4 Das Anthropozän als geowissenschaftliche Provokation

Wir haben gesehen, dass sich der Prozess stratigraphischer Zeiteinteilung an klar definierten Kriterien orientiert. Dieser seit den 1970er-Jahren praktizierte Ansatz erwies sich – wie an der Anzahl der mittlerweile im GTS definierten Zeiteinheiten abzulesen ist – als fruchtbar. Wie die Diskussion um die GSSP-Methode demonstriert, entspinnen sich dabei auch wiederholt Diskussionen um einzelne Aspekte der stratigraphischen Vorgehensweise. Die die stratigraphische Disziplin charakterisierende Methodik als solche jedoch wurde bisher weder aus geowissenschaftlicher Sicht, geschweige denn von fachfremder Seite in Frage gestellt.

Im Zuge der Debatte um das Anthropozän ändert sich dies nun schlagartig ändert. Das erklärt, warum das Anthropozän eine geowissenschaftliche Provokation darstellt und in Teilen auch als solche wahrgenommen wird. Dabei handelt es sich um eine Provokation, die sich auf mehreren Ebenen manifestiert.

Fokussierte sich der Untersuchungsbereich der Stratigraphie, die sich als Disziplin über die Beschäftigung mit der erdgeschichtlichen Vergangenheit definiert, bisher ausnahmslos auf abgeschlossene, vergangene Zeitabschnitte, so ist das Anthropozän mit seinem gegenwärtig konsentierten Beginn in den 1950er-Jahren (vgl. Kap. 4.1) zwar von historischer Signifikanz, geologisch gedacht jedoch quasi nicht existent.[74] Die einzige Ausnahme für einen anerkannten geochronologischen Zeitabschnitt, der noch nicht abgeschlossen ist, bildet das Holozän. Doch mit seinem datierten Beginn vor etwa 11 700 Jahren bietet es trotz seiner Unabgeschlossenheit ein reiches Spektrum stratigraphischer Daten. Die gegenwärtig vorhandene *Anthropocene Series* hingegen unterscheidet sich in ihrer Dünne fundamental von der Art und Beschaffenheit derjenigen Series, die bisher ratifizierten geologischen Epochen zugrunde liegen.[75] Das temporal Neuartige des Anthropozäns als möglicher geologischer Epoche liegt somit nicht

---

74 Colin N. Waters, Jan A. Zalasiewicz, Alex Damianos, Newsletter of the Anthropocene Working Group. Volume 8: Report of activities 2018. s.l. 2018 (zuletzt aufgerufen am 20.02.2019).

75 Mike Walker, Philip L. Gibbard, John Lowe, Comment on »When did the Anthropocene begin? A mid-twentieth century boundary level is stratigraphically optimal« by Jan Zalasiewicz et al. (2015), *Quaternary International*, 282, 196–203, in: Quaternary Internatio-

allein in dessen Kürze, sondern vielmehr auch in dessen Zukunftsdimension begründet.[76] Geologen sehen sich plötzlich mit der Herausforderung konfrontiert, probabilistische Analysen in ihre Überlegungen einzubeziehen. Und obwohl eine angestrebte Formalisierung des Anthropozäns auf nachweisbarer Evidenz in bereits abgelagerten Gesteinsschichten basieren wird, kommen die Verantwortlichen (AWG) nicht umhin, mögliche Zukunftsszenarien und Entwicklungslinien des Planeten Erde in ihre Überlegungen mit einzubeziehen. Denn das Anthropozän – ob formalisiert oder nicht – hat eben erst begonnen und dessen Verortung auf Epochenebene impliziert die Annahme, dass es für Millionen von Jahren andauern wird und die unter dem Begriff Anthropozän versammelten erdsystemischen Veränderungen die Erde nicht nur in eben den *no-analogue state* katapultiert, der von so vielen beschrieben wird. Darüber hinaus sind die Indikatoren dieser Veränderung bereits so groß, dass ausreichend Grund zur Annahme besteht, die dadurch angestoßenen erdsystemischen Bedingungen werden sich auch für einen in geologischer Hinsicht epochalen Zeitraum halten. Ob sich die innergeologischen Überlegungen zum Anthropozän tatsächlich noch immer mit der festgelegten epochalen Zeitvorstellung von 13 bis 35 Millionen Jahren verbinden, erscheint fragwürdig. Vielmehr würde ich an dieser Stelle die These aufstellen, dass der geologische Epochenbegriff – insbesondere in Bezug auf die Dauer von Epochen – derzeit einem fundamentalen Wandel unterliegt, der sich bereits mit der Verhandlung des Holozäns andeutete. Zieht man die Bestimmungen des ISG als Beobachtungsgrundlage heran, ist davon auszugehen, dass die involvierten Stratigraphen während der Verhandlung des Holozäns als geologische Epoche annahmen, dieses würde Millionen von Jahren andauern und nun verwundert sind, dass es im Falle einer Anerkennung des Anthropozäns bereits vergangen sein soll. Der Vorschlag von Kritikern, das Anthropozän als Subepoche des Holozäns in Betracht zu ziehen, kann als Versuch gewertet werden, die etablierte Methodik nicht zu gefährden. Doch wie konnte man annehmen, das Holozän würde Jahrmillionen dauern, wenn das Anthropozän doch bereits seit der Jahrtausendwende Diskussionsgegenstand war, das Holozän aber erst 2008 formalisiert wurde?

Zwei Aspekte erscheinen hinsichtlich des erkennbaren kriterialen Wandels zentral: Erstens bildet die Entwicklung neuer und genauerer technologischer Datierungstechniken die Grundvoraussetzung für die immer exaktere Datierung von Strata. Zweitens sind Analyseergebnisse der geologisch jüngsten Ver-

nal 383, 2015, 204–207; Finney, Edwards, The »Anthropocene« epoch; Philip L. Gibbard, John Lewin, Partitioning the Quaternary, in: Quaternary Science Reviews 151, 2016, 127–139.

76 Finney, Edwards, The »Anthropocene« epoch; Gibbard, Lewin, Partitioning the Quaternary; Vaclav Smil, It's Too Soon to Call This the Anthropocene Era, in: IEEE Spectrum 52, 2015, H. 6, 28; Eric W. Wolff, Ice Sheets and the Anthropocene, in: Colin N. Waters u. a. (Hrsg.), A Stratigraphical Basis for the Anthropocene? London 2014, 255–263; Guido Visconti, Anthropocene. Another academic invention?, in: Rendiconti Lincei 25, 2014, H. 3, 381–392.

gangenheit so aufschlussreich, weil sich menschliche Lebensformen geologisch gedacht unverhältnismäßig schnell entwickelten und der menschliche Einfluss auf die einzelnen Erdsysteme nicht erst mit dem Anthropozän begann – der entscheidende Unterschied liegt in der Dimension des anthropogenen Einflusses –, sondern bereits viel früher. Beide Aspekte zeugen davon, dass der Wandel des geologischen Epochenbegriffs in engem Zusammenhang mit der Menschheitsgeschichte steht. Berichte der ICS und der SQS lassen vermuten, dass man sich innerhalb der Geowissenschaften dieses bevorstehenden Wandels bewusst zu sein scheint. So wird darin wiederholt die Einrichtung einer fünften, der SQS untergeordneten Subarbeitsgruppe angeregt, deren Aufgabe darin bestünde, »the utility of formal definition of short-time divisions« zu untersuchen.[77] Nichts weniger als das Konzept der geologischen Tiefenzeit – seit Formierung der Geologie definierendes disziplinäres Merkmal – wird damit auf den Prüfstand gestellt. Mittlerweile ist der Vorschlag, eine neue Arbeitsgruppe einzurichten, allerdings wieder von der Tagesordnung verschwunden. Daneben geben insbesondere Technofossilien, menschengemachte Artefakte, die häufig geologisch langlebige Materialien in sich tragen, Anlass, für die Quartärstratigraphie über die Etablierung einer hochauflösenden Technostratigraphie zu beraten. Die exakte Datierbarkeit von Technofossilien etwa stellt praktisches stratigraphisches Potential bereit. Ihre materielle Neuartigkeit stellt etablierte geowissenschaftliche Evidenzpraktiken jedoch auch vor Herausforderungen. In temporaler Perspektive setzen sie der anthropozänen Provokation an die geologische Zeitdimension die Krone auf.[78]

Ein weiteres Novum stellt der Begriff selbst dar. Er hat erstens seinen Ursprung in einer erdsystemwissenschaftlichen These, die erst in den Jahren von 2000 bis 2009 auf ihre geologische Sinnhaftigkeit geprüft wurde. Es handelt sich folglich um eine erdsystemwissenschaftliche Fragestellung, die sich erst zu einem geologischen Untersuchungsgegenstand entwickelt hat. Bedenkt man allerdings die Beziehung zwischen Erdsystemwissenschaften und Geologie, die von Will Steffen u. a. als »symbiotic and well defined« beschrieben wird, stellt der erdsystemwissenschaftliche terminologische Ursprung nur eine geringe Provokation dar.[79] Zweitens operierte die Stratigraphie nie zuvor mit einem Terminus, der einen spezifischen, handelnden Akteur in den Mittelpunkt stellt – noch dazu

---

77　Stanley C. Finney, International Commission on Stratigraphy. Compiled ICS Subcommission Annual Reports for 2009. s.l. 2009 (zuletzt aufgerufen am 04.04.2019); Vgl. auch Philip L. Gibbard, Subcommission on Quaternary Stratigraphy. Annual Report 2010. Cambridge 2010 (zuletzt aufgerufen am 20.02.2019).

78　Jan A. Zalasiewicz u. a., The technofossil record of humans, in: The Anthropocene Review 1, 2014, H. 1, 34–43; ders. u. a., Technofossil Stratigraphy, in: Zalasiewicz u. a. (Hrsg.), The Anthropocene as a Geological Time Unit, 144–147.

79　Will Steffen u. a., Stratigraphic and Earth System approaches to defining the Anthropocene, in: Earth's Future 4, 2016, H. 8, 324–345, hier: 326.

eine Spezies, die, in erdgeschichtlicher Perspektive, beinahe ebenso kurz eine Rolle spielt wie das Anthropozän. Die nomenklatorischen Regeln sehen traditionellerweise vor, dass sich der Name eines geochronologischen Zeitabschnitts idealerweise auf die geographische Lage des definierenden GSSP zu beziehen hat. Zwar entspricht die Stratigraphie in der Definition geochronologischer Einheiten auf Epochenebene diesem Regelwerk bereits seit Beginn des 21. Jahrhunderts nicht mehr: Die entsprechenden Termini (Paläozän bis Holozän) lassen keinen geographischen Bezug erkennen. Stattdessen fungiert der erste Wortteil als Determinans der Stufe/Ebene des Determinatum *zän*. Dennoch handelt es sich bei all diesen Epochenbezeichnungen stets um wertfreie Zustandsbeschreibungen. Eine Spezies begrifflich auf Epochenebene zu verankern, lässt nicht nur das stratigraphische Regelwerk hinter sich, sondern verlässt auch den neutralen Boden und katapultiert die von ihren Vertretern als objektiv und wertfrei wahrgenommene Stratigraphie durch die inhärente Handlungs- und damit Verantwortungszuweisung zwangsläufig hinein in den Pool anthropologischer Grundfragen. Den *anthropos* in einer Disziplin ins Spiel zu bringen, deren Expertise sich ausschließlich auf die Analyse von Gestein und Sedimenten fokussiert, ist nicht allein als Provokation, sondern auch als Herausforderung und Aufforderung zu verstehen.[80] Zwar stellt der Einbezug des Menschen und seiner Handlungen in geologische Überlegungen nichts völlig Neuartiges dar: So basiert die Definition des Holozäns auf mit dem Menschen in Verbindung stehenden Phänomenen wie etwa der Entwicklung der Feuernutzung zur wichtigsten Kulturtechnik infolge der Sesshaftwerdung oder der Domestizierung während der Neolithischen Revolution.[81] Zudem sind die Ursachen für die sogenannte Megafauna-Extinktion bis heute umstritten: Eine der Hypothesen sieht in der Überjagung die Hauptursache für das Massensterben.[82] Neu aber

80 Jan A. Zalasiewicz, Leicester 20.06.2017.

81 Jan A. Zalasiewicz u. a., Are we now living in the Anthropocene?, in: GSA Today 18, 2008, H. 2, 4–8.

82 Ross D. E. MacPhee (Hrsg.), Extinctions in Near Time. Causes, Contexts, and Consequences. New York, London 1999; Anthony D. Barnosky u. a., Assessing the Causes of Late Pleistocene Extinctions on the Continents, in: Science 306, 2004, 70–75; Donald K. Grayson, David J. Meltzer, A requiem for North American overkill, in: Journal of Archaeological Science 30, 2003, H. 5, 585–593; Sander van der Kaars u. a., Humans rather than climate the primary cause of Pleistocene megafaunal extinction in Australia, in: Nature Communications 8, 2017, Art. 14142; Stuart Fiedel, Gary Haynes, A premature burial: comments on Grayson and Meltzer's »Requiem for overkill«, in: Journal of Archaeological Science 31, 2004, 121–131; Barry W. Brook u. a., Would the Australian megafauna have become extinct if humans had never colonised the continent? Comments on »A review of the evidence for a human role in the extinction of Australian megafauna and an alternative explanation« by S. Wroe and J. Field, in: Quaternary Science Reviews 26, 2007, H. 3–4, 560–564; Zalasiewicz u. a., Are we now living in the Anthropocene?. Zu den anderen Hypothesen vgl. R. B. Firestone u. a., Evidence for an extraterrestrial impact 12,900 years ago that contributed to the megafaunal extinctions and the Younger Dryas cooling, in: Proceedings of the National Academy of Sciences of the Uni-

ist im Hinblick auf das Anthropozän die Dimension menschlicher Wirkungs macht. Während »[h]uman activity [...] may help characterize Holocene strata, [...] it did not create new, global environmental conditions that could translate into a fundamentally different stratigraphic signal«.[83] Letzteres ist es, was die anthropozäne menschliche Aktivität von seiner holozänen unterscheidet: Der Mensch ist im Anthropozän nicht mehr nur einer von vielen Faktoren, die zur einer nachhaltigen Veränderung des Erdsystems beitrugen, sondern der zentrale, »pre-dominant« Faktor.[84] Das Anthropozän fordert Stratigraphen dazu auf, sich mit geistes- und sozialwissenschaftlichen Fragen wie etwa derjenigen nach der Verantwortung des Menschen für den Planeten Erde auseinanderzusetzen – ja gar, diese in ihre Überlegungen zu integrieren. Mit dieser Aufforderung geht die Herausforderung einher, aus der eigenen disziplinären Expertise- und damit Komfortzone heraus- und einzutreten in einen aktiven Dialog mit Vertretern anderer Disziplinen. Denn dass der Begriff Anthropozän eine geradezu magne-tische Anziehungskraft auf all jene Disziplinen ausstrahlt, die sich mit Fragen beschäftigen, die die Menschheit betreffen, liegt auf der Hand.

Waren innergeologische Reaktionen auf methodische Neuerungen, experi-mentelle Herangehensweisen und Veränderungen in Bezug auf den stratigra-phischen Evidenzproduktionsprozess – mit der *Anthropocene Working Group* als Verkörperung des Neuen als Projektionsfläche – bisher stark von Kritik und Widerstand geprägt, so setzten sich im Zuge der mittlerweile zwei Jahr-zehnte andauernden Debatte um das Anthropozän zugleich die Erkenntnis der Notwendigkeit von und die Forderung nach stratigraphischen Lockerungen durch – und das auf den verschiedensten Ebenen des stratigraphischen Gefüges (vgl. dazu Kap. 3 und 4).[85]

ted States of America 41, 2007, H. 104, 16016–16021; Todd A. Surovell u. a., An independent evaluation of the Younger Dryas extraterrestrial impact hypothesis, in: Proceedings of the National Academy of Sciences of the United States of America 106, 2009, H. 43, 18155–18158; Nicholas Pinter u. a., The Younger Dryas impact hypothesis: A requiem, in: Earth-Science Reviews 106, 2011, H. 3–4, 247–264; Paul A. LaViolette, Evidence for a Solar Flare Cause of the Pleistocene Mass Extinction, in: Radiocarbon 53, 2011, H. 2, 303–323; Anthony J. Stuart, Late Quaternary megafaunal extinctions on the continents. A short review, in: Geological Journal 50, 2015, H. 3, 338–363.

83 Zalasiewicz u. a., Are we now living in the Anthropocene?, 5.

84 Philip L. Gibbard, Subcommission on Quaternary Stratigraphy. Annual Report 2008. Cambridge 2008 (zuletzt aufgerufen am 20.02.2019).

85 In diesem Abschnitt ging es in erster Linie darum, die mit dem Anthropozän für die Stratigraphie als Disziplin einhergehenden grundlegenden methodischen Herausforderun-gen herauszustellen. Wie sich diese Aspekte in inhaltlicher Hinsicht manifestieren, wird im Kap. 4, *Evidenz geowissenschaftlich gedacht*, beleuchtet. Zum geowissenschaftlichen Provoka-tionspotential des Anthropozänkonzepts vgl. exemplarisch Visconti, Anthropocene; Finney, Edwards, The »Anthropocene« epoch; Andrew M. Bauer, Erle C. Ellis, The Anthropocene Di-vide. Obscuring Understanding of Social-Environmental Change, in: Current Anthropology

Angestoßen durch Paul Crutzen im Jahr 2000, doch spätestens mit Gründung der AWG 2009, rückt die Stratigraphie in ein anthropozänes Rampenlicht, das nicht nur ungewohnt ist, sondern zudem dazu auffordert, die eigene disziplinäre Arena im Zeichen eines aktiven inter- und transdisziplinären Austausches zu verlassen. In enger Verbindung dazu steht die Befürchtung, das Streben nach Ratifizierung des Anthropozäns als neuem geologischem Zeitabschnitt sei eher politischer als wissenschaftlicher Natur (vgl. dazu Kap. 3.2).[86]

Dennoch legen die dem Konzept inhärente Normativität sowie das ungewohnt große mediale und interdisziplinäre Interesse an geowissenschaftlichen Entscheidungsfindungsprozessen den transformativen Charakter des Anthropozäns in seiner Multidimensionalität in besonderer Weise frei.

Es erscheint an dieser Stelle wenig verwunderlich, dass traditionelle Evidenzproduktionsprozesse sowie die Nutzung spezifischer Evidenzpraktiken angesichts solch immens transformierender und öffnender Prozesse in eine Krise geraten. Wie in den Kap. 3 bis 6 zu sehen sein wird, führen methodische und strukturelle Grenzverwischungen zu Aushandlungsprozessen in neuartigen Konstellationen, die wiederum nicht ohne Einfluss auf die Evidenzpraktiken bleiben. Grenzverwischung bedeutet stets auch eine Destabilisierung etablierter Prozesse und Strukturen und erwirkt im Falle des Anthropozäns die aktive Aushandlung zwischen Vertretern verschiedener Disziplinen und damit – zumindest im Hinblick auf den Prozess der wissenschaftlichen Evidenzerzeugung – sichtbare Transformation.

59, 2018, H. 2, 209–227; Simon L. Lewis, Mark A. Maslin, A transparent framework for defining the Anthropocene Epoch, in: The Anthropocene Review 2, 2015, H. 2, 128–146.

86 Vgl. etwa Finney, Edwards, The »Anthropocene« epoch; Whitney J. Autin, John M. Holbrook, Is the Anthropocene an issue of stratigraphy or pop culture?, in: GSA Today 22, 2012, H. 7, 60–61; Visconti, Anthropocene; Jeremy Baskin, Paradigm Dressed as Epoch: The Ideology of the Anthropocene, in: Environmental Values 24, 2015, H. 1, 9–29.

2. Vom Konzept zur Debatte

2.1 Historische Voraussetzungen

»Paul had this interesting habit of listening very carefully and not saying much until he got worked up to a point where he would just burst out with something. This wasn't the first time he'd done it. He got fed up with people talking about the Holocene, and he said, ›Well, we've got all this evidence from all the other parts of the programme that massive changes have created the… the….the….. Stop saying the Holocene! We're not in the Holocene anymore!‹ And then he just blurted out, ›We're in the… Anthropocene.‹ It came out as something that he just sort of thought of at the time, that he hadn't really prepared it or invented the term ahead of time.«[1]

Es waren verschiedenste, vielfach miteinander verwobene Entwicklungslinien, die zu demjenigen Ausmaß der Umweltveränderungen beitrugen, die wir heute unter dem Begriff Anthropozän diskutieren. In Koinzidenz zu der exponentiellen Zunahme der Auswirkungen anthropogenen Handelns auf die Umwelt bildete sich in der zweiten Hälfte des 20. Jahrhunderts erstens das globale Umweltbewusstsein heraus. Zweitens wurden transnationale Forschungsinstitutionen etabliert, denen es mithilfe der Anwendung neuer Technologien gelang, globale Datenbasen zu schaffen und so die Auswirkungen menschlichen Handelns vor Augen zu führen. Die Entstehung der Erdsystemwissenschaften und deren mit der Gründung des IGBP im Jahr 1987 erfolgte Institutionalisierung sind drittens zentrale Voraussetzungen für die systemische und interdisziplinäre Betrachtung der Erde und bilden damit den Grundstein für die mit der Anthropozändebatte explizit werdenden Veränderungen im Bereich der Wissensproduktion.[2]

Geschürt durch die politisch verhärteten Fronten des Kalten Krieges waren es unter anderem die Sicherheitsängste dieser Epoche, die verheerende Folgen für die Umwelt haben sollten. Vornehmlich in den ersten zwei Dekaden dieses Zeitraums glaubte man in Atombombentests und atomarem Wettrüsten ein Ventil für die Sorge um einen neuen Krieg gefunden zu haben. Als das Bewusstsein für die global nachweisbare Zunahme der Radioaktivität, die eindeutig auf

---

1 Will Steffen, München, Canberra 07.02.2018.
2 Zu den ESS als Metawissenschaft vgl. Toby Tyrrell, On Gaia. A Critical Investigation of the Relationship Between Life and Earth. Princeton, Oxford 2013; Clive Hamilton, Defiant Earth. The Fate of Humans in the Anthropocene. Cambridge, Malden, MA 2017; ders., Getting the Anthropocene so wrong, in: The Anthropocene Review 2, 2015, H. 2, 102–107; Syvitski, Seitzinger, IGBP and Earth-System Science.

anthropogene Handlungen zurückgeführt werden konnte, und für die damit verbundenen Umwelt- wie Gesundheitsrisiken stieg, erklärten sich die Vereinigten Staaten, das Vereinigte Königreich und die Sowjetunion (UdSSR) im Jahr 1963 bereit, ein Teststoppabkommen für Atombombentests zu unterzeichnen. Dennoch, »the Cold War left its imprint on the biosphere on every continent and in every ocean«.[3] Dabei handelte es sich um Konsequenzen nicht nur der vielfach durchgeführten Atombombentests, sondern um Folgen, die zu einem beträchtlichen Teil ebenso aus dem Wirtschaftsaufschwung, technologischen Neuerungen, dem Bevölkerungswachstum, der Entwicklung der Konsumgesellschaft und dem daraus resultierenden erhöhten Druck auf verfügbare natürliche Ressourcen erwuchsen.[4] Christian Pfister hat diese Entwicklung als »1950er Syndrom« bezeichnet.[5]

Es waren in dieser Zeit nicht allein die offensichtlich betroffenen westlichen Industrienationen, die sich mit den Auswirkungen ihres Handelns auf Natur und Umwelt konfrontiert sahen. Im Gegenteil, auch für den Globalen Süden wurden diese auf gegenüber früheren Auswirkungen neuartige Weise spürbar.[6]

Dennoch konnte es die diffuse Besorgnis um die Umwelt auf politischer wie gesellschaftlicher Ebene im Europa der Nachkriegszeit nicht mit der spannungsgeladenen Grundstimmung aufnehmen, die sich aus der akuten Sorge um eine erneute Wirtschaftskrise oder einen neuen Krieg speiste. Die Situation in den USA gestaltete sich allerdings etwas anders. Hier stieß die langsam ins Bewusstsein vordringende Umweltproblematik im internationalen Vergleich zu einem frühen Zeitpunkt in breiteren Bevölkerungsteilen Umweltaktivismus, die sogenannten *grassroot movements*, an. Nicht zuletzt Rachel Carson leistete mit ihrem 1962 veröffentlichten Buch *Silent Spring*, in dem sie auf die aus dem

---

3 McNeill, Engelke, The Great Acceleration, 184, 155–205.

4 Joachim Radkau, Die Ära der Ökologie. München 2011, 364–579; McNeill, Engelke, The Great Acceleration.

5 Christian Pfister, Adolf Ogi (Hrsg.), Das 1950er Syndrom. Der Weg in die Konsumgesellschaft. Bern u.a. 1995; Christian Pfister, Das 1950er Syndrom. Die Epochenschwelle der Mensch-Umwelt-Beziehung zwischen Industriegesellschaft und Konsumgesellschaft, in: GAIA – Ecological Perspectives for Science and Society 3, 1994, H. 2, 71–90. Zur Diskussion um Pfisters These vgl. u.a. Robert Groß, Wie das 1950er Syndrom in die Täler kam. Umwelthistorische Überlegungen zur Konstruktion von Wintersportlandschaften am Beispiel Damüls in Vorarlberg. Regensburg 2012; Frank Uekötter, Umweltbewegung zwischen dem Ende der nationalsozialistischen Herrschaft und der »ökologischen Wende«: Ein Literaturbericht, in: Historische Sozialforschung 28, 2003, H. 1–2, 270–289; Christian Pfister, Energiepreis und Umweltbelastung. Zum Stand der Diskussion über das 1950er Syndrom, in: Wolfram Siemann, Nils Freytag (Hrsg.), Umweltgeschichte. Themen und Perspektiven. München 2003, 61–86.

6 Vgl. dazu John R. McNeill, Something New Under the Sun. An Environmental History of the Twentieth-Century World. New York 2001; ders., Engelke, The Great Acceleration; ders, Blue Planet. Die Geschichte der Umwelt im 20. Jahrhundert. Frankfurt a.M. 2003.

Einsatz von DDT resultierenden Konsequenzen für die Umwelt hinwies, einen maßgeblichen Beitrag zu den hitzigen Debatten.[7]

Von einem globalen Umweltbewusstsein zu sprechen, ist Joachim Radkau zufolge allerdings erst ab 1970 gerechtfertigt, dem Jahr, in dem er die »ökologische Revolution« verortet.[8] In den Jahren um 1970 flossen viele Ereignisse ineinander. Wie man diese deutet beziehungsweise welches davon man als auslösendes Moment konstruiert, hängt von der Perspektive des Betrachters ab.[9] Unabhängig davon weist die Gleichzeitigkeit der Ereignisse darauf hin, dass dieser Zeitraum als zentral hinsichtlich der Entwicklung des globalen Umweltbewusstseins zu verstehen ist. Neben öffentlich geführten Debatten um Risiken der Kerntechnik, die Luft- und Wasserverschmutzung oder den sauren Regen wird dieser Wandel in sich häufenden Umweltprotesten manifest.[10] Um nur einige Beispiele zu nennen: Im Jahr 1970 wurde mit etwa 20 Millionen Teilnehmenden in den USA erstmals der *Earth Day* begangen, und auch die Anti-AKW-Bewegung griff von den USA auf Europa über. Der Umweltaktivismus zeichnet sich in dieser Phase nicht durch eine Fokussierung auf eine spezifische Thematik aus. Vielmehr lag das Augenmerk auf globalen Synergien und Wechselwirkungen. Darüber hinaus koinzidiert 1972 ein Ereignis mit den genannten Aspekten, dem hinsichtlich der Ausbildung des Umweltbewusstseins eine zentrale Rolle zukommt. Es kommt nicht von ungefähr, dass Bildern enorme Wirkungskraft zugeschrieben wird. Das 1972 veröffentlichte Raumfahrtfoto des *Blue Marble* ging um die Welt und machte den Menschen ganz im Sinne einer kopernikanischen Wende rückwärts die Einzigartigkeit und Verletzlichkeit des Planeten Erde bewusst.[11]

Mit der ersten UN-Umweltkonferenz, die im selben Jahr in Stockholm stattfand und in die Etablierung des UN-Umweltprogramms (UNEP) mündete, wurde auf politischer Ebene ein erster Schritt in Richtung Institutionalisierung der globalen Umweltbewegung getan. Trotz des noch diffusen Charakters

---

7 Radkau, Die Ära der Ökologie; McNeill, Something New Under the Sun; Rachel Carson, Der stumme Frühling. München 1968.

8 Radkau, Die Ära der Ökologie, 134–164; Frank Uekötter steht dieser These aus einem Fokus auf die deutsche Umweltpolitik heraus, die er für die 1970er-Jahre als Symbolpolitik beschreibt, kritisch gegenüber; Frank Uekötter, Von der Rauchplage zur ökologischen Revolution. Eine Geschichte der Luftverschmutzung in Deutschland und den USA 1880–1970. Essen 2003, 480–485.

9 Die 1970er-Jahren gelten unter Historikern gemeinhin als Zeit des Übergangs. Die einzelnen Definitionen unterscheiden sich dabei erheblich voneinander, weswegen die Argumentationslinien einzelner Autoren stets kritisch hinterfragt werden sollten. Vgl. dazu exemplarisch Friederike Sattler, Monika Mattes, Annette Schuhmann, Das Ende der Zuversicht? Die Strukturkrisen der 1970er Jahre als zeithistorische Zäsur (zuletzt aufgerufen am 03.09.2020).

10 Vgl. u. a. McNeill, Blue Planet.

11 Hans J. Schellnhuber, ›Earth system‹ analysis and the second Copernican revolution, in: Nature 402, 1999, C19-C23.

der Umweltproblematik war mittlerweile deutlich geworden, dass sich hinter den zahlreichen Einzelproblemen ein Problemkomplex gewaltiger Dimension auftat, dem es zu begegnen galt. Die ebenfalls 1972 publizierten *Grenzen des Wachstums* des *Club of Rome* trugen dieser Entwicklung Rechnung.[12] Dieser zunehmenden Besorgnis von Wissenschaftlern im Hinblick auf potentielle Auswirkungen anthropogenen Handelns auf das Klima entwachsen, wurde im Jahr 1979 unter Bert Bolin das *World Climate Research Programme* (WCRP) ins Leben gerufen. Als Programm zur Koordination globaler Klimaforschung konzipiert, sah es sich von Beginn an der Untersuchung der Effekte menschlicher Aktivitäten auf die klimatischen Bedingungen sowie der Vorhersagbarkeit des Klimas verpflichtet.[13]

Bereits in einer Phase, in der die Klimawandelproblematik noch kaum ins öffentliche Bewusstsein vorgedrungen war, stellte Paul Crutzen erste Überlegungen zu einer möglichen Bedrohung der Ozonschicht an. 1970 wies er in einem Artikel darauf hin, dass die infolge des Gebrauchs nitrogenhaltiger Düngemittel steigenden Stickstoffemissionen zu einer Schädigung der Ozonschicht führen könnten.[14] Allerdings stieß er damit zu diesem Zeitpunkt auf wenig Gehör. Nur vier Jahre später, 1974, schlossen Frank Sherwood Rowland und Mario Molina an Crutzens Überlegungen an. Auch rein künstlich produzierte chemische Gase wie Fluorchlorkohlenwasserstoff (FCKW), die beispielsweise für den Bau von Klimaanlagen eingesetzt wurden, könnten die Stratosphäre erreichen, dort wie das Nitrogen durch die UV-Strahlung abgespalten werden und so die Ozonmoleküle zerstören. Diese Erkenntnisse stießen eine innerwissenschaftliche Kontroverse an, die sich über Jahrzehnte halten sollte.[15]

Auch Crutzen setzte seine Untersuchungen fort – »it took time to explain it scientifically. At the same time it clearly had a life-threatening dimension for humankind on earth« – und konnte in den Jahren um 1980 zeigen, dass Chlor und Brom mit Eispartikeln der polaren Stratosphärenwolken reagieren, was zum weiteren Abbau der Ozonschicht beiträgt.[16] Im Jahr 1985 schließlich konnten Joseph Farman, Brian Gardiner und Jon Shanklin das Ozonloch über der

12 Donella H. Meadows, The Limits to Growth. A Report for the Club of Rome's Project on the Predicament of Mankind. New York ²1974.

13 World Climate Research Programme, WCRP [Onlinedokument] (zuletzt aufgerufen am 04.11.2019).

14 Paul J. Crutzen, The influence of nitrogen oxides on the atmospheric ozone content, in: Quarterly Journal of the Royal Meteorological Society 96, 1970, 320–325.

15 Zur Kontroverse vgl. Jobst Conrad, Von der Entdeckung des Ozons bis zum Ozonloch. Disziplinäre Verankerungen theoretischer Erklärungen in der Ozonforschung. Berlin 2008.

16 Max-Planck-Institut für Chemie, Das Ozonloch [Onlinedokument] (zuletzt aufgerufen am 26.11.2019); W. W. Berg, u. a., First measurements of total chlorine and bromine in the lower stratosphere, in: Geophysical Research Letters 7, 1980, H. 11, 937–940.

Antarktis nachweisen und bestätigten damit die Thesen von Crutzen, Rowland und Molina.[17]

Die Nachricht vom Abbau der Ozonschicht und dessen Konsequenzen sorgte nicht nur innerhalb der Wissenschaft für Furore, sondern stieß sowohl in der Politik als auch in der breiteren Öffentlichkeit hitzige Debatten zum Thema Klimawandel an. Auf politischer Ebene wurde mit dem Wiener Übereinkommen im Jahr 1985, das mit dem Montrealer Protokoll 1987 konkretisiert wurde, beinahe unmittelbar gehandelt. In Form eines völkerrechtlichen Vertrags, in dem sich die Unterzeichnerstaaten dazu verpflichteten, die Emissionen der den Abbau der Ozonschicht fördernden Chemikalien Chlor und Brom zu reduzieren und schließlich einzustellen, stellt es einen Meilenstein der Umweltgesetzgebung dar.

Auf global- und lokalgesellschaftlicher Ebene spiegelte sich der Übergang zum auf den Klimawandel fokussierten Umweltbewusstsein insofern, als dass sich dieses merklich von der den Umweltaktivismus bis zu diesem Zeitpunkt tragenden Angst vor Risiken der Kerntechnik und einem potentiell drohenden nuklearen Winter verabschiedete. Stattdessen konzentrierten sich die öffentlich geführten Debatten fortan auf die Gefahren, die aus dem steigenden Kohlendioxidgehalt in der Atmosphäre erwuchsen. Neben der Entdeckung des Ozonlochs leisteten hierzu auch der Brundtland-Bericht, der sowohl das Thema der Generationengerechtigkeit als auch den Diskurs um Nachhaltigkeit auf die Tagesordnung setzte, und die Reaktorkatastrophe von Tschernobyl einen Beitrag.[18] Letztere sorgte dafür, dass die Folgen anthropogenen Handelns in unmittelbarer zeitlicher Nähe nicht nur global messbar, sondern auch physisch erfahrbar wurden. Zugleich war 1986 die erste Warnung vor der globalen Erderwärmung zu vernehmen. Unabhängig von der Art und Weise der Kausalitätskonstruktion stellte die mediale Berichterstattung Synergien zwischen den verschiedenen zeitlich ineinander greifenden Aspekten her, sodass die Gemengelage dieser Entwicklungen um 1990 dem Umweltbewusstsein einen neuen Schub verlieh.[19] Um zu einer unabhängigen Beurteilung der wissenschaftlichen Einsichten zum Klimawandel zu gelangen und davon ausgehend den Regierungsorganen auf allen Ebenen in Form von Syntheseberichten wissenschaftliche Information sowie etwaige Vermeidungsstrategien zur Verfügung zu stellen, an denen diese idealerweise ihre Klimapolitik ausrichten sollten, wurde 1988 auf Anraten von

---

17 J.C. Farman, B.G. Gardiner, J.D. Shanklin, Large losses of total ozone in Antarctica reveal seasonal ClOx/NOx interaction, in: Nature 315, 1985, 207–210; Mario J. Molina, Frank S. Rowland, Stratospheric sink for chlorofluoromethanes: chlorine atomc-atalysed destruction of ozone, in: Nature 249, 1974, 810–812. Für ihren Beitrag zur Aufklärung bezüglich der Wechselwirkungen, die für den Auf- und Abbau der Ozonschicht zentral sind, wurde Crutzen, Rowland und Molina 1995 der Nobelpreis für Chemie verliehen.

18 United Nations, Report of the World Commission on Environment and Development. Our Common Future. s.l. 1987 (zuletzt aufgerufen am 06.01.2020).

19 Vgl. u.a. Radkau, Die Ära der Ökologie, 498–564.

WMO und UNEP das *Intergovernmental Panel on Climate Change* eingerichtet.[20]
Der erste Synthesebericht der auch als Weltklimarat bekannten Organisation
erschien 1990 und diente als Grundlage für die *United Nations Framework
Convention on Climate Change* (UNFCCC). Diese Konvention, die das Ziel der
»stabilization of greenhouse gas concentrations in the atmosphere at a level that
would prevent dangerous anthropogenic interference with the climate system«
völkerrechtlich verankerte, wurde 1992 in Rio de Janeiro im Rahmen der UN-
CED Konferenz unterzeichnet.[21] In Ergänzung dazu wurde 1997 das Kyoto-Pro-
tokoll verabschiedet, mit dem sich die Unterzeichnerstaaten zu rechtsverbind-
lichen Reduzierungsverpflichtungen für Treibhausgasemissionen bekannten.[22]

Auch die Bedeutsamkeit der NASA für die Betrachtung der Erde als System ist
nicht zu unterschätzen: So stellt die Entwicklung weltraumbasierter Messgeräte
eine Grundvoraussetzung für die Herausbildung der erdsystemwissenschaftlichen Perspektive dar.[23] James Syvitski, der von 2012 bis 2015 den Vorsitz des
IGBP innehatte, formuliert dies wie folgt: »NASA played a key role in laying the
intellectual groundwork for IGBP.«[24] Bereits 1983 richtete die NASA unter dem
Vorsitz Francis Brethertons ein *Earth System Sciences Committee* ein. Drei Jahre
später, in zeitlicher Koinzidenz zur Entdeckung des Ozonlochs durch Frank
Sherwood Rowland, Mario Molina und Paul Crutzen im Mai 1985 und dem
Reaktorunfall von Tschernobyl im April 1986, veröffentlichte dieses Komitee
einen Bericht mit dem Titel *Earth System Science. Overview. A Program for
Global Change.*[25]

Darin wird – ausgehend vom Verständnis des Menschen als einem das Erdsystem aktiv beeinflussenden Faktor – die Notwendigkeit einer tieferen wissenschaftlichen Einsicht in die Funktionsweise des Erdsystems im Zeichen des
Erhalts der Erde als bewohnbarem Planeten betont. Aufgrund der vielschichtigen
Interaktionen einzelner Faktoren und Systeme untereinander könne der Herausforderung »to obtain a scientific understanding of the entire Earth System on a
global scale by describing how its component parts and their interactions have

---

20 Vgl. Intergovernmental Panel on Climate Change, Understanding Climate Change. 22
years of IPCC assessment. s.l. 2010 (zuletzt aufgerufen am 17.10.2019); vgl. auch dass., History
of the IPCC [Onlinedokument] (zuletzt aufgerufen am 04.11.2019).
21 United Nations, United Nations Framework Convention on Climate Change. 1992, 4.
22 dies., Kyoto Protocol to the United Nations Framework Convention on Climate
Change. 1998.
23 Zum TIROS-Programm, dem ersten Erdbeobachtungssatellitenprogramm der NASA,
vgl. NASA. Jet Propulsion Laboratory. California Institute of Technology, Explorer 1 [Online-
dokument] (zuletzt aufgerufen am 26.11.2019); Ellis, Anthropocene; NASA. Earth Observatory, The Keeling Curve. [Onlinedokument] 25.06.2005 (zuletzt aufgerufen am 26.11.2019);
James E. Lovelock, Lynn Margulis, Atmospheric homeostasis by and for the biosphere: the
gaia hypothesis, in: Tellus 26, 1974, H. 1–2, 2–10.
24 Syvitski, Seitzinger, IGBP and Earth-System Science, 3.
25 NASA Advisory Council, Earth System Science.

evolved, how they function, and how they may be expected to continue to evolve on all timescales« allein mittels einer tiefgreifenden Transformation innerhalb der Forschung begegnet werden.[26] Der Bericht enthielt zudem ein Erdsystemmodell, das erstmals auch die menschlichen Aktivitäten integrierte.

»The central approach of Earth System Science is to divide the study of Earth processes by timescale, rather than by discipline.«[27] Die ESS werden somit eingeführt als ein neuer Ansatz, der zwar auf den traditionellen Disziplinen wie der Geologie, der Biologie, der Atmosphärenchemie und vielen anderen aufbaut, jedoch ein tieferes Verständnis der systemischen Zusammenhänge zwischen den einzelnen Komponenten der Erde verspricht.[28]

»The traditional Earth sciences have, in general, each been concerned with structure and process within specific subsystems and within specific temporal ranges. In order to study and understand change on a planetary scale, we must therefore integrate the efforts of the Earth sciences and take a broader, global view. This is the task of Earth system science, which aims to understand the causes, processes, and perhaps the limits of variability of planetary change.«[29]

In der Argumentation für die Notwendigkeit der Etablierung der ESS als neuem Forschungsbereich findet sich ein explizites Plädoyer für eine interdisziplinäre, gar transdisziplinäre Herangehensweise. Der Erdsystemwissenschaftler Will Steffen beschreibt die Beziehung zwischen Erdsystemwissenschaften und Geologie in historischer Perspektive als symbiotisch:

»[S]tratigraphy has been the generator of new knowledge about Earth history while Earth System science has interpreted that knowledge in a complex-systems framework that sometimes challenges geological interpretations of the stratigraphic record.«[30]

Ausreichende Begründungszusammenhänge für disziplinübergreifende Kooperation waren somit gegeben. Mit dem Ziel, ein globales Koordinationsinstrument innerhalb der Erdsystemwissenschaften zu etablieren, entschieden sich das *International Council for Science* (ICSU) und die *World Metereological Organization* (WMO) mit der Gründung des IGBP 1987 für eine Institutionalisierung der

26 Ebd., 15.

27 Ebd., 22.

28 Nicht zu vergessen sei an dieser Stelle, dass auch der systemische Blick auf die Erde gewisser Vordenker nicht entbehrt. Neben der NASA, die, wenn man so will, nur den Endpunkt dieser Entwicklungslinie darstellt und den Erdsystemwissenschaften zum Durchbruch verhalf, zählen dazu Alexander von Humboldt und Vladimir Vernadsky. Vgl. Steffen u. a., Stratigraphic and Earth System approaches to defining the Anthropocene, 325.

29 NASA Advisory Council, Earth System Science. A Closer View. Washington, D. C. 1988, 24.

30 Christopher J. Crossland u. a. (Hrsg.), Coastal Fluxes in the Anthropocene. The Land-Ocean Interactions in the Coastal Zone Project of the International Geosphere-Biosphere Programme. Berlin, Heidelberg 2005.

ESS. Damit bestand neben dem WCRP ein zweites Programm, das den globalen Erdsystemwandel untersuchte. Das IGBP sollte bis 2015 Bestand haben, um anschließend in das Programm *Future Earth* überzugehen.

Versucht man sich an einer Synthese des IGBP-Forschungsprogramms, gelangt man zu der Feststellung, dass dessen Wirken, das sich über drei Jahrzehnte erstreckte, sowohl die Weiterentwicklung der Erdsystemwissenschaften als auch die internationale Umweltpolitik nachhaltig beeinflusste.[31] Das IGBP verfolgte von Beginn an zwei »ultimate goals [...] [:] a fuller understanding of the Earth as a system and a fuller awareness of the course and causes of significant global change«.[32] Um diesem Programm Rechnung zu tragen, wurden – vereint unter dem Dach des IGBP – sieben (Phase I) beziehungsweise acht (Phase II) Teilprojekte ins Leben gerufen. Die Ergebnisse der einzelnen Projekte wurden mit dem Ziel, Rückwirkungseffekte zwischen den einzelnen Systemteilen auszumachen, wieder zusammengeführt. Dies wird in den Syntheseberichten sichtbar. Vergleicht man die frühen Projekte mit denjenigen, die diese in den frühen 2000er-Jahren ablösten, springt ein Aspekt wahrhaft ins Auge: Während sich die Beteiligten in der ersten Hälfte des Existenzzeitraums des IGBPs noch stark mit dem grundlegenden Wandel von dem traditionell disziplinären Ursache-Wirkungs-Denken hin zu einem Systemdenken beschäftigt sahen, zeugen die Projekte der zweiten Hälfte davon, dass diese Transformation tatsächlich vollzogen war. Es ging nun auch darum, sich den geistes- und sozialwissenschaftlichen Disziplinen zu öffnen, was als Charakteristikum der Erdsystemwissenschaften im Allgemeinen gelten kann.[33] Hans Joachim Schellnhuber integrierte

---

31 Syvitski, Seitzinger, IGBP and Earth-System Science; Wissenschaftlicher Beirat der Bundesregierung Globale Umweltveränderungen (WBGU) (Hrsg.), Welt im Wandel. Neue Strukturen globaler Umweltpolitik. Berlin u. a. 2001.

32 International Geosphere-Biosphere Programme, The International Geosphere-Biosphere Programme: A Study of Global Change. Final Report of the Ad Hoc Planning Group. ICSU 21st General Assembly, Berne, Switzerland 14–19 September, 1986. s.l. 1986, 1 (zuletzt aufgerufen am 17.10.2019).

33 Sybil P. Seitzinger u. a., International Geosphere-Biosphere Programme and Earth system science. Three decades of co-evolution, in: Anthropocene 12, 2015, 3–16; Megan L. Melamed u. a., The international global atmospheric chemistry (IGAC) project. Facilitating atmospheric chemistry research for 25 years, in: Anthropocene 12, 2015, 17–28; Peter H. Verburg u. a., Land system science and sustainable development of the earth system. A global land project perspective, in: Anthropocene 12, 2015, 29–41; Eileen Hofmann u. a., IMBER – Research for marine sustainability. Synthesis and the way forward, in: Anthropocene 12, 2015, 42–53; T. Suni u. a., The significance of land-atmosphere interactions in the Earth system–iLEAPS achievements and perspectives, in: Anthropocene 12, 2015, 69–84; David Schimel u. a., Analysis, Integration and Modeling of the Earth System (AIMES). Advancing the post-disciplinary understanding of coupled human-environment dynamics in the Anthropocene, in: Anthropocene 12, 2015, 99–106; Syvitski, Seitzinger, IGBP and Earth-System Science; International Geosphere-Biosphere Programme, IGBP [Onlinedokument] (zuletzt aufgerufen am 04.11.2019).

im Jahr 1999 das menschliche Handeln erstmals in ein erdsystemisches Modell.[34] Spätestens damit war die Rolle des Menschen als erdsystemischer Faktor innerhalb des Forschungsfeldes weitgehend anerkannt. Paul Crutzen trug dem mit seiner Anthropozän-Idee unmissverständlich Rechnung. Hervorgehoben wurden die zunehmend negativen Auswirkungen menschlichen Handelns auf das Erdsystem zudem mit der *Amsterdam Declaration on Global Change* aus dem Jahr 2001, die Ergebnis einer Konferenz vierer Forschungsprogramme zum globalen Wandel war: dem IGBP, dem *International Human Dimensions Programme on Global Environmental Change* (IHDP), dem WCRP und DIVERSITAS, einem internationalen Biodiversitätsprogramm. Mit dem Absatz,

»the Earth has moved well outside the range of the natural variability exhibited over the last half million years at least. The nature of changes now occurring simultaneously in the Earth System, their magnitudes and rates of change are unprecedented. The Earth is currently operating in a no-analogue state«

bestätigt diese Erklärung Paul Crutzens These aus erdsystemwissenschaftlicher Perspektive insofern, als anerkannt wird, dass es sich bei der beschriebenen Entwicklung um etwas in seiner Dimension Neuartiges handelt.[35]

Die skizzierten Entwicklungen seit Mitte des 20. Jahrhunderts sind nur einige der Faktoren, die dazu beitrugen, dass die Debatte um das Anthropozän ab der Jahrtausendwende auf so breiter Front Fuß fassen konnte.

2.2 Die Genese der Debatte von 2000 bis 2009

Infolge der Begriffsprägung durch Paul Crutzen nahm die Debatte um das Anthropozän in einer ersten Phase von 2000 bis 2009 langsam an Fahrt auf. Auch wenn sie aus disziplinärer Sicht in diesem Zeitraum noch stark auf naturwissenschaftliche Disziplinen beschränkt blieb, zeichnete sich bereits eine Dynamik ab, die sich später auf übergreifender Ebene in ihrer Gänze entfalten sollte.

Ein Blick auf die Publikationen, die in diese Frühphase der Debatte fallen, zeigt, dass die Anzahl der sich explizit mit der Thematik auseinandersetzenden Akteure zu diesem Zeitpunkt noch vergleichsweise überschaubar ist. Zugleich liegt in diesem Personenkreis der Ursprung für die personelle Kontinuität begründet, die sich über die folgenden beiden Jahrzehnte erstrecken wird. Einige von ihnen, wie Paul Crutzen, Will Steffen oder James Syvitski, haben bereits im Rahmen des IGBP zusammengearbeitet. Auch bei den anderen handelt es sich vielfach um Wissenschaftler, deren Blick bereits vor ihrer Berührung mit dem

---

34 Schellnhuber, ›Earth system‹ analysis and the second Copernican revolution.

35 Moore u. a., The Amsterdam Declaration on Global Change, 208; Vgl. auch International Geosphere-Biosphere Programme, IGBP (zuletzt aufgerufen am 04.11.2019).

Anthropozänbegriff den systemischen Zusammenhängen des Planeten Erde sowie des menschlichen Einflusses auf die Umwelt gegenüber geöffnet war.[36] Der Historiker John McNeill kann mit seinem Buch *Something New Under the Sun*, in dem er, ohne den Begriff Anthropozän zu verwenden, dessen Phänomene beschreibt, als Paradebeispiel hierfür angeführt werden.[37]

Ferner offenbaren die explizit zum Anthropozän verfassten Publikationen dieses Zeitraums, dass die sich in einer späteren Phase der Anthropozändebatte so dynamisch entfaltenden Subdiskurse von Beginn an angelegt waren und in diesem noch kleinen Kreis ihren Anfang nahmen. Wie eingangs erwähnt, ist in der Ausgangsthese – der Mensch sei zum geologischen Faktor geworden – bereits eine Spannbreite an diskussionswürdigen Themenbereichen enthalten.

Zugleich schafft diese These selbst einen expliziten Zusammenhang zwischen Geistes- und Sozialwissenschaften und Naturwissenschaften im Allgemeinen und zwischen Geschichtswissenschaft und Geologie im Besonderen, da es sich um eine die Epochenbildung betreffende These handelt. Sie stößt von Beginn an disziplinübergreifende Kooperation an. So verfassten etwa die Historikerin Libby Robin und der Erdsystemwissenschaftler Will Steffen im Jahr 2007 einen Artikel zum Thema *History for the Anthropocene*. Und wieder war es Will Steffen, der noch im selben Jahr an einer weiteren Veröffentlichung in Zusammenarbeit mit Paul Crutzen und John McNeill, *The Anthropocene: Are Humans Now Overwhelming the Great Forces of Nature?*, beteiligt war, die sich aus einem Workshop in Dahlem ergeben hatte. Steffen setzte sein erdsystemwissenschaftliches, für Interdisziplinarität eintretendes Verständnis damit in die Praxis um.[38]

Wenig verwunderlich, aber dennoch bezeichnend erscheint, dass es von naturwissenschaftlicher Seite kein anderer als Jan Zalasiewicz ist, der mit *The Earth after us* im Jahr 2008 die Frage nach der Verantwortung des Menschen für den Planeten Erde sowie die Zukunft ganz explizit zum Thema macht.[39] Damit wirft er als Geologe ethische und normative Dimensionen auf, obwohl er sich der diesbezüglichen Fachfremdheit der eigenen Disziplin mehr als bewusst ist: »[w]e're rock people, we are not very good with humans«.[40] Dennoch erkennt er die Relevanz geistes- und sozialwissenschaftlicher Methoden und Denkweisen

---

36 Jan A. Zalasiewicz, Leicester 20.06.2017; Mark W. Williams, Leicester 20.06.2017; John R. McNeill, Zagreb 30.06.2017; Interview mit A4*, 02.12.2017; Interview mit A3*,15.11.2017; Will Steffen, München, Canberra 07.02.2018; Bronislaw Szerszynski, München, Lancaster 28.02.2018; Interview mit C2, 07.12.2017; Libby Robin, München 28.11.2017.

37 McNeill, Something New Under the Sun; John R. McNeill, Zagreb 30.06.2017; Libby Robin, München 28.11.2017; Will Steffen, München, Canberra 07.02.2018.

38 Robin, Steffen, History for the Anthropocene; Will Steffen, Paul J. Crutzen, John R. McNeill, The Anthropocene: Are Humans Now Overwhelming the Great Forces of Nature?, in: Ambio 36, 2007, H. 8, 614–621.

39 Jan A. Zalasiewicz, Kim Freedman, The Earth after us. What legacy will humans leave in the rocks? Oxford 2008.

40 Jan A. Zalasiewicz, Leicester 20.06.2017.

an, die in jeglicher mit menschlichem Handeln in Verbindung stehender Materie stets enthalten sind, und bleibt dieser Linie auch in den späteren Phasen der Debatte treu (vgl. Kap. 3).

Insbesondere der Periodisierungsdiskurs hat sich als äußerst dynamisch gestaltet: Bereits in den ersten vier Jahren seit der Begriffsbildung durch Paul Crutzen wurden von ihm selbst, William Ruddiman und Will Steffen, die für die Industrielle Revolution, das frühe Anthropozän sowie die Große Beschleunigung plädierten, die drei in der Debatte so prominent verhandelten Periodisierungsvorschläge auf die Tagesordnung gesetzt (vgl. dazu Kap. 4.1). Die hierin enthaltene, in historischer Perspektive recht große Zeitspanne zwischen 11 700 beziehungsweise 8000 Jahren b2k und den 1950er-Jahren verweist darauf, dass den unterschiedlichen Temporalitätsdimensionen nicht nur in Bezug auf Aushandlungsprozesse zwischen einzelnen naturwissenschaftlichen und geistes- oder sozialwissenschaftlichen Disziplinen, sondern auch für den intradisziplinären Raum spannungsgeladenes Diskussionspotential innewohnt.[41] Diese unterschiedlichen Vorstellungen von Zeitlichkeit beziehen sich nicht allein auf die Unterscheidung in geologische, historische und menschliche Zeit, sondern auch auf die vertikale und horizontale Verortung von Zeit, die jeweils synchron wie diachron betrachtet werden können. Sie lassen sich teils als vermeintlich unvereinbar, teils als Chance, in jedem Fall aber als durchaus provokative Herausforderung begreifen, welche die im beginnenden 19. Jahrhundert entstandenen, disziplinspezifischen Evidenzpraktiken in Frage stellt. Dem Faktum, dass die sich daraus ergebenden Schwierigkeiten für Vertreter der Geologie völlig anders liegen als beispielsweise für Historiker, wohnt eine gewisse Paradoxie inne. Geologen sind trotz ihrer Aversion, in historisch dimensionierten Zeitabschnitten zu denken, nun geradezu dazu aufgefordert, ebendiese auf ihre stratigraphische Evidenz hin zu untersuchen. Sie sehen sich sogar selbst dazu angehalten, Datierungsvorschläge zu machen, die ihrer klassischen Temporalitätsvorstellung zuwiderlaufen, jedoch benötigt werden, um dem Anthropozän geologisch sinnstiftend beizukommen. Dies trägt nicht zum Abbau der in dieser sich gewissermaßen zu einer Kompetenzstreitigkeit ausweitenden Diskussion enthaltenen Paradoxie in Bezug auf die abstrakte Kategorie Zeit bei.

Das Anthropozän erweist sich bereits in dieser ersten Phase der Debatte als Aushandlungsgegenstand, dem enormes Potential innewohnt, inhaltliche wie disziplinäre Grenzen nicht nur zu verwischen, sondern gar in Frage zu stellen. Davon sind insbesondere diejenigen Disziplinen betroffen, die traditionell als Expertinnen für Temporalitätsfragen gelten. Das macht die Anthropo-

---

41 Crutzen, Stoermer, The »Anthropocene«; William F. Ruddiman, The Anthropogenic Greenhouse Era Began Thousands of Years Ago, in: Climatic Change 61, 2003, H. 3, 261–293; Crutzen, Steffen, How Long Have We Been in the Anthropocene Era?; Will Steffen u.a. (Hrsg.), Global Change and the Earth System: A Planet Under Pressure. Berlin, Heidelberg 2004.

zändebatte in Bezug auf die Untersuchung von Transformationsprozessen im Bereich der Wissensproduktion zu einem ebenso geeigneten wie fruchtbaren Untersuchungsgegenstand.

Wechselwirkungs- und Interaktionsprozesse werden in dieser frühen Phase bereits explizit. Und dennoch offenbart sie sich bei genauerem Hinsehen als eine Art Findungsphase, was sich in der Überlagerung jeglicher Subdiskussionsfelder durch die Frage nach der Notwendigkeit sowie der Nützlichkeit des Anthropozänbegriffs niederschlägt.

Aus erdsystemwissenschaftlicher Sicht zeichnet sich in dieser Phase mehr und mehr ab, dass die einzelnen Erdsysteme tatsächlich einem fundamentalen Wandel unterliegen. Die informelle, selbstverständlich anmutende Nutzung des Begriffs in Teilen der Geologie ab dem Jahr 2004 und dessen Erörterung durch die *Geological Society of London* demonstrieren, dass Crutzens These auch seitens der geowissenschaftlichen Disziplinen als beachtenswert erschien.[42] Die Anerkennung menschlichen Handelns als erdsystemischen Faktor ist allerdings nicht gleichzusetzen mit der Anerkennung der These des Menschen als geologischem Faktor. Ebenso wenig erweist sich die erdsystemwissenschaftliche Evidenz für diese These als ausreichend, um den GTS zu verändern und damit das Anthropozän als neuen geologischen Zeitabschnitt zu ratifizieren. Vielmehr handelt es sich dabei, wie wir in Kap. 1 gesehen haben, um einen Prozess, der in der Stratigraphie Jahre, häufig gar Jahrzehnte in Anspruch nimmt und der sich zudem an einem festgelegten Kriterienkatalog orientiert.

Der Gedanke, eine stratigraphische Arbeitsgruppe, wie sie für so viele geologische Zeitabschnitte existiert, für das Anthropozän einzurichten, lag in der Frühphase der Debatte in weiter Ferne: »to setup a working group […] we probably would have never thought of doing that«.[43] Aus geowissenschaftlicher Sicht ging es in diesem Zeitraum vielmehr darum, der Frage nachzugehen, ob der Begriff Anthropozän tatsächlich benötigt würde und es überhaupt sinnvoll sei, sich der Sache mittels stratigraphischer Untersuchungsmethoden anzunehmen, »to ask whether there really is justification or need for a new term«.[44] Eine Antwort hierauf zu finden, war in diesem Zeitraum primäres Ziel, das konsequenterweise in dieser Form ab dem Jahr 2009 verschwand. Zwar hat sich zu einem späteren Zeitpunkt eine noch immer anhaltende Debatte um die Passung des Begriffs

---

42 Vgl. dazu etwa Michel Meybeck, Global analysis of river systems. From Earth system controls to Anthropocene syndromes, in: Philosophical Transactions of the Royal Society of London. Series B, Biological Sciences 358, 2003, H. 1440, 1935–1955; James P. M. Syvitski, Charles J. Vörösmarty, Albert J. Kettner u. a., Impact of Humans on the Flux of Terrestrial Sediment to the Global Coastal Ocean, in: Science 308, 2005, 376–380; Crossland, Kremer, Lindeboom u. a., Coastal Fluxes in the Anthropocene; A. J. Andersson, Coastal ocean and carbonate systems in the high CO_2 world of the Anthropocene, in: American Journal of Science 305, 2005, H. 9, 875–918.

43 Jan A. Zalasiewicz, Leicester 20.06.2017.

44 Zalasiewicz, Williams, Smith u. a., Are we now living in the Anthropocene?, 4.

Anthropozän entsponnen, was sich in zahlreichen alternativen Begriffsvorschlägen spiegelt, die jedoch allesamt einen anderen Fokus wählen (vgl. Kap. 5). Ein zentraler Unterschied aber trennt diese beiden Felder voneinander. Während sich die Suche nach Alternativbegriffen dadurch auszeichnet, dass die Phänomene, welche das Anthropozän beschreibt, anerkannt sind, blieb bis 2009 noch offen, ob die These vom Menschen als geologischem Faktor tatsächlich empirisch untersucht werden würde. Letzterem gibt der 2008 in *GSA Today* veröffentlichte Artikel *Are we now living in the Anthropocene?* eine eindeutige Richtung. Unter Rückgriff auf vorhandene Daten zu einzelnen erdsystemischen Entwicklungen kommt das Autorenteam, viele davon Mitglieder des *British Geological Survey* (BGS),[45] zu dem Schluss, das Anthropozän sei es wert, als neue geologische Epoche in Betracht gezogen und stratigraphisch geprüft zu werden.[46] Noch vor der offiziellen Etablierung der *Anthropocene Working Group*, aber bereits mit diesem Vorhaben, »[s]uch formalization would be [...] preceded by formation of an Anthropocene Working Group, best attached to the Subcommission on Quaternary Stratigraphy«, führten Mark Williams, Andrew Kerr, Navin Ramankutty sowie Jan Zalasiewicz, Alan Haywood und Erle Ellis auf einem Treffen der *American Geophysical Union* (AGU) im Dezember 2008 in San Francisco zwei Sitzungen zum Anthropozän durch.[47] Die hohe Beteiligung an diesen beiden

---

45 Beim *British Geological Survey* handelt es sich um die weltweit älteste institutionalisierte geologische Einrichtung, die 1835 von dem Geologen Henry Thomas de la Bèche als *Ordnance Geological Survey* gegründet wurde. Noch heute gilt der *British Geological Survey* in globaler Perspektive als wichtiges geowissenschaftliches Zentrum. Gemeinsam mit der 1660 gegründeten *Royal Society of London* waren der BGS bzw. Mitglieder dieser beiden Institutionen maßgeblich daran beteiligt, in der präinstitutionellen Phase der Anthropozändebatte die geologische Untersuchung des Konzepts auf den Weg zu bringen. Die *Royal Society* leistet nicht zuletzt einen zusätzlichen Beitrag, indem sie beteiligten Wissenschaftlern mit ihren einflussreichen Publikationsreihen früh eine Möglichkeit bot, ihre Ergebnisse in naturwissenschaftlichen Kreisen zu teilen.

46 Zalasiewicz/Williams/Smith u. a.: Are we now living in the Anthropocene? 4–8. Die im *GSA Today* Paper erfolgte Einschätzung stützt sich auf Daten aus den folgenden Publikationen: Intergovernmental Panel on Climate Change, Climate Change 2007. Synthesis Report. Contribution of Working Groups I, II and III to the Fourth Assessment Report of the Intergovernmental Panel on Climate Change [Core Writing Team; Pachauri, R. K; Reisinger, A. (Hrsg.)]. Genf 2008 (zuletzt aufgerufen am 15.04.2019); Syvitski, Vörösmarty, Kettner u. a., Impact of Humans on the Flux of Terrestrial Sediment to the Global Coastal Ocean; Bruce Wilkinson, Humans as geologic agents: A deep-time perspective, in: Geology 33, 2005, H. 3, 161–164; David A. King, Environment. Climate change science. Adapt, mitigate, or ignore?, in: Science 303, 2004, H. 5655, 176–177; Barnosky, Koch, Feranec u. a., Assessing the Causes of Late Pleistocene Extinctions on the Continents; Chris D. Thomas, Alison Cameron, Rhys E. Green u. a., Extinction risk from climate change, in: Nature 427, 2004, H. 6970, 145–148; Ken Caldeira, Michael E. Wickett, Anthropogenic carbon and ocean pH, in: Nature 425, 2003, H. 6956, 365.

47 Jan A. Zalasiewicz u. a., Stratigraphy of the Anthropocene. Fall Meeting Supplement, Abstract GC11A-0664, in: EOS Transactions 89, 2008, H. 53.

Sitzungen zu *Earth System Science and Education for the Anthropocene* zeugt nicht nur von dem vorhandenen geo- und erdsystemwissenschaftlichen Interesse an dem Konzept. Sie verweist darüber hinaus bereits auf den geistes- und sozialwissenschaftlichen, aber auch den politischen und pädagogischen Gehalt des Anthropozäns innerhalb eines naturwissenschaftlichen Settings. Ein Blick auf die Durchführenden sowie die an den Sitzungen Beteiligten bestätigt mit Jan Zalasiewicz, Colin Waters, Mark Williams, Erle Ellis, Philip Gibbard, Will Steffen, Paul Crutzen, William Ruddiman, Adam Smith, Alan Haywood oder Andrew Kerr, um nur einige zu nennen, eine hohe personelle Kontinuität zentraler Akteure. Mit John McNeill fand sich ebenfalls bereits ein prominenter geisteswissenschaftlicher Vertreter.[48]

Es sollte schließlich Philip Gibbard sein, zu jenem Zeitpunkt Vorsitzender der SQS, der Jan Zalasiewicz im Jahr 2008 mit der Bildung einer Arbeitsgruppe betraute, die Paul Crutzens These unter stratigraphischen Vorzeichen auf ihre wissenschaftliche Evidenz hin prüfen sollte.

»The Anthropocene Working Group, chaired by Dr J. Zalasiewicz (Leicester) was created in the summer of 2009, following the proposal of the term Anthropocene by Crutzen (2002), its subsequent analysis by the Stratigraphy Commission of the Geological Society of London (Zalasiewicz et al. 2008) and a session convened at the 2008 Fall Meeting of the American Geophysical Union on this theme.«[49]

Dabei handelte es sich um einen in seiner Bedeutung kaum zu überschätzenden Schritt. Denn die Aufgabe der Prüfung eines Zeitraums, der aufgrund seiner kurzen Dauer in geologischer Hinsicht quasi nicht existent ist, offiziell an die Geologie zu geben, bedurfte sowohl in disziplinübergreifender, besonders aber in intradisziplinärer Hinsicht großer Offenheit. Gibbard konnte zu diesem Zeitpunkt nicht wissen, wohl aber vermuten, dass Jan Zalasiewicz mit der AWG etwas innerhalb der Stratigraphie völlig Neuartiges schaffen würde.

Schon die Anfangsphase der Anthropozändebatte von 2000 bis 2009 zeichnet sich durch ein Wechselspiel unterschiedlicher Inhalte, Methoden und Evidenzen aus.

Die Gründung der AWG, die fortan als Akteurin und Schiedsrichterin gleichermaßen agiert, ist als signifikanter Schritt des allgemeinen Wissensproduktions- und Evidenzsicherungsprozesses der Anthropozändebatte anzusehen.

---

48 Jan A. Zalasiewicz, Alan Haywood, Erle C. Ellis, Earth System Science and Education for the Anthropocene II. Section Global Environmental Change, Abstracts GC22B-01-GC22B-05 [Onlinedokument]. San Francisco 2008 (zuletzt aufgerufen am 15.04.2019); M. Williams, Andrew C. Kerr, Navin Ramankutty, Earth System Science and Education for the Anthropocene I Posters. Section Global Environmental Change, Abstracts GC11A-0662-GC11A-0675 [Onlinedokument], 2008 (zuletzt aufgerufen am 15.04.2019).
49 Finney, International Commission on Stratigraphy. Compiled ICS Subcommission Annual Reports for 2009, 4–5.

Die Etablierung eines sich ausschließlich mit dem Anthropozän befassenden stratigraphischen Gremiums stellt selbst bereits eine Evidenzpraxis dar: Institutionalisierung bedeutet Formalisierung – eine Formalisierung, die innerhalb der geowissenschaftlichen Community ein unmissverständliches Zeichen dafür ist, dass die Arbeitsgruppe von nun an ernsthaft das Ziel verfolgen wird, anhand festgelegter Evidenzkriterien einen Vorschlag für die Integration des Anthropozäns in die Geologische Zeitskala zu erarbeiten. Dieses Institutionalisierungsmoment zog auf verschiedenen Ebenen, sei es in der Arbeitsgruppe selbst, in den Geowissenschaften, wo die Anthropozändebatte mit der Gründung der AWG in eine neue Phase eintrat, oder in inter- und transdisziplinärer Hinsicht in den folgenden Jahren weitreichende Öffnungs- und Schließungsprozesse nach sich. Diese Prozesse hinterließen in den einzelnen disziplinären Settings wiederum provokative Spuren, die neue Diskussionsfelder schufen und noch schaffen. Im Jahr 2009 etwa fungierte das Moment der Institutionalisierung in zweifacher Hinsicht als Ausschlussprozess dynamisierenden Charakters. Erstens innerhalb der Geowissenschaften selbst: In der Etablierung der AWG ist implizit eine die These vom Anthropozän bejahende Botschaft enthalten. Zwar sind damals wie heute keineswegs alle (entscheidungstragenden) Kritiker von der Notwendigkeit überzeugt, das Anthropozän in die Geologische Zeitskala aufzunehmen. Dennoch wird mit dieser Institutionalisierung eine grundlegende Ablehnung des Anthropozäns als geologischer Zeitabschnitt vorerst ausgeschlossen, was bei fachinternen Kritikern neue Reaktionen provoziert und zu einer Welle an Gegenargumenten führt.[50] Zweitens nehmen zahlreiche Vertreter geistes- und sozialwissenschaftlicher Disziplinen im Allgemeinen, Historiker im Besonderen, die mit dieser Form der Institutionalisierung einhergehenden Konsequenzen als Ausschließung wahr. Für Manche steht dabei nicht weniger als die Definitionsmacht über die Geschichte auf dem Spiel. Wie im Folgenden zu sehen sein wird, wird die jüngere Menschheitsgeschichte zum *boundary object*, das mit je unterschiedlichen Evidenzpraktiken verknüpft ist.[51]

---

50 Vgl. etwa Finney, Edwards, The »Anthropocene« epoch; Stanley C. Finney, The ›Anthropocene‹ as a Ratified Unit in the ICS International Chronostratigraphic Chart. Fundamental Issues that Must be Addressed by the Task Group, in: Waters u. a. (Hrsg.), A Stratigraphical Basis for the Anthropocene?, 23–28; Erle C. Ellis, Mark A. Maslin, Andrew Bauer, Involve Social Scientists in Defining the Anthropocene, in: Nature 540, 2016, 192–193; Bauer, Ellis, The Anthropocene Divide; Simon L. Lewis, Mark A. Maslin, Human Planet. How We Created the Anthropocene. New Haven, London 2018; Mark A. Maslin, Erle C. Ellis, Scientists still don't understand the Anthropocene – and they're going about it the wrong way, in: The Conversation, 7.12.2016.

51 Der Begriff *boundary object* geht auf Susan Leigh Star und James R. Griesemer zurück. Sie definieren boundary objects als »both plastic enough to adapt to local needs and constraints of the several parties employing them, yet robust enough to maintain a common identity across sites. They are weakly structured in common use, and become strongly structured in individual-site use. They may be abstract or concrete. They have different meanings

Während sich die von 2000 bis 2009 andauernde präinstitutionelle Phase
der Anthropozändebatte noch durch einen losen, eigendynamischen Einschließungsprozess auf inhaltlicher sowie auf Akteursebene auszeichnet, ändert sich
das ab 2009 hin zu einer intentionaleren, gelenkteren Form des Einschlusses.
Dieser entwickelte ebenfalls eine Eigendynamik, die maßgeblich zur Entfaltung
der Debatte über disziplinäre Grenzen hinweg sowie in den öffentlichen Raum
beitrug.

In etwa zeitgleich zu der sich intensivierenden Diskussion um die geowissenschaftliche Erforschung des Anthropozäns formierte sich eine weitere erdsystemwissenschaftliche Diskussion, die ebenfalls 2009 in ein neues Konzept, dasjenige der *Planetary Boundaries,* mündete. Dieses zeichnet sich nicht nur durch
inhaltliche Nähe zum Anthropozänkonzept, sondern auch durch personelle
Überschneidungen aus.

Eine Gruppe von 28 Umwelt- und Erdsystemwissenschaftlern um Johan
Rockström machte sich infolge eines Workshops des *Stockholm Resilience Center*
im Jahr 2008 daran, diejenigen biophysikalischen Prozesse zu identifizieren,
die für die Regulierung des relativ stabilen holozänen Zustands des Erdsystems
verantwortlich sind.[52] Sie hatten dabei das Ziel vor Augen, »for estimating a safe
operating space for humanity with respect to the functioning of the Earth System« und die anthropozäne Frage danach zu beantworten, welche die »non-nego-
tiable planetary pre-conditions that humanity needs to respect in order to avoid
the risk of deleterious or even catastrophic environmental change at continental
to global scales« sind. Um Spielraum für entsprechende Gegenmaßnahmen ein-
zuräumen, wurde jeweils die Untergrenze der Unsicherheitsbereiche markiert.
Werden diese Grenzen überschritten, steigt das Risiko non-linearer, also ab-
rupter, irreversibler Umweltveränderungen, die aufgrund der engen Kopplung
der einzelnen Erdsystemteile untereinander weitere Veränderungen in anderen
Systemteilen verursachen können. In der 2009 erstmals publizierten und 2015
aktualisierten Fassung des Konzepts findet sich je eine visuelle Darstellung der
neun identifizierten Grenzen.

Für sieben der neun Grenzen gelang es auf Basis lokaler und regionaler Werte
und unter Rückgriff auf zuvor festgelegte Kontrollvariablen, Quantifizierungen
vorzunehmen, die das globale Niveau widerspiegeln.[53] Dabei zeigte sich, dass

---

in different social worlds but their structure is common enough to more than one world to
make them recognizable, a means of translation.« Vgl. hierzu Susan L. Star, James R. Griesemer, Institutional Ecology, ›Translations‹ and Boundary Objects: Amateurs and Professionals
in Berkeley's Museum of Vertebrate Zoology, 1907–39, in: Social Studies of Science 19, 1989,
H. 3, 387–420, hier: 393.

52 Johan Rockström u. a., Planetary Boundaries: Exploring the Safe Operating Space for
Humanity, in: Ecology and Society 14, 2009, H. 2, Art. 32. 2.

53 Die Kontrollvariable für den Klimawandel ist beispielsweise der CO_2-Gehalt in der
Atmosphäre.

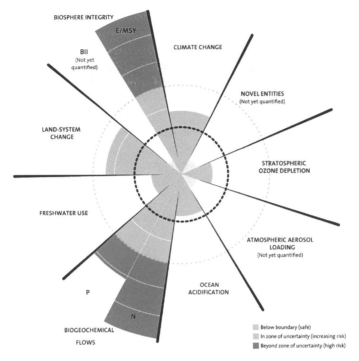

Abb. 8: Planetary Boundaries, Stand 2015; vgl. Stockholm Resilience Centre. Sustainability Science for Biosphere Stewardship, Planetary Boundaries Research. 19.09.2012 (URL: https://stockholmresilience.org/research/planetary-boundaries.html; zuletzt aufgerufen am 04.11.2019).

drei beziehungsweise vier der neun Grenzen bereits überschritten sind und der *no-analogue state* somit – zumindest die Existenzzeit des Menschen auf dem Planeten Erde betreffend – nicht mehr Utopie, sondern Realität ist. Dazu zählen neben dem Klimawandel die biogeochemischen Kreisläufe in Gestalt des Nitrogen- und Phosphorzyklus' sowie der Biodiversitätsverlust und seit 2015 auch die Landnutzungsänderung.[54] Die Gegenüberstellung der Parameter

54 Will Steffen u. a., Planetary boundaries. Guiding human development on a changing planet, in: Science 347, 2015, H. 6223, 736 (1259855–1-10); Stockholm Resilience Centre. Sustainability Science for Biosphere Stewardship, Planetary Boundaries Research [Onlinedokument], 19.09.2012 (zuletzt aufgerufen am 04.11.2019). Das Planetary Boundaries-Konzept ist ein viel zitiertes, aber nach wie vor ebenso viel kritisiertes Konzept. Zu einer jüngsten Kritik vgl. José M. Montoya, Ian Donohue, Stuart L. Pimm, Planetary Boundaries for Biodiversity. Implausible Science, Pernicious Policies, in: Trends in Ecology & Evolution 33, 2018, H. 2, 71–73. In Antwort darauf vgl. Johan Rockström u. a., Planetary Boundaries: Separating Fact from Fiction. A response to Montoya et al., in: Trends in Ecology & Evolution 33, 2018, H. 4, 233–234; Barry W. Brook, Erle C. Ellis, Jessie Buettel, What is the evidence for planetary tipping points?, in: Peter Kareiva (Hrsg.), Effective conservation science. New York 2017, 51–57.

von dem jeweiligen vorindustriellen über das industrielle Niveau bis hin zu den 1950er-Jahren koinzidiert mit dem Befund der 2004 von einer Gruppe um den Erdsystemwissenschaftler Will Steffen publizierten *Great Acceleration Graphs*. Diese zeigen, dass sich Mitte des 20. Jahrhunderts die Kurven zahlreicher Parameter von linearem zu exponentiellem Wachstum verschoben haben.[55]

Letztlich können das Konzept der *Planetary Boundaries* ebenso wie das Anthropozän und die *Great Acceleration Graphs* als Spiegel dessen gelesen werden, dass der im Fortschrittsdenken begründete, vermeintlich stetig wachsende Handlungsspielraum des Menschen in Wahrheit stetig schrumpft. Sowohl das Anthropozän- als auch das *Planetary Boundaries*-Konzept demonstrieren, dass die die Moderne charakterisierenden Denk- und Handlungsgrundsätze nicht mehr greifen, wenn es darum gehen soll, die Habitabilität der Erde für den *anthropos* vielleicht nicht geologisch langfristig, in jedem Fall aber historisch langfristig zu erhalten. Beide sind umstritten und beide bringen politische Implikationen mit sich.[56]

---

55 International Geosphere-Biosphere Programme, Stockholm Resilience Center, The Great Acceleration (zuletzt aufgerufen am 12.06.2019); Will Steffen u. a., The trajectory of the Anthropocene. The Great Acceleration, in: The Anthropocene Review 2, 2015, H. 1, 81–98, hier: 86–87.

56 Zur Diskussion um das Konzept der *Planetary Boundaries* vgl. die Stellungnahmen der Urheber zu kritischen Artikeln: Johan Rockström, Katherine Richardson, Will Steffen, A fundamental misrepresentation of the Planetary Boundaries framework – Stockholm Resilience Centre (zuletzt aufgerufen am 21.11.2019).

Socio-economic trends

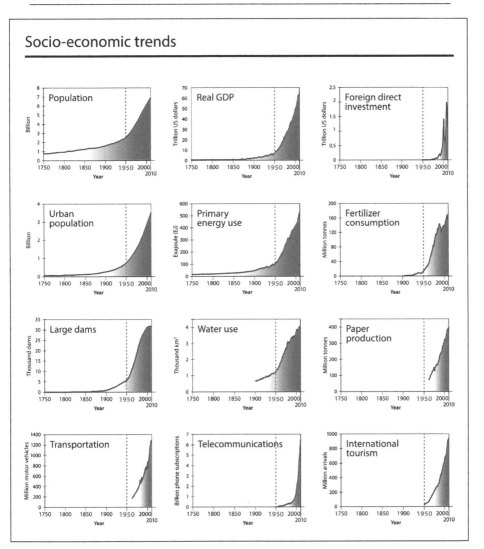

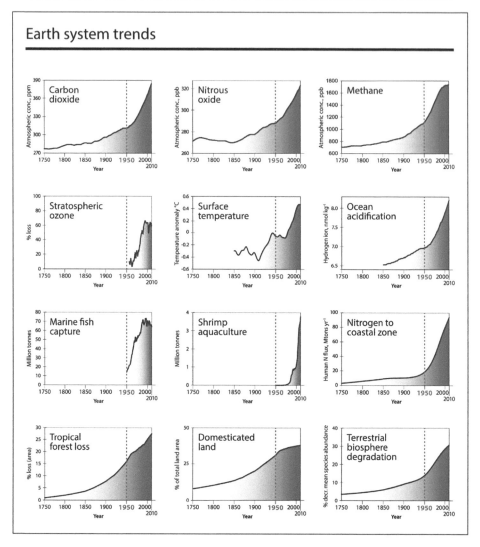

Abb. 9: Great Acceleration Graphs nach Will Steffen u. a., The trajectory of the Anthropocene. The Great Acceleration, in: The Anthropocene Review 2, 2015, H. 1, 81–98, hier: 87.

3. Die Debatte um das Anthropozän als geologisches Konzept – die Anthropocene Working Group als zentrale Akteurin

In Kap. 1.2, das sich mit der stratigraphischen Methodik beschäftigte, haben wir das übliche Vorgehen kennengelernt, dem Stratigraphen bei der Verhandlung und Integration eines neuen geowissenschaftlichen Zeitabschnitts in die Geologische Zeitskala folgen. Die Stratigraphie folgte im Prozess der Evidenzerzeugung bisher diesen etablierten disziplinspezifischen Praktiken, die sich im Zuge der Ausdifferenzierung der Disziplinen und deren Institutionalisierung im frühen 19. Jahrhundert herausgebildet haben (vgl. Kap. 1). Das vorliegende Kapitel geht vor diesem Hintergrund nun dezidiert auf die mit der Verhandlung des Anthropozäns als neuer geologischer Epoche einhergehenden Anzeichen eines grundlegenden Wandels der etablierten stratigraphischen Evidenzpraktiken ein.

Besonders gut nachzeichnen lassen sich die Aushandlungsphänomene um anthropozäne Evidenz innerhalb der *Anthropocene Working Group*. Zur besseren Orientierung findet sich untenstehend ein Überblick über für den Arbeitsprozess der AWG relevante Ereignisse.

Mit der Institutionalisierung der Arbeitsgruppe im Jahr 2009 gewann die geowissenschaftliche Debatte um das Anthropozän ein Zentrum. Diese spielt sich fortan weitestgehend innerhalb der institutionalisierten AWG, in jedem Fall aber in Aushandlung mit oder in Referenz auf die Gruppe ab. Die Debatte um das Anthropozän als geologisches Konzept ist damit gut greifbar. Transformationsprozesse im Allgemeinen, Einschließung- und Ausschließungsprozesse sowie De- und Restabilisierungstendenzen im Besonderen werden über die Untersuchung gruppeninterner Dynamiken, der Stellung der AWG innerhalb der Gesamtdebatte sowie der Fremdwahrnehmung der Arbeitsgruppe offenbar.[1] Wie sich zentrale gruppenexterne Akteure der Debatte zu Thesen der AWG positionieren, welche Aspekte des geowissenschaftlichen Diskursstrangs sie aufgreifen und aus welchen Inhalten sich geisteswissenschaftliche Diskurse um das Anthropozän entwickeln, gibt Aufschluss über interdisziplinäre Aushandlungsprozesse um anthropozänes Wissen. Für dieses Kapitel ist es dabei von besonderem Interesse, nach Rückwirkungseffekten der interdisziplinären Verhandlung des Konzepts auf die geowissenschaftliche Evidenzproduktion, wie

---

1 Zu den Evidenzpraktiken des Ein- und Ausschließens in der *Anthropocene Working Group* vgl. auch Wenninger u. a., Ein- und Ausschließen.

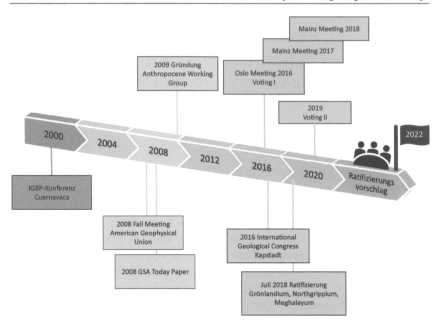

Abb. 10: Zentrale Etappen im Arbeitsprozess der *Anthropocene Working Group,* Quelle: Fabienne Will.

sie sich innerhalb der AWG abspielt, zu fragen. In vorliegendem Kapitel wird zu zeigen sein, dass sich aus diesem Zusammenspiel innerhalb der *Anthropocene Working Group* Veränderungen auf Ebene der Nutzung etablierter Evidenz-praktiken ergeben.

In der interdisziplinär zusammengesetzten *Anthropocene Working Group* tref-fen unterschiedliche Praktiken der Evidenzgenerierung aufeinander. Das zwingt die Mitglieder dazu, in einen aktiven Aushandlungsprozess jenseits disziplinärer Grenzziehungen zu treten. Dem Zusammenprall divergierender Vorstellungen von Evidenz wohnt sowohl ein provokatives und herausforderndes als auch ein transformatives und stabilisierendes Moment inne. Die Analyse interner Strukturen und Prozesse der *Anthropocene Working Group* deckt dabei Trans-formationsprozesse unterschiedlichen Charakters auf. Erstens nehmen insbe-sondere die Praktiken des Ein- und Ausschließens seit 2009 eine zentrale Rolle im Arbeitsprozess der AWG ein und dienen häufig als Impulsgeber zirkulärer dynamischer Prozesse im Bereich der Evidenzgenerierung. Zweitens zeichnen sich im Bereich der Stratigraphie im Allgemeinen und der Quartärstratigraphie im Besonderen methodische Transformationen ab.

Die identifizierten Veränderungen werden allesamt von der vom Anthropo-zänkonzept geforderten interdisziplinären Herangehensweise angestoßen, die Öffnung und damit Einschließung in der Sach- und Sozialdimension sowie in temporaler Perspektive bedeutet. Interdisziplinarität und die 2009 erfolgte Institutionalisierung derselben werden damit selbst zu Evidenzpraktiken. Ein- und Ausschluss, De- und Restabilisierung gehen fortan Hand in Hand und entfalten auf unterschiedlichen Ebenen eine dynamisierende Wirkung.

Als Quellenbasis dienen in diesem Kapitel in erster Linie die mit Mitgliedern der *Anthropocene Working Group* sowie mit zentralen geistes- und sozialwissenschaftlichen Akteuren der Debatte geführten semi-strukturierten, leitfadenbasierten Interviews. Der Mehrwert des Einsatzes von Oral History liegt in diesem Fall in der Möglichkeit, die interne Debatte der AWG sichtbar zu machen – eine Debatte, die so nicht anders sichtbar gemacht werden kann. Den mit der Methode der Oral History verbundenen Fallstricken wird dabei reflexiv begegnet. Um Einseitigkeit und überhandnehmender Subjektivität vorzubeugen, wurden nicht ausschließlich Mitglieder der Arbeitsgruppe interviewt – wobei bei deren Auswahl darauf geachtet wurde, nicht nur Geologen der Gruppe zu interviewen, sondern ein möglichst breites Spektrum beteiligter Disziplinen abzudecken. Stattdessen enthielt auch der bei befragten Nicht-Mitgliedern angewandte Leitfaden einen Fragenkomplex, der explizit auf die *Anthropocene Working Group* abzielte. Unterschiede und Gemeinsamkeiten in Eigen- und Fremdwahrnehmung lassen Rückschlüsse im Hinblick auf die übergreifende Fragestellung nach Aushandlungsprozessen zu, die transformativ auf etablierte Evidenzpraktiken einwirken. Darüber hinaus erwiesen sich die jeweils jährlich veröffentlichten Newsletter der AWG und Berichte der Internationalen Kommission für Stratigraphie sowie der Subkommission für Quartärstratigraphie als ertragreich. Auch die von der AWG als Gruppe veröffentlichten Artikel sowie Publikationen einzelner Mitglieder sind für dieses Kapitel zentral. Um eine Aussage zur Stellung der AWG in der Gesamtdebatte treffen zu können, ergänzt eine Netzwerkanalyse die in den Interviews und Artikeln zutage tretende Eigen- und Fremdwahrnehmung.

3.1 Zielsetzung der Anthropocene Working Group

Das Anthropozän hat sich im Verlauf der Debatte zu einem Konzept mit multiplen Bedeutungen entwickelt, die je nach disziplinärer Perspektive und Erkenntnisinteresse mitunter stark voneinander abweichen. Die *Anthropocene Working Group* beschäftigt sich mit dem Anthropozän im stratigraphischen Sinn. Nicht zuletzt in Reaktion auf das sich stetig ausdifferenzierende Konzept in den Jahren ab 2013/14 sowie auf kritische, den Evidenzproduktionsprozess der Arbeitsgruppe in Frage stellende Äußerungen betonen Mitglieder der AWG diese Fokussierung fortwährend. Diese lässt sich infolge des 35. IGC in Kapstadt verstärkt auch an der Arbeitspraxis der Gruppe ablesen. »There are many different lenses, […] many different ways you can view the Anthropocene«, betont

Will Steffen;[2] und ein Kollege sekundiert: »The Anthropocene Working Group is evaluating this term and this concept for a new stratigraphic boundary in the geologic timescale. That's what we do.«[3]

Die Idee der Gründung einer Arbeitsgruppe zum Anthropozän war mit dem *GSA Today* Paper 2008 gewissermaßen besiegelt. Rückblickend aber basierte sie auf einem Meer an Generalisierungen und Vagheiten, sodass man keineswegs sicher sein konnte, ob eine dezidierte stratigraphische Analyse die Existenz des Anthropozäns als neuen geologischen Zeitabschnitt tatsächlich evidenzieren würde.[4] Dennoch setzte die SQS mit der Etablierung der *Anthropocene Working Group* 2009 nicht nur implizit, sondern auch explizit ein unmissverständliches Zeichen: Auch, wenn es in den Jahren bis 2011 vornehmlich darum ging, die geologische Sinnhaftigkeit des Anthropozäns zu prüfen: Die Einrichtung einer stratigraphischen Arbeitsgruppe zur Untersuchung eines Zeitabschnitts kommt – obwohl damals wie heute keineswegs alle entscheidungstragenden Kritiker von der Notwendigkeit, das Anthropozän in die Geologische Zeitskala aufzunehmen, überzeugt waren und sind – einer Bejahung der Anthropozänthese gleich und schließt eine grundlegende Ablehnung des Anthropozäns als offiziellen geologischen Zeitabschnitt vorerst aus: »[W]e have an obligation to the International Commission on Stratigraphy to deliver what they asked for – a recommendation on the Anthropocene backed up by data.«[5] Wie das Kap. 1.3 gezeigt hat, handelt es sich dabei um einen langwierigen Prozess, der die Klärung vieler einzelner Teilaspekte voraussetzt und selbst in einem rein stratigraphischen Setting einen aktiven Aushandlungsprozess bedeutet. Doch ist der anthropozäne geowissenschaftliche Aushandlungsprozess bisher beispiellos und bringt weitreichende Implikationen hinsichtlich einer Transformation etablierter stratigraphischer Evidenzpraktiken mit sich.

Das in den jährlich veröffentlichten Newslettern der AWG formulierte Arbeitsprogramm und darin enthaltene Veränderungen in der Schwerpunktsetzung werden hier kurz umrissen, um deutlich zu machen, welchen inhaltlichen Prämissen sich die AWG verpflichtet sieht. Dies dient in diesem Kapitel, in dem Funktion und Handlungsweise der AWG als Akteurin untersucht werden, als Hintergrundfolie für die Interpretation von Verschiebungen im Hinblick auf etablierte Strukturen und Prozesse.

Nachdem die Prüfung der stratigraphischen Nachweisbarkeit des Anthropozäns der Einrichtung der Arbeitsgruppe vorangegangen war, nahm sich diese in den ersten Jahren ihres Bestehens vornehmlich der Frage an, ob es darüber hinaus sinnvoll erschiene, das Anthropozän als stratigraphische Zeiteinheit zu for-

---

2 Will Steffen, München, Canberra 07.02.2018.
3 Interview mit A3*, 15.11.2017.
4 Jan A. Zalasiewicz, Leicester 20.06.2017.
5 Will Steffen, München, Canberra 07.02.2018.

malisieren. Dieses Vorhaben barg zunächst die Notwendigkeit der Evaluierung, ob die das Anthropozän charakterisierenden erdsystemischen Veränderungen so groß seien, dass sie das Vorhaben rechtfertigen, dieses als formale Einheit in den GTS aufzunehmen.[6] Um die Frage nach der stratigraphischen Tragweite der durch anthropogene Handlungen angestoßenen geologischen Veränderungen und deren Eignung zur Formalisierung als formalen geochronologischen Zeitabschnitt beurteilen zu können, musste deshalb ein Vergleich zu den Charakteristika anderer formalisierter und damit als geologisch umwälzend eingestufter Ereignisse, die den Übergang zu einem neuen geochronologischen Zeitabschnitt markieren, vorgenommen werden.[7] Daher ging es zunächst darum, eine solche Vergleichbarkeit anhand bestimmter Parameter herzustellen: Neben ablesbaren Trends in der Atmosphärenchemie dienten dazu die Daten zur globalen Erwärmung, zum Meeresspiegelanstieg sowie Biodiversitäts- und Sedimentationstrends.[8] Auf die Übersetzung bereits vorhandener Daten aus den einzelnen naturwissenschaftlichen Forschungsbereichen in die Stratigraphie folgte sodann ein Datenabgleich: Unterschiedliche Arten von Evidenz für den zeitgenössischen Erdsystemwandel wurden der bisher zusammengetragenen stratigraphischen Evidenz zu denselben Parametern gegenübergestellt.[9] Ohne damit die Frage nach

---

6 Jan A. Zalasiewicz, Anthropocene Working Group of the Subcommission on Quaternary Stratigraphy (International Commission on Stratigraphy). Newsletter 1, December 2009 [Onlinedokument]. s. l. 2009 (zuletzt aufgerufen am 18.12.2019); Jan A. Zalasiewicz, Mark W. Williams, Anthropocene Working Group. Report of activities 2010. s. l. 2010 (zuletzt aufgerufen am 16.04.2019); Zalasiewicz u. a., Are we now living in the Anthropocene?

7 Vgl. hierzu exemplarisch Jan A. Zalasiewicz, Mark W. Williams, The Anthropocene. A comparison with the Ordovician-Silurian boundary, in: Rendiconti Lincei 25, 2014, H. 1, 5–12.

8 Vgl. dazu u. a. Intergovernmental Panel on Climate Change, Climate Change 2007. Synthesis Report. Contribution of Working Groups I, II and III to the Fourth Assessment Report of the Intergovernmental Panel on Climate Change [Core Writing Team; Pachauri, R. K; Reisinger, A. (Hrsg.)]; Jonathan T. Overpeck u. a., Paleoclimatic Evidence for Future Ice-Sheet Instability and Rapid Sea-Level Rise, in: Science 311, 2006, H. 5768, 1747–1750; Martin Edwards, Sea Life (Pelagic and Planktonic Ecosystems) as an Indicator of Climate and Global Change, in: Trevor M. Letcher (Hrsg.), Climate Change. Observed Impacts on Planet Earth. Amsterdam, Boston 2009, 233–251; F. Stuart Chapin u. a., Ecosystem Consequences of Changing Biodiversity, in: BioScience 48, 1998, H. 1, 45–52; Ruddiman, The Anthropogenic Greenhouse Era; Rockström, u. a., Planetary Boundaries; Syvitski u. a., Impact of Humans; Wallace S. Broecker, Thomas Stocker, The Holocene CO2 rise: Anthropogenic or natural?, in: EOS Transactions 87, 2006, H. 3, 27.

9 Hier zeigt sich die in Kap. 1 *Die geowissenschaftliche Disziplin – Formation und Spielregeln* beschriebene symbiotische Beziehung zwischen Geologie und Erdsystemwissenschaften, die sich in ihren Forschungsmethoden zwar unterscheiden, sich aber gerade deswegen in Bezug auf die Untersuchung des Anthropozäns so gut ergänzen. Die Geologie ist »overwhelmingly concerned with ancient, pre-human rock and time«. Komplementär dazu fokussieren die ESS »the analysis and understanding of contemporary global change«; Jan A. Zalasiewicz u. a., Petrifying Earth Process: The Stratigraphic Imprint of Key Earth System Parameters in the Anthropocene, in: Theory, Culture & Society 34, 2017, H. 2–3, 83–104, hier: 85.

der hierarchischen Verortung des Anthropozäns im GTS zu beantworten, ergab
dieser Vergleich, dass sich das Anthropozän fundamental von der Epoche des
Holozäns unterscheidet:[10] »There is an overwhelming amount of stratigraphic
evidence that the Earth System is indeed now structurally and functionally
outside the Holocene norm«; die »marker differentiate [...] between Holocene
world and the Anthropocene world, and that's the key thing«.[11]

War damit eine Antwort auf die stratigraphische Sinnhaftigkeit des Konzepts
gegeben, so stellte sich weiterhin die Frage nach dessen Nützlichkeit für andere
naturwissenschaftliche Disziplinen. Diese offenzulegen, beschreibt die AWG
noch 2019 als eine ihrer beiden Hauptaufgaben. Die mit der Publikation *The
Anthropocene: a new epoch of geological time?* im Jahr 2011 veröffentlichte Erkenntnis der stratigraphischen Sinnhaftigkeit markiert den Übergang zu stärker
technisch ausgerichteten Fragen wie jener nach der hierarchischen Verortung
des Anthropozäns in der Geologischen Zeitskala.[12] Diskutiert werden dabei drei
Möglichkeiten: das Holozän durch das Anthropozän zu ersetzen, das Anthropozän als Subepoche des Holozäns zu etablieren oder dem Anthropozän den
Rang einer auf das Holozän folgenden eigenständigen Epoche zuzuschreiben,
die das Holozän damit beenden würde.[13] Paläobiologen wie etwa Mark Williams
weisen darauf hin, dass das Anthropozän den Rang einer Periode oder gar Ära
einnehmen könnte, sofern sich der biosphärische Wandel weiter fortsetzen
würde und der sich an bestimmte Bedingungen geknüpfte Fall eines sechsten
Massensterbens bewahrheiten sollte.[14] Der Periodisierungsdiskurs nahm zeitgleich an Fahrt auf. Innerhalb der AWG stand die Frage nach dem Beginn des
Anthropozäns in den Jahren bis 2016 ganz oben auf der Agenda. In enger Verbindung dazu steht die Frage, ob das Anthropozän über einen GSSA oder einen
GSSP zu definieren sei. Der AWG gelang es, all diese Fragen noch vor dem Internationalen Geologischen Kongress in Kapstadt im Jahr 2016 zu beantworten. Ein

10 Zum aus dem erfolgten Datenabgleich gezogenen Resümee vgl. Jan A. Zalasiewicz u. a.,
The Anthropocene. A new epoch of geological time?, in: Philosophical Transactions of the
Royal Society. Series A, Mathematical, Physical & Engineering Sciences 369, 2011, H. 1938,
835–841.
11 Steffen u. a., Stratigraphic and Earth System approaches, 335; Colin N. Waters, Leicester
20.06.2017.
12 Zalasiewicz u. a., The Anthropocene.
13 Jan A. Zalasiewicz, Paul J. Crutzen, Will Steffen, The Anthropocene, in: Felix M. Gradstein (Hrsg.), The geologic time scale 2012. Volume 2. Amsterdam, Boston 2012, 1033–1040;
Colin N. Waters, Jan A. Zalasiewicz, Martin J. Head, Hierarchy of the Anthropocene, in: Zalasiewicz u. a. (Hrsg.), The Anthropocene as a Geological Time Unit, 266–268.
14 K. L. Bacon, G. T. Swindles, Could a potential Anthropocene mass extinction define a
new geological period?, in: The Anthropocene Review 3, 2016, H. 3, 208–217; Valentí Rull, The
›Anthropocene‹. A requiem for the Geologic Time Scale?, in: Quaternary Geochronology 36,
2016, 76–77; Mark W. Williams u. a., The Anthropocene biosphere, in: The Anthropocene
Review 2, 2015, H. 3, 196–219.

internes Voting ergab mit 28,3 von 35 möglichen Stimmen eine Positionierung für den Beginn des Anthropozäns in den 1950er-Jahren. 25,5 von 35 Mitgliedern waren der Meinung, die Grenze solle mittels eines GSSP markiert werden.[15]

Seit dem Kapstadt-Treffen, das, wie wir noch sehen werden, in mehrfacher Hinsicht als Schlüsselmoment fungierte, verschiebt sich der Fokus der AWG insofern, als das Arbeitsprogramm nun konkret auf die GSSP-Findung ausgelegt wird. Mit diesem letzten Schritt, den die Ausarbeitung eines Formalisierungsvorschlages benötigt, begibt sich die AWG auf die Zielgerade.[16] Das Anthropozännarrativ als solches wird ab 2016 nicht mehr diskutiert. Colin Waters hält es für realistisch, bis zum Internationalen Geologischen Kongress 2020 in Delhi die nötigen Analysen durchgeführt zu haben, um dort vorläufige Ergebnisse zu präsentieren und eine Erklärung hinsichtlich der bevorzugten Sektionen abzugeben.[17] Die Veröffentlichung der einzelnen GSSP-Analysen, die in Kooperation mit verschiedenen, auf die erforderlichen Analysebereiche spezialisierten Universitäten und Forschungseinrichtungen durchgeführt werden, wird für das Jahr 2021 erwartet. Die AWG geht davon aus, 2022 schließlich einen offiziellen Formalisierungsvorschlag auf den Weg zu bringen.[18] Indessen erwartet Waters eine heiße Debatte um den GSSP – nicht zuletzt, da für gewöhnlich gegen Ende des stratigraphischen Evidenzsicherungsprozesses im Hinblick auf die GSSP-Wahl ohnehin Uneinigkeit herrscht und die beteiligten Geologen den jeweiligen

---

15 Jan A. Zalasiewicz u. a., The Working Group on the Anthropocene. Summary of evidence and interim recommendations, in: Anthropocene 19, 2017, 55–60. Die Mitglieder konnten bei der Abstimmung ihre Stimmen teilen. Daraus ergeben sich die Kommastellen in den Ergebnissen.

16 Zalasiewicz, Anthropocene Working Group of the Subcommission on Quaternary Stratigraphy; Zalasiewicz, Williams, Anthropocene Working Group. Report of activities 2010; Jan A. Zalasiewicz, Colin N. Waters, Anthropocene Working Group. Report of activities 2011. s.l. 2012 (zuletzt aufgerufen am 16.04.2019); dies., Newsletter of the Anthropocene Working Group. Volume 4. Report of activities 2012. s.l. 2013 (zuletzt aufgerufen am 17.04.2019); dies., Newsletter of the Anthropocene Working Group. Volume 5. Report of activities 2013–14. s.l. 2014 (zuletzt aufgerufen am 16.04.2019); Colin N. Waters, Jan A. Zalasiewicz, Newsletter of the Anthropocene Working Group. Volume 6: Report of activities 2014-15. s.l. 2015 (zuletzt aufgerufen am 08.10.2018); dies., Newsletter of the Anthropocene Working Group. Volume 7: Report of activities 2016–17. s.l. 2017 (zuletzt aufgerufen am 08.10.2018); Waters, Zalasiewicz, Damianos, Newsletter of the Anthropocene Working Group. Volume 8: Report of activities 2018; Zalasiewicz u. a., The Working Group on the Anthropocene; Colin N. Waters u. a., Global Boundary Stratotype Section and Point (GSSP) for the Anthropocene Series. Where and how to look for potential candidates. 2019 (zuletzt aufgerufen am 14.10.2019); Interview mit A1*, 08.05.2017; Jan A. Zalasiewicz, Leicester 20.06.2017.

17 Aufgrund der COVID-19-Pandemie wurde der 36. Internationale Geologische Kongress auf voraussichtlich 16.–21. August 2021 verschoben. International Union of Geological Sciences, 36th International Geological Congress (zuletzt aufgerufen am 10.08.2020).

18 Colin N. Waters, Progress in the investigation for a potential Global Boundary Stratotype Section and Point (GSSP) for the Anthropocene Series, Mailand 04.07.2019 (3rd International Congress on Stratigraphy – Strati 2019. Unversità degli Studi di Milano, 02.–05.07.2019).

GSSP gerne in ihrem eigenen Land wähnen. In diesem speziellen Fall befürchtet Waters genau das Gegenteil: Dass möglicherweise niemand den *golden spike* für das Anthropozän im eigenen Land wissen möchte.[19]

Im Frühjahr 2019 fand in der AWG erneut eine, diesmal verbindliche, Abstimmung zu den Fragen statt, ob das Anthropozän als formale, über einen GSSP definierte chronostratigraphische Einheit behandeln werden solle und ob die stratigraphischen Signale Mitte des 20. Jahrhunderts den Beginn dieser Epoche markieren sollten. Jeweils 88 % der Stimmen befürworteten die beiden Fragen. 29 der 34 Mitglieder stimmten dafür, vier dagegen, ein Mitglied enthielt sich. Damit wurde die erforderliche 60 %-ige Mehrheit erreicht, die benötigt wird, um einen formalen Ratifizierungsvorschlag an die SQS zu geben, sobald alle nötigen Analysen abgeschlossen sind.[20]

Betrachtet man allein die inhaltliche Zielsetzung der *Anthropocene Working Group*, ist daran in geologischer Hinsicht nichts Ungewöhnliches zu erkennen, geht es doch um klassische technisch-stratigraphische Fragestellungen. Die Beantwortung dieser Fragen jedoch setzt eine Untersuchung bestimmter Aspekte voraus, die aufgrund der zeitlichen Kürze und neuartigen Zusammensetzung der zu untersuchenden Strata von Geologen nicht mehr in adäquatem Maße geleistet werden kann. Zu den neuen Materialien zählen etwa künstliche Festkörper wie Beton, synthetische organische Verbindungen wie Plastik, Flugasche, oder auch Rückstände aus der Verbrennung fossiler Brennstoffe. Die Besonderheit der geowissenschaftlichen Debatte um das Anthropozän liegt also nicht allein in der inhaltlichen Dimension des Gegenstandes begründet, sondern vielmehr in der Art und Weise der Untersuchung stratigraphischer Fragestellungen und deren Implikationen für einen Aushandlungsprozess, der sich geistes- und sozialwissenschaftlichen Disziplinen öffnet. Zudem betonen Zalasiewicz u. a. wiederholt, dass es keine von allen anderen Aspekten und Debatten um das Konzept losgelöste stratigraphische Debatte geben könne.[21] Erst dessen Betrachtung als Ganzes, die Analyse der Verbindungslinien sowie des provokativen und grenz-

---

19 Colin N. Waters, Leicester 20.06.2017.

20 Anthropocene Working Group, Results of binding vote by AWG Released. Released 21st May 2019. [Onlinedokument] 2019 (zuletzt aufgerufen am 29.05.2019).

21 Vgl. etwa Jan A. Zalasiewicz, Leicester 20.06.2017; Colin N. Waters, Leicester 20.06.2017; Interview mit A1*, 08.05.2017; Interview mit A4*, 02.12.2017; Mark W. Williams, Leicester 20.06.2017; Waters, Progress in the investigation; Alex Damianos, Colin N. Waters, Minutes. Anthropocene Working Group (AWG) meeting Max Planck Institute for Chemistry Mainz, Germany. 06/09/2018–07/09/2018. s.l. 12.09.2018; Zalasiewicz, Waters, Newsletter of the Anthropocene Working Group. Volume 5. Report of activities 2013–14; Jan A. Zalasiewicz u. a., The new world of the Anthropocene, in: Environmental Science & Technology 44, 2010, H. 7, 2228–2231. Vgl. hierzu außerdem exemplarisch Steve Bradshaw, Anthropocene. Vereinigtes Königreich 2015; The Royal Institution, The Anthropocene – with Jan Zalasiewicz and Christian Schwägerl. Youtube 29.04.2015 (zuletzt aufgerufen am 13.11.2019).

verwischenden Potentials macht das Anthropozän zu einem so vielversprechenden Untersuchungsgegenstand.

3.2 Frischer Wind für die Stratigraphie – Interne Strukturen und Prozesse

Mitglieder stratigraphischer Arbeitsgruppen werden nicht gewählt. Stattdessen
ist es Aufgabe des ernannten Vorsitzenden, diese eigenständig zu bilden und
deren Funktionalität zu gewährleisten. Nachdem Jan Zalasiewicz 2009 von Philip Gibbard mit der Bildung einer *Anthropocene Working Group* betraut worden
war, war es nun an ihm, sich Gedanken über die Zusammensetzung der Gruppe
zu machen. Klassischerweise stellt das keine allzu große Herausforderung dar:
Geologen sind in ihrer eigenen Community in der Regel gut vernetzt und eignen
sich aufgrund ihrer je spezifischen temporalen Expertise für Arbeitsgruppen zu
ganz bestimmten geologischen Zeiteinheiten. Für Zalasiewicz allerdings gestaltete sich die Situation anders: Er war von Anfang an davon überzeugt, dass dem
Anthropozän, für das dem Menschen als Triebkraft eine so zentrale Stellung
zukommt, auch aus stratigraphischer Perspektive nur interdisziplinär begegnet
werden könne. Früh formulierte er das Ziel, insbesondere Archäologen und
Historiker, Vertreter der beiden Disziplinen einzubeziehen, die sich neben der
Stratigraphie ganz explizit mit Zeitlichkeiten auseinandersetzen, »to cover fields
of research both in ›deep time‹ and contemporary environmental change«.[22]
Denn nur so war ein kritischer Vergleich des momentanen, durch anthropogenes
Handeln verursachten Erdsystemwandels mit Veränderungen der geologischen
Vergangenheit möglich. Dieser ist nötig, um Ausmaß und Dimension des aktu-
ellen erdsystemischen Wandels beurteilen zu können.

Essentiell war es zum anderen, Erdsystemwissenschaftler in die Arbeitsgruppe aufzunehmen – zumal das Konzept aus dem erdsystemwissenschaftlichen Kontext stammt: »[I]t had to go beyond the usual circle.«[23] Zalasiewicz
war sich bewusst, dass er mit der geplanten neuartigen Zusammensetzung
der Arbeitsgruppe durchaus ein Risiko einging: »[I]n a way it was a high-risk
strategy because we could have produced something that would've been dys-
functional.«[24] Um die eigens auferlegte Forderung nach einer adäquaten multi-
perspektivisch-stratigraphischen Untersuchung des Anthropozäns dennoch zu
erfüllen, begann Zalasiewicz mangels Wissen um interessierte und geeignete
Personen aus fachfremden Kreisen damit, die offensichtlichsten Anwärter an-

---

22 Zalasiewicz, Anthropocene Working Group of the Subcommission on Quaternary
Stratigraphy.
23 Jan A. Zalasiewicz, Leicester 20.06.2017.
24 Jan A. Zalasiewicz, Leicester 20.06.2017.

zufragen. Neben Paul Crutzen und Will Steffen gehörte dazu frühzeitig auch John McNeill.[25] Die meisten Mitglieder wurden auch in der Folgezeit über den direkten Kontakt mit Jan Zalasiewicz Teil der Gruppe, wobei es keineswegs immer er war, der den ersten aktiven Schritt machte, wie ein E-Mail-Wechsel mit dem Rechtswissenschaftler Davor Vidas zeigt. Vidas bezieht sich in seiner E-Mail auf den 2008 in der GSA Today publizierten Artikel, wenn er schreibt: »I consider the findings published in your article of wider, though possibly indirect importance for other disciplines, also with implications to our perspectives for the development of the international law of the sea«, woraufhin Zalasiewicz antwortet: »I would be glad to discuss the wider implications [...] to your field of study, because while we are aware of the general societal implications of this term, the possible practical implications for international law would be of considerable interest in our examination of this term«.[26] Vidas wurde noch im selben Jahr in die Arbeitsgruppe berufen.

Um eine möglichst flächendeckende Expertise zu gewährleisten und neu aufkommende Fragen angemessen zu beantworten, verändert sich die Zusammensetzung der Working Group fortwährend. Nachdem der Gruppe bewusst geworden war, dass sie hinsichtlich der Analyse und Einschätzung von Plastik weitere Expertise benötigte, wurde beispielsweise die Plastikexpertin Juliana Assunção Ivar do Sul im Jahr 2015 Mitglied der Gruppe.[27] So wuchs die Gruppe von 16 Mitgliedern 2009 auf 37 im Jahr 2015; 2019 lag der Mitgliedsstand bei 34.[28] Gemeinsam ist den Mitgliedern, dass es sich auch bei denjenigen, die in der Frühphase der Debatte noch nicht explizit zum Thema publiziert hatten und/oder erst später mit dem Begriff Anthropozän in Berührung kamen, um Personen handelt, die sich bereits seit geraumer Zeit größeren erdsystemischen Zusammenhängen und den Auswirkungen anthropogenen Handelns gegenüber geöffnet hatten.[29]

Die folgende Grafik zeigt die Entwicklung der Mitgliederzahl für den Bestehenszeitraum der AWG von 2009 bis 2018. Sie fasst bestimmte Disziplinen auf Basis einer übergeordneten fachlichen Verwandtschaft zusammen. So vereint die

25 Diese drei waren nicht zuletzt deshalb offensichtliche Kandidaten, da sie im Jahr 2007 gemeinsam ein Paper zum Anthropozän veröffentlicht hatten; vgl. Steffen, Crutzen, McNeill, The Anthropocene.

26 Zalasiewicz, Anthropocene Working Group of the Subcommission on Quaternary Stratigraphy.

27 Waters, Zalasiewicz, Newsletter of the Anthropocene Working Group. Volume 6: Report of activities 2014–15.

28 Vgl. hierzu die Angaben in den Berichten und Newslettern der AWG aus den Jahren 2009 bis 2018, die auf der Website der Arbeitsgruppe zu finden sind. Subcommission on Quaternary Stratigraphy, Working Group on the ›Anthropocene‹ [Onlinedokument] (zuletzt aufgerufen am 11.11.2019).

29 Vgl. Publikationslisten der AWG-Mitglieder vor 2010.

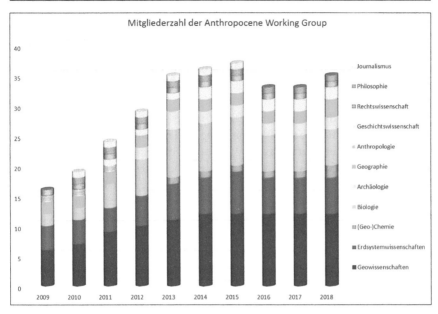

Abb. 11: Entwicklung der Mitgliederzahl der *Anthropocene Working Group* nach Disziplinen von 2009 bis 2018, Quelle: Fabienne Will.

Biologie Vertreter der Biologie, der Botanik sowie der Ökologie in sich. Zu den erdsystemwissenschaftlichen Mitgliedern zählen auch Ozeanographen, deren Arbeit Nähe zu den Erdsystemwissenschaften erkennen lässt. Die Grafik veranschaulicht zum einen die kontinuierliche Offenheit der Gruppe, die sich unter anderem in der sich fortwährend verändernden Zusammensetzung spiegelt. Zum anderen zeigt sich, dass der prozentuale Anteil naturwissenschaftlicher und geistes- und sozialwissenschaftlicher Disziplinen in der Gruppe stets bei etwa siebzig zu dreißig Prozent liegt.

Die befragten AWG-Mitglieder sind sich indes einig, dass sich Wachstum wie Zusammensetzung der Gruppe stets organisch ergeben habe, und Jan Zalasiewicz nie die Absicht hatte, die Arbeitsgruppe gezielt in eine bestimmte Richtung zu lenken. Vor dem Hintergrund dessen, dass zum Zeitpunkt der Gründung der AWG ohnehin unklar war, ob es überhaupt ein stratigraphisches Anthropozän gebe, verlieren gegenläufige Behauptungen weiterhin an Plausibilität.[30]

Mancherlei andere, primär in den ersten Jahren nach Einrichtung der Arbeitsgruppe aus diversen Disziplinen zu vernehmende Kritikpunkte an der Zusam-

---

30 Die Interviews mit AWG-Mitglieder haben ergeben, dass sich die Arbeitsgruppe wiederholt derartigen Vorwürfen ausgesetzt sah.

mensetzung der *Anthropocene Working Group* hingegen sind durchaus berechtigt. Dazu zählt etwa der Vorwurf, die AWG sei eine weiße, von Männern und westlicher Prägung dominierte Gruppe – was der Vorschlag, angesichts dessen schiene es angemessen, vom »Manthropocene« zu sprechen, auf den Punkt bringt.[31] Die AWG begegnet dieser Kritik, indem sie versucht, sich gezielter zu öffnen.[32]

Dagegen wirkt die grundlegende, noch immer geäußerte Skepsis von geowissenschaftlicher Seite, die sich vehement gegen die Sinnhaftigkeit einer interdisziplinären Zusammensetzung der AWG stellt, vor dem Hintergrund der strikt festgelegten stratigraphischen Methodik zwar nachvollziehbar, aufgrund der reflexiven Haltung der AWG selbst zu ihrer Neuartigkeit jedoch unbegründet. Es ist niemand anders als Stanley Finney, amtierender Vorsitzender der IUGS und einer der vehementesten Kritiker des Anthropozäns als geologischem Konzept, der in dem Aufsatz *The »Anthropocene« epoch: Scientific decision or political statement?* implizit die Glaubwürdigkeit einiger AWG-Mitglieder in Frage stellt.[33]

Die von geistes- und sozialwissenschaftlicher Seite formulierte Kritik an der disziplinären Zusammensetzung der Arbeitsgruppe steht der geowissenschaftlichen indes diametral gegenüber. Während Geowissenschaftler die Frage aufwerfen, ob die interdisziplinäre Zusammensetzung einer stratigraphischen Arbeitsgruppe legitim sei – worin nicht zuletzt die Befürchtung manifest wird, im Zuge des Öffnungsmoments in Sach- und Sozialdimension sowie in temporaler Perspektive die exklusive Stellung in Bezug auf die Beantwortung geowissenschaftlicher Fragestellungen zu verlieren –, scheint die dem breiteren Kontext zuzuordnende Kritik ebenfalls in der Sorge vor einem Verlust von Deutungshoheit begründet zu liegen.[34] Konsequenterweise fordern Vertreter

---

31 Kate Raworth, Must the Anthropocene be a Manthropocene?, in: The Guardian, 20.10.2014; Libby Robin, München 28.11.2017; Colin N. Waters, Leicester 20.06.2017; Andrew C. Revkin, Does the Anthropocene, the Age of Humans, Deserve a Golden Spike?, in: New York Times Blog, 16.10.2014.

32 Zalasiewicz, Waters, Newsletter of the Anthropocene Working Group. Volume 5. Report of activities 2013–14; Waters, Zalasiewicz, Newsletter of the Anthropocene Working Group. Volume 6: Report of activities 2014–15; Matt Edgeworth u.a., Conference Report. Second Anthropocene Working Group Meeting. [Onlinedokument] 2015 (zuletzt aufgerufen am 06.05.2019).

33 Finney, Edwards, The »Anthropocene« epoch; Vgl. dazu auch Andrew Barry, Mark A. Maslin, The Politics of the Anthropocene. A Dialogue, in: Geography and Environment 3, 2016, H. 2, 1–12.

34 Zu dieser Befürchtung exemplarisch Eric Paglia, Not a proper crisis, in: The Anthropocene Review 2, 2015, H. 3, 247–261; Todd J. Braje, Jon M. Erlandson, Looking forward, looking back. Humans, anthropogenic change, and the Anthropocene, in: Anthropocene 4, 2013, 116–121; S. J. Gale, P. G. Hoare, The stratigraphic status of the Anthropocene, in: The Holocene 22, 2012, H. 12, 1491–1494; Giacomo Certini, Riccardo Scalenghe, Is the Anthropocene really worthy of a formal geologic definition?, in: The Anthropocene Review 2, 2015, H. 1, 77–80.

der Geistes- und Sozialwissenschaften eine noch stärkere Öffnung und mehr Mitspracherecht im geowissenschaftlichen Diskurs.[35] Solche Forderungen sind indessen häufig aus den Reihen weniger zentraler Akteure der Debatte zu vernehmen, die nur oberflächlich im Bilde zu sein scheinen. Hiermit setzt sich die AWG als stratigraphisches Gremium, das sie trotz aller Öffnung ist und bleiben will, ganz konkret auseinander, da nur so das Ziel der Integration des Anthropozäns in die Geologische Zeitskala erreicht werden kann.

Die den mittlerweile multiplen Bedeutungen des Anthropozänkonzepts zugrundeliegenden Perspektiven und methodischen Ansätze vermischen sich zu einer unübersichtlichen Gemengelage. Dabei weisen die verschiedenen Absichten, Verständnisse, Erkenntnisinteressen und die damit einhergehenden Implikationen zwar enge Interaktions- und Rückkopplungsmechanismen auf, können aber dennoch als separate Debattenstränge betrachtet werden, denen distinkte Evidenzpraktiken und Erkenntnisinteressen zugrunde liegen. Dies werden die Kap. 4 *Evidenz geowissenschaftlich gedacht* und 6 *Evidenz geistes- und sozialwissenschaftlich gedacht* beleuchten.

Zweifelsohne war und ist der interne Arbeitsprozess für alle AWG-Mitglieder ein Lernprozess. Vornehmlich der Dialog zwischen Geologen und Archäologen erweist sich dabei als spannungsreich und konfliktbehaftet – nicht zuletzt, da Archäologen eine fundamental andere Vorstellung von Materialität und Zeit haben als Geologen.[36] Der daraus entstehende Dissens aber regt die gruppeninterne Dynamik an und ist nicht mit Antagonismus gleichzusetzen, den es laut Aussagen der Gruppenmitglieder intern nicht gibt.[37] Die *Anthropocene Working Group* musste, nicht nur nach außen, sondern auch sich selbst beweisen, dass sie in ihrer neuartigen Zusammensetzung sowie in einem breiteren Kontext funktioniert. »We're still here«, bringt Jan Zalasiewicz das erfolgreiche Wirken der Gruppe auf den Punkt.[38]

Die von geowissenschaftlicher Seite formulierte Skepsis an der Funktionalität und Legitimität der AWG bleibt bestehen, hält sich seit der Schließungstendenz im Sinne einer verstärkten Reorientierung an stratigraphischen Prinzipien, um

---

35 Vgl. etwa Interview mit B1, 27.04.2018; Nigel Clark, Yasmin Gunaratnam, Earthing the Anthropos? From ›socializing the Anthropocene‹ to geologizing the social, in: European Journal of Social Theory 20, 2017, H. 1, 146–163; Daniel Chernilo, The question of the human in the Anthropocene debate, in: European Journal of Social Theory 20, 2017, H. 1, 44–60; Barry, Maslin, The Politics of the Anthropocene.

36 Interview mit A3*,15.11.2017; Colin N. Waters, Leicester 20.06.2017; Jan A. Zalasiewicz, Leicester 20.06.2017; Interview mit A1*, 08.05.2017; Matt Edgeworth, Colin N. Waters, Jan A. Zalasiewicz u. a., Second Anthropocene Working Group meeting, in: The European Archaeologist 47, 2016, 27–34.

37 Will Steffen, München, Canberra 07.02.2018; Colin N. Waters, Leicester 20.06.2017; Mark W. Williams, Leicester 20.06.2017; Jan A. Zalasiewicz, Leicester 20.06.2017.

38 Jan A. Zalasiewicz, Leicester 20.06.2017.

in Bezug auf das übergeordnete Ziel reüssieren zu können, nach Kapstadt 2016 jedoch in Grenzen.[39]

Zwar konnte Zalasiewicz 2009 nicht wissen, welch große Kreise die Debatte um das Anthropozän tatsächlich ziehen würde – »time will tell whether this widespread interest will continue« – und welch großes Interesse an der AWG damit einherginge.[40] Was er aber wusste ist, dass es sich um ein Konzept handelt, das nicht nur zahlreiche wissenschaftliche Disziplinen, sondern auch die Öffentlichkeit interessiert, und einer solchen Fragestellung nicht rein intradisziplinär begegnet werden kann.[41]

Der Rolle des Vorsitzenden Jan Zalasiewicz sowie derjenigen des *Secretary*, die in den ersten Jahren der Paläobiologe Mark Williams innehatte und seit 2011 der Geologe Colin Waters bekleidet, kommt nicht nur innerhalb der AWG eine besondere Bedeutung zu. Auch in der breiteren Debatte werden primär die Personen Zalasiewicz und Waters mit der Gruppe assoziiert, wobei die Auswertung des Interviewmaterials eine durchweg positive Beurteilung speziell Zalasiewiczs und des von ihm angestoßenen, in disziplinärer Hinsicht innovativen Weges ergibt.[42] Das kommt nicht von ungefähr, denn nicht nur die Anzahl der Publikationen, in denen er als Erstautor aufgeführt ist, sondern auch sein Engagement innerhalb der Gruppe, seine Offenheit gegenüber fachfremden Ansätzen und die Bereitschaft, sich Kritik einzuhandeln und sich dieser zu stellen, sowie seine Kommunikationsbereitschaft gegenüber den Medien zeigen: Zalasiewicz ist die zentrale Person der geowissenschaftlichen Debatte um das Anthropozän, »a visionary leader. […] if you write him an email he answers right away. Even the people who are even completely outside his circles.«[43]

Die gruppeninterne Kommunikation, die von Zalasiewicz, Waters und Williams koordiniert und aufrechterhalten wird, erfolgt in erster Linie über E-Mails. Eine Schwierigkeit dabei liegt darin, das rechte Maß an Input zu finden, um Stagnation zu vermeiden: »[Y]ou have to make things happen«.[44] Sowohl Diskussionen und Aufgabenverteilung als auch die Arbeit an Publikationen werden je nach Sachverhalt und Hauptbeteiligten über Rundmails abgewickelt.[45] Auf-

---

39 Zur fortbestehenden skeptischen Haltung mancher Geowissenschaftler vgl. das Kap. 4 *Evidenz geowissenschaftlich gedacht.*
40 Zalasiewicz, Waters, Newsletter of the Anthropocene Working Group. Volume 4. Report of activities 2012.
41 Viele anderen Akteure der Debatte vertreten dieselbe Sichtweise; vgl. exemplarisch T. Toivanen u. a., The many Anthropocenes: A transdisciplinary challenge for the Anthropocene research, in: The Anthropocene Review 4, 2017, H. 3, 183–198; Trischler, The Anthropocene.
42 Vgl. dazu neben den Interviews auch die Berichte und Newsletter der AWG aus den Jahren 2009 bis 2018.
43 Interview mit B1, 27.04.2018.
44 Jan A. Zalasiewicz, Leicester 20.06.2017.
45 Jan A. Zalasiewicz, Leicester 20.06.2017; Mark W. Williams, Leicester 20.06.2017; John R. McNeill, Zagreb 30.06.2017; Interview mit A3*, 15.11.2017; Colin N. Waters, Leicester

grund der geographischen Streuung, der der disziplinären Diversität geschuldeten, zeitlich häufig unterschiedlichen Verfügbarkeit der Mitglieder sowie der für eine stratigraphische Arbeitsgruppe vergleichbar hohen Mitgliederzahl können bei angesetzten Treffen der AWG oft nicht alle Mitglieder anwesend sein. Während stratigraphische Arbeitsgruppen für gewöhnlich dreimal jährlich zusammenkommen, versucht die AWG – seit 2014 mit einer gewissen Regelmäßigkeit –, sich zumindest einmal jährlich zu treffen.[46] Die Treffen dienen in erster Linie dazu, sich über den aktuellen Stand im auf die Einreichung eines formalen Ratifizierungsvorschlages abzielenden Evidenzbereitstellungsprozess, das Arbeitsprogramm, die Aufgabenverteilung sowie anstehende Publikationen und sonstige Veranstaltungen für das kommende Jahr zu verständigen sowie darüber hinaus kurz- und langfristige Ziele abzustimmen.

Eine erste, jedoch noch nicht offiziell als AWG-Treffen deklarierte Zusammenkunft fand im Jahr 2011 anlässlich eines Treffens der *Geological Society of London* zum Thema Anthropozän statt, das auf den im selben Jahr in der Zeitschrift *Philosophical Transactions of the Royal Society of London* publizierten Themenband *The Anthropocene: A new geological epoch of time?* folgte.[47] Dieses Meeting fand hohe mediale Resonanz und wird von einigen befragten Mitgliedern als Schlüsselmoment für die aktive Beforschung des Anthropozäns über die AWG hinaus eingestuft:[48] »London, the 2011 meeting, which I would say marks kind of the turning point for Anthropocene becoming a really popular thing outside the sciences.«[49] Das erste physische, explizit als AWG-Meeting titulierte Treffen fand jedoch erst 2014 im Vorfeld des vom *Haus der Kulturen der Welt* (HKW) in Zusammenarbeit mit dem *Max-Planck-Institut für Wissenschaftsgeschichte* (MPIWG), dem *Rachel Carson Center for Environment and Society* sowie dem *Deutschen Museum* organisierten *Anthropocene Campus* in Berlin statt. Letzterer ist ein Baustein des seit 2013 laufenden *Anthropocene Project*. Dieses wurde maßgeblich von der journalistischen Auseinandersetzung

20.06.2017; Will Steffen, München, Canberra 07.02.2018; Interview mit A4*, 02.12.2017; Interview mit A1*, 08.05.2017.
   46 Colin N. Waters, Leicester 20.06.2017.
   47 Mark W. Williams u.a. (Hrsg.), The Anthropocene: a new epoch of geological time? London 2011; Zalasiewicz, Williams, Anthropocene Working Group. Report of activities 2010; Zalasiewicz, Waters, Anthropocene Working Group. Report of activities 2011; Michael A. Ellis u.a., One-day meeting at the Geological Society, London 11.05.2011 (The Anthropocene: A New Epoch of Geological Time?).
   48 Vgl. dazu exemplarisch [-], The Anthropocene. A man-made world. Science is recognising humans as a geological force to be reckoned with, in: The Economist, 26.05.2011; dass., The human epoch. Official recognition for the Anthropocene would focus minds on the challenges to come, in: Nature 473, 2011, H. 254; Gaia Vince, An Epoch Debate, in: Science 334, 2011, H. 6052, 32–37; Elizabeth Kolbert, Enter the Anthropocene – Age of Man, in: National Geographic 219, 2011, H. 3, 60–85.
   49 Interview mit A3*, 15.11.2017.

Christian Schwägerls mit der Anthropozänthematik und seinem 2010 veröffentlichten Buch *Menschenzeit. Zerstören oder gestalten? Die entscheidende Epoche unseres Planeten* angestoßen.[50] Bezeichnenderweise fand das erste offizielle Treffen der AWG somit in einem inter-, ja gar transdisziplinären Kontext statt, in dem sich in einem offen geführten Dialog zwischen Mitgliedern der AWG und Künstlern, Sozial- und Geisteswissenschaftlern aktive Aushandlungs- und Auseinandersetzungsprozesse entspannen, die nicht zuletzt die Vielschichtigkeit des Anthropozänkonzepts und damit verbunden die unterschiedlichen Erkenntnisinteressen und Differenzen zwischen etablierten, disziplinspezifischen Evidenzpraktiken vor Augen führten:[51] Das

»Anthropocene project opening […] introduced all the Anthropocene Working Group members that were there to the idea that the Anthropocene was this crazy open box for a lot of people. They were reading into it whatever […] they wanted and that was a striking moment for us I think. Because we realized like wait a minute, this is off the reservation now, we can't control the Anthropocene. The Anthropocene is not ours to define anymore, it's getting defined by everyone, we can maybe define a narrow part.«[52]

Interessanterweise sind es im frühen Bestehenszeitraum der AWG die Kontaktmomente mit dem breiteren geistes- und sozialwissenschaftlichen sowie künstlerischen und medialen Bereich, die nicht allein auf Ebene der Gesamtdebatte, sondern auch auf innerhalb der Arbeitsgruppe eine dynamisierende Wirkung entfalten. Dies ist ein Beleg für das belebende Potential von Einschließungsprozessen.

Obwohl im Vorfeld beiderseits Vorbehalte gegenüber einer gegenseitigen Öffnung existierten, bildete das 2014er-Treffen den Ausgangspunkt für eine noch immer andauernde enge Kooperation zwischen HKW und MPIWG einerseits und der AWG andererseits.[53] Das HKW entwickelte sich über die Jahre zu einem Hauptfinanzierungspartner der AWG. So stellte es beispielsweise jüngst ein Budget von 800.000 Euro für die für eine potentielle Formalisierung des Anthropozäns so wichtige Suche nach einem geeigneten GSSP, die über Bohrungen und Analysen der entsprechenden Bohrkerne erfolgt, zur Verfügung. Im Gegenzug soll 2022, in dem Jahr, in dem die AWG die GSSP-Analyse voraussichtlich abschließen wird und für das sie die Einreichung eines Ratifizierungsvorschlags

---

50 Christian Schwägerl, Menschenzeit. Zerstören oder gestalten? Die entscheidende Epoche unseres Planeten. München 2010; Haus der Kulturen der Welt, Das Anthropozän-Projekt. Ein Bericht. 16.10.–8.12.2014. s.l. 2014; Zalasiewicz, Waters, Newsletter of the Anthropocene Working Group. Volume 5. Report of activities 2013–14.
51 Haus der Kulturen der Welt, Das Anthropozän-Projekt.
52 Interview mit A3*, 15.11.2017.
53 Interview mit C2, 07.12.2017; Interview mit B5, 10.05.2018.

plant, eine Ausstellung im HKW stattfinden, welche die Forschungsergebnisse erstmals einer breiten Öffentlichkeit präsentieren wird.[54]

Im November 2015, nur ein Jahr nach der Zusammenkunft in Berlin, traf sich die AWG im Rahmen eines Workshops mit Archäologen am archäologischen Institut der *Cambridge University*. Ziel des Workshops war es, den archäologischen Beitrag zur stratigraphischen Untersuchung des Anthropozäns auszuloten. Die dabei hervorstechende Differenz zwischen geologischem Temporalitätsverständnis einerseits und archäologischer Zeitvorstellung andererseits führte die methodisch unterschiedliche Herangehensweise erneut vor Augen. Trotz divergierender Temporalitätsvorstellungen aber verstehen Geologen und Archäologen im Vergleich zu Historikern Zeit als eine eng an Materialität gebundene Kategorie: »Grappling with the multi-disciplinary aspects of such a diverse array of stratigraphic and other forms of evidence is surely one of the material challenges that the Anthropocene presents us with.«[55]

In Vorbereitung des 35. Internationalen Geologischen Kongresses in Kapstadt im Herbst 2016, bei dem ein Bericht der Zwischenergebnisse präsentiert werden sollte, tagte die AWG im April 2016 in Oslo.[56] Die Mitglieder führten noch vor dem IGC per E-Mail eine informelle Abstimmung zu zentralen stratigraphischen Fragestellungen durch.[57] Man war sich in vielen, nicht aber in allen Aspekten einig. Dennoch evidenzierten die später in dem Paper *The Working Group on the Anthropocene: Summary of evidence and interim recommendations* publizierten Resultate einen gruppeninternen Konsens, der so einige Jahre zuvor nicht denkbar gewesen wäre und den Will Steffen nicht von ungefähr als »triumph of open discussion« bezeichnet.[58]

Zwar ist die AWG nicht in allen Punkten konsensfähig, und der Aushandlungsprozess zeugt durchaus von gruppeninternen Reibungspunkten und konfligierenden Auseinandersetzungen. Die spannungsgeladenen Diskussionen

54 Bei einem Treffen der AWG von 5.–8. September 2018 in Mainz wurde die Frage nach Möglichkeiten der Finanzierung von Bohrungen zur Findung eines geeigneten GSSP in den Raum geworfen (vgl. Damianos, Waters, Minutes). HKW-Direktor Bernd Scherer wies darauf hin, dass sein Haus bereit und in der Lage sei, ein gewisses Budget dafür zur Verfügung zu stellen. Auf einer Konferenz zum Thema *The Anthropocene: Challenging the Disciplines*, die am 8. April 2019 in Wien stattfand, erklärte Colin Waters, die Bohrungen hätten nun mithilfe des vom HKW bereitgestellten Budgets begonnen. Im Rahmen eines Vortrages mit dem Titel *Progress in the investigation for a potential Global Boundary Stratotype Section and Point (GSSP) for the Anthropocene Series*, den er während des dritten Internationalen Stratigraphischen Kongresses, *strati*, am 04. Juli 2019 in Mailand hielt, wies Waters auf die für 2022 am HKW geplante Ausstellung hin.
55 Vgl. Edgeworth u. a., Conference Report. Second Anthropocene Working Group Meeting.
56 Waters, Zalasiewicz, Newsletter of the Anthropocene Working Group. Volume 6: Report of activities 2014–15; Interview mit A1*, 08.05.2017.
57 Zalasiewicz u. a., The Working Group on the Anthropocene, 58.
58 Will Steffen, München, Canberra 07.02.2018.

drehen sich dabei allerdings in erster Linie um normative Fragestellungen, die für die rein stratigraphische Untersuchung und Beurteilung des Anthropozänkonzepts irrelevant sind: »in terms of the Anthropocene Working Group, that's outside of our remit«.[59] Das soll die Wichtigkeit der Auseinandersetzung mit normativen und ethischen Fragen, die sich aus der Beschäftigung mit dem Anthropozän ergeben, keineswegs schmälern: Die befragten AWG-Mitglieder sind sich einig, dass genau diese diskutiert werden müssen – nur eben ausgehend von, anstatt als Teil stratigraphischer Diskussionen.[60] Zwar sind die auf anthropogenes Handeln zurückzuführenden geologischen Veränderungen ausschlaggebendes Definitionsmerkmal des Anthropozäns. In der Stratigraphie aber geht es nicht um die ethischen Implikationen menschlichen Handelns: »We're looking at signals, whether they are good signals or bad signals is irrelevant to whether they are suitable. You can't say that the radiogenic fallout spike is a good thing, but it is a practically very useful signal.«[61] Was in den Strata ablesbar ist, sind Effekte, keine Ursachen. An der Komplexität und Bedeutsamkeit der den Effekten zugrundeliegenden Dynamiken besteht kein Zweifel. Die Stratigraphie aber nutzt die Daten ausschließlich als Signal, um auf Basis der zu erkennenden Effekte geologische Zeitgrenzen zu markieren.[62]

Diskussionen um normative Aspekte werden deswegen guppenintern weitestgehend ausgespart – so auch die vielfach mit dem AWG-Mitglied Erle Ellis in Verbindung gebrachte und von einer Gruppe von Ökomodernisten vertretene These vom *Guten Anthropozän* (vgl. dazu Kap. 4.3).[63] Problematisch wird es, sobald solche polarisierenden Ansichten einzelner Mitglieder von außen auf die AWG als Gesamtgruppe projiziert und als intern konsentierte Meinung wahrgenommen werden. Mehrfach zu vernehmen waren entsprechende Vorwürfe nach der Veröffentlichung des *Ecomodernist Manifesto* unter Beteiligung von Erle Ellis im Jahr 2015. Zudem wurden selbst Paul Crutzen, der in seinem Albedo-Aufsatz aus dem Jahr 2006 die Möglichkeiten des Einsatzes von Geoengineering

59 Will Steffen, München, Canberra 07.02.2018.

60 Interview mit A1*, 08.05.2017; Interview mit A4*, 02.12.2017; Jan A. Zalasiewicz, Leicester 20.06.2017; Will Steffen, München, Canberra 07.02.2018; Colin N. Waters, Leicester 20.06.2017.

61 Colin N. Waters, Leicester 20.06.2017.

62 Colin N. Waters, Leicester 20.06.2017; Will Steffen, Mid-20th-Century ›Great Acceleration‹, in: Jan A. Zalasiewicz, Colin N. Waters, Mark W. Williams u.a. (Hrsg.), The Anthropocene as a Geological Time Unit. A Guide to the Scientific Evidence and Current Debate. Cambridge 2019, 254–260, hier: 258.

63 John Robert McNeill, Zagreb 30.06.2017; Colin N. Waters, Leicester 20.06.2017; 15.11.2017; Interview mit A3*, Jan A. Zalasiewicz, Leicester 20.06.2017. Zur These vom Good Anthropocene vgl. John Asafu-Adjaye, Linus Blomqvist, Stuart Brand u.a., Ecomodernist Manifesto. [Onlinedokument] 2015, (zuletzt aufgerufen am 13.09.2017). Näheres zur These von einem ›guten Anthropozän‹ in Kap. 4.

im Umgang mit dem konstatierten Klimawandel auslotete, unlautere Absichten vorgeworfen. Vielfach wurde er als kompromissloser Proponent des als ethisch fragwürdig geltenden Geoengineerings dargestellt, wie folgendes Zitat exemplarisch illustriert: »In Crutzen's vision, engineering, not social transformation, is the best way to meet the challenges of climate. [...] Crutzen's vision commits the error that Albert Einstein asked us to avoid: to think that humanity can resolve problems by applying the same methods that caused them.«[64] Im Zuge dessen sieht sich die AWG als Gruppe Anfeindungen und Kritik gegenüber, die aus Missinterpretation und Desinformation heraus entstehen (vgl. Kap. 4.3).[65]

Vor diesem Hintergrund erscheint es nicht verwunderlich, dass die Interviews mit Mitgliedern verhaltene bis keine Stellungnahmen zu der These vom *Guten Anthropozän* ergaben. Die Analyse der gruppeninternen, in der wissenschaftlichen Gesamtdebatte sowie im öffentlichen Bereich nicht sichtbaren Diskussion zeigt, dass äußere Wahrnehmung und Realität nicht immer deckungsgleich sind. Sogar innerhalb der Gruppe haben Mitglieder teils die in der breiteren Debatte beziehungsweise der medialen Berichterstattung formulierten Ansichten übernommen und Erle Ellis damit konfrontiert.

Seit der Veröffentlichung des *Ecomodernist Manifesto* von einer Gruppe an Wissenschaftlern, die dem *Breakthrough Institute* angehören, schreiben einige Mitglieder Erle Ellis den Status eines gruppeninternen Dissidenten zu:

»But Jan did think about it and he did invite some other people in and he invited people [...] who ultimately became a dissident, he invited people that had different ideas about doing this to be a part of it. And he has continued to work with [...] and to listen to [...] [those people], and I would say they still listen.«[66]

Trotz seines vermeintlichen Dissidentendaseins ist Ellis daran gelegen, in der Gruppe und am stratigraphischen Untersuchungsprozess beteiligt zu bleiben, auch weil Dissens epistemisch fruchtbar ist. Tatsächlich ausgetragen wird innerhalb der Arbeitsgruppe dabei, wie erwähnt, nur inhaltlich stratigraphischer Dissens – so gehört Erle Ellis beispielsweise zu den wenigen Verfechtern einer GSSA-Definition für das Anthropozän.

Nichtsdestotrotz ist es besonders die ethische Dimension der Anthropozänthese, die im Hinblick auf die Gesamtdebatte eine dynamisierende Wirkung entfaltet und Anknüpfungspunkte schafft.

---

64 Elmar Altvater, The Capitalocene, or, Geoengineering against Capitalism's Planetary Boundaries, in: Jason W. Moore (Hrsg.), Anthropocene or Capitalocene? Nature, History, and the Crisis of Capitalism, Oakland, CA 2016, 138–152, hier: 140; vgl. auch Bonneuil, Fressoz, The Shock of the Anthropocene, 81. Näheres dazu findet sich im Kap. 4.3 *Technik im Anthropozän – eine (inter-)disziplinäre Schnittstelle.*
65 Interview mit A1*, 08.05.2017; Jan A. Zalasiewicz, Leicester 20.06.2017.
66 Interview mit A3*, 15.11.2017.

Unabhängig davon – das Kapstadt-Treffen ist ein Schlüsselmoment im Arbeitsprozess der AWG. Die in Kapstadt von Vertretern der entscheidungstragenden Instanzen formulierten Empfehlungen im Sinne einer Rückbesinnung der AWG auf stratigraphische Prinzipien trugen dazu bei, dass sich Kapstadt zu einem Wendepunkt für die AWG herauskristallisierte.[67] Ferner leisteten die dort dokumentierte Konsensfähigkeit sowie die Anerkennung der AWG als Institution ihren Beitrag, den gewählten Ansatz der Gruppe zu bestätigen. In den Jahren 2017 und 2018 folgten schließlich zwei weitere Meetings am MPI für Chemie in Mainz. Während das Treffen 2017 in sehr kleinem Kreis stattfand, waren 2018 vergleichsweise viele Mitglieder anwesend.[68] Dort präsentierte das MPI der AWG ein anlässlich des Treffens entworfenes Logo, das die Arbeitsgruppe seither als das ihrige führt:

Anthropocene
Working Group

Abb. 12: Logo der Anthropocene Working Group seit September 2018; vgl. Subcommission on Quaternary Stratigraphy, Working Group on the ›Anthropocene‹ (URL: http:// quaternary.stratigraphy.org/working-groups/anthropocene/; zuletzt aufgerufen am 11.11.2019); Urheber des Logos ist das MPIC in Mainz.

Das Logo zeigt den konsentierten Beginn des Anthropozäns in den 1950er-Jahren und ähnelt in der Darstellung den Great Acceleration Graphs. Es visualisiert sowohl die im Hinblick auf den Periodisierungszeitpunkt zusammengetragene stratigraphische Evidenz als auch die Abgeschlossenheit der Periodisierungsfrage. Bezeichnenderweise zeigt der gewählte Graph die Veränderungen in der atmosphärischen CO_2-Konzentration der letzten 20 000 Jahre und basiert auf Forschungsdaten von Clément Poirier, der ebenfalls Mitglied der AWG ist.[69] Damit nimmt die AWG Crutzens Ursprungsthese, die sich auf den veränderten CO_2-Gehalt in der Atmosphäre bezog, in ihrem Logo wieder auf.

Die internen Diskussionen der *Anthropocene Working Group* finden primär über E-Mails und auf den jährlichen Tagungen statt. Diese Interna sind weder gruppenexternen Akteuren der wissenschaftlichen Debatte um das Anthropozän noch der Öffentlichkeit zugänglich. Zentrale Ergebnisse werden mittler-

---

67 Zalasiewicz, Waters, Summerhayes u. a., The Working Group on the Anthropocene; Interview mit A3*, 15.11.2017; Interview mit A1*, 08.05.2017; Mark W. Williams, Leicester 20.06.2017; Will Steffen, München, Canberra 07.02.2018; Jan A. Zalasiewicz, Leicester 20.06.2017.

68 Waters, Zalasiewicz, Newsletter of the Anthropocene Working Group. Volume 7: Report of activities 2016–17; Waters, Zalasiewicz, Damianos, Newsletter of the Anthropocene Working Group. Volume 8: Report of activities 2018.

69 Waters, Zalasiewicz, Damianos, Newsletter of the Anthropocene Working Group. Volume 8: Report of activities 2018.

weile regelmäßig in verschiedenen Zeitschriften publiziert.[70] Die Reihenfolge der Autoren wird dabei nach dem Grad der Einbringung festgelegt. Meist ist es etwa ein halbes Dutzend Mitglieder, das an dem Entwurf eines Artikels arbeitet. Während es darüber hinaus bestimmte Mitglieder gibt, die sich nur selten einbringen, gehört ein Drittel der Gruppe aufgrund seiner stratigraphischen Fachfremde zwar nicht zu den Hauptbeteiligten des Schreibprozesses, wird jedoch gegen Ende hinzugezogen, um bestimmte Aufgaben zu übernehmen. Exemplarisch hierfür steht John McNeill, dessen primäre Aufgabe darin besteht, die inhaltliche Richtigkeit derjenigen Passagen eines Artikels zu gewährleisten, die sich auf geistes- und sozialwissenschaftliche Inhalte beziehen.[71] Zudem ist es an den fachfremden Mitgliedern, Fragen aufzuwerfen und neue Perspektiven zu eröffnen – die Signifikanz dessen ist wegen des über den üblichen Kreis der Rezipienten geologischer Publikationen hinausgehenden Leserkreises nicht zu unterschätzen. Entgegen der naheliegenden Vermutung, die AWG verfolge eine bestimmte Publikationsstrategie, ist die Gruppe häufig auf ein Grundsatzinteresse der Zeitschriften sowie deren Bereitschaft angewiesen, auch längere Artikel aufzunehmen. Sie ist auch in dieser Hinsicht darauf bedacht, aus ihrer geowissenschaftlichen Komfortzone herauszutreten und, der Multidimensionalität der Thematik wie auch der eigenen Interdisziplinarität Rechnung tragend, in tunlichst breiter Streuung in fachfremden Zeitschriften zu publizieren.[72]

Neben resultatgefüllten Artikeln nutzt die AWG ihre Publikationen zur Offenlegung ihres Arbeitsprozesses und tritt darin teils auch gezielt an Kritiker heran, wodurch sie zugleich die Konsequenzen der durch ihre Arbeit ausgelösten geowissenschaftlichen Provokation adressiert. Von Beginn an sah sie sich

70 Vgl. etwa Williams u. a., The Anthropocene: a new epoch of geological time?; Jan A. Zalasiewicz u. a., When did the Anthropocene begin? A mid-twentieth century boundary level is stratigraphically optimal, in: Quaternary International 383, 2015, 196–203; Jan A. Zalasiewicz u. a., Colonization of the Americas, ›Little Ice Age‹ climate, and bomb-produced carbon. Their role in defining the Anthropocene, in: The Anthropocene Review 2, 2015, H. 2, 117–127; Steffen u. a., Stratigraphic and Earth System approaches to defining the Anthropocene; Jan A. Zalasiewicz u. a., The geological cycle of plastics and their use as a stratigraphic indicator of the Anthropocene, in: Anthropocene 13, 2016, 4–17; ders. u. a., Scale and diversity of the physical technosphere. A geological perspective, in: The Anthropocene Review 4, 2017, H. 1, 9–22; ders. u. a., The Working Group on the Anthropocene; ders. u. a. (Hrsg.), The Anthropocene as a Geological Time Unit. A Guide to the Scientific Evidence and Current Debate. Cambridge 2019; Waters u. a., Global Boundary Stratotype Section and Point (GSSP) for the Anthropocene Series.
71 Vgl. dazu etwa Zalasiewicz u. a., Colonization of the Americas; John R. McNeill, The Industrial Revolution and the Anthropocene, in: Jan A. Zalasiewicz u. a. (Hrsg.), The Anthropocene as a Geological Time Unit. A Guide to the Scientific Evidence and Current Debate. Cambridge 2019, 250–254.
72 John R. McNeill, Zagreb 30.06.2017; Interview mit A1*, 08.05.2017; Colin N. Waters, Leicester 20.06.2017; Jan A. Zalasiewicz, Leicester 20.06.2017.

vor allem von geowissenschaftlicher Seite vehementer Kritik ausgesetzt. Diese äußert sich oftmals in Versuchen, in eigenen Artikeln Evidenz für gegenläufige Thesen zu erzeugen. Man denke hier an William Ruddiman, der über einen Zeitraum von mittlerweile zwei Dekaden für ein frühes Anthropozän plädiert, das mit der landwirtschaftlichen Revolution vor etwa 8000 Jahren begonnen haben soll. Mark Maslin und Simon Lewis sowie Stanley Finney, amtierender Vorsitzender der IUGS, und Lucy Edwards, Whitney Autin und John Holbrook oder auch Erle Ellis, selbst AWG-Mitglied, sind weitere Beispiele dafür (näher vgl. dazu Kap. 4.1).[73] Auf von geowissenschaftlicher Seite geäußerte Kritik re-agiert die AWG kontinuierlich mit Antwortpapers, wodurch eine Debatte um das stratigraphische Anthropozän entsteht, die nicht mehr nur imaginiert und konstruiert, sondern durch deren Verschriftlichung auch greifbar ist. Diese zeugt von einem Aushandlungsprozess um zentrale stratigraphische Fragen, wobei explizit wird, dass die Wurzeln der Auseinandersetzung in der etablierten stratigraphischen Methodik begründet liegen. Diese *Offenlegung* des vom An-thropozänkonzept angestoßenen disziplinspezifischen *Methodenstreits* verweist auf das dem Konzept inhärente Provokationspotential und wirft erneut die Frage nach Veränderungen in Bezug auf Evidenzpraktiken auf.

Wie erwähnt wird die *Anthropocene Working Group* nicht ausschließlich von geowissenschaftlicher Seite kritisiert. Dennoch hat sich die Gruppe bewusst dazu entschlossen, ausnahmslos zu deren Befunden Stellung zu nehmen, da ihre primäre Aufgabe in der Untersuchung des stratigraphischen Anthropozäns besteht.[74]

---

73 Ruddiman, The Anthropogenic Greenhouse Era; ders., The Anthropocene, in: Annual Review of Earth and Planetary Sciences 41, 2013, H. 1, 45–68; ders. u. a., Does pre-industrial warming double the anthropogenic total?, in: The Anthropocene Review 1, 2014, H. 2, 147–153; ders., Geographic evidence of the early anthropogenic hypothesis, in: Anthropocene 20, 2017, 4–14; Jan A. Zalasiewicz u. a., A formal Anthropocene is compatible with but distinct from its diachronous anthropogenic counterparts: a response to W.F. Ruddiman's »three-flaws in defining a formal Anthropocene«, in: Progress in Physical Geography 43, 2019, H. 3, 319–333; William F. Ruddiman, Reply to Anthropocene Working Group responses, in: Progress in Physical Geography: Earth and Environment 110, 2019, H. 10, 1–7; Lewis, Mas-lin, Defining the Anthropocene; dies., A transparent framework for defining the Anthro-pocene Epoch; dies., Anthropocene. Earth System, geological, philosophical and political paradigm shifts, in: The Anthropocene Review 2, 2015, H. 2, 108–116; dies., Human Planet; Finney, Edwards, The »Anthropocene« epoch; Autin, Holbrook, Is the Anthropocene an issue of stratigraphy or pop culture?; Ellis, Maslin, Bauer, Involve Social Scientists in Defi-ning the Anthropocene. Zu den ausgewiesenen Stellungnahmen der AWG zählen unter an-derem Jan A. Zalasiewicz u. a., Making the case for a formal Anthropocene Epoch. An ana-lysis of ongoing critiques, in: Newsletters on Stratigraphy 50, 2017, H. 2, 205–226; ders. u. a., A formal Anthropocene is compatible. Zum genauen Verlauf des Periodisierungsdiskurses siehe Kap. 4.1

74 Jan A. Zalasiewicz, Leicester 20.06.2017.

3.3 Das Anthropozän als Herausforderung geowissenschaftlicher Evidenzproduktion

Die Zusammenarbeit in dieser neuartigen Konstellation ist laut Aussage der befragten Mitglieder weitestgehend von Kooperation geprägt. Dissens existiert, wird aber aufgrund seiner inhärenten dynamisierenden Wirkung von den Befragten als wichtig und erkenntnisfördernd erachtet. Auch personelle Verschiebungen und die in Abhängigkeit von auftretenden Expertiselücken stetige Öffnung gegenüber weiteren disziplinären Perspektiven entfalten laut der AWG eine anregende Wirkung auf den Arbeitsprozess. Interessant ist insbesondere, dass sich die wissenschaftliche Meinung bestimmter Personen durch die mehrperspektivisch ergänzte stratigraphische Untersuchung des Anthropozäns in dem von Zalasiewicz gestalteten Setting über den Bestehenszeitraum der Arbeitsgruppe hinweg gewandelt hat. Exemplarisch stehen hierfür Philip Gibbard und Martin Head: Während Gibbard, der als damaliger Vorsitzender der SQS Zalasiewicz 2009 mit der Bildung der Arbeitsgruppe betraute, gegenüber der Ratifizierung des Anthropozäns als neuer geochronologischer Epoche über die Zeit skeptischer geworden ist, zeichnet sich bei Head, mittlerweile amtierender Vorsitzender der SQS, eine gegenläufige Tendenz ab: War er noch bis Anfang 2016 gegen die Formalisierung des Anthropozäns, wurde er im Laufe des Jahres selbst Mitglied der Working Group.[75] Sein Engagement geht mittlerweile so weit, dass er bei dem Meeting in Mainz im September 2018 einen eigenen GSSP-Vorschlag stark machte und seither der AWG in strategischer Hinsicht mit Rat und Tat zur Seite steht.[76] Und auch Gibbard positioniert sich seit 2018 wieder zugunsten einer

---

75 Martin J. Head, The Anthropocene: A Cultural Revolution or Legitimate Unit of Geological Time? Tokio 29.–31.01.2016 (Museums in the Anthropocene. Toward the History of Humankind within Biosphere & Technosphere. National Museum of Nature and Science).

76 Trotz zunehmender Skepsis gegenüber dem Anthropozän als formalem geologischem Zeitabschnitt bleibt Philip Gibbard Mitglied der AWG. Vgl. dazu die Berichte und Newsletter der AWG aus den Jahren 2009 bis 2018. Zur spektischer werdenden Sichtweise Gibbards vgl. u.a. Walker, Gibbard, Lowe, Comment on »When did the Anthropocene begin?«; Philip L. Gibbard, Mike Walker, The term ›Anthropocene‹ in the context of formal geological classification, in: Waters u.a. (Hrsg.), A Stratigraphical Basis for the Anthropocene?, 29–37. Zum sich abzeichnenden Meinungswandel Gibbards vgl. Matt Edgeworth u.a., The chronostratigraphic method is unsuitable for determining the start of the Anthropocene, in: Progress in Physical Geography 43, 2019, H. 3, 334–344; Martin J. Head, Philip L. Gibbard, Formal subdivision of the Quaternary System/Period. Past, present, and future, in: Quaternary International 383, 2015, 4–35; Gibbard, Lewin, Partitioning the Quaternary. – Martin Head wird im Jahr 2016 Mitglied der AWG, davor positionierte auch er sich skeptisch gegenüber dem Anthropozän; vgl. dazu etwa Head, Gibbard, Formal subdivision of the Quaternary System/Period. Das verändert sich in den letzten Jahren; vgl. etwa Zalasiewicz u.a., The Working Group on the Anthropocene; ders. u.a., Making the case for a formal Anthropocene Epoch; Mark W. Williams u.a., Fossils as Markers of Geological Boundaries, in: Zalasiewicz u.a. (Hrsg.), The Anthropocene as a Geological Time Unit, 110–115; Damianos, Waters, Minutes.

Ratifizierung.[77] Dies kann als Beleg dafür gewertet werden, dass die Integration disziplinspezifischer Evidenzpraktiken unterschiedlicher Fachrichtungen eine Öffnung im bis dato strikt disziplinären methodischen Denken bestimmter Personen bewirkt hat, die sich in einer Auflösung etablierter Herstellungs- und Darstellungsmodi von Evidenz niederschlägt. So fordert kein anderer als Gibbard eine Anpassung der stratigraphischen Methode, die sich aus der – insbesondere vor dem Hintergrund der hochauflösenden Technostratigraphie – aus geologischer Sicht veränderten Betrachtung von Zeit ergebe, wenn er schreibt:

»Chronostratigraphers of the AWG assume that their methodology should remain the same no matter whether applied to evidence in the recent past or to that of hundreds of millions of years ago. But this assumption is questioned here. If the method is to be usefully applied on timescales similar to those of human history, its focus should be adjusted to take account of close proximity in time. […] There has been a huge shift in the timescale of chronostratigraphic observations from deep geological time to the much shallower time-frames used by archaeologists, historians, ecologists, geographers and other scholars investigating the dynamics of recent times, without any corresponding shift in methodological focus.«[78]

Veränderung des Spektrums geologischer Zeitlichkeit

Primäres Ziel der AWG ist die Integration des Anthropozäns in die Geologische Zeitskala. Im Kapitel zur Geschichte stratigraphischer Entscheidungen haben wir gesehen, dass die Praxis geochronologischer Zeiteinteilung auf einem spezifischen Temporalitätsverständnis und festgelegten methodischen Kriterien gründet. Im Anthropozän fließen die drei Kategorien der geologischen, archäologischen und historischen Zeitdimension zusammen, was per se einen Öffnungs- beziehungsweise Einschließungsprozess auf konzeptioneller Ebene bedeutet, zugleich aber zu konfligierenden Auseinandersetzungsprozessen um die Deutungshoheit in Bezug auf die abstrakte Kategorie Zeit führt: »He accused me and another geologist of stealing time«, bringt Jan Zalasiewicz die konfliktbehaftete Konstellation auf den Punkt. Trotz aller Unterschiedlichkeit lassen sich für die drei Zeitdimensionen auch Schnittmengen identifizieren, deren Signi-

---

77 Vgl. exemplarisch Anthropocene Working Group (AWG) Meeting, Mainz 06.09.2018–07.09.2018, (Max-Planck-Institut für Chemie).

78 Edgeworth u. a., The chronostratigraphic method is unsuitable, 338–339. Auch die Publikationen des Geologen Valentí Rull verweisen auf ein durch die Verhandlung des Anthropozäns angestoßenes Umdenken in Bezug auf die etablierte stratigraphische Methodik; vgl. dazu Valentí Rull, The »Anthropocene«. Neglects, misconceptions, and possible futures: The term »Anthropocene« is often erroneously used, as it is not formally defined yet, in: EMBO reports 18, 2017, H. 7, 1056–1060; ders., What If the ›Anthropocene‹ Is Not Formalized as a New Geological Series/Epoch?, in: Quaternary 1, 2018, H. 3, Art. 24.

fikanz in Bezug darauf, dem Anthropozänkonzept sinnstiftend beizukommen, nicht zu unterschätzen ist.

Welchen Kriterien geologische Zeit im Evidenzproduktionsprozess entsprechen muss, hat das Kap. 1 beschrieben. Geologische Zeitlichkeit zeichnet sich nicht nur durch ihre tiefenzeitliche Dimension, sondern auch durch ihre Räumlichkeit und damit Materialität aus. Das Anthropozän, das »thinner than a century« ist,[79] konfrontiert die Geologie nun mit einer ungekannten Immaterialität – »I think the Epoch is probably almost immaterial« – und stellt damit die geologische Konstruktion von Zeit auf den Prüfstand.[80]

Die Archäologie befindet sich, was ihre zeitliche Ausrichtung angeht, zwischen geologischem und historischem Temporalitätsverständnis. Wenn auch im räumlichen Sinne deutlich weniger ausgedehnt, zeichnet sich archäologische Zeit analog zu geologischer Zeit ebenfalls durch Materialität aus und präsentiert sich in Schichten. So übernahm die archäologische Stratigraphie in den 1970er-Jahren »the Law of Superposition, from geology and applied it in a general way to answer the central question of relative time«.[81] Die archäologische Materialität manifestiert sich im Gegensatz zur geologischen jedoch ausschließlich in materiellen Hinterlassenschaften des Menschen. Das Ziel der Archäologie besteht folglich nicht darin, Aufschluss über erdsystemischen Wandel zu geben, sondern in der Erforschung der kulturellen Entwicklung der Menschheit mithilfe geistes- sowie naturwissenschaftlicher Methoden.[82] Während die Materialität von Zeit eine Verbindung zur Geologie herstellt, bezeugt die Intention der Disziplin Ähnlichkeiten zur Geschichtswissenschaft. Archäologen fokussieren sich im Gegensatz zu Geologen auf eine diachrone Betrachtung von Zeit. Mark Williams wirft daher die berechtigte Frage auf, ob die sich stratigraphisch gut eignende Grenze für den Beginn des Anthropozäns Mitte des 20. Jahrhunderts und damit die stratigraphische Definition des Anthropozäns einen Nutzen für die Archäologen haben könne.[83] Die Archäologie interessiert sich für die kulturelle Seite der Dinge. Während die stratigraphische Untersuchung des Anthropozäns einen stratigraphisch isochronen Zustand des Planeten ergeben hat, befinden sich bestimmte Teile des Planeten aus archäologischer Sicht in einer noch deutlich früheren kulturellen Entwicklungsphase als hochentwickelte Länder. Das hat zur Folge, dass Archäologen etwa im Periodisierungsdiskurs

79 Interview mit A3*, 15.11.2017.

80 Jan A. Zalasiewicz, Leicester 20.06.2017.

81 Edward C. Harris, Archaeological Stratigraphy: A Paradigm for the Anthropocene, in: Journal of Contemporary Archaeology 1, 2014, H. 1, 105–109, hier: 105; vgl. dazu außerdem ders., Principles of Archaeological Stratigraphy. London ²1989.

82 Kathryn A. Catlin, Archaeology for the Anthropocene. Scale, soil, and the settlement of Iceland, in: Anthropocene 15, 2016, 13–21; Geoff Bailey, Time perspectives, palimpsests and the archaeology of time, in: Journal of Anthropological Archaeology 26, 2007, H. 2, 198–223.

83 Mark W. Williams, Leicester 20.06.2017.

bestimmte Entwicklungen wie diejenige des frühen Landwirtschaftssystems in Eurasien für definitionsentscheidend befinden. Deren Relevanz für die Entwicklung der menschlichen Handlungsmacht nimmt die Geologie durchaus zur Kenntnis. In stratigraphischer Perspektive sind diese in definitionstragender Hinsicht dennoch nicht beachtenswert, da sie keine planetaren erdsystemischen Veränderungen markieren:[84] »[It's] a different thing defined in a different way looked at through a different prism«, betont Jan Zalasiewicz.[85]

Innerhalb der AWG bahnt sich ein spannungsgeladener Aushandlungsprozess an, der die scheinbare Inkompatibilität der archäologischen und geologischen Temporalitätsdimension explizit macht: »[T]here have been long debates with archaeological colleagues who have different attitudes to time and material things«.[86] Dies bedeutet nicht, dass die je etablierten Evidenzpraktiken unverändert fortbestehen. Matt Edgeworth, der als Archäologe Mitglied der AWG ist, stößt im Jahr 2014 mit der Frage, »[w]hat roles might archaeology play in formulating, substantiating, challenging, dating, critiquing, investigating or reworking the idea of the anthropocene?«, beispielsweise eine innerarchäologische Diskussion darüber an, was das Anthropozän für die Methodik der eigenen Disziplin bedeute.[87]

Zwar bleibt die AWG letztlich ihrem eigenen Zeitverständnis verhaftet, und vor dem Hintergrund der verstärkten Rückbesinnung auf stratigraphische Kriterien nach Kapstadt 2016 ist teils eine Restabilisierung etablierter stratigraphischer Evidenzpraktiken festzustellen. Die Tatsache, dass diesem Restabilisierungsprozess aber öffnende und durch den aktiven Aushandlungsprozess mit der Archäologie und der Geschichtswissenschaft angestoßene destabilisierende Momente vorausgingen – also ein von neuen Praktiken getragener Evidenzgenerierungs- und Evidenzsicherungsprozess –, führte zu einer Grenzverwischung, die nachhaltige Veränderungen geowissenschaftlicher Evidenzpraktiken erwarten lässt.[88] Öffnung entspricht einer Destabilisierung der eigenen Praktiken im positiven Sinne: Indem die beteiligten Akteure beginnen, über die Sinnhaftigkeit der etablierten Praktiken, Überlappungen mit fachfremden Evidenzpraktiken

---

84 Ruddiman, The Anthropogenic Greenhouse Era Began Thousands of Years Ago; ders. u. a., Holocene carbon emissions as a result of anthropogenic land cover change, in: The Holocene 21, 2011, H. 5, 775–791; ders, The Anthropocene; ders. u. a., Does pre-industrial warming double the anthropogenic total?; ders., Geographic evidence of the early anthropogenic hypothesis; ders., Reply to Anthropocene Working Group responses. – Zur Stellungnahme der AWG vgl. Zalasiewicz u. a., When did the Anthropocene begin?; ders. u. a., A formal Anthropocene is compatible.

85 Jan A. Zalasiewicz, Leicester 20.06.2017. Siehe näher dazu Kap. 4.1.

86 Jan A. Zalasiewicz, Leicester 20.06.2017.

87 Matt Edgeworth, Introduction, in: Journal of Contemporary Archaeology 1, 2014, H. 1, 73–77, hier: 76. Zur Diskussion dieser Frage siehe das gesamte erste Heft des *Journal of Contemporary Archaeology* aus dem Jahr 2014.

88 Vgl. exemplarisch Edgeworth u. a., The chronostratigraphic method is unsuitable.

und Möglichkeiten der Zusammenführung nachzudenken, sind die konstatierte Öffnung und damit auch die Destabilisierung selbst als neu zum Einsatz kommende Evidenzpraktiken zu verstehen – selbst, wenn es letztlich zu einer Restabilisierung kommt.

Die historische Zeitdimension komplettiert das Trio der in der Arbeitsgruppe vertretenen Disziplinen, die als Expertinnen für Zeitlichkeit gelten. Das historische Temporalitätsverständnis unterscheidet sich nicht allein hinsichtlich seines zeitlichen Fassungsvermögens von dem der Geologie und Archäologie. Die Geschichtswissenschaft gilt gemeinhin als Expertin für Menschheitsgeschichte und folgt damit einer völlig anderen Logik jenseits materiell verräumlichter Zeitschichten. Dinge, die Historiker für interessant befinden, sind für Geologen gemeinhin völlig irrelevant, weil sie für die Geologische Zeitskala bedeutungslos sind. In den Worten von Jan Zalasiewicz: »[C]ompare the scale of earth history and that, then humans are a little passing blip«.[89] Zudem unterscheiden sich die geologische Entscheidungspraxis einerseits und der historische Deutungsprozess andererseits grundlegend voneinander: Der geowissenschaftliche Abstimmungsprozess, der Eindeutigkeit suggeriert, und geschichtswissenschaftliche Interpretation, die Vieldeutigkeit bedeutet, stehen sich dabei diametral gegenüber.

Die methodischen Unterschiede, die im innerhalb der AWG stattfindenden Auseinandersetzungsprozess um Fragen der Zeiteinteilung wiederholt zutage treten und immer wieder Ausgangspunkt für Diskussionen sind, beschreibt John McNeill wie folgt:

»I am consistently amused by the radically different procedures that historians operate by and geologists operate by. [...] [G]eologists have formal procedures and [compared to a historian] you cannot simply say as a geologist that we're now in the Anthropocene.«[90]

In der Geschichte

»anybody can say anything about periodization [...]. We are content to let anarchy reign, and content to argue endlessly about proper intervals, and to recognize different intervals for different themes, different intervals for different parts of the world«.[91]

Aufgrund der mangelnden Vergleichbarkeit kann McNeill letztlich keine Inkompatibilität zwischen dem, was Geologen anstreben, und dem, worauf Historiker abzielen, erkennen. Das fundamental differierende Erkenntnisinteresse verlangt zwangsläufig unterschiedliche Methoden.[92] Doch auch, wenn sich die

---

89 Jan A. Zalasiewicz, Leicester 20.06.2017. Zum disziplinspezifischen methodischen Vorgehen der Geologie siehe die Ausführungen in Kap. 1.
90 John R. McNeill, Zagreb 30.06.2017.
91 John R. McNeill, Zagreb 30.06.2017.
92 Vgl. auch Colin N. Waters, Leicester 20.06.2017.

Bedeutungen des Konzepts multipliziert haben und mitunter stark voneinander abweichen, ist die gemeinsame Motivation geblieben: das Anthropozän zu verstehen und Evidenz zusammenzutragen für den durch anthropogenes Handeln verursachten erdsystemischen Wandel.

Die Untersuchung AWG-interner Strukturen und Prozesse hat gezeigt, dass die verschiedenen Zeitlichkeiten im Anthropozän auf neuartige, synergetische Weise zusammenlaufen und einen Transformationsprozess etablierter disziplinspezifischer Evidenzpraktiken anstoßen. Zwar zeigt der interdisziplinäre Aushandlungsprozess immer wieder Grenzen auf und führt eine scheinbare Inkompatibilität der unterschiedlichen Zeitlichkeitsmodelle vor Augen, was sich besonders in der inhaltlichen Analyse des Periodisierungsdiskurses manifestiert (vgl. Kap. 4.1). Jedoch ist es nicht Ziel vorliegender Arbeit, die Zeitlichkeitsdifferenzen zwischen den Disziplinen aufzulösen, um die je spezifischen Vorstellungen zu einer neuen Zeitlichkeit zu verbinden. Schließlich ist diese Spezifik durchaus fruchtbar und ermöglicht erst reiche und vielschichtige Forschungsergebnisse. Vielmehr hält das Anthropozän die betroffenen Disziplinen dazu an, in einen aktiven Austausch miteinander zu treten, fachfremde Denkansätze in die eigene Perspektive zu integrieren und mittels neuer, ergänzender Zeitlichkeitsmodelle neue Orientierungen zu ermöglichen, die das Anthropozän geradezu einfordert.

Die *Anthropocene Working Group* arbeitet letztlich nach stratigraphischen Kriterien. Dennoch verändern sich die dem klassischen geowissenschaftlichen Temporalitätsverständnis zugrundeliegenden Merkmale. Der von der AWG konsentierte Beginn des Anthropozäns in den 1950er-Jahren ist mit historischen Entwicklungen deckungsgleich: »[T]his potential boundary aligns with something that happened in human history as well as geological history. But I can't see why there's a problem here. Because we've got two concepts of the world that are in parallel.«[93] Die Analyse des Interviewmaterials sowie Beobachtungen auf dem Treffen der AWG im Jahr 2018 zeigen, dass diese historisch-geologische Interferenz durchaus willkommen geheißen und teilweise auch intendiert ist.[94] Über die bewusste Bezugnahme auf die historische Signifikanz der vorläufig konsentierten Periodisierung gelingt es geowissenschaftlichen Akteuren, fachfremdes Wissen als Ressource für ihr eigenes Argument zu mobilisieren.

Zudem vergleichen die befragten Mitglieder ebenso wie manche Geisteswissenschaftler das Anthropozän gerne mit der Renaissance und betonen in diesem Zusammenhang, dass das Anthropozän, selbst wenn es nicht formalisiert werde, bleiben und der Nachwelt tradiert werde, wozu die Geschichtswissenschaft einen

93 Colin N. Waters, Leicester 20.06.2017.
94 Vgl. exemplarisch Anthropocene Working Group (AWG) Meeting; John R. McNeill, Zagreb 30.06.2017; Mark W. Williams, Leicester 20.06.2017; Interview mit A4*, 02.12.2017; Interview mit A3*, 15.11.2017; Interview mit A1*, 08.05.2017; Jan A. Zalasiewicz, Leicester 20.06.2017.

wesentlichen Beitrag leisten könne.[95] Auch das stützt die in Kap. 1 formulierte These von der Transformation etablierter stratigraphischer Evidenzpraktiken, die sich mitunter im Bewusstsein der AWG für die gesellschaftliche Relevanz der Anthropozänthematik spiegelt.

Basierend auf den Untersuchungsergebnissen kann man für den Prozess der Evidenzherstellung gar von einer Historisierungstendenz der Geologie sprechen. Diese Tendenz manifestiert sich ganz konkret auf linguistischer Ebene. So beginnen Geologen, fachfremde Argumentationslinien als epistemische Ressource zu mobilisieren, wie das Treffen der AWG in Mainz gezeigt hat.[96] Historische Argumente fließen in stratigraphische Diskussionen ein und transformieren eingeübte Evidenzpraktiken, was im Gegenzug ein erhebliches Irritationspotential auslöst. So äußerte der aktuelle Präsident der *International Union of Geological Science*, Stanley Finney, jüngst vehemente Kritik am Einschluss geistes- und sozialwissenschaftlichen Wissens in die stratigraphische Entscheidungsfindung über das Anthropozän, befürchtete er doch letztlich gar eine *Entwissenschaftlichung* seiner Disziplin.[97] Trotz solcher Bedenken ist zu betonen, dass die Interdisziplinarität innerhalb der AWG in Bezug auf die Herstellungs- wie Darstellungsmodi von Evidenz selbst als Evidenzpraxis eingesetzt wird. Auch wenn Uneinigkeit herrscht, ob der AWG letztlich tatsächlich eine interdisziplinäre methodische Herangehensweise attestiert werden kann und die durch ihre interdisziplinäre Zusammensetzung verursachte Destabilisierung etablierter Wissensproduktionsmechanismen teilweise in eine (methodische) Restabilisierung mündet, kommt Interdisziplinarität dennoch (gezielt) zum Einsatz und wird dadurch selbst zu einer Evidenzpraxis.[98]

Im Gegensatz zu Lundershausen, der in seiner Untersuchung auf die AWG-internen Akteure beschränkt bleibt (vgl. Einleitung), können dieses und das folgende Kapitel belegen, dass sich stratigraphische Evidenzpraktiken mit der Anthropozändebatte durchaus verändern. Es sind Anzeichen erkennbar, dass

---

95 Zum Renaissance-Vergleich siehe u. a. Interview mit A1*, 08.05.2017; Interview mit B8, 26.03.2018; Finney, Edwards, The »Anthropocene« epoch; Warde, Robin, Sörlin, Stratigraphy for the Renaissance.

96 Damianos, Waters, Minutes. Anthropocene Working Group (AWG) meeting Max Planck Institute for Chemistry Mainz, Germany. 06/09/2018–07/09/2018.

97 Finney, Edwards, The »Anthropocene« epoch, 4.

98 Ein weiteres Beispiel für die gruppenintern funktionierende Interdisziplinarität bietet die Beteiligung des Paläobiologen Mark Williams, der seinen biodiversen Blick als Index für den Wandel in der Erdgeschichte innerhalb eines stratigraphischen Kontextes genutzt hat. Williams u. a., The Anthropocene biosphere; ders. u. a., The Anthropocene. A conspicuous stratigraphical signal of anthropogenic changes in production and consumption across the biosphere, in: Earth's Future 4, 2016, H. 3, 34–53; ders. u. a., The palaeontological record of the Anthropocene, in: Geology Today 34, 2018, H. 5, 188–193; Carys E. Bennett u. a., The broiler chicken as a signal of a human reconfigured biosphere, in: Royal Society Open Science 5, 2018, H. 12, 1–11; Jan A. Zalasiewicz, Leicester 20.06.2017.

der von der AWG praktizierten kooperativen Adressierung wissenschaftlicher Fragestellungen das Potential innewohnt, eine Umgestaltung disziplinärer Teilbereiche anzustoßen. Vor dem Hintergrund der hier durchgeführten Analyse ist ihr daher eine interdisziplinäre Herangehensweise zu attestieren.[99]

Inwieweit sich im Gegenzug auch für die Geschichtswissenschaft Veränderungen in den Evidenzpraktiken feststellen lassen, soll in den Kap. 5 zur *Debatte um das Anthropozän als kulturelles Konzept* und 6 zu *Evidenz geistes- und sozialwissenschaftlich gedacht* betrachtet werden. Der Historiker John McNeill stellt indessen heraus:

»I am interested in whether or not there is sufficient logic to understand the Anthropocene as a period of human history in addition to understanding it as an interval in Earth history. And it's quite possible they should be recognized as both. It's quite possible they should be recognized as one and not the other. And if it is possible that they should be recognized as both, it's not necessarily the case, they should be identical.«[100]

Die Zukunft als Gretchenfrage

Ein weiteres Charakteristikum, das die Disziplinen der Geologie, Archäologie und Geschichtswissenschaft verbindet, ist, dass sich ihr Erkenntnisinteresse ausschließlich auf die Erschließung der Vergangenheit richtet. Das temporal Neuartige des Anthropozäns als möglicher geologischer Epoche liegt folglich nicht allein in dessen Kürze (vgl. Kap. 1.4), sondern vielmehr auch in dessen Zukunftsdimension begründet. Das Anthropozän hat – sofern es formalisiert wird – gerade erst begonnen. Sein wahres Gesicht wird es erst in der Zukunft zeigen. Ausgeschlossen aber ist, die Zukunft zur geowissenschaftlichen Evidenzproduktion heranzuziehen. Zalasiewicz betont, »technically, [regarding] the definition work, we don't take into account the future at all. [… I]n stratigraphy […] in the formal part of the work we have to say the future stops here, and all the evidence we consider stops here.«[101] Interessant in diesem Zitat ist die Wortwahl des Befragten. Denn erst diese macht offenkundig, dass die Mitglieder der AWG zwischen einem formalen, technischen und einem informellen Teil ihres Schaffens unterscheiden, was für eine stratigraphische Arbeitsgruppe ebenfalls eine Neuheit darstellt. Die Notwendigkeit einer solchen Differenzierung war für die dem Anthropozän vorgelagerten geologischen Zeitabschnitte aufgrund des mangelnden Interesses aus dem inter- und transdisziplinären Bereich und des

---

99 Zur hier zugrundliegenden Begriffsdefinition von Interdisziplinarität siehe die Ausführungen in der Einleitung.

100 John R. McNeill, Zagreb 30.06.2017.

101 Jan A. Zalasiewicz, Leicester 20.06.2017.

sich klar von den Themenfeldern anderer Disziplinen unterscheidenden Gegen-
stands bislang nicht gegeben.

Trotz der stratigraphischen Irrelevanz von Zukunft sieht sich die AWG vor
allem in ihrer aktiven Rolle in der inter- und transdisziplinären Verhandlung
des Konzepts mit der Herausforderung konfrontiert, zu Zukunftsszenarien
unterschiedlichen Charakters Stellung zu nehmen.[102] Die Arbeitsgruppe steht
vor der Herausforderung, probabilistische Analysen in ihre Überlegungen einzubeziehen[103] – was die stratigraphische Community nicht gewohnt ist, schließlich
»we must still live in the past time, a long time in the past« – und zugleich einen
klaren Cut zu schaffen, wenn es um die konkrete geowissenschaftliche Evidenzproduktion geht.[104] Der momentane Konsens innerhalb der AWG ist, dass ein
geologischer Wandel stattgefunden hat, dessen Reichweite einer geologischen
Epoche entspricht. Als Basis der hierarchischen Verortung dient der Vergleich
zu anderen Ereignissen, die eine geologische Epochenschwelle markieren.[105]
Sollte dieser Wandel allerdings fortschreiten und es zu einem Biosphärenkollaps
kommen, entspräche das Anthropozän eher einer geologischen Ära.[106]

102 Vgl. beispielsweise Zalasiewicz, Freedman, The Earth after us; Adam Frank, Woodruff Sullivan, Sustainability and the astrobiological perspective. Framing human futures
in a planetary context, in: Anthropocene 5, 2014, 32–41; Jasper Knight, Anthropocene futures. People, resources and sustainability, in: The Anthropocene Review 2, 2015, H. 2, 152–158;
Frans Berkhout, Anthropocene Futures, in: The Anthropocene Review 1, 2014, H. 2, 154–159;
T. F. Thornton, Yadvinder Malhi, The Trickster in the Anthropocene, in: The Anthropocene
Review 3, 2016, H. 3, 201–204. Solche Zukunftsszenarien zeichnen sich nicht selten auch durch
ihre politische Brisanz aus.
103 Vgl. etwa Jeana L. Drake, Tali Mass, Paul G. Falkowski, The evolution and future of
carbonate precipitation in marine invertebrates. Witnessing extinction or documenting resilience in the Anthropocene?, in: Elementa. Science of the Anthropocene 2, 2014, Art. 26; Yves
Goddéris, Susan L. Brantley, Earthcasting the future Critical Zone, in: Elementa. Science of
the Anthropocene 1, 2013, Art. 19; Overpeck, u. a., Paleoclimatic Evidence for Future Ice-
Sheet Instability; Jonathan M. Winter, u. a., Representing water scarcity in future agricultural
assessments, in: Anthropocene 18, 2017, 15–26; Rockström u. a., Planetary Boundaries: Explo-
ring the Safe Operating Space for Humanity; Intergovernmental Panel on Climate Change,
Climate Change 2013. The Physical Science Basis. Working Group I Contribution to the Fifth
Assessment Report of the Intergovernmental Panel on Climate Change [Stocker, T. F; Qin, D;
Plattner, G.-K; Tignor, M; Allen, S. K; Boschung, J; Nauels, A; Xia, Y; Bex, V; Midgley, P. M.
(Hrsg.)]. Cambridge u. a. 2013, 953–1308. Zur Auseinandersetzung der AWG mit probabi-
listischen Analysen vgl. etwa Steffen u. a., Stratigraphic and Earth System approaches; Will
Steffen, Current and Projected Trends, in: Zalasiewicz u. a. (Hrsg.), The Anthropocene as a
Geological Time Unit, 260–266.
104 Jan A. Zalasiewicz, Leicester 20.06.2017.
105 Zalasiewicz, u. a., The Working Group on the Anthropocene; Waters, Zalasiewicz,
Head, Hierarchy of the Anthropocene; Jan A. Zalasiewicz, Colin N. Waters, Anthropocene –
Oxford Research Encyclopedia of Environmental Science. New York, Oxford 2015.
106 Williams u. a., The Anthropocene biosphere; Zalasiewicz u. a., The Working Group
on the Anthropocene; Williams u. a., Fossils as Markers of Geological Boundaries; Anthony
D. Barnosky u. a., Late Quaternary Extinctions, in: Zalasiewicz u. a. (Hrsg.), The Anthro-

Eine konkrete Veränderung im stratigraphischen Evidenzproduktionsprozess, der durch die Zukunftsdimension des Konzepts ausgelöst wird und die geowissenschaftliche Entscheidung letztlich unmittelbar beeinflusst, zeigt sich bei der Marker-Findung. Nie mussten die beteiligten Stratigraphen erwägen, ob der gewählte Marker, der die *lower boundary* festlegen soll, stabil sein und die zu definierende Epoche künftig spiegeln wird, denn die definierende *Series* war – mit Ausnahme der holozänen – stets vollständig. Anders beim Anthropozän, das in geologischer Perspektive quasi noch nicht existiert und damit Überlegungen zur langfristigen Nachweisbarkeit der definitionstragenden Signale notwendig macht. Als Beispiel kann hier erneut Plastik angeführt werden. Insofern als es isochron nachweisbar ist, würde es den im ISG festgelegten Markerkriterien entsprechen. Da es sich bei Plastik aber um eine neue Art von Material handelt, für das zum heutigen Zeitpunkt noch nicht genug Wissen vorliegt, um die Frage beantworten zu können, für welchen Zeitraum es geologisch nachweisbar sein wird, ist es als Primärmarker ungeeignet.[107] Dies ist nur ein Beispiel dafür, dass Zukunftsüberlegungen in den Evidenzproduktionsprozess der AWG einfließen. Zudem ergab die Interviewanalyse, dass es die AWG unter anderem deswegen für notwendig hält, sich gedanklich mit der Zukunft auseinanderzusetzen, da es andernfalls schwierig, um nicht zu sagen unmöglich ist, eine Grenze zu definieren, die zwei geologisch dimensionierte Zustände voneinander trennt.[108]

Zwar ist die *Anthropocene Working Group* organisch und ohne strategische Hintergründe entstanden und gewachsen. Seit dem IGC in Kapstadt 2016, auf dem von der breiteren geologischen Community eine durchaus positive Rückmeldung kam und deutlich wurde, dass es nun konkret um die GSSP-Findung

pocene as a Geological Time Unit, 115–119; Mark W. Williams u. a., The Biostratigraphic Signal of the Neobiota, in: ebd., 119–127; Williams u. a., The palaeontological record of the Anthropocene. – Der befürchtete Biosphärenkollaps ginge unter Umständen mit einem sechsten Massensterben einher. Bisher hat der Planet fünf Massensterben durchlaufen, wobei das letzte dasjenige der Dinosaurier war, welches auch den Übergang von Oberkreide zu Paläozän markiert. Wissenschaftler gehen auf Basis vorliegender Daten zum momentanen Biosphärenwandel davon aus, dass der Planet auf ein sechstes, vom Menschen angestoßenes Massensterben zusteuern könnte; vgl. dazu etwa Anthony D. Barnosky, Megafauna biomass tradeoff as a driver of Quaternary and future extinctions, in: PNAS 105, 2008, H. 1, 11543–11548; ders. u. a., Has the Earth's sixth mass extinction already arrived?; Gerardo Ceballos u. a., Accelerated modern human-induced species losses. Entering the sixth mass extinction, in: Science Advances 1, 2015, H. 5, 1–5; Bacon, Swindles, Could a potential Anthropocene mass extinction define a new geological period?

107 Reinhold Leinfelder, Juliana Assunção Ivar do Sul, The Stratigraphy of Plastics and Their Preservation in Geological Records, in: Zalasiewicz u. a. (Hrsg.), The Anthropocene as a Geological Time Unit, 147–155; Zalasiewicz u. a., The geological cycle of plastics; Waters u. a., Global Boundary Stratotype Section and Point (GSSP) for the Anthropocene Series, 19–20.

108 Mark W. Williams, Leicester 20.06.2017.

und damit eindeutige stratigraphische Evidenz geht, hat insofern ein Wandel stattgefunden, als sich die AWG seither der Notwendigkeit gegenübersieht, zumindest eine kleine Nuance an Strategie walten zu lassen. Fortan geht es um die konkrete GSSP-Findung. Das bedeutet, dass die Gruppe unter Umständen in den nächsten Jahren einen formalen Vorschlag zur offiziellen Ratifizierung des Anthropozäns als neuer geologischer Epoche einreichen wird. Die momentane personelle Besetzung der abstimmungsberechtigten geowissenschaftlichen Instanzen und deren Einstellung zum Anthropozän als geologische Epoche spricht dafür, diesen Schritt in möglichst naher Zukunft zu gehen. Um die Chance auf die formale Anerkennung des Anthropozäns als geologische Epoche zu erhöhen, ist die AWG nun bestrebt, die Leitenden der *Subcommission on Quaternary Stratigraphy* und der *International Commission on Stratigraphy* sowie Vertreter der *International Union of Geological Sciences* in ihren Arbeitsprozess einzubeziehen, letztlich mit dem Ziel, die Konsensfindung im Bereich der Geowissenschaften zu erleichtern. So sieht das Programm für 2018 vor, »[to] [f]inalize ideas about best strategy for initial communication to SQS and ICS; potential involvement of members of both bodies in future AWG meetings«.[109] Vor diesem Hintergrund sind auch die Bemühungen um den amtierenden Vorsitzenden der SQS, Martin Head, zu sehen, der seit 2016 Mitglied der Arbeitsgruppe ist und sich seitdem neben seinem inhaltlichen Beitrag besonders hinsichtlich strategischer und formeller Fragen als sehr hilfreich erweist. Das Jahr 2016 fungiert also nicht allein als Schließungsmoment, was die Öffnungsbereitschaft der AWG in methodischer Hinsicht betrifft, sondern manifestiert sich ferner in dem beschriebenen Versuch, Fachkollegen in den Arbeitsprozess einzubeziehen. So wird die in der breiteren Debatte als Ausschließung wahrgenommene Rückbesinnung auf stratigraphische Prinzipien von einem von Teilen der geologischen Community als Restabilisierung wahrgenommenem Einschließungsprozess auf innerstratigraphischer Ebene begleitet.[110]

Diese innerstratigraphische Schließungstendenz spiegelt sich auf der breiteren Debattenebene in vereinzelten Bündelungsversuchen, die unter anderem eine Konsequenz des informell relativ abgeschlossenen Periodisierungsdiskurses dar-

109 Waters, Zalasiewicz, Newsletter of the Anthropocene Working Group. Volume 7: Report of activities 2016–17, 30.

110 Bemerkenswerterweise beginnen sich jüngst einige Geowissenschaftler, die nicht Mitglied der AWG sind, mit der Frage auseinanderzusetzen, was mit dem geologischen *und* dem geistes- und sozialwissenschaftlichen Anthropozän passiert, sofern es nicht ratifiziert wird. Auch Nic Bilham, der lange Leiter der Abteilung für Strategie und externe Beziehung der Londoner Geologischen Gesellschaft war, gehört zu diesem Personenkreis. Die Zeitschrift *Quaternary* widmet dieser Frage 2018/2019 ein *Special Issue*; vgl. Rull, What If the ›Anthropocene‹ Is Not Formalized; Martin Bohle, Nic Bilham, The ›Anthropocene Proposal‹: A Possible Quandary and A Work-Around, in: Quaternary 2, 2019, H. 2, Art. 19.

stellen (näher dazu vgl. Kap. 4.1). So wurde im Jahr 2018 eine Enzyklopädie des Anthropozäns als epistemische Zwischenbilanz herausgegeben. Die das Konzept als solches in Frage stellenden Stimmen werden leiser.[111]

3.4 Die Rolle der Anthropocene Working Group in der Debatte um das Anthropozän

Die Befragung gruppenexterner Akteure der Anthropozändebatte ergab in Bezug auf die Stellung der AWG in der breiteren Debatte sowie die Signifikanz von ihr publizierter Ergebnisse ein durchmischtes Bild. Zwar betonen sowohl ein Teil der befragten gruppenexternen natur-, geistes- und sozialwissenschaftlichen Akteure der Debatte als auch die befragten AWG-Mitglieder die Bedeutsamkeit einer multiperspektivischen Auseinandersetzung mit dem Anthropozän. Zugleich aber besteht eine Marginalisierungstendenz fachfremder Ansätze im Sinne einer *Ja, aber*-Argumentation, die dazu dient, die eigene Perspektive zu bekräftigen. Stärker als in der AWG, die Vertreter geistes- und sozialwissenschaftlicher Disziplinen in die stratigraphische Untersuchung integriert hat und damit die Relevanz sich von der rein stratigraphischen Untersuchung des Konzepts weg bewegender anthropozäner Diskurse anerkennt – auch wenn diese im Hinblick auf das übergeordnete Ziel der Ratifizierung des Anthropozäns als geologischen Zeitabschnitt nur eine begrenzte Rolle spielen können –, tritt diese Tendenz innerhalb geistes- und sozialwissenschaftlicher Diskurse zu Tage. Allein aufgrund der Zusammensetzung der Arbeitsgruppe und dem daraus resultierenden Sachverhalt, dass einzelne Mitglieder aktiver Teil geistes- und sozialwissenschaftlicher Diskussionen um das Anthropozän sind, hat die AWG einen relativ guten Überblick über und Einblick in anthropozäne Debatten, welche die eigene geowissenschaftliche Perspektive übersteigen. Die AWG betont wiederholt ihre ureigene Aufgabe – nämlich, dass es ihr um das stratigraphische Anthropozän gehe. Sie sieht sich folglich für dieses spezielle Anliegen als zentral, weiß aber um ihre Begrenztheit in Bezug auf darüber hinaus gehende Debatten. Dennoch stehen die AWG als Gruppe sowie einzelne Mitglieder in aktivem Austausch nicht nur mit Vertretern verschiedener Disziplinen, sondern auch mit Künstlern und außerwissenschaftlichen Bildungseinrichtungen und werden in ihren Evidenzpraktiken in einer Art Rückkoppelungsschleife davon beeinflusst.

Einige der befragten Gruppenexternen hingegen sind kaum in der Lage, zu Zielen und Vorgehensweise der AWG Stellung zu nehmen, kennen die Originalartikel nicht und formulieren wiederholt die Irrelevanz der Untersuchung

---

111 Dominick A. DellaSala, Michael I. Goldstein (Hrsg.), Encyclopedia of the Anthropocene. 5 Bde. Oxford 2018.

stratigraphischer Fragestellungen für das eigene Anliegen.[112] In ihren Argumentationen aber beziehen sie sich häufig auf Basis von Sekundärliteratur trotz der postulierten Irrelevanz auf Aussagen und das Vorgehen der AWG. Dies führt zu Missverständnissen, die denjenigen an der Schnittstelle von Wissenschaft und Öffentlichkeit infolge inhaltlicher Transformationen durch medieninhärente Logiken ähneln.[113]

Geisteswissenschaftliche Auseinandersetzung mit dem Konzept – egal mit welcher der multiplen Bedeutungen – bedarf einer gewissen Grundkenntnis von dessen naturwissenschaftlicher Bedeutung. Wie das Kapitel zur präinstitutionellen Phase der Debatte gezeigt hat, erwuchsen die einzelnen geistes- und sozialwissenschaftlichen Subdiskurse um das Anthropozän aus der erdsystemwissenschaftlichen Ursprungsthese und entspringen bis heute einer vom geowissenschaftlichen Aushandlungsprozess angestoßenen Dynamik. Gerade deshalb darf eine Beschäftigung mit dem Anthropozän – unabhängig aus welcher Perspektive – einer Auseinandersetzung mit dessen erdsystemwissenschaftlichem Ursprung, dessen Weiterentwicklung zu einem geologischen Konzept und konsequenterweise mit der AWG nicht entbehren. Nur so kann der Herausforderung begegnet werden, eine gemeinsame Sprache zu finden. Das Anthropozän fordert neue Wege innerwissenschaftlicher Kommunikation – von beiden Seiten. Eine wahrhaft inter- und transdisziplinäre Erschließung der Thematik kann nur funktionieren, sofern alle Beteiligten von derselben Sache sprechen und nicht nur in der Lage sind, zwischen den verschiedenen Bedeutungen des Anthropozänkonzepts zu differenzieren, sondern die jeweils fremde Interpretation zu akzeptieren, um sich dann dazu zu positionieren.[114]

Die von geistes- und sozialwissenschaftlicher Seite punktuell postulierte Irrelevanz der AWG lässt sich so nicht bestätigen, denn implizit wirken die von der Arbeitsgruppe publizierten Ergebnisse einerseits und die geologische Dimension des Anthropozäns andererseits auch verändernd auf geistes- und sozialwissenschaftliche Evidenzpraktiken ein (vgl. Kap. 6).

Die Interviewanalyse ergab, dass sowohl die AWG-Mitglieder selbst als auch die befragten Nicht-Mitglieder die AWG in Bezug auf die Gesamtdebatte für weniger zentral halten, als es die systematische Betrachtung des vorhandenen Literaturkorpus' zum Thema zeigt. Die durchgängigen Verweise und Bezug-

---

112 Interview mit B4, 12.03.2018; Interview mit B8, 26.03.2018; Lise Sedrez, Zagreb 30.06.2017; Interview mit B7, 28.07.2017; Interview mit B6, 25.02.2018.
113 Zu den Logiken des medialen Systems vgl. exemplarisch Axel Bruns u. a. (Hrsg.), The Routledge Companion to Social Media and Politics. New York 2016; José van Dijck, Thomas Poell, Understanding Social Media Logic, in: Media and Communication 1, 2013, H. 1, 2–14; David L. Altheide, Robert P. Snow, Media Worlds in the Postjournalism Era. New York 1991.
114 Vgl. dazu auch Renn, The Globalization of Knowledge in History; ders., The Evolution of Knowledge.

nahmen auf zentrale Artikel und Thesen der Debatte um das Anthropozän als geologisches Konzept belegen dies.

Der Einsatz von Netzwerkanalyse bietet die Möglichkeit, eine ergänzende Perspektive auf den beleuchteten Untersuchungsgegenstand zu werfen und große Datenmengen in komprimierter Form zu visualisieren. Unerlässlich ist es dabei, sich der Fallstricke der Methode stets bewusst zu sein. Als Datenbasis für die folgende Analyse dienten die seit 2013/2014 existierenden Anthropozänzeitschriften *Elementa. Science of the Anthropocene*, *Anthropocene* und *The Anthropocene Review*, welche die zentralen Diskussionsfelder der gesamten Debatte um das Anthropozän spiegeln und die unterschiedlichen Subdiskursstränge in sich vereinen.

Die untenstehende Abbildung wurde mithilfe des Netzwerkanalyseprogramms *Gephi* erstellt. Studierende der Technischen Universität Compiègne entwickelten dieses Programm vor gut zehn Jahren. Im wissenschaftlichen und journalistischen Bereich wird es seither vielfach als Visualisierungsinstrument eingesetzt.[115] Grundlage für die hier vorgenommene Visualisierung war die systematische Durchsicht der drei genannten Zeitschriften für den Zeitraum von 2013/14 bis Ende 2018. *Elementa. Science of the Anthropocene* findet sich in der Abbildung blau kodiert, *Anthropocene* grün kodiert und *The Anthropocene Review* pink kodiert. Alle drei Zeitschriften haben sich einer inter- und transdisziplinären Annäherung an die anthropozäne Thematik verschrieben, auch wenn eine vergleichende inhaltliche Analyse ergeben hat, dass die geistes- und sozialwissenschaftlichen Beiträge der *The Anthropocene Review* die in *Elementa* und *Anthropocene* zu verzeichnenden Anteile deutlich übersteigen.

Gephi erstellt Graphen unter Anwendung ausgewählter Algorithmen, die nach dem Zufallsprinzip verfahren. Der Graph in Abb. 13 wurde mit dem Algorithmus *Fruchterman Reingold* erstellt.[116] Die Kanten, welche die einzelnen Knoten miteinander verknüpfen, weisen je nach zugrundeliegendem Datensatz auf Zusammenhänge unterschiedlichen Charakters hin. Dabei gilt es zu beachten, dass die Knoten nicht deterministisch angelegt und nur in Relation zueinander interpretierbar sind. Die variable Kantendicke gibt in diesem Fall Aufschluss über die Publikationshäufigkeit der einzelnen Autoren in den verschiedenen Journals. Der Graph bildet die Gesamtheit der Autoren der drei genannten Zeitschriften für den Zeitraum von 2013 bis 2018 ab. Autoren, die nicht Mitglieder der AWG sind, finden sich grau kodiert wieder, während die Mitglieder der Arbeitsgruppe rot kodiert sind. Mehrfachverbindungen einzelner Autoren-Knotenpunkte zeigen, dass diese in mehr als einer der drei Zeitschriften publiziert haben.

---

115 Vgl. exemplarisch Luciano da F. Costa u.a. (Hrsg.), Complex Networks. Second International Workshop, CompleNet 2010, Rio de Janeiro, Brazil, October 13–15, 2010, Revised Selected Papers. Berlin, Heidelberg 2011.

116 Vgl. dazu Thomas M. J. Fruchterman, Edward M. Reingold, Graph Drawing by Force-directed Placement, in: Software – Practice and Experience 21, 1991, H. 11, 1129–1164.

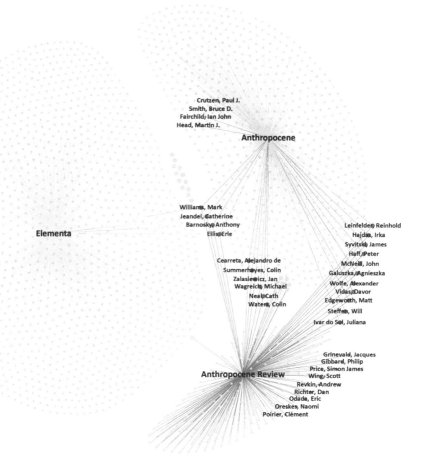

Abb. 13: Sämtliche Autoren der Zeitschriften *The Anthropocene Review, Anthropocene* und *Elementa. Science of the Anthropocene* bis Ende 2018. Die Autoren, die Mitglieder der AWG sind, sind rot kodiert. Alle anderen Autoren sind grau kodiert, Quelle: Fabienne Will.

Der Graph differenziert ausschließlich nach Zeitschriften. Dabei zeigt sich einerseits, dass das am stärksten naturwissenschaftlich ausgerichtete Journal *Elementa* relativ losgelöst von den beiden anderen beachteten Zeitschriften steht. Abzulesen ist das an der kaum vorhandenen journalübergreifenden Autorenschaft derjenigen Personen, die in *Elementa* publizieren. *Anthropocene* und *The Anthropocene Review* hingegen finden sich über Mehrfachautorenschaft deutlich stärker miteinander verwoben, was die offenere inhaltliche Ausrichtung der beiden Zeitschriften bestätigt. *Elementa* besticht währenddessen primär durch spezifische Fallstudien zu naturwissenschaftlichen Phänomenen, die das Anthropozän beschreiben.

Zudem zeigt der Graph, dass es sich bei den zeitschriftenübergreifend Publizierenden zu einem Großteil um AWG-Mitglieder handelt, wobei die AWG als geowissenschaftliches Gremium in *The Anthropocene Review*, der besonders interdisziplinär ausgerichteten der beachteten Zeitschriften, am stärksten repräsentiert ist. Beides lässt nicht zuletzt auf das Bemühen der Arbeitsgruppe schließen, die eigens auferlegte Forderung nach Interdisziplinarität und aktivem Austausch mit geistes- und sozialwissenschaftlichen Disziplinen zu erfüllen.

Es versteht sich von selbst, dass die hier in ergänzender Perspektive durchgeführte Teilanalyse nicht für sich stehend aussagekräftig ist. In Anbetracht der bereits erfolgten Untersuchung aber dient sie als Hintergrundfolie zur Überprüfung von auf breiterer Quellenbasis basierenden Annahmen.

4. Evidenz geowissenschaftlich gedacht

Der folgende Abschnitt wird die Annahmen in Bezug auf die Transformation etablierter geowissenschaftlicher Evidenzpraktiken anhand dreier, für die Debatte um das Anthropozän als geowissenschaftliches Konzept zentraler Subdiskurse prüfen. Dabei zeigt sich eindrücklich, dass Öffnungsprozesse nicht zwangsläufig in einer Destabilisierung disziplinärer Praktiken resultieren. Vielmehr verstehen es Disziplinen häufig, die erfolgte Destabilisierung im Sinne einer Restabilisierung für sich zu nutzen.

Besonders die Analyse des Periodisierungsdiskurses illustriert, dass sich Ein- und Ausschließung als vielversprechende Evidenzpraktiken erweisen. Dabei zeichnet sich ein zirkulärer Mechanismus ab, der Dynamiken freisetzt und nicht ohne Auswirkungen auf etablierte Evidenzpraktiken bleibt. Was beispielsweise auf inhaltlicher Ebene als Einschließungsprozess gilt, kann auf Akteursebene als Ausschließung wahrgenommen werden. Für den Zeitraum von 2000 bis 2018, an dessen Ende der Subdiskurs um die Frage nach der Datierung des Anthropozäns zumindest informell weitestgehend abgeschlossen worden ist, lassen sich auf unterschiedlichen Ebenen mehrere Phasen der Öffnung und Schließung identifizieren. Ein- und Ausschluss entfalten dabei häufig eine de- oder restabilisierende Wirkung auf etablierte Evidenzpraktiken, formulierte Thesen, Disziplinen als solche oder auch einzelne Akteure der Debatte.

Der zweite hier behandelte Subdiskurs wird zeigen, dass auch in Diskussionen um technisch-stratigraphische Fragestellungen klassische Strukturen aufbrechen. Dieser adressiert einerseits die Frage nach geeigneten Primär- und Sekundärmarkern, über die das Anthropozän korreliert werden kann. Andererseits zählt dazu die Suche nach einem GSSP, der die gewählten definitionstragenden Marker (in Teilen) enthält und die geologische Zeiteinheit festsetzt. Das Provokationspotential des Anthropozäns manifestiert sich in diesem Falle vornehmlich in der Neuartigkeit verhandelter Marker, deren Existenz auf die durch anthropogenes Handeln angestoßene technologische Entwicklung (seit der Industriellen Revolution) zurückzuführen ist. Und genau diese Verknüpfung ist es, die Anschlussmöglichkeiten für eine geistes- und sozialwissenschaftliche Verhandlung selbst in diesem höchst spezifischen Diskurs schafft. Wie diese Grenzverwischung aussieht und inwieweit diese Öffnung destabilisierend auf die Praktiken geowissenschaftlicher Evidenzgenerierung wirkt, soll in vorliegendem Kapitel untersucht werden.

Der anthropozäneigene Diskurs um die Rolle von Technik in der geologischen wie historischen Vergangenheit, Gegenwart und Zukunft ist das dritte Diskussionsfeld, dem hier besondere Beachtung geschenkt werden soll. Es handelt sich dabei um denjenigen Teil der Debatte, der sich (am deutlichsten) an der Schnittstelle von dem Debattenstrang um das Anthropozän als geologisches Konzept einerseits und demjenigen um das Anthropozän als kulturelles Konzept andererseits bewegt. Diskussionen, die in diesem Feld zu Tage treten, sind höchst normativ aufgeladen. Das belegen nicht nur die kontroversen Auseinandersetzungen um den umstrittenen Einsatz von Techniken des Geoengineerings. Auch Peter Haffs Technosphären-Konzept oder Alf Hornborgs Technozän geben Anlass für die spannungsreiche Frage nach der Notwendigkeit einer neuen Art der Wissensproduktion.

Alle drei Felder thematisieren dabei implizit und explizit Herausforderungen, die sich aus dem Aufeinandertreffen unterschiedlicher Temporalitätsvorstellungen ergeben, die im Anthropozän zusammenlaufen. Wie dem begegnet werden kann und ob Materialität dabei eine Brücken- beziehungsweise Translationsfunktion einnehmen kann, wird vorliegendes Kapitel beleuchten.

4.1 Die Periodisierungsfrage

Zentrales Diskussionsfeld der Debatte um das Anthropozän als geologisches Konzept ist die Periodisierungsfrage. Chronologisch stellt der Periodisierungsdiskurs den am frühesten entstehenden und sich am frühesten ausdifferenzierenden Teilbereich der Anthropozändebatte dar. Zudem handelt es sich um denjenigen Debattenstrang, der sich als eine Art Metadiskurs präsentiert: Letztlich erwachsen alle anderen identifizierten Subdiskurse einzelnen, in der Periodisierungsdebatte verhandelten Aspekten. Die beteiligten Disziplinen halten verschiedene inhaltliche Teilaspekte für besonders relevant. Ausgehend von divergierenden Erkenntnisinteressen entwickelten sich die einzelnen Subdiskursstränge der Debatte, die einerseits für sich stehen, andererseits aber einen dynamischen und wechselseitigen Interaktionsmechanismus erkennen lassen. Nicht nur im Hinblick auf die Periodisierung veröffentlichte Ergebnisse wirken auf die jeweiligen Subdiskurse ein. Gleiches lässt sich für Denklinien und Untersuchungsergebnisse der anderen Subdiskursstränge belegen.

Abb. 2 (vgl. Einleitung) illustriert, dass sich die Debatte um das Anthropozän als geologisches Konzept in drei Phasen abspielt, die sich durch unterschiedliche Dynamiken auszeichnen. Da der Periodisierungsdiskurs für das Anthropozän als geologisches Konzept inhaltlich die zentrale Rolle einnimmt, sind dessen Phasen mit den konzeptuell übergeordneten Debattenphasen deckungsgleich. In der ersten, präinstitutionellen Debattenphase, in welcher der Kreis derjenigen, die sich explizit mit dem Anthropozän befassen, noch überschaubar ist, finden sich mit Paul Crutzen, William Ruddiman sowie einer erdsystemwissenschaftlichen Gruppe um Will Steffen die ersten Proponenten verschiedener

Periodisierungsvorschläge. Dieser Zeitraum mutet dabei als eine Art Ideensammlung an, was das Anthropozän bedeuten könne. In der zweiten Phase, die mit der Etablierung der AWG im Jahr 2009 beginnt, findet die Debatte um die geologische Periodisierung weitestgehend innerhalb der Arbeitsgruppe beziehungsweise in Aushandlung mit ihr statt und zeichnet sich durch Offenheit gegenüber nicht-stratigraphischen Ansätzen aus. Ab 2016 folgt die dritte Phase des Periodisierungsdiskurses, die bis zum heutigen Zeitpunkt andauert und als Schließungsphase zu bewerten ist. Wie bereits mehrfach erwähnt, fungiert der 35. Internationale Geologische Kongress in Kapstadt dabei als Schlüsselmoment. Vorliegendes Kapitel zeigt, dass die in Kapstadt angestoßene Schließung des Periodisierungsdiskurses im Zeichen stratigraphischer Prinzipien durch weitere Ereignisse verstärkt wird. Da der Fokus auf der Frage nach Evidenzproduktionsmechanismen liegt, werde ich mich an der Debattenchronologie, nicht aber an der zeitlichen Chronologie der Periodisierungsvorschläge orientieren. Letztere wurde bereits mehrfach offengelegt.[1]

Die Öffnung des Diskurses

Crutzen und Stoermer brachten im Jahr 2000 in ihrem Artikel in der Zeitschrift *Nature* die These vor, das Anthropozän habe mit der Industriellen Revolution Ende des 18. Jahrhunderts begonnen. Präziser noch, die Erfindung der Dampfmaschine durch James Watt im Jahr 1784, die in der Folgezeit eine enorme technische und wirtschaftliche Dynamik auslöste, könne als Startpunkt gewählt werden. Ihre These beruht auf aus Eisbohrkernen gewonnenen Daten, die für die 200 Jahre ab der Industriellen Revolution einen merklichen Anstieg der CO_2- sowie CH_4-Konzentration in der Atmosphäre belegen.[2] Allerdings dauerte es bis 1879, bis der CO_2-Gehalt in der Atmosphäre mit 290.1 ppm den bei 280 ppm ± 10 ppm liegenden Holozändurchschnitt übertraf und sodann kontinuierlich über der holozänen Norm lag.[3] Crutzen und Stoermer tappen hier in stratigraphischer Perspektive in eine Falle, die sich später als primärer Streitgrund des gesamten Aushandlungsprozesses um das Anthropozän als geologisches Konzept erweist: Legt Crutzen sein Augenmerk auf die Ursachen für die Zunahme der Treibhausgaskonzentration in der Atmosphäre, die schließlich zu erdsystemischen Veränderungen führten, steht dem das stratigraphische Vorgehen, demzufolge der Fokus auf den Effekten, nicht aber den Ursachen zu liegen hat, diametral

---

1 Lewis, Maslin, Defining the Anthropocene.
2 Vgl. Daten in Intergovernmental Panel on Climate Change, Climate Change 2001. The Scientific Basis. Contribution of Working Group I to the Third Assessment Report of the Intergovernmental Panel on Climate Change [Houghton, J. T; Ding, Y; Griggs, D. J; Noguer, M; van der Linden, P. J; Dai, X; Maskell, K; Johnson. C. A. (Hrsg.)]. Cambridge 2001, 184–237.
3 NASA, Global Mean CO2 Mixing Ratios (ppm): Observations [Onlinedokument].

2000	Paul Crutzen	Industrielle Revolution – Watt`sche Dampfmaschine 1784
2003	William Ruddiman	Early Anthropocene – 8000 bis 5000 Jahre BP
2004	Will Steffen	Große Beschleunigung – 1950er Jahre
2009	Michael Krachler	Early Mining and Smelting – 3000 Jahre BP
2011	Giacomo Certini und Roberto Scalenghe	Bodenthese – 2000 Jahre BP
2013	Bruce Smith und Melinda Zeder Andrew Glikson Stephen Foley	Neolithische Revolution – 11.700 Jahre BP Entdeckung des Feuers – 1.8 Ma (informelles) Paläoanthropozän – 50.000 Jahre BP
2015	Simon Lewis und Mark Maslin	Orbis Spike – 1610 Bomb Spike – 1964
2016	AWG	Entscheidung für die 1950er Jahre

Abb. 14: Debattenchronologische Darstellung der Periodisierungsvorschläge. Die Jahreszahlen stehen für den Zeitpunkt, zu dem die einzelnen Thesen erstmals formuliert wurden, Quelle: Fabienne Will.

gegenüber. Crutzen und Stoermer waren sich nicht nur bewusst, dass ihr Datierungsvorschlag im Falle einer ernsthaft in Betracht gezogenen Formalisierung des Anthropozäns als neuen geologischen Zeitabschnitt nicht stillschweigend übernommen würde. Sie schienen eine Debatte geradezu zu erwarten: »[W]e are aware that alternative proposals can be made (some may even want to include the entire holocene)«.[4]

Es sollte nicht lange dauern, bis diese Vermutung in Erfüllung ging. Im Jahr 2003 brachte der Paläoklimatologe und Meeresgeologe William Ruddiman seine als Ruddiman-Hypothese oder *Early Anthropocene Hypothesis* bekannte These vor, das Anthropozän habe bereits 8000 bis 5000 Jahre BP begonnen. Eine für das Holozän anomale Zunahme der Kohlendioxid- und Methankonzentration in der Atmosphäre sei schon für diesen Zeitraum nachweisbar, »as a result of the discovery of agriculture and subsequent technological innovations in the practice of

---

4 Crutzen, Stoermer, The »Anthropocene«, 17.

farming« in Eurasien.[5] Während der Aufwärtstrend des Kohlendioxidgehalts auf den Beginn ausgedehnter Abholzung vor 8000 Jahren zurückzuführen sei, seien die Ursachen für die Zunahme der Methankonzentration vor rund 5000 Jahren primär im Reisanbau im asiatischen Raum sowie in der Viehwirtschaft in Afrika und Asien zu finden. Natürliche Ursachen für den festgestellten Anstieg der Treibhausgaskonzentrationen könnten auf Basis paläoklimatologischer Evidenz ausgeschlossen werden.[6] Noch im selben Jahr reagieren Paul Crutzen und Will Steffen mit dem gemeinsamen Artikel *How Long Have We Been in the Anthropocene Era?* auf Ruddimans These vom frühen Anthropozän. Darin befinden sie Ruddimans Hypothese für interessant, sehen jedoch in zweierlei Hinsicht weiteren Erklärungsbedarf. Sein Argument hänge nicht nur von der Richtigkeit der projizierten Trends ab. Fernerhin erschiene es seltsam, dass der auf anthropogene Aktivitäten zurückgehende Methananstieg 1000 BP stoppe, da Eisbohrkerndaten bis zum rapiden Anstieg während der Industrialisierung ein konstantes Mischverhältnis zeigten.[7] Anhand mehrerer Parameter machen Crutzen und Steffen im weiteren Verlauf ihres Artikels die Periodisierungsvorschläge der Großen Beschleunigung sowie der Industriellen Revolution stark. Neben der Bevölkerungszunahme infolge der Weiterentwicklung der Land- und Viehwirtschaft durch die Maschinisierung und den Einsatz von Düngemitteln (Haber-Bosch-Verfahren) führen sie etwa die Luftverschmutzung in Konsequenz der zunehmenden Nutzung fossiler Brennstoffe wie Kohle und Öl und das Wald- und Fischsterben infolge der Ansäuerung des Niederschlags durch die Oxidation von SO_2 und NO_x zu Sulfur- und Salpetersäure als Beispiele an. In selbigem Artikel verweist Will Steffen bereits auf die aus Crutzens These im Rahmen des IGBP entstandenen *Great Acceleration Graphs* (vgl. Abb. 9), die aus erdsystemwissenschaftlicher Sicht eine Veränderung in der Funktionsweise des Erdsystems als Ganzes für die Jahre um 1950 feststellen.[8] Zudem findet sich erstmals die Idee eines mehrstufigen Anthropozäns.

»[T]here may have been several distinct steps in the ›Anthropocene‹, the first [...] can have been identified by Ruddiman, followed by a major further step from the end of the 18th century to 1950 and [...] the very significant acceleration since 1950.«[9]

In dem 2004 in der IGBP-Reihe publizierten Buch legen Steffen und seine Mitautoren die Interaktionsmechanismen der einzelnen erdsystemischen Veränderungen für die Jahre um 1950 dar und rahmen diese Analysen einerseits mit vergangenen nicht-anthropogenen erdsystemischen Dynamiken sowie anderer-

---

5 Ruddiman, The Anthropogenic Greenhouse Era Began Thousands of Years Ago, 261.
6 Ebd., 261–293.
7 Ebd., 263.
8 Die *Great Acceleration Graphs* wurden 2004 in einem Kompendium des IGBP publiziert., vgl. Steffen, u. a., Global Change and the Earth System: A Planet Under Pressure.
9 Crutzen, Steffen, How Long Have We Been in the Anthropocene Era?, 253.

seits mit prädiktiven Aussagen zu erwarteten Konsequenzen und möglichen Handlungsoptionen hin zu einem nachhaltigen Planeten. Besonders zwei Merkmale der in den Graphen abgebildeten Trends stechen heraus. Erstens befinden sich alle außerhalb der Holozännorm. Zweitens basieren sie auf einer Fülle an wissenschaftlicher Evidenz dafür, dass die beobachteten Veränderungen nicht auf natürliche Variabilität zurückgeführt werden können und die primären Triebkräfte stattdessen anthropogenen Ursprungs sind.[10] Ein sich vornehmlich in der geistes- und sozialwissenschaftlichen Debatte formierender Subdiskurs um normative Fragestellungen wie derjenigen nach den Verantwortlichen menschengemachter Veränderungen tritt in kritischen Reaktionen auf den geowissenschaftlichen Umgang mit dem *anthropos* im Allgemeinen sowie dem Umgang mit den Menschen als kollektive Entität, wie er sich in den *Great Acceleration Graphs* findet, im Besonderen in kondensierter Form zutage. Bemängelt wird dabei die fehlende Differenzierung in der Schuld- und Verantwortungsfrage sowie deren Problematisierung. Die 2015 veröffentlichte, aktualisierte Version der *Great Acceleration Graphs*, die, sofern es die Daten erlauben, zwischen OECD (Organisation for Economic Cooperation and Development), BRICS (Brasilien, Russland, Indien, China, Südafrika) und anderen Ländern unterscheidet, beweist, dass sich die Gruppe um Steffen dieser Kritik annimmt und damit geisteswissenschaftliche Denkweisen in ihre Evidenzpraxis integriert.[11] Die Entscheidung, in den Graphen die Zeit ab 1750 und damit die Industrielle Revolution mit abzubilden, erwuchs direkt aus der Ursprungsthese Crutzens und kann letztlich als Plädoyer für den offiziellen Beginn des Anthropozäns in den 1950er-Jahren gelesen werden, der die Effekte der durch anthropogenes Handeln resultierenden erdsystemischen Funktionsveränderungen abbildet und stratigraphischen Prinzipien damit in methodischer Hinsicht näher kommt als Crutzens oder Ruddimans Vorschläge.

Dennoch positionieren sich die Geologen 2008 in ihrem Statement, das aus der initialen stratigraphischen Untersuchung resultierte, noch nicht eindeutig für die 1950er-Jahre als Startpunkt, obwohl darin bereits festgehalten wird, dass sowohl der mit der Industriellen Revolution in Verbindung stehende Anstieg der CO_2-Konzentration in der Atmosphäre als auch die Umwandlung stabiler Kohlenstoffisotopen zu instabilen, und damit radioaktiven, Isotopen »too gradual [seien] to provide useful markers at an annual or decadal level«.[12]

---

10 Vgl. Angaben in Steffen u. a., Global Change and the Earth System: A Planet Under Pressure. Vgl. außerdem Intergovernmental Panel on Climate Change, Climate Change 2013; Steffen u. a., Planetary boundaries.

11 International Geosphere-Biosphere Programme, Stockholm Resilience Center, The Great Acceleration Data (October 2014); Steffen u. a., The trajectory of the Anthropocene.

12 Zalasiewicz u. a., Are we now living in the Anthropocene?, 7.

Konsensfindung im Spannungsfeld von Prozess- und Effektorientierung

Die Gründung der AWG als institutionalisiertes stratigraphisches Gremium, das fortan offiziell mit der Datierungsfrage betraut ist, läutet sodann die zweite Phase des Periodisierungsdiskurses ein. Diese zeichnet sich durch offen geführte, dynamische Diskussionen aus, die sich in Aushandlungsprozessen innerhalb und mit der AWG konzentrieren. Die in Kap. 3 konstatierte Kollision von Evidenzpraktiken wird dabei offenkundig. Vielfach resultieren Diskussionen aus der Inkompatibilität disziplinspezifischer Evidenzpraktiken.

So bringt der Geochemiker Michael Krachler zusammen mit Mitgliedern des kanadischen *Geological Survey* 2009 eine neue Perspektive in die Diskussion ein. Anhand der Analyse eines arktischen Eisbohrkerns, der die Schneeanhäufung der letzten 16 ka (Jahrtausende) dokumentiert, zeigen sie, dass der Arsengehalt in der Atmosphäre um 3000 Jahre BP signifikant zunimmt. Selbiges gelte zudem für Bismut, Blei, Kupfer und Zink, was die Autoren auf die Einschmelzung von Sulfiderzen sowie die Verhüttung von Kupfererz zurückführen.[13] Diese These stößt innerhalb des Periodisierungsdiskurses für sich genommen auf wenig Gehör – nicht zuletzt, da diese Entwicklung keinen profunden Erdsystemwandel bedeutete.

Erst 2018 nehmen die Geologen Michael Wagreich, Mitglied der AWG, und Erich Draganits diese These wieder auf, plädieren im Zuge dessen für die Definition eines frühen Anthropozäns und versuchen in ihrer Argumentation, die scheinbare stratigraphische Unvereinbarkeit diachroner Ereignisse zu widerlegen. »[T]race metal peaks of early mining and smelting may provide a useful signal and more precise chronostratigraphic datum for subdividing the Late Holocene and defining an early Anthropocene.«[14]

Auf umso mehr Gehört stößt William Ruddiman, der 2009 gemeinsam mit Erle Ellis einen weiteren Artikel zu seiner Hypothese vom frühen Anthropozän

---

13 Michael Krachler u. a., Global atmospheric As and Bi contamination preserved in 3000 year old Arctic ice, in: Global Biogeochemical Cycles 23, 2009, H. 3, GB3011. Zur frühen anthropogenen Verschmutzung durch Spurenmetalle vgl. etwa Sungmin Hong u. a., Greenland Ice Evidence of Hemispheric Lead Pollution Two Millennia Ago by Greek and Roman Civilizations, in: Science 265, 1994, H. 5180, 1841–1843; dies., History of Ancient Copper Smelting Pollution During Roman and Medieval Times Recorded in Greenland Ice, in: Science 272, 1996, H. 5259, 246–248; Agnieszka Galuszka, Zdzislaw M. Migaszewski, Jan A. Zalasiewicz, Assessing the Anthropocene with geochemical methods, in: Waters u. a. (Hrsg.), A Stratigraphical Basis for the Anthropocene?, 221–238; Samuel K. Marx, Shaqer Rashid, Nicola Stromsoe, Global-scale patterns in anthropogenic Pb contamination reconstructed from natural archives, in: Environmental Pollution, 2016, H. 213, 283–298.

14 Michael Wagreich, Erich Draganits, Early mining and smelting lead anomalies in geological archives as potential stratigraphic markers for the base of an early Anthropocene, in: The Anthropocene Review 5, 2018, H. 2, 177–201, hier: 193.

veröffentlichte.[15] Die Autoren des *GSA Today* Artikels – auch einige der späteren
AWG-Mitglieder waren Ko-Autoren dieser Veröffentlichung – hatten ein Jahr
zuvor bereits deutlich gemacht, dass eine formale Datierung des frühen Anthropozäns aus stratigraphischer Perspektive undenkbar sei. Ruddiman aber beharrt,
in seiner Sichtweise unterstützt von Archäologen und Geographen, über den
gesamten Untersuchungszeitraum hinweg auf seinem Standpunkt, was ihn im
Periodisierungsdiskurs sichtbar und die Debatte greifbar macht.[16]

2011 bringen die italienischen Bodenwissenschaftler Giacomo Certini und
Riccardo Scalenghe eine weitere These ins Spiel. Diese besagt, dass sich das
Anthropozän auf Basis von Untersuchungsergebnissen anthropogener Böden
um 2000 Jahre BP verorten ließe. Böden eigneten sich Certini und Scalenghe
zufolge besser als die auf atmosphärenchemischen Veränderungen basierenden
Datierungsvorschläge Crutzens und Ruddimans, denn »the composition of anthropogenic soils is deemed more appropriate than atmospheric composition in
providing ›golden spikes‹ for the Anthropocene«.[17] Jon Erlandson u. a. nehmen
die These von Böden als Bereitstellungsmöglichkeit anthropogener Signaturen
2013 wieder auf und sprechen sich aus archäologischer Perspektive basierend auf
der Untersuchung von Muschelabfallhaufen und anderen anthropogenen Ablagerungen in Böden für einen Beginn des Anthropozäns 10 000 Jahre BP aus.[18]
Ein Abschnitt im Fazit des Artikels von Certini und Scalenghe beweist, dass
die beiden die Grundthese des Anthropozänkonzepts anders verstehen und mit
ihrer Hypothese nur einen der vielen Aspekte des geologischen Anthropozäns
bedienen. »The Anthropocene is, by definition, the period when human activity
acts as a major driving factor, if not the dominant process, in modifying the
landscape and the environment.«[19] Weder gibt es zu diesem Zeitpunkt in der
Debatte eine offizielle und formale Definition dessen, was das Anthropozän in
geologischer Hinsicht bedeutet, noch ist es Ziel der AWG, die Auswirkungen
anthropogener Handlungsweisen auf Landschaft und Umwelt nachzuweisen.
Dabei handelt es sich um ein wiederkehrendes Missverständnis, das einerseits

---

15 William F. Ruddiman, Erle C. Ellis, Effect of per-capita land use changes on Holocene
forest clearance and CO2 emissions, in: Quaterny Science Reviews 28, 2009, 3011–3015.

16 Jed O. Kaplan, Kristen M. Krumhardt, Niklaus Zimmermann, The prehistoric and
preindustrial deforestation of Europe, in: Quaternary Science Reviews 28, 2009, 3016–3034;
Dorian Q. Fuller u. a., The contribution of rice agriculture and livestock pastoralism to prehistoric methane levels: An archeological assessment, in: The Holocene 21, 2011, H. 5, 743–759.

17 Giacomo Certini, Riccardo Scalenghe, Anthropogenic soils are the golden spikes for
the Anthropocene, in: The Holocene 21, 2011, H. 8, 1269–1274, hier: 1269; vgl. außerdem dies.,
Anthropogenic Soils as the Marker, in: Dominick A. DellaSala, Michael I. Goldstein (Hrsg.),
Geologic History and Energy. San Diego 2018, 129–132.

18 Jon M. Erlandson, Shell middens and other anthropogenic soils as global stratigraphic
signatures of the Anthropocene, in: Anthropocene 4, 2013, 24–32.

19 Certini, Scalenghe, Anthropogenic soils, 1272.

auf Schwierigkeiten im Umgang mit disziplinspezifischen methodischen Unterschieden in der interdisziplinären Debatte um das Anthropozän als geologisches Konzept verweist, und andererseits auf grenzverwischende destabilisierende Momente im Evidenzproduktionsprozess, die ihre Wirkung aufgrund von Missverständnissen nicht voll entfalten können.

Sowohl 2011 als auch 2012 nehmen die AWG als Gruppe sowie einzelne Mitglieder in Publikationen aus stratigraphischer Sicht Stellung zu einigen der bisher dargelegten Periodisierungsvorschlägen. Dabei verhält sich die Arbeitsgruppe vornehmlich zur These Ruddimans vom frühen Anthropozän sowie zur Industriellen Revolution und der Großen Beschleunigung als potentielle Datierungskandidaten. Das frühe Anthropozän erweise sich insofern als ungeeigneter Kandidat, als dass – sofern die beschriebenen Phänomene tatsächlich mit den angegebenen Gründen in Verbindung stehen, was besonders hinsichtlich des zunehmenden CO_2-Gehalts in der Atmosphäre umstritten ist[20] – die Nähe der konstatierten Veränderungen zur Holozännorm so groß sei, dass sich in den Strata kein deutlicher Unterschied zur *Holocene Series* ablesen lasse. Erst der Industriellen Revolution gesteht die AWG zu, global einen nachweisbaren Unterschied gegenüber holozänen Ablagerungen in den Strata zu hinterlassen. Jedoch eigne sich auch dieser Vorschlag aufgrund der sich historisch diachron vollziehenden Industriellen Revolution nicht optimal zur Periodisierung einer geologischen Epoche.[21] Die Argumentation schließt mit »we consider that a potential boundary for the Anthropocene should reflect either of the early 19th century or mid-20th century candidate levels«, was letzteres implizit bestätigt.[22] Diese Argumentation ist besonders unter konzeptionellen Gesichtspunkten interessant, ist die hier referenzierte diachrone historische Entwicklung über den Zeitraum von etwa 200 Jahren in geologisch tiefenzeitlicher Perspektive doch eher als synchron einzuordnen. Dies kann als Beleg dafür gewertet werden, dass die AWG auf Basis veränderter Vorstellungen von Zeitlichkeit zu argumentieren beginnt.

Was die Positionierung zu den vorgebrachten Periodisierungsvorschlägen betrifft, gestaltet sich das Jahr 2013 besonders reichhaltig. Die Archäologen Jon Erlandson und Todd Braje unterstützen dabei nicht nur die Bodenthese Certinis und Scalenghes, sondern ebenfalls diejenige Bruce Smiths‹ und Melinda Zeders, die den Beginn des Anthropozäns mit demjenigen des Holozäns, also der Neolithischen Revolution, gleichsetzen und die Notwendigkeit einer stratigraphischen

---

20 Broecker, Stocker, The Holocene CO2 rise; B. D. Stocker, K. Strassmann, F. Joos, Sensitivity of Holocene atmospheric CO2 and the modern carbon budget to early human land use. Analyses with a process-based model, in: Biogeosciences 8, 2011, H. 1, 69–88.
21 Zalasiewicz u. a., Stratigraphy of the Anthropocene; Zalasiewicz, Crutzen, Steffen, The Anthropocene.
22 Zalasiewicz, Crutzen, Steffen, The Anthropocene, 1037.

Definition des Anthropozäns damit implizit negieren.[23] Zwar hinterlässt der
Übergang der nomadischen zu sesshaften, Ackerbau und Viehzucht betrei-
benden Gesellschaften und die damit in Verbindung stehenden technischen
Weiterentwicklungen ein stratigraphisches Signal. Jedoch handelt es sich auch
bei der Neolithischen Revolution um einen diachronen Prozess, der vor rund
11 700 Jahren im Nahen Osten seinen Ausgang nahm und sich sodann über
einen Zeitraum von mehreren Jahrtausenden hinweg erstreckte. Angesichts des
zunehmend an Dynamik gewinnenden Periodisierungsdiskurses, der durchaus
von einer auf disziplinspezifische Erkenntnisinteressen und Evidenzpraktiken
zurückzuführenden Inkompatibilität zeugt, greifen der Geologe Stephen Foley
u. a. mit ihrem Artikel *The Palaeoanthropocene – The beginnings of anthropogenic environmental change* gewissermaßen schlichtend in die Diskussion
ein. Indem sie den Terminus Paläoanthropozän als informellen Begriff für die
Zeitspanne zwischen dem Beginn anthropogener Umweltveränderungen und
der Industriellen Revolution vorschlagen, könnte die Stratigraphie anderen
Disziplinen entgegenkommen, da sie damit die früh beginnende Entwicklung,
die aus archäologischer und historischer Beweisführung resultiert, und damit
die Ursachen für den mit dem Anthropozän zu definierenden stratigraphischen
Effekt anerkennt.[24] Zugleich spricht sich die Gruppe um Foley für ein formales
Anthropozän aus, das um 1950 beginnt und die isochron stattfindenden Veränderungen des Erdsystems als Ganzes widerspiegelt.[25] Weil das Paläoanthropozän
als Übergangszeitraum konstruiert ist, ist diese These nicht mit einer konkreten
Jahreszahl verknüpft.

»[T]he Palaeoanthropocene may seem to largely coincide with the Pleistocene and
Quaternary, but these are defined stratigraphically without reference to the environmental effects of humans […]. Thus, the Palaeoanthropocene should not be anchored
on any unit of the geological timescale, but instead be used to emphasize the as yet
uncertain period in which humans measurably affected their environment.«[26]

In Reaktion darauf versucht der Archäologe Andrew Glikson noch im selben
Jahr, den Beginn des Paläoanthropozäns, von ihm als frühes Anthropozän bezeichnet, auf den Zeitpunkt um 1,8 Ma zu datieren, als Primaten die Fähigkeit
erwarben, Feuer zu entfachen, was einen Wendepunkt menschlicher Evolution
im Pleistozän bedeutete. Festmachen ließe sich dies an von Feuer verfärbten

---

23 Bruce D. Smith, Melinda A. Zeder, The onset of the Anthropocene, in: Anthropocene 4,
2013, 8–13; Erlandson, Shell middens and other anthropogenic soils; Jon M. Erlandson, Todd
J. Braje, Archeology and the Anthropocene, in: Anthropocene 4, 2013, 1–7.
24 Zur archäologischen Auseinandersetzung mit dem Anthropozän vgl. beispielsweise
das erste Heft des *Journal of Contemporary Archaeology* aus dem Jahr 2014.
25 Stephen F. Foley u. a., The Palaeoanthropocene – The beginnings of anthropogenic
environmental change, in: Anthropocene 3, 2013, 83–88.
26 Ebd., 84.

Säugetierknochen. Begrifflich sorgt diese These insofern für Verwirrung, als dass sich der Terminus frühes Anthropozän schon bei Ruddiman findet, aber einen anderen Zeitraum bezeichnet. Auch die von Steffen entworfene Drei-stufigkeit des Anthropozäns versucht Glikson durch einen Gegenvorschlag zu ersetzen. Demnach würde das Paläoanthropozän den Zeitraum von 1,8 Ma bis zum Beginn der Neolithischen Revolution, das mittlere Anthropozän die Zeit von der Neolithischen Revolution bis zur Industriellen Revolution und das späte Anthropozän die in die Zukunft hineinreichende Phase ab der Industriellen Revolution umfassen.[27]

Ebenfalls in die Jahre 2013 und 2014 fallen erneute Stellungnahmen Ruddi-mans und Erle Ellis', die beide Ruddimans These vom frühen Anthropozän, das mit der Entwicklung der Landwirtschaft vor 8000 bis 5000 Jahren seinen Aus-gang nahm, mit archäologischen und paläoökologischen Daten weiter bespielen und ihren Standpunkt somit nochmals bekräftigen.[28]

Das Känozoikum ist anhand wiederkehrender Faunenänderungen auf Basis biostratigraphischer Prinzipien in Epochen, sogenannte *North American Land Mammal Ages* (NALMAs) geteilt worden.[29] Anthony Barnosky, Geologe und selbst Mitglied der AWG, hat versucht, diese biochronologische Systematisierung für das Holozän fortzuführen und dabei zwei weitere NALMAs identifiziert. Ein Vergleich mit archäologischen und paläontologischen Aufzeichnungen anderer Kontinente zeigt in diachroner Hinsicht eine Entwicklungsübereinstimmung.[30] Mit diesem Resultat hinterfragen Barnosky u. a. nicht nur den von der AWG zu diesem Zeitpunkt bereits weitestgehend konsentierten Beginn des Anthropo-zäns um die Mitte des 20. Jahrhunderts – »[g]iven the weight of evidence […], Zalasiewicz et al. […] argue the case for an approximately 1950 CE date for the onset of the Anthropocene« –, sondern stellen die Sinnhaftigkeit der Ratifizie-rung als geologischer Epoche überhaupt in Frage.[31] Selbige Frage nimmt ein

---

27 Andrew Glikson, Fire and human evolution. The deep-time blueprints of the Anthro-pocene, in: Anthropocene 3, 2013, 89–92.
28 Ruddiman, The Anthropocene; Erle C. Ellis, Jed O. Kaplan, Dorian Q. Fuller u. a., Used planet. A global history, in: Proceedings of the National Academy of Sciences of the Uni-ted States of America 110, 2013, H. 20, 7978–7985; Erle C. Ellis, Using the Planet, in: Global Change, 2013, H. 81, 32–35; Ruddiman, Vavrus, Kutzbach u. a., Does pre-industrial warming double the anthropogenic total?
29 Michael O. Woodburne (Hrsg.), Late Cretaceous and Cenozoic Mammals of North America. Biostratigraphy and Geochronology. New York 2004.
30 Anthony D. Barnosky, Michael Holmes, Renske Kirchholtes u. a., Prelude to the An-thropocene. Two new North American Land Mammal Ages (NALMAs), in: The Anthro-pocene Review 1, 2014, H. 3, 225–242; Anthony D. Barnosky, Palaeontological evidence for defining the Anthropocene, in: Waters u. a. (Hrsg.), A Stratigraphical Basis for the Anthro-pocene?, 149–165.
31 Colin N. Waters, Jan A. Zalasiewicz, Mark W. Williams u. a., A Stratigraphical Basis for the Anthropocene?, in: dies. (Hrsg.), A Stratigraphical Basis for the Anthropocene?, 1–23.

sechsköpfiges Autorenteam, allesamt Mitglieder der AWG, die beiden Archäologen Matt Edgeworth und Cath Neal, der Ökologe Dan DeB Richter und mit
Simon Price, Peter Haff und Colin Waters drei Geologen, in einem Beitrag in der
ersten Ausgabe der Zeitschrift *The Anthropocene Review* im Jahr 2015 auf, die
ausschließlich dem Periodisierungsdiskurs gewidmet ist. Ziel ihres Artikels ist
es, in Reaktion auf den vielfach betonten und mittels unterschiedlicher disziplinspezifischer Praktiken evidenzierten diachronen Charakter des menschlichen
Einflusses auf den Planeten, die vorhandene archäologische stratigraphische
Evidenz, die sogenannte Archäosphäre, unter die Lupe zu nehmen. Der Begriff
Archäosphäre bezeichnet den obersten Teil der Geosphäre, der aus allen anthropogen modifizierten Ablagerungen besteht und über eine diachrone Untergrenze
definiert wird. Diese wird als *Boundary A* bezeichnet und beschreibt die Trenn-
linie zwischen anthropogenen und natürlichen geologischen Ablagerungen.
Edgeworth u. a. gehen in ihrer Untersuchung der Frage nach, ob die diachrone
Archäosphäre den Beginn der chronostratigraphischen Anthropozänepoche
spiegle, der sodann ebenfalls diachron wäre. In ihrem Fazit befinden sie, dass
eine solche Koinzidenz den chronostratigraphischen Prinzipien geologischer
Zeiteinteilung zuwiderliefe, weshalb sie den Begriff *Anthrozone* als zeitüber-
schreitende, unabhängig von der Anthropozänepoche nutzbare geologische
Kategorie für die Gesamtheit anthropogen modifizierter Böden vorschlagen.[32]

Insgesamt liest sich diese Ausgabe der *Anthropocene Review* aus dem Jahr 2015
als eine Art Kompendium der im geowissenschaftlichen Debattenstrang bisher
ernsthaft verhandelten Periodisierungsvorschläge. Neben David Bowman, der in
Anlehnung an Glikson die Rolle von Feuer erneut thematisiert, nehmen Certini
und Scalenghe ihre These, den Beginn des Anthropozäns über Ablagerungen
in Böden zu definieren, wieder auf.[33] Eine Gruppe um Will Steffen tritt für die
Große Beschleunigung ein:

»Only beyond the mid-20th century is there clear evidence for fundamental shifts in
the state and functioning of the Earth System that are beyond the range of variability
of the Holocene and driven by human activities. Thus, of all the candidates for a start
date for the Anthropocene, the beginning of the Great Acceleration is by far the most
convincing from an Earth System science perspective.«[34]

---

32 Matt Edgeworth u. a., Diachronous beginnings of the Anthropocene. The lower bounding surface of anthropogenic deposits, in: The Anthropocene Review 2, 2015, H. 1, 33–58.
Der Begriff Zone bezeichnet in der Biostratigraphie Zeiteinheiten, die auf der Lebensdauer
einzelner biologischer Arten beruhen und verweist auf die innerhalb dieses Zeitraums neu
gebildeten Gesteine. Stratigraphische Zonen sind nicht Teil der geochronologischen bzw.
chronostratigraphischen Hierarchie.

33 Bowman, David M. J. S., What is the relevance of pyrogeography to the Anthropocene?,
in: The Anthropocene Review 2, 2015, H. 1, 73–76; Certini, Scalenghe, Is the Anthropocene
really worthy.

34 Steffen, The trajectory of the Anthropocene, 81.

Der 2015 in der Zeitschrift *Nature* publizierte Vorschlag der Geographen Simon Lewis und Mark Maslin, das Anthropozän sei entweder auf den *Orbis Spike* 1610 oder den *Bomb Spike* 1964 zu datieren, komplettiert das Spektrum der ernsthaft verhandelten Periodisierungsvorschläge. Lewis und Maslin argumentieren, dass es infolge des Bevölkerungsrückgangs in Amerika durch die europäische Kolonisation und das dadurch angestoßenes Nachwachsen des Waldes 1610 zu einem kurzen Abfall der CO_2-Konzentration in der Atmosphäre kam. Ihre Annahme, das Anthropozän beginne 1964, gründet auf Messungen des Gehalts radioaktiven Kohlenstoffs in der Atmosphäre. Entgegen des von der AWG bis dato formulierten Vorschlags, das Anthropozän auf 1945, genauer noch, den Tag des ersten Atombombentests in Alamogordo, New Mexico, zu datieren, plädieren Lewis und Maslin dafür, den in Jahresringen von Kiefern und Eisbohrkernen nachweisbaren Scheitelwert von C-14 mit 1964 als Startpunkt zu wählen.[35] Die These der beiden entfaltete eine äußerst dynamische Wirkung und führte zu einer Welle an Gegenargumenten, wie die vielen unmittelbaren Stellungnahmen zeigen. Der Grund für diesen von Lewis und Maslin provozierten Aufschrei liegt nicht zuletzt darin, dass deren Vorschläge in unmittelbarer zeitlicher Nähe zu den Spitzenkandidaten des stratigraphischen Untersuchungsgremiums liegen. Um die daraus erwachsende Debatte in gebündelter Form wiederzugeben, widmet sich die zweite Ausgabe der *Anthropocene Review* aus dem Jahr 2015 in Verlängerung der ersten Ausgabe vorwiegend diesem Diskurs. So sieht der Philosoph Clive Hamilton zwei Fehler auf Seiten der beiden Geographen. Zum einen würden sie die mit Entstehung der Erdsystemwissenschaften erfolgte paradigmatische Verschiebung weg von der Umwelt oder anderen einzelnen Teilsystemen des Planeten hin zum Erdsystem als Ganzes verkennen. Zum anderen vermischten sie erdsystemwissenschaftliche und stratigraphische Prinzipien.[36]

In einem zweiten Artikel äußert sich die AWG zu den beiden Vorschlägen und kommt zu dem Schluss, dass

»[t]he paper by Lewis and Maslin adds new perspectives and ideas to the debate, which will stimulate inquiry into the nature of Earth System change that saw the world change from its Holocene to its Anthropocene state, but we consider that their specific suggestions are not as stratigraphically effective as others that have been proposed«.[37]

1610 eigne sich demzufolge nicht zur stratigraphischen Datierung, da die konstatierte CO_2-Fluktuation weder den Rahmen der holozänen Variabilität verlasse und zweifelsfrei anthropogenen Ursprungs sei, noch einen globalen Trend repräsentiere oder eine einmalige, signifikante Senkung für die Epoche des

35 Der Scheitelwert radioaktiven Kohlenstoffs ist für das Jahr 1964 zu messen, weil die C-14 Konzentration infolge des 1963 unterzeichneten Teststoppabkommens wieder zurückgeht. Vgl. Lewis, Maslin, Defining the Anthropocene.

36 Hamilton, Getting the Anthropocene so wrong.

37 Zalasiewicz u. a., Colonization of the Americas, 124.

Holozäns darstelle. In Analogie dazu handelt es sich auch bei dem für 1964 verhandelten Radiokarbonsignal um ein diachron auftretendes Phänomen. Andere Bombenbestandteile, wie beispielsweise Plutonium als künstliches Radionuklid mit einer deutlich längeren Halbwertszeit als Radiokohlenstoff, lieferten eindeutigere stratigraphische Signale. Zudem eigneten sich Bäume aufgrund ihrer geringen Alterungsbeständigkeit nicht als primäre Marker.[38] Lewis und Maslin argumentieren, 1964 »highlight[s] the ability of people to collectively successfully manage a major global threat to humans and the environment«.[39] Der Stratigraphie aber geht es, wie in Kap. 1.2 beschrieben, nicht um normative Aspekte. Lewis und Maslin beziehen sich in ihrer Argumentation auf die Kritik der AWG auf deren 2015 erschienenes Paper *When did the Anthropocene begin? A mid-twentieth century boundary level is stratigraphically optimal*, in dem sich die Gruppe für das Datum der ersten Atombombendetonation am 16. Juli 1945 in New Mexico ausspricht:

»Hence, we suggest that the Anthropocene (formal or informal) be defined to begin historically at the moment of detonation of the Trinity A-bomb at Alamogordo, New Mexico, at 05:29:21 Mountain War Time (± 2 s) July 16, 1945 […]. This would have a parallel with the Cretaceous-Paleogene boundary which, although defined by a GSSP at El Kef, Tunisia, has been expressly placed at the moment of impact of the meteorite on the Yucatan Peninsula. […] However, a boundary placed at the time instant of the Alamogordo test would mark a historic turning point of global significance associated with the Great Acceleration, while in practical stratigraphic terms it would include all primary stratigraphic signals of bomb-related radionuclides, including those of the geologically simultaneous Hiroshima – August 6,1945 – and Nagasaki – August 9,1945 – bombs […]. Moreover, placing the boundary at an exact point in time, related to the appearance of a chemostratigraphic marker, is consistent with the International and North American Stratigraphic Codes and with the definition of the Pleistocene-Holocene boundary at a deuterium excursion dated at high precision in the NGRIP Ice Core. […] Such a boundary selection may open possibilities for historical fields other than Earth history (geology) to more easily engage in the emerging interdisciplinary science base of the Anthropocene.«[40]

Obiges Zitat zeugt nicht nur von der Offenheit und dem Willen, fachfremder Perspektiven im Sinne einer fruchtbaren interdisziplinären Zusammenarbeit zu integrieren, sondern belegt ferner den konstatierten Wandel stratigraphischer Evidenzpraktiken. Obwohl es der AWG letztlich um stratigraphische Evidenz geht, fließen Überlegungen zu geisteswissenschaftlichen Implikationen, die aus der Datierung des Anthropozäns erwachsen, in ihren Evidenzproduktionsprozess nicht nur mit ein und transformieren eingeübte Evidenzpraktiken. Zu-

38 Ebd., 117–127.
39 Lewis, Maslin, Defining the Anthropocene, 178.
40 Zalasiewicz u. a., When did the Anthropocene begin?, 200–201.

gleich nutzt die AWG die intendierte historische Relevanz gezielt zur Stützung beziehungsweise der Anerkennung geologischer Evidenz für das Anthropozän. Zalasiewicz u. a. verstehen es, das für den engen stratigraphischen Zirkel destabilisierende Moment der Interdisziplinarität im Sinne einer restabilisierenden Wirkung auf die breitere geologische Community zu nutzen. Philip Gibbard, Mike Walker und John Lowe allerdings befinden die methodische Herangehensweise sowie die erbrachte stratigraphische Evidenz aus geologischer Perspektive in Bezug auf die Formalisierung des Anthropozän für kritisch, wie sie in direkter Antwort auf das 2015er-Paper der AWG kundtun:

»There is no justification for recognising a highstatus geological interval based on this type of evidence. While we acknowledge that, at some point in the future, geologists may look back and identify a discernable ›tipping point‹ reflected in the stratigraphic record which indicates the overwhelming influence of humanity, we see, at present, no practical value in establishing the lower boundary of a new interval of geological time in the midtwentieth century. Our position remains that we continue to live within the formally-defined and ratified Holocene Series/Epoch (Gibbard and Walker, 2014), and that there is no sound stratigraphical basis for designating an additional chronostratigraphic unit above the Holocene in the international Geological Time Scale.«[41]

Die Tatsache, dass Lewis und Maslin in ihrem Antwortpaper bei ihrer Meinung bleiben und die Kritik der AWG gewissermaßen umkehren, belegt die Schwierigkeiten, die sich ergeben, wenn unterschiedliche Erkenntnisinteressen aufeinandertreffen und in diesem Falle Geographen versuchen, stratigraphisch zu argumentieren.[42] Letztlich ist »a lot of the argument about a proper birthday of the Anthropocene […] really an argument about which variables should be sovereign, and that often comes down to which discipline you have been trained in«.[43] Dennoch dient der Periodisierungsdiskurs insgesamt als Beispiel für fruchtbare und funktionierende Evidenzproduktion in einem interdisziplinären Setting. Die Abstimmungsresultate eines dem 35. IGC in Kapstadt vorgelagerten informellen Votings belegen dies. Setzte sich die AWG während dieser zweiten Phase des Periodisierungsdiskurses von 2009 bis 2016 mit den unterschiedlichen Perspektiven und Vorschlägen in Bezug auf die Datierung des Anthropozäns als geologischen Zeitabschnitt offen auseinander und war währenddessen keineswegs einer Meinung – während sich Barnosky, Edgeworth oder Ellis für ein frühes Anthropozän stark machen, lehnen Gibbard und Ellis eine Formalisierung des Anthropozäns als geologische Epoche zu diesem Zeitpunkt gänzlich ab –, so kam sie 2016 mit 28,3 von 35 Stimmen überein, das Anthropozän habe in den 1950er-Jahren begonnen. Mit der Kommunikation dieses Resultats in Kapstadt

---

41 Walker, Gibbard, Lowe, Comment on »When did the Anthropocene begin?«, 206.
42 Lewis, Maslin, A transparent framework for defining the Anthropocene Epoch.
43 John R. McNeill, Zagreb 30.06.2017.

und der dort aus der innergeologischen Community erhaltenen Empfehlung, sich von nun an stärker auf stratigraphische Prinzipien und damit auf technisch-stratigraphische Fragen rückzubesinnen, deren Klärung im Hinblick auf eine Ratifizierung des Anthropozän als geologische Epoche noch ausstünden, ist die Periodisierungsfrage für die AWG als Gruppe entschieden.

»By clear majority, a decision has been taken to pursue a proposal to formalize the term Anthropocene […], with a base/beginning placed in the mid-20th century. This timing represents the first appearance of a clear synchronous signal of the transformative influence of humans on key physical, chemical, and biological processes at the planetary scale.«[44]

Die Schließung des Diskurses

In der daran anschließenden dritten Phase des Periodisierungsdiskurses sind es William Ruddiman einerseits sowie Simon Lewis und Mark Maslin andererseits, die trotz der Entscheidung der *Anthropocene Working Group* weiter an ihrer Meinung festhalten. So tritt Ruddiman wie schon 2013 und 2014 in einem weiteren Artikel für ein frühes Anthropozän ein und ergänzt seine These um neu erhobene archäologische Daten.[45] Lewis und Maslin gehen noch einen Schritt weiter und veröffentlichen im April 2018 ein ganzes Buch zu ihren Thesen von *Orbis Spike* und *Bomb Spike*.[46] Schienen innerhalb des geowissenschaftlichen Periodisierungsdiskurses trotz der in Kapstadt angestoßenen Schließung für manche Gegner des konsentierten Beginns in den 1950er-Jahren angesichts des im Hinblick auf die Einreichung eines formalen Ratifizierungsvorschlags noch nicht abgeschlossenen Evidenzproduktionsprozesses die Würfel noch nicht gefallen zu sein, änderte sich das spätestens im Juni 2018. Mit der Entscheidung der IUGS, die seit 1974 informell etablierte Dreiteilung des Holozäns in frühes, mittleres und spätes Holozän zu formalisieren, entzog sie allen Vorschlägen für die Formalisierung eines frühen Anthropozäns implizit die Argumentationsgrundlage.[47] Am 25. Juni 2018 bestätigt Stanley Finney, Generalsekretär der IUGS, die Ratifizierung der drei Subepochen Grönlandium, Northgrippium und Meghalayum sowie damit einhergehend die Anerkennung zweier neuer GSSPs.[48] Neben dem Grönlandium, das mit dem Holozän-GSSP, dem NGRIP2

---

44 Zalasiewicz u. a., The Working Group on the Anthropocene, 59.
45 Ruddiman, Geographic evidence of the early anthropogenic hypothesis.
46 Lewis, Maslin, Human Planet.
47 Die Unterteilung des Holozäns geht auf das Jahr 1974 zurück; vgl. Jan Mangerud u. a., Quaternary stratigraphy of Norden, a proposal for terminology and classification, in: Boreas 3, 1974, H. 3, 109–126.
48 Stanley C. Finney, IUGS Ratification to ICS Holocene subdivisions. [Onlinedokument] 2018.

11 700 Jahre b2k beginnt, ist das Northgrippium ebenfalls über einen aus einem grönländischen Eisbohrkern gewonnenen GSSP, dem NGRIP1, auf 8236 Jahre b2k definiert. Der GSSP des Meghalayums hingegen, das 4250 Jahre b2k beginnt, befindet sich in einem Stalagmiten in der Mawmluh Höhle im Nordosten Indiens.[49] Besonders die Ratifizierung des Meghalayums tritt in der breiteren (naturwissenschaftlichen) Debatte um die Periodisierung des Anthropozäns eine teils emotionale Diskussion um aus dieser Formalisierung erwachsende Implikationen los. Nicht wenige sehen die Anerkennung des Anthropozäns durch die ratifizierten Subepochen des Holozäns gefährdet.[50] Mit seinem Tweet *What the fuck is the Meghalayan?* steht der Geologe Ben van der Pluijm sinnbildlich für den geowissenschaftlichen Widerstand gegenüber einer Transformation etablierter Evidenzpraktiken. Sein Ärger richtet sich in erster Linie gegen die mit der Anerkennung der drei, geologisch gedacht, relativ kurzen Subepochen des Holozäns auf formaler Ebene eingeläutete Veränderung der etablierten Praxis geologischer Zeiteinteilung:

»WTF is the # Meghalayan. Ever thinner (and ever more meaningless) slices for the #geologictimescale. What's next for this silliness? The Kennedyan, the Lennonian, the Mandelian, each with type locality and golden spike? # geology @theIUGS @geosociety.«[51]

Auch wenn – zumindest von geowissenschaftlicher Warte aus – absehbar war, dass die 2010 gegründete *Working Group on the Subdivision of the Holocene* zeitnah eine Empfehlung einreichen würde, kommt diese neu formalisierte Unterteilung des Holozäns für manche gewissermaßen einer *offiziellen* Datierung des Anthropozäns auf die jüngste Vergangenheit gleich und hebelt damit alle weiter zurückliegenden Periodisierungsvorschläge aus. Eine von der IUGS selbst verfasste Twitter-Nachricht vom 13. Juli 2018 stachelt die Spekulationen um eine inoffiziell bereits erfolgte Anerkennung des in den 1950er-Jahren beginnenden Anthropozäns noch weiter an. Darin gibt die IUGS die Dauer des Meghalayums mit dem Zeitraum von 4200 Jahren vor 1950 an, was einem

49 Mike Walker u. a., Formal ratification of the subdivision of the Holocene Series/Epoch (Quaternary System/Period). Two new Global Boundary Stratotype Sections and Points (GSSPs) and three new stages/subseries, in: Episodes 41, 2018, H. 4, 213–223.
50 Vgl. etwa Mark A. Maslin, Simon L. Lewis, Anthropocene vs Meghalayan: why geologists are fighting over whether humans are a force of nature, in: The Conversation, 08.08.2018; Steve Petsch, Welcome to the new Meghalayan age – here's how it fits with the rest of Earth's geologic history, in: The Conversation, 11.09.2018.
51 Ben van der Pluijm, WTF is the # Meghalayan. Ever thinner (and ever more meaningless) slices for the #geologictimescale. What's next for this silliness? The Kennedyan, the Lennonian, the Mandelian, each with type locality and golden spike? # geology @theIUGS @geosociety [Twitter-Account Ben van der Pluijm]. [Onlinedokument] 18.07.2018, 16:19 h. Zur geologischen Neuartigkeit der holozänen Subepochen vgl. auch Jonathan Amos, Welcome to the Meghalayan Age – a new phase in history, in: BBC News. Science and Environment, 18.07.2018.

Ende des Holozäns 1950 gleichkommt: »The latest version of the International Chronostratigraphic Chart/Geologic Time Scale is now available! New #Holocene subdivisions: #Greenlandian (11,700 yr b2k) #Northgrippian (8326 yr b2k) #Meghalayan (4200 yr before 1950).«[52] Im Nachgang der hitzigen Reaktionen auf diesen Tweet postet die IUGS fünf Tage später eine Korrektur, die den Zeitraum auf 4200 Jahre bis heute korrigiert: »Correction: # Greenlandian (11,700 yr b2k) # Northgrippian (8326 yr b2k) # Meghalayan (4200 yr b2k) – The Meghalayan extends to the present not to 1950.«[53]

Im Gegensatz zu den wilden Spekulationen um Konsequenzen der erfolgten Ratifizierung sieht die AWG die Formalisierung des Anthropozäns durch die Anerkennung der Holozän-Subepochen keineswegs beeinflusst oder gar gefährdet, zeichnete sich gruppenintern doch ohnehin bereits der Konsens ab, das stratigraphische Anthropozän habe in den 1950er-Jahren begonnen.[54]

Eine Veränderung der Geologischen Zeitskala kann ab dem Ratifizierungszeitpunkt für einen Zeitraum von zehn Jahren nicht rückgängig gemacht oder verändert werden, »a geological time scale is a conservative construction because it's meant to be stable«.[55] Da die Dreiteilung des Holozäns informell bereits über einen langen Zeitraum gebräuchlich war, erscheint dies in Bezug auf die drei holozänen Subepochen in näherer Zukunft noch unwahrscheinlicher, als es ohnehin ist.

Die 2019 erschienene Publikation der AWG *The Anthropocene as a Geological Time Unit. A Guide to the Scientific Evidence and Current Debate*, deren Manuskript bereits 2017 abgeschlossen wurde,[56] bestätigt, dass die Ablehnung eines

---

52 IUGS, The latest version of the International Chronostratigraphic Chart/Geologic Time Scale is now available! New #Holocene subdivisions: #Greenlandian (11,700 yr b2k) #Northgrippian (8326 yr b2k) #Meghalayan (4200 yr before 1950). [Twitter-Account der International Union for Geological Sciences]. [Onlinedokument] 13.07.2018, 20:23 h.

53 Dass., Correction: # Greenlandian (11,700 yr b2k) # Northgrippian (8326 yr b2k) # Meghalayan (4200 yr b2k) – The Meghalayan extends to the present not to 1950 [Twitter-Account der International Union for Geological Sciences]. [Onlinedokument] 18.07.2018, 13:36 h. Zu den Reaktionen vgl. etwa Mark A. Maslin, Simon L. Lewis, If we're in the Meghalayan, whatever happened to the Anthropocene?, in: New Scientist, 19.07.2018; dies., Anthropocene Now, in: New Scientist 239, 2018, H. 3188, 24–25; Robinson Meyer, Geology's Timekeepers are Feuding, in: The Atlantic, 20.07.2018; Ben van der Pluijm, The Meghalayan? [Onlinedokument]. 2018. Einen weiteren Erklärungsansatz für diesen Fauxpas bietet die bis vor kurzem herkömmliche Methodik, geologische Zeitabschnitte über die Einheit BP mit 1950 als Richtwert zu markieren. Möglicherweise handelt es sich also auch um ein Versehen. Dennoch tritt dieser Tweet wilde Spekulationen um den Status des Anthropozäns los.

54 Damianos, Waters, Minutes. Anthropocene Working Group (AWG) meeting Max Planck Institute for Chemistry Mainz, Germany. 06/09/2018 – 07/09/2018; Zalasiewicz u. a., A formal Anthropocene is compatible, 329; Leinfelder, Reinhold im Gespräch mit Krauter, Ralf, Geologe zum Meghalayum. Die Erdgeschichte hat neue Kapitel. 24.07.2018 (= Deutschlandfunk Kultur).

55 Jan A. Zalasiewicz, Leicester 20.06.2017.

56 Waters, Zalasiewicz, Newsletter of the Anthropocene Working Group. Volume 7: Report of activities 2016–17.

frühen Anthropozäns neben inhaltlichen und kriterialen Aspekten implizit bereits vor Anerkennung der holozänen Subepochen auch einen strategischen Hintergrund hat. So findet sich in deren Positionierung zu den einzelnen, zeitlich frühen Periodisierungsvorschlägen wiederholt der Verweis: »a Holocene/ Anthropocene boundary within the Middle Holocene would not rest comfortably with the tripartite subdivision of the Holocene«.[57] Fernerhin befasst sich ein Kapitel dieses Kompendiums mit der Periodisierung und nimmt abschließend begründend zu allen innerhalb der geowissenschaftlichen Community ernsthaft verhandelten Datierungsvorschläge Stellung. Als Gründe für die Ablehnung anderer Vorschläge werden die fehlende Synchronität und Globalität und die für eine planetare Änderung der Funktionsweise des Erdsystems zu graduellen Veränderungen der jeweiligen Signale genannt.[58]

In dieser Schließungsphase des Periodisierungsdiskurses, der in der Sach- wie Sozialdimension auch Ausschluss bedeutet, sind es William Ruddiman und Erle Ellis, die weiterhin für ein frühes Anthropozän eintreten. Während Ruddiman sich 2018/2019 einen regelrechten Schlagabtausch mit der AWG liefert, trägt Ellis seine Meinung als Arbeitsgruppenmitglied nicht allein über Artikel, sondern auch intern an die übrigen Mitglieder heran.[59] Die dadurch angeregten, gruppeninternen Diskussionen nehmen die Mitglieder als einen der zentralen internen Reibungspunkte wahr.[60] Bei dem Treffen in Mainz 2018 etwa steht Ellis aus geographisch-archäologischer Perspektive für eine Doppeldefinition des Anthropozäns ein: eine enge Definition des Anthropozäns im stratigraphischen Sinn und eine weitere, der breiteren Debatte zuträgliche, prozessorientierte Definition. Tendenziell fielen die Reaktionen der AWG-Mitglieder auf diesen Einwurf insofern ablehnend aus, als sie es nicht für die Aufgabe einer stratigraphischen Arbeitsgruppe halten, eine nicht-stratigraphische Definition zu erarbeiten. Zwar erkennt die AWG die Prozesshaftigkeit des anthropogenen Einflusses auf Umwelt und Erdsysteme an, die von einer weiten Definition gefasst würde. Dies übersteige aber einerseits die Kompetenzen der stratigraphisch orientierten AWG und würde andererseits wohl die Toleranzgrenze von ICS und IUGS im Hinblick auf deren Offenheit gegenüber stratigraphisch neuartigen interdisziplinären Herangehensweisen sprengen. Ferner verpflichte die bloße Existenz einer stratigra-

---

57 Michael Wagreich u.a., Pre-Industrial Revolution Start Dates for the Anthropocene, in: Zalasiewicz u.a. (Hrsg.), The Anthropocene as a Geological Time Unit, 248; vgl. außerdem dies., Pre-Industrial Revolution Start Dates for the Anthropocene.

58 Wagreich u.a., Pre-Industrial Revolution Start Dates for the Anthropocene; McNeill, The Industrial Revolution and the Anthropocene; Steffen, Mid-20th-Century ›Great Acceleration‹.

59 Ellis, Maslin, Bauer, Involve Social Scientists in Defining the Anthropocene; Bauer, Ellis, The Anthropocene Divide.

60 John R. McNeill, Zagreb 30.06.2017; Interview mit A3*, 15.11.2017; Jan A. Zalasiewicz, Leicester 20.06.2017.

phischen Definition des Anthropozäns als geologische Epoche Vertreter anderer
Disziplinen nicht zur Nutzung des Begriffes im stratigraphischen Sinne.[61]

Ähnlich wie Ellis kritisiert auch Ruddiman die der stratigraphischen Zeiteinteilung zugrundeliegenden Prinzipien und argumentiert, »a third flaw in the
AWG strategy is its reliance on an antiquated method that has for decades been
widely ignored by scientists working on Pleistocene-age records and does not
apply to the very wide range of pre-1900s studies of anthropogenic phenomena«
und spricht sich gegen eine Formalisierung des Anthropozäns aus.[62] Die AWG
hebt in ihrem Antwortpaper die Signifikanz von Ruddimans Thesen für den
stratigraphischen Evidenzproduktionsprozess und die enthaltene Frage nach der
Sinnhaftigkeit einer Integration des Anthropozäns in den GTS hervor, betont
aber, dass es nicht ihre Aufgabe sei,

»to provide another prism through which to reinterpret human history and environmental impact, but rather to identify a practical and time marker as point of reference
in the geological time.«[63] »A precisely defined and formalized chronostratigraphic
Anthropocene, if ultimately agreed and ratified, need not exclude use of a more
informal ›anthropocene‹ in the meaning of Ruddiman, which conveys a quite different concept […]. Ruddiman's concept is an important and valid one, but does not
exclude or displace a chronostratigraphic Anthropocene, particularly given that a
chronostratigraphic Anthropocene was exactly the meaning intended by Crutzen
and Stoermer (2000) and Crutzen (2002) […]. Ruddiman is defending a concept
that is perfectly valid, and for which terms have already been proposed. However,
this concept is not the same as that of the Anthropocene as a potential unit of the
Geological Time Scale, which is defined according to chronostratigraphic criteria
and reflects profound and ongoing Earth System change. […] Confusion between […]
complementary ›alternatives‹, which our response tries to clarify, seems to be the
source of much of the disagreement, among both scientists and the interested public,
over what formalizing a usable Anthropocene geological time unit necessarily entails,
and what that formalization would mean to a diversity of studies of the present and
geologically recent past.«[64]

Nur wenige Tage später erscheint ein weiterer Artikel Ruddimans, in dem er sich
nochmals zu den Ausführungen der AWG positioniert. Insgesamt dient diese
Diskussion als neuerliches Beispiel für disziplinär bedingtes Unverständnis, das
sich vornehmlich darin äußert, dass die beteiligten Parteien auf der Richtigkeit

---

61 Damianos, Waters, Minutes. Anthropocene Working Group (AWG) meeting Max
Planck Institute for Chemistry Mainz, Germany. 06/09/2018–07/09/2018; Zalasiewicz u. a., A
formal Anthropocene is compatible, 327; Edgeworth u. a., The chronostratigraphic method is
unsuitable.

62 William F. Ruddiman, Three flaws in defining a formal ›Anthropocene‹, in: Progress
in Physical Geography: Earth and Environment 42, 2018, H. 4, 451–461, hier: 459.

63 Zalasiewicz u. a., A formal Anthropocene is compatible, 320.

64 Ebd., 330.

und Überlegenheit der eigenen methodischen Herangehensweise beharren. Speziell in diesem Falle scheint der Dialog von Seiten Ruddimans nur bedingt erwünscht zu sein: Das Angebot Zalasiewiczs, Mitglied der *Anthropocene Working Group* zu werden und seine Perspektive in den Arbeitsprozess der Gruppe einzubringen, lehnte er ab.[65]

Ebenfalls als Zeichen des zusehends abgeschlossenen Periodisierungsdiskurses, beziehungsweise zumindest die Wahrnehmung dieser Abgeschlossenheit verstärkend, ist das 2018 beim Treffen der AWG in Mainz vorgestellte Logo der Arbeitsgruppe zu werten (Abb. 12). Denn der darauf abgebildete Graph verweist auf den Beginn des Anthropozäns in den 1950er-Jahren.

Insgesamt fällt auf, dass sich Geistes- und Sozialwissenschaftler aus dem Periodisierungsdiskurs insofern heraushalten, als sie keine neuen Datierungsvorschläge einbringen. Zugleich beteiligen sie sich aber, indem sie einzelne Aspekte der zeitlich jüngeren Periodisierungsvorschläge in ihre Diskussionen aufnehmen, diese weiterentwickeln, im Sinne der eigenen disziplinspezifischen Logik umdeuten und damit für beide Seiten, auch für die Naturwissenschaften, neue Anknüpfungspunkte im Zeichen grenzverwischender Interdisziplinarität schaffen (vgl. Kap. 6).

Die Analyse dieses Subdiskursstrangs hat gezeigt, dass die verhandelten (alternativen) Datierungsvorschläge stattdessen vielfach von geographischer wie archäologischer Seite kommen – aus denjenigen Disziplinen, die sich methodisch an der Schnittstelle von Natur- und Geisteswissenschaften befinden. Insbesondere eine *gemeinsame* Forderung wird darin wiederholt laut: den prozessorientierten Blick auf diejenigen anthropogenen Handlungen, die ins Anthropozän führten, nicht aus den Augen zu verlieren. Die AWG bekräftigt in Stellungnahmen und Newslettern wiederholt die Relevanz dieser Perspektive für das breitere Verständnis des Anthropozäns, befindet sie aber hinsichtlich der rein stratigraphischen Definition für irrelevant. Dennoch lässt ein Teil der AWG Mitglieder in kleinerem Kreis archäologische und geologische Perspektiven zusammenlaufen, um die diachrone Perspektive aus stratigraphischer Sicht zu prüfen. Natürlich ist der Gruppenkonsens in der AWG nicht in Bezug auf jede der verhandelten inhaltlichen Fragestellungen gegeben. Und nicht wenige Mitglieder tun in Einzelpublikationen von der konsentierten Meinung der Arbeitsgruppe abweichende Thesen kund – was die Leitenden der *Anthropocene Working Group* durchaus begrüßen, leistet es doch einen nicht unwesentlichen Beitrag zur Dynamisierung des Aushandlungsprozesses einerseits und zur Verbreitung der Thematik in disziplinäre Teilbereiche jenseits der Geologie andererseits. Das verweist darauf, dass die AWG selbst sich vornehmlich in der zweiten Phase des Periodisierungsdiskurses in einem offenen Evidenzproduktionsprozess befand. Abweichende Standpunkte waren willkommen, stießen aktive und dynamische

---

65 Jan A. Zalasiewicz, Leicester 20.06.2017.

Auseinandersetzungsprozesse um Evidenz an und ebneten so den Weg zur Konsensfindung 2016. Präsentiert sich das durch Dissens ausgelöste Öffnungsmoment unter veränderten evidenzgenerierenden Vorzeichen bei erstem Hinsehen als destabilisierend, so entfaltet es letztlich eine restabilisierende Wirkung auf den Arbeitsprozess der AWG.

Bis 2016 zeugt die Debatte um das Anthropozän als geologisches Konzept insgesamt von einer sehr offen geführten Diskussion. Auch wenn manche der beteiligten Stratigraphen die Praxis geologischer Zeiteinteilung für überholt halten, die Reaktionen aus der breiten geowissenschaftlichen Community verdeutlichen, dass man sich – sollte es tatsächlich darum gehen, das übergeordnete Ziel der Integration des Anthropozäns in die Geologische Zeitskala zu erreichen – an etablierten stratigraphischen Prinzipien zu orientieren hat. Auch, wenn das Öffnungsmoment dem aktiven Aushandlungsprozess nachfolgend letztlich zu einer Schließung führt, die sich durch die Rückbesinnung auf die etablierte Methode der Stratigraphie auszeichnet, hat die Öffnungsphase dennoch ein Umdenken angestoßen und dem Evidenzproduktionsprozess selbst etwas Neuartiges hinzugefügt.

4.2 Die geologische Perspektive menschlichen Handelns – Marker als Indikatoren des Erdsystemwandels

In enger Verbindung zum Periodisierungsdiskurs stehen die Diskussionen um geeignete Primär- und Sekundärmarker. Während die Datierungsvorschläge auf Daten zu einzelnen Signalen basieren, die in der Stratigraphie mit dem Begriff Marker gefasst werden, kommt die Entscheidung für den Beginn eines geologischen Zeitabschnitts nicht nur der Entscheidung für einen Primärmarker gleich, sondern ist zugleich Voraussetzung für die Suche nach einem geeigneten GSSP. Ein geochronologischer Zeitabschnitt wird über einen Primärmarker und mehrere Sekundärmarker definiert. Der Primärmarker zeichnet sich durch sein isochrones Auftreten aus. Zudem muss er sich in der Intensität seines Vorkommens deutlich von dem im vorausgehenden geologischen Zeitabschnitt unterscheiden. Schließlich markiert er den Effekt derjenigen ursächlichen Entwicklungen, die zur Veränderung in der Konzentration des gewählten Primärmarkers führten. Der im Anschluss an die Identifikation des Primärmarkers zu wählende GSSP muss »the best possible record of the primary marker event as well as other marker events that support global correlation« enthalten und wird, wie der Primär- von Sekundärmarkern, von sogenannten Hilfsstratotypen gestützt.[66] Der GSSP

---

66 Waters u. a., Global Boundary Stratotype Section and Point (GSSP) for the Anthropocene Series, 14.

dient folglich als physisches Referenzlevel, das optimales globales Korrelationspotential sowohl für den Primär- als auch für die gewählten Sekundärmarker bietet (vgl. dazu Kap. 1.2).

Anders als die Periodisierungsfrage bleiben die Entscheidungen für definitionstragende Sekundärmarker sowie für einen GSSP in der geowissenschaftlichen Debatte um das Anthropozän im Allgemeinen wie in der arbeitsgruppeninternen Debatte im Besonderen umstritten. Vornehmlich bei der Diskussion um einen geeigneten GSSP handelt es sich um einen bis dato sehr offenen Diskurs. Letzterer kam erst mit der Entscheidung für den Beginn des Anthropozäns in den 1950er-Jahren ins Rollen, weswegen vorliegendes Kapitel keine abgeschlossene Darstellung dieses Debattenstrangs leisten kann.[67] Zudem verbietet es die Fülle an verhandelten Markern und Stratotypen, die Gesamtdebatte um diese technisch-stratigraphische Frage nachzuzeichnen. Vielmehr wird sich die Analyse der Diskussion um potentielle Marker im Sinne der übergeordneten Fragestellung nach Veränderungen in etablierten Evidenzproduktionsprozessen neben dem Primärmarker auf diejenigen Sekundärmarker beschränken, die methodische Neuerungen offenkundig werden lassen.

Das Spektrum der verhandelten Marker ist groß. Der von der AWG einzureichende Formalisierungsvorschlag soll belegen, dass der Mensch zum geologischen Faktor geworden ist. Folglich liegt der Fokus auf Markern, die auf anthropogene Handlungen zurückgehen, ihr natürliches Vorkommen quantitativ übersteigen und/oder in der Natur ohne menschliches Zutun nicht existieren. Zu den verhandelten Markern für das Anthropozän, die um 1950 einen deutlichen Aufwärtstrend erkennen lassen, zählen zum einen neue Materialien. Neben synthetischen Feststoffen wie beispielsweise Glas, Laserkristallen, Zement oder piezoelektrischen Stoffen, die in Beton, Ziegelstein und Porzellan enthalten sind, gehören dazu synthetische organische Verbindungen wie Plastik und Mikroplastik oder aus der Verbrennung fossiler Brennstoffe zurückgebliebene unverbrannte Partikel, die sogenannte Flugasche. Bei letzterer unterscheidet man zwischen vor allem durch Kohleverbrennung entstehende *Inorganic Ash Spheres* (IAS) und den markertechnisch besser geeigneten, aus Kohle- und Ölverbrennung hervorgehenden *Spheroidal Carbonaceous Particles* (SCP), die sich über die Luft verbreiten.[68] Zum anderen machen geochemische Marker einen

---

67 Die Nachzeichnung der Debatte um einen GSSP für das Anthropozän endet in diesem Kapitel im Jahr 2019.

68 Colin N. Waters, Jan A. Zalasiewicz, Concrete: The Most Abundant Novel Rock Type of the Anthropocene, in: Dominick A. DellaSala, Michael I. Goldstein (Hrsg.), Geologic History and Energy. San Diego 2018, 75–85; J. R. Ford u. a., An assessment of lithostratigraphy for anthropogenic deposits, in: Waters u. a. (Hrsg.), A Stratigraphical Basis for the Anthropocene?, 55–89; Jan A. Zalasiewicz, Ryszard Kryza, Mark W. Williams, The mineral signature of the Anthropocene in its deep-time context, in: ebd., 109–117; Neil L. Rose, Spheroidal car-

Großteil der möglichen definitionstragenden Signale aus. Potentiell global korrelierbare Kandidaten sind dabei Sauerstoff- und Wasserstoffisotope, der zunehmende Kohlendioxid- und Methangehalt in der Atmosphäre, die steigende Nitratkonzentration infolge des verstärkten Einsatzes künstlicher Düngemittel in der Landwirtschaft oder der in Gletschereis, Bäumen und Mineralablagerungen in Höhlen nachweisbare steigende Sulfatgehalt.[69] Auch der Abbau von Rein- und Schwermetallen wie Gold, Silber, Kupfer, Eisen und Blei einerseits und Quecksilber andererseits hat Spuren in Sedimenten hinterlassen. Relativ widerstandsfähige, persistente organische Schadstoffe wie Organochlorin-Pestizide (OCPs), Polychlorierte Biphenyle (PCBs) oder bromierte Flammschutzmittel, die in industriellen Prozessen generiert und eingesetzt werden, werden ebenso als mögliche Marker diskutiert wie anorganische Schadstoffe wie Nitrogen oder Aluminium. Die mit den insgesamt 543 durchgeführten Atombombentests freigesetzten künstlichen Radionuklide wie ^{239}Pu, ^{241}Am, ^{137}Cs und ^{90}Sr sowie das natürliche Radioisotop ^{14}C komplettieren die Palette potentieller geochemischer Marker.[70]

Besonders in biostratigraphischen Signaturen enthaltene Phänomene, in erster Linie Veränderungen in Fossilienansammlungen, werden in der Praxis geologischer Zeiteinteilung häufig als definitionstragende Marker genutzt und bieten hohes Korrelationspotential.[71] Evolutionäre Faunenwechsel dieser Art erstrecken sich über einen Zeitraum von mehreren hunderttausend Jahren und übersteigen die Zeitspanne des Anthropozäns deutlich, weswegen sie als Primärmarker ungeeignet sind. Im Hinblick auf das Anthropozän werden biostratigraphische

bonaceous fly ash particles provide a globally synchronous stratigraphic marker for the Anthropocene, in: Environmental Science & Technology 49, 2015, H. 7, 4155–4162; Neil L. Rose, Agnieszka Galuszka, Novel Materials as Particulates, in: Zalasiewicz u. a. (Hrsg.), The Anthropocene as a Geological Time Unit, 51–58; Waters u. a., Global Boundary Stratotype Section and Point (GSSP) for the Anthropocene Series.

69 Der steigende Kohlendioxid- und Methangehalt in der Atmosphäre schlägt sich direkt in Luftblasen im Gletschereis nieder und kann indirekt über Variationen in Kohlenstoffisotopen nachgewiesen werden.

70 Galuszka, Migaszewski, Zalasiewicz, Assessing the Anthropocene with geochemical methods; Wolff, Ice Sheets and the Anthropocene; Gary J. Hancock u. a., The release and persistence of radioactive anthropogenic nuclides, in: Waters u. a. (Hrsg.), A Stratigraphical Basis for the Anthropocene?, 265–281; Waters u. a., Global Boundary Stratotype Section and Point (GSSP) for the Anthropocene Series; Agnieszka Galuszka, Zdzislaw M. Migaszewski, Chemical Signals of the Anthropocene, in: DellaSala, Goldstein (Hrsg.), Geologic History and Energy, 213–217; Colin N. Waters, An Zhisheng, Black Carbon and Primary Organic Carbon from Combustion, in: Zalasiewicz u. a. (Hrsg.), The Anthropocene as a Geological Time Unit, 58–60; Wagreich, Draganits, Early mining and smelting lead anomalies.

71 Vgl. dazu die Zeitabschnitte des Phanerozoikums, etwa Frederik J. Hilgen u. a., The Global boundary Stratotype Section and Point (GSSP) of the Tortorian Stage (Upper Miocene) at Monte Dei Corvi, in: Episodes 28, 2005, H. 1, 6–17; John van Couvering u. a., The base of the Zanclean Stage and of the Pliocene Series, in: Episodes 23, 2000, H. 3, 179–187.

Merkmale daher als Sekundärmarker diskutiert. Neben der vom Menschen verursachten, lokalen, Ausrottung einzelner Arten zählen dazu invasive Arten sowie der durch die industrielle Verschmutzung vorangetriebene ökologische Verfall.[72]

Zwar blickt die Chronostratigraphie, was die Bereitstellung und Analyse von Daten betrifft, bereits auf einen längeren Zeitraum bereichsübergreifender Zusammenarbeit zurück – man bedenke die erwähnte Untergliederung der Stratigraphie in einzelne Teilbereiche, deren Untersuchungsergebnisse die Chronostratigraphie für sich nutzen kann. Dennoch reicht die bisher eingeflossene Expertise aus anderen Fachbereichen im Hinblick auf die geologische Zeiteinteilungspraxis für das Anthropozän nicht mehr aus. Neue Materialien, die unabhängig von anthropogenem Einfluss in der Natur so nicht vorkommen, fordern die tiefenzeitlich operierenden Geologen heraus und zeigen die Grenzen etablierter Evidenzpraktiken auf. Die Äußerung eines Mitglieds der AWG verdeutlicht die Notwendigkeit neuer Expertise für die stratigraphische Analyse von Markern anthropogenen Ursprungs: »[I]n terms of the markers we've been feeling our way, I think groping if you like through a sea of unknown, to see just what makes the Anthropocene geological instinctive.«[73]

In der folgenden Darstellung werde ich mich auf die debattenchronologische Diskussion um den Primärmarker und auf drei der verhandelten Sekundärmarker beschränken: Plastik, Technofossilien und das Masthuhn als Neobiont. Diese Marker spiegeln die Notwendigkeit der Integration neuer Wissensbestände und die Veränderung des Evidenzproduktionsprozesses auf technisch-stratigraphischer Ebene am besten wider. Zudem handelt es sich dabei um diejenigen Marker, die sowohl in den Geistes- und Sozialwissenschaften als auch im Bereich der medialen Berichterstattung auf hohe Resonanz stoßen und sogar auf legislativer Ebene Konsequenzen nach sich ziehen.

---

72 Barnosky, Palaeontological evidence for defining the Anthropocene; Laura D. Triplett u. a., The potential for multiple signatures of invasive species in the geologic record, in: Anthropocene 5, 2014, 59–64; Reinhold Leinfelder, Using the State of Reefs for Anthropocene Stratigraphy: An Ecostratigraphic Approach, in: Zalasiewicz u. a. (Hrsg.), The Anthropocene as a Geological Time Unit, 128–136; O. Hoegh-Guldberg, Coral reefs in the Anthropocene: persistence or the end of the line?, in: Waters u. a. (Hrsg.), A Stratigraphical Basis for the Anthropocene?, 167–183; Ian Wilkinson u. a., Microbiotic signatures of the Anthropocene in marginal marine and freshwater palaeoenvironments, in: ebd., 185–219; Mark W. Williams u. a., Is the fossil record of complex animal behaviour a stratigraphical analogue for the Anthropocene?, in: ebd., 143–148; Williams u. a., Fossils as Markers of Geological Boundaries; Waters u. a., Global Boundary Stratotype Section and Point (GSSP) for the Anthropocene Series, 28–30; Alexander P. Wolfe u. a., Stratigraphic expressions of the Holocene-Anthropocene transition revealed in sediments from remote lakes, in: Earth-Science Reviews 116, 2013, 17–34. Die hier genannten Artikel bilden die Ergebnisse der Marker-Diskussion ab.

73 Jan A. Zalasiewicz, Leicester 20.06.2017.

Plutonium 239 als Primärmarker

Die Wahl des Primärmarkers und die Periodisierung eines geologischen Zeitabschnitts sind, wie erwähnt, per definitionem miteinander verknüpft. Folglich
können wir den Diskurs um den Primärmarker in seinen Grundzügen an der
debattenchronologischen Analyse des Periodisierungsdiskurses ablesen. Die
Entscheidung für die Periodisierung impliziert allerdings nicht zwingend die
Entscheidung für einen Primärmarker. Vielmehr tritt das Einstehen der AWG
für die 1950er-Jahre innerhalb des geowissenschaftlichen Diskursstrangs eine
neuerliche Diskussion um den Primärmarker los, der den in den Strata ablesbaren Wandel am besten spiegelt.

Für die AWG steht in den Jahren um 2009 – gerade, weil zu diesem Zeitpunkt
auch die Frage danach, ob das Anthropozän über einen GSSP oder einen GSSA
zu definieren sei, noch zur Verhandlung steht – der von Crutzen vorgeschlagene
Anstieg des Kohlenstoffdioxid- und Methangehalts in der Atmosphäre hoch
im Kurs.[74] Schnell zeigt sich jedoch, dass diese Veränderungen – wie auch alle
anderen mit den verschiedenen Periodisierungsvorschlägen in Zusammenhang
stehenden eingebrachten Primärmarker – in ihrer Intensität zu graduell und in
ihrem Auftreten zu diachron sind, um in der Rolle des primären Definitions-
kriteriums eine geologische Epochenschwelle zu markieren. In der Folgezeit
werden sie deswegen von der AWG als potentielle Sekundärmarker diskutiert.[75]
Verstärkt wird diese Tendenz noch durch die 2016 gefällte Entscheidung, das
Anthropozän über einen GSSP, nicht aber über einen GSSA zu definieren.[76] Auch
der Vorschlag, das Anthropozän habe mit dem Trinity-Test am 16. Juli 1945 in
New Mexico begonnen, war damit ausgehebelt.

Einhergehend mit der Favorisierung der Zeit um die Große Beschleunigung
als Beginn des Anthropozäns verlegt sich die AWG auf die Prüfung von in
Atmosphäre wie Sedimenten nachweisbare, radioaktive Signale, die auf Atomwaffentests zurückgehen. Neben den natürlich vorkommenden radioaktiven
Isotopen ^{14}C, Uran und Thorium gehören dazu die Elemente Cäsium-137, Ame-
ricium-241, Strontium-90 oder Plutonium-239.[77] Letztere kommen unabhängig
von anthropogenen Handlungen in der Natur nur selten vor.

---

74 Zalasiewicz u. a., Are we now living in the Anthropocene?, 7.
75 Zalasiewicz u. a., Stratigraphy of the Anthropocene, 1049–1050.
76 Zalasiewicz u. a., The Working Group on the Anthropocene; Waters u. a., Global Boundary Stratotype Section and Point (GSSP) for the Anthropocene Series.
77 Colin N. Waters u. a., Can nuclear weapons fallout mark the beginning of the Anthropocene Epoch?, in: Bulletin of the Atomic Scientists 71, 2015, H. 3, 46–57; Hancock u. a., The
release and persistence of radioactive anthropogenic nuclides; Colin N. Waters u. a., Artificial
Radionuclide Fallout Signals, in: Zalasiewicz u. a. (Hrsg.), The Anthropocene as a Geological
Time Unit, 192–199, hier: 194–199.

2000	Paul Crutzen	Industrielle Revolution – Watt'sche Dampfmaschine 1784	Kohlenstoffdioxid, Methan
2003	William Ruddiman	Early Anthropocene – 8000 bis 5000 Jahre BP	Kohlenstoffdioxid, Methan
2004	Will Steffen	Große Beschleunigung – 1950er Jahre	12 erdsystemische und 12 sozio-ökonomische Trends: keine Festlegung auf einen Marker
2009	Michael Krachler	Early Mining and Smelting – 3000 Jahre BP	Arsen
2011	Giacomo Certini und Roberto Scalenghe	Bodenthese – 2000 Jahre BP	Beton
2013	Bruce Smith und Melinda Zeder Andrew Glikson Stephen Foley	Neolithische Revolution – 11.700 Jahre BP Entdeckung des Feuers – 1.8 Ma (Informelles) Paläoanthropozän – 50.000 Jahre BP	Aussterben der pleistozänen Megafauna von Feuer verfärbte Säugetierknochen Übergangszeitraum ohne Primärmarker
2015	Simon Lewis und Mark Maslin	Orbis Spike – 1610 Bomb Spike – 1964	Kohlenstoffdioxid, Methan
2016	AWG	Entscheidung für die 1950er Jahre	Plutonium 239

Abb. 15: Debattenchronologische Darstellung der Periodisierungsvorschläge, ergänzt um die zugehörigen Primärmarker, Quelle: Fabienne Will.

Die AWG-interne Abstimmung im Vorfeld des 35. IGC zu der Frage nach dem Primärmarker erbrachte zwar bei weitem keinen so deutlichen Konsens wie hinsichtlich der Periodisierungsfrage, dennoch befand eine 28,6-prozentige Mehrheit den künstlichen radioaktiven Stoff Plutonium für den geeignetsten Primärmarker.[78] Nicht nur dessen isochrone Ablagerung macht ihn zu einem geeigneten anthropozänen Signal. Auch die mit 24 110 Jahren angegebene, relativ lange Halbwertszeit des Plutonium-Isotops ^{239}Pu und 6563 Jahren des Isotops ^{240}Pu sowie deren geringe Löslichkeit steigern ihren definitorischen Eignungswert.[79]

Idealerweise sollte der gewählte Primärmarker mit mehreren Sekundärmarkern zusammenfallen, um global optimal korrelierbar zu sein. »The fact that the plutonium 239 signature is coincident with other changes makes it a useful tool for defining the Anthropocene's base«[80] und stellt »the sharpest and globally widespread signal« bereit.[81] Der Anstieg der 1963 in seiner stärksten Ausprägung

78 Zalasiewicz u.a., The Working Group on the Anthropocene, 58. Die 28,6 % für das Plutonium-239 als Primärmarker waren gefolgt von 11,4 % der Stimmen für den Radiocarbon Bomb Spike (C-14) und jeweils 8,6 % für das Plastik und die Kohlenstoffdioxidkonzentration als Primärmarker.

79 Hancock u.a., The release and persistence of radioactive anthropogenic nuclides; Waters u.a., Artificial Radionuclide Fallout Signals, 195.

80 Waters u.a., Can nuclear weapons fallout mark the beginning of the Anthropocene Epoch?, 55.

81 Zalasiewicz u.a., The Working Group on the Anthropocene, 58.

gipfelnden Plutoniumkonzentration beginnt im Jahr 1952, bevor infolge des 1963 unterzeichneten Teststoppabkommens für Atomwaffentests wieder ein Rückgang zu verzeichnen ist.[82] Befindet sich der geowissenschaftliche Subdiskurs um den geeigneten Primärmarker ab 2016 ebenso wie der Periodisierungsdiskurs in einer Schließungsphase, so lässt sich das weder für die Diskussion um geeignete Sekundärmarker noch für die GSSP-Wahl konstatieren.

Die Analyse des Primärmarkers war mit den etablierten stratigraphischen Methoden zu bewältigen. Gleiches lässt sich für die Untersuchung sekundärer Marker nicht behaupten.

Die Bestimmung der Sekundärmarker als methodische Herausforderung

Plastik

Bei Plastik handelt es sich um ein menschengemachtes Material, dessen Untersuchung und Beurteilung mit traditionell geologischen Methoden nicht beizukommen ist. Mit dem synthetischen Kunststoff Bakelit läutete der Belgier Leo Baekeland 1907 die Entwicklung und industrielle Produktion vollsynthetischer Kunststoffe ein.[83] Der Herstellung weiterer neuer Plastikmaterialien in den 1930er-Jahren folgend nahm die Plastikproduktion zu kommerziellen Zwecken in den 1960er-Jahren exponentiell zu.[84] Die direkte Verbindung zwischen Plastikproduktion und Aspekten wie der Bevölkerungszunahme, der technologischen Entwicklung oder der Urbanisierung sind dabei nicht von der Hand zu weisen. Das Thema Plastik ist in den Umweltwissenschaften und der Umweltpolitik schon lange vor dessen Verhandlung als potentieller Marker des Anthropozäns fester Bestandteil von Diskussionen und Untersuchungen. Wenig verwunderlich erscheint es daher, dass der geowissenschaftliche Diskurs um Plastik als Marker sowohl von geistes- und sozialwissenschaftlicher als auch von öffentlicher Seite vielfach aufgegriffen wird. So bringt beispielsweise die Journalistin Christina Reed in einem 2015 im *New Scientist* erschienenen Artikel den Terminus *Plasticene* als Alternative für das Anthropozän vor.[85] Ausgehend von der naturwissenschaftlichen Untersuchung der materiellen Eigenschaften von Plastik entspinnen

82 Zalasiewicz u. a., When did the Anthropocene begin?; Waters u. a., Can nuclear weapons fallout.

83 J. A. Brydson, Plastics Materials. Burlington ⁶1995, 33–35.

84 PlasticsEurope Association of Plastics Manufacturers, Plastics – the Facts 2011. An analysis of European plastics production, demand and recovery for 2010. [Onlinedokument] 2011; dass. Plastics – the Facts 2013. An analysis of European latest plastics production, demand and waste data. [Onlinedokument] 2013.

85 Christina Reed, Plastic Age: How it's reshaping rocks, oceans and life, in: New Scientist, 28.01.2015. Die Rede vom Zeitalter des Plastiks ist eine ältere Prägung und seit Jahrzehnten Teil von Umweltdiskursen.

sich Diskussionen um ethische Fragestellungen, die aus der flächendeckenden und vielfach unreflektierten Verwendung dieses neuen Stoffes resultieren.[86] Dies wiederum spielt in den Subdiskurs um den Anthropozentrismus und dessen Stellenwert in der heutigen Welt hinein. Der aus geschichtswissenschaftlicher Perspektive vorgenommene Vergleich zu strukturell ähnlichen Phänomenen der Vergangenheit versucht, mittels disziplinimmanenter Methoden mit diesen offenen Fragestellungen umzugehen (vgl. Kap. 6). Zudem resultierten die Debatten um Plastik auf europäischer Ebene mittlerweile in legislativen Maßnahmen, die Mitgliedsstaaten zu konkreten Handlungen zwingen. Auf die Plastiktüten-Direktive folgend kamen der Rat der Europäischen Union und das Europäische Parlament Ende 2018 etwa überein, ab 2021 ein generelles Verbot von Einwegplastik einzuführen.[87]

Plastik macht in seiner Funktion als omnipräsenter Gegenstand des alltäglichen Lebens die Abstraktheit des Anthropozäns buchstäblich greifbar und wird somit zu einem Brückenelement der Anthropozändebatte an der Schnittstelle von Naturwissenschaften, Geisteswissenschaften und Öffentlichkeit. Zudem materialisieren sich in Plastik die unterschiedlichen Zeitdimensionen. Plastik zeichnet sich somit durch eine doppelte Brückenfunktion aus.

Zahlreiche Studien belegen, dass Makro-, Mikro- und Nanoplastik aufgrund ihrer hohen Mobilität und Abbaubeständigkeit in terrestrischen und in marinen Sedimenten weit und in großen Mengen verbreitet sind. Ferner können sie in Organismen nachgewiesen werden und beeinträchtigen diese nachhaltig negativ.[88] In der archäologischen Praxis wurde bereits damit begonnen, Plastik als stratigraphische Marker zu nutzen.[89]

86 Zum Beispiel derjenigen nach der Verantwortung des Menschen bzw. der sich nach sozialer Stellung und geographischer Lage in ihrer Verantwortlichkeit stark voneinander unterscheidenden Bevölkerungsteile.

87 Richtlinie (EU) 2015/720 des Europäischen Parlaments und des Rates vom 29. April 2015 zur Änderung der Richtlinie 94/62/EG betreffend die Verringerung des Verbrauchs von leichten Kunststofftragetaschen, in: Official Journal of the European Union L 115, 2015, 11–15; Council of the European Commission, ANNEX to the proposal for a Directive of the European Parliament and of the Council on the reduction of the impact of certain plastic products on the environment. [Onlinedokument] 2018; Rat der EU, EU action to restrict plastic pollution: Council agrees its position. 31.10.2018.

88 Vgl. etwa Luís Carlos de Sá u.a., Studies of the effects of microplastics on aquatic organisms. What do we know and where should we focus our efforts in the future?, in: The Science of the Total Environment 645, 2018, 1029–1039; Lauren Bradney u.a., Particulate plastics as a vector for toxic trace-element uptake by aquatic and terrestrial organisms and human health risk, in: Environment International 131, 2019, Art. 104937; Fauziah Shahul Hamid u.a., Worldwide distribution and abundance of microplastic: How dire is the situation?, in: Waste Management & Research 36, 2018, H. 10, 873–897; Boris Worm u.a., Plastic as a Persistent Marine Pollutant, in: Annual Review of Environment and Resources 42, 2017, H. 1, 1–26.

89 Vgl. etwa Evan Carpenter, Steve Wolverton, Plastic litter in streams: The behavioral archaeology of a pervasive environmental problem, in: Applied Geography 84, 2017, 93–101; Zalasiewicz u.a., The geological cycle of plastics.

Die Quantität, die Abbaubeständigkeit und die globale Verteilung von Plastik-
partikeln tragen zur Eignung dieses Stoffes als distinkte geologische Schichten-
komponente des Anthropozäns bei. Patricia Corcoran u. a. führen in ihrem
Artikel *An anthropogenic marker horizon in the future rock record* Plastiglomerat
als ersten plastikhaltigen Gesteinstyp – entstanden aus der Verbindung von
geschmolzenem Plastik, organischen Überresten, Strandsedimenten und basal-
tischen Lavafragmenten – ein.[90]

Um das Markerpotential dieses neuartigen Materials zu beurteilen, holte
sich die AWG im Jahr 2015 mit Juliana Assunçao Ivar do Sul eine Plastikexpertin ins Team.[91] Ihre Aufgabe ist es seither, die Arbeitsgruppe in Bezug auf die
stratigraphische Untersuchung von Plastik zu unterstützen. Dies mündete 2016
in ein in der Zeitschrift *Anthropocene* veröffentlichtes Paper der AWG, in dem
diese sich zu Plastik als anthropozänem Marker positioniert.[92] Darin befindet
die Arbeitsgruppe Plastik im stratigraphischen Sinn insofern für geeignet, als
es nach Ablagerung in den Strata gutes Erhaltungspotential aufweisen könnte.
Außerdem ermögliche die Analyse von Strata anhand von Plastik aufgrund
dessen unterschiedlicher Typen sowie dessen Vorkommen in historisch exakt
datierbaren unterschiedlichen Technofossilien eine genaue zeitliche Auflösung.
Weil jedoch wenig Evidenz in Bezug auf die geologische Langlebigkeit von Plastik
vorhanden ist, was dessen materieller Neuartigkeit geschuldet ist, und dieser
Marker in stratigraphischen Abfolgen aller Wahrscheinlichkeit nach nicht isochron auftrete, sei Plastik als Primärmarker ungeeignet.[93] Die Herausforderung
der geowissenschaftlichen Untersuchung von Plastik besteht allerdings nicht
allein in der mangelnden Expertise. Vielmehr fehlt es ebenso an Kategorien für
diese neue Art von Materialien. Da es sich bei Plastik um kein eigentliches Fossil
(Körperfossil) handelt, wird zunächst der Vorschlag eingebracht, es als Spurenfossil zu behandeln.[94] Im Gegensatz zu Körperfossilien, die den physikalischen

---

90 Patricia L. Corcoran, Charles J. Moore, Kelly Jazvac, An anthropogenic marker horizon
in the future rock record, in: GSA Today 24, 2014, H. 6, 4–8.

91 Juliana Assunção Ivar do Sul, Monica F. Costa, The present and future of microplastic
pollution in the marine environment, in: Environmental Pollution 185, 2014, 352–364; Juliana
Assunção Ivar do Sul, Ângela Spengler, Monica F. Costa, Here, there and everywhere. Small
plastic fragments and pellets on beaches of Fernando de Noronha (Equatorial Western Atlantic), in: Marine Pollution Bulletin 58, 2009, H. 8, 1236–1238; Juliana Assunção Ivar do Sul
u. a., Pelagic microplastics around an archipelago of the Equatorial Atlantic, in: Marine Pollution Bulletin 75, 2013, H. 1–2, 305–309. Zur Mitgliedschaft der AWG vgl. Waters, Zalasiewicz,
Newsletter of the Anthropocene Working Group. Volume 6: Report of activities 2014–15.

92 Zalasiewicz u. a., The geological cycle of plastics.

93 Ebd., 15; Vgl. außerdem Leinfelder, Ivar do Sul, The Stratigraphy of Plastics and Their
Preservation in Geological Records; P. L. Corcoran, Kelly Jazvac, A. Ballent, Plastics and the
Anthropocene, in: DellaSala, Goldstein (Hrsg.), Geologic History and Energy, 163–170.

94 Barnosky, Palaeontological evidence for defining the Anthropocene; Ford u. a., An assessment of lithostratigraphy for anthropogenic deposits.

Nachweis früherer Lebensformen betreffen, bezieht sich der Begriff Spurenfossil auf den Nachweis der Aktivitäten früherer Organismen.[95]

Technofossilien

In der Debatte um das Anthropozän ist mittlerweile vornehmlich der Begriff Technofossilien geläufig, der auf das Technosphärenkonzept von Peter Haff zurückgeht (vgl. Kap. 4.3). Jan Zalasiewicz und Co. definieren Technofossilien 2019 als »structures made by species of *Homo*«.[96] Demnach koinzidiert der Beginn des technofossilen Zeitraums mit der frühesten biostratigraphischen Nachweisbarkeit des *Homo* vor etwa 2,8 Millionen Jahren im Gebiet des heutigen Äthiopien. Zu den charakterisierenden Merkmalen von Technofossilien zählen neben deren stofflicher Zusammensetzung, die, wie im Falle von Plastik, Glas, Beton oder Aluminium, kein beziehungsweise kaum ein natürliches Pendant hat, ihre unzähligen Erscheinungsformen, die vom Steinwerkzeug des Pliozäns bis zu Smartphones der heutigen Zeit reichen. Während die Frage nach dem geologisch langfristigen Verhalten von Plastik noch ungeklärt ist, weiß man um die Langlebigkeit anderer technofossiler Bestandteile wie etwa Beton besser Bescheid.[97]

Neben singulären Stoffen wie Plastik werden Technofossilien auch in ihrer Gesamtheit als Marker diskutiert. Hierzu positioniert sich die AWG wie folgt: »The middle of the 20th century has seen a change from local tech[n]ostratigraphies to, essentially, a global one, enhancing the potential of this time level [...] as an appropriate and perhaps formal Anthropocene beginning.«[98] Technologische und kulturelle Entwicklung werden in der Gestalt von Technofossilien geologisch.

Die Übernahme des Begriffs Technofossil, der »not only geologists [...], but also historians and anthropologists, as in the case of the study of the tools and objects of early [and contemporary] *Homo sapiens*« in die Untersuchung einschließt, trägt auf terminologischer und damit analytisch-methodischer Ebene dazu bei, die Notwendigkeit der Integration geistes- und sozialwissenschaftlicher Disziplinen in die geowissenschaftliche Untersuchung bestimmter Phänomene explizit zu machen.[99]

---

95 Mit den urbanen Fossilien und den Technofossilien werden in der Stratigraphie zwei weitere Termini diskutiert, die der kategorialen Einordnung neuer Materialien dienen sollen.
96 Zalasiewicz u. a., Technofossil Stratigraphy, 144. – Schon 2008 beschreibt Jan Zalasiewicz die Beschaffenheit künftiger Spurenfossilien entsprechend der später entwickelten Definition von Technofossilien; vgl. Zalasiewicz, Freedman, The Earth after us, 159–190.
97 Zalasiewicz u. a., The technofossil record of humans; ders. u. a., Technofossil Stratigraphy.
98 Ders. u. a., The technofossil record of humans, 40.
99 Corcoran, Jazvac, Ballent, Plastics and the Anthropocene, 169.

Ihre Eigenschaften machen Technofossilien zu einem distinkten geologischen Phänomen. Differenzierten sich Komplexität, Morphologie und Diversität von Technofossilien bereits während der Epoche des Holozäns zunehmend aus, so handelt es sich bis zu diesem Zeitpunkt noch um einen diachronen Prozess. Mit der Großen Beschleunigung ändert sich dies im Sinne eines explosionsartigen Anstiegs in der Produktion von Technofossilien. Erste Schätzungen gehen von etwa 130 Millionen fossilierbaren Arten technischer Objekte aus. Damit überträfe die technofossile Diversität, auf Basis paläontologischer Kriterien, die biologische bereits an Reichtum.[100] Zudem verbreiten sich diese ab den 1950er-Jahren isochron. Das ist nicht zuletzt dem zeitgenössischen Konsumverhalten geschuldet. Als einschlägiges Beispiel ist an dieser Stelle die Plastiktüte anzuführen, die um 1950 zum Massenprodukt wurde.[101]

Die geologische Einzigartigkeit von Technofossilien sowie das aus ihrer exakten Datierbarkeit resultierende hohe Korrelationspotential führen ab 2014 dazu, dass eine Gruppe um Jan Zalasiewicz über die Etablierung einer Technostratigraphie berät. Bis heute verlässt diese Diskussion den Kreis der AWG-Mitglieder kaum, was unter anderem auf die relative Randständigkeit des technostratigraphischen Ansatzes zurückzuführen ist, der vornehmlich als ergänzende Untersuchungsmethode im Bereich der Quartärstratigraphie genutzt werden kann.[102]

Das praktische stratigraphische Potential von Technofossilien für das Anthropozän stellen Gösta Hoffmann und Klaus Reicherter noch im selben Jahr unter Beweis.[103] Doch trotz aller Möglichkeiten sind Technofossilien, abgesehen von der mit der materiellen Neuartigkeit einhergehenden Herausforderung, auch eine Provokation für die Geologie. Diese manifestiert sich in temporaler Perspektive: »Given the rate of technological progress, technostratigraphic divisions may encompass as little as a decade.«[104] Ein Zeitraum von Jahrzehnten, der selbst die menschliche Lebenszeit unterschreiten, setzt der anthropozänen Provokation an die geologische Zeitdimension die Krone auf.

Die Technikgeschichte und die sozialwissenschaftliche Technikforschung sind sich seit den 1970er-Jahren darin einig, dass Technik durch die Gesellschaft geprägt wird. Wie Technik mit anderen gesellschaftlichen Subsystemen wie

---

100 Zahlen nach Zalasiewicz u. a., Scale and diversity of the physical technosphere.

101 Ida-Marie Corell, Alltagsobjekt Plastiktüte. Wien 2011; Heinz Schmidt-Bachern, Tüten, Beutel, Tragetaschen. Zur Geschichte der Papier, Pappe und Folien verarbeitenden Industrie in Deutschland. Münster u. a. 2001, 222–255.

102 Auch der Geologe Jeffrey Howard spricht sich für die Etablierung einer Technostratigraphie aus; vgl. Jeffrey L. Howard, Proposal to add anthrostratigraphic and technostratigraphic units to the stratigraphic code for classification of anthropogenic Holocene deposits, in: The Holocene 24, 2014, H. 12, 1856–1861.

103 Gösta Hoffmann, Klaus Reicherter, Reconstructing Anthropocene extreme flood events by using litter deposits, in: Global and Planetary Change 122, 2014, 23–28.

104 Zalasiewicz u. a., The technofossil record of humans, 40.

Politik und Wirtschaft verknüpft ist, wie Wissenschaft und Technik als Wissens- und Artefaktsysteme interagieren, wie Technikproduktion und Techniknutzung aufeinander bezogen sind – über diese und ähnliche Fragen wird intensiv diskutiert und trefflich gestritten. Einig ist man sich dennoch, dass technische Systeme vom Menschen gestaltet sind.[105] Das kulturelle Element, das bisher ein auf die Bereiche der Archäologie und Geschichtswissenschaften beschränktes Untersuchungsfeld war, wird im Technofossil zum geologischen Untersuchungsgegenstand. Weil das vorhandene analytisch-methodische Instrumentarium sowie die etablierten Denkmuster der Analyse diesem neuartigen Untersuchungsgegenstand nicht gerecht werden, fließen nun geisteswissenschaftliche Evidenzpraktiken in die stratigraphische Untersuchungsmethode ein. Dieser Umstand dient als weiterer Hinweis auf das Zusammenfließen von historischer, archäologischer und geologischer Zeit durch, im und mit dem Anthropozän.

Sowohl die Debatten um die Datierung als auch diejenigen um die definitionstragenden Merkmale des Menschenzeitalters kreisen zu einem Gutteil um die Frage nach technikhistorischen Prozessen und deren Wirkung auf Umwelt und Gesellschaft. Wenig verwunderlich ist es daher, dass einzelne Aspekte des anthropozänen Diskurses um Technofossilien von Vertretern geistes- und sozialwissenschaftlicher Disziplinen, vor allem aber auch im künstlerischen Bereich aufgegriffen werden.[106] Die bildende Künstlerin Deirdre Boeyen Carmichael beispielsweise widmet ihre Arbeit seit gut zwei Jahren Objekten des Anthropozäns. In einer ihrer Studien setzte sie sich insbesondere mit Technofossilien auseinander. Dabei ist es ihr gelungen, die ferne geologische Zukunft zu materialisieren und zugleich eine Verbindung zwischen menschlicher und geologischer Zeit zu schaffen, indem sie einzelne Technofossilien in Ton eingearbeitet hat.[107] Einem ähnlichen Projekt hat sich im Jahr 2013 Yesenia Thibault-Picazo in Kooperation mit Jan Zalasiewicz gewidmet.[108] Ebenso wie Plastik nehmen Technofossilien im Hinblick auf die Materialisierung des Anthropozäns sowie in Bezug auf die Verbindung unterschiedlicher Vorstellungen von Zeitlichkeit

---

105 Vgl. hierzu auch Helmuth Trischler, Fabienne Will, Die Provokation des Anthropozäns, in: Martina Heßler, Heike Weber (Hrsg.), Provokationen der Technikgeschichte. Zum Reflexionszwang historischer Forschung. Paderborn 2019, 69–105.
106 Zur künstlerischen Herangehensweise an geowissenschaftliche Inhalte des Anthropozäns vgl. etwa Pinar Yoldas, Ecosystems of Excess, 2014 [Onlinedokument]; Sy Taffel, Technofossils of the Anthropocene: Media, Geology, and Plastics, in: Cultural Politics 12, 2016, H. 3, 355–375; David Cantarero Tomás, El uso no normativo de las nuevas tecnologías en la práctica artística contemporánea. Estudio de caso: Obras Tecnofósil I y Tecnofósil II. [Onlinedokument], in: Libro de Actas – III Congreso Internacional de Investigación en Artes Visuales ANIAV 2017 GLOCAL. Valencia 2017; Maarten Vanden Eynde, Technofossils. [Onlinedokument] 2015.
107 Deirdre Boeyen Carmichael, Technofossils. 2019.
108 Yesenia Thibault-Picazo, Craft in the Anthropocene. A Future Geology. [Onlinedokument].

eine Brückenfunktion ein. Darüber hinaus machen sie die ethische Dimension anthropogenen Einflusses auf die Umwelt anhand von Objekten sicht- und greifbar. Davon ausgehend entwickeln sich weitere Subdiskurse um anthropozäne Fragestellungen. In engem Zusammenhang mit der Weiterentwicklung von Technologien steht beispielsweise der Subdiskurs um Verantwortlichkeiten im Anthropozän (vgl. Kap. 6.1).

Das Masthuhn

Ein letzter Sekundärmarker, der hier thematisiert werden soll, ist das Masthuhn. Die Ende 2018 publizierte These vom »broiler chicken as a signal of a human reconfigured biosphere« stieß verglichen mit allen anderen verhandelten Markern auf die bei weitem größte öffentliche Resonanz.[109]

Archäologischen Studien zufolge lässt sich die Geschichte domestizierter Hühner bis auf die Zeit um 8000 Jahre BP im Norden Chinas zurückdatieren.[110] Das annähernd isochrone biostratigraphische Signal des *Gallus gallus domesticus* allerdings wäre ohne den mit der Industrialisierung beginnenden technologischen Fortschritt undenkbar. Veränderte Haltungsformen und Nahrungszusammensetzung, befeuert vom globalen Bevölkerungswachstum ab Mitte des 20. Jahrhunderts, leisteten ihren Beitrag nicht nur zur globalen Verbreitung des Masthuhns. Sie sind ferner zentrale Faktoren für die veränderten isotopischen, genetischen und morphologischen Eigenschaften der Knochen dieser Vogelart, die sie (erst) zu einem idealen stratigraphischen und spezifisch anthropozänen Kennzeichen machen.[111] Studien von Gerald Havenstein und Martin Zuidhof

---

109 Bennett u. a., The broiler chicken as a signal of a human reconfigured biosphere, 1. Zur medialen Berichterstattung vgl. etwa James Gorman, It Could Be the Age of the Chicken, Geologically, in: New York Times, 11.12.2018; Sarah Knapton, Age of the chicken: why the Anthropocene will be geologically egg-ceptional, in: The Telegraph, 12.12.2018; Pranjal Mehar, Broiler chicken is the hallmark of the Anthropocene, study, in: TechExplorist, 13.12.2018; Hannah Osborne, We Eat so Much Chicken That We've Altered Earth's Biosphere, in: News Week, 11.12.2018; Stephanie Pappas, Future Humans May Call Us the ›Chicken People,‹ and Here's Why, in: Live Science, 12.12.2018; Nathaniel Scharping, Scientists Propose a New Marker for the Anthropocene: Chickens, in: Science for the Curious Discover, 11.12.2018; Sam Wong, When humans are wiped from Earth, the chicken bones will remain, in: New Scientist, 12.12.2018; Max Elder, Why your chicken wings mean we've entered a new epoch, in: The Guardian, 10.01.2019; Ian Angus, Broiler chickens: The defining species of the Anthropocene?, in: Climate and Capitalism, 19.03.2019; Blog de la rédaction, Bienvenue dans l'ère géologique du poulet en batterie, in: Le Monde, 13.12.2018; Jan Dönges, Was von der Menschenwelt übrig bleibt, in: Spektrum, 13.12.2018.
110 Joris Peters u. a., Holocene cultural history of Red jungle fowl (Gallus gallus) and its domestic descendant in East Asia, in: Quaternary Science Reviews 142, 2016, 102–119.
111 Bennett u. a., The broiler chicken as a signal of a human reconfigured biosphere, 9.

COMMERCIAL BROILERS FROM 1957, 1978, AND 2005

Strain   1957   1978   2005

0 d   34 g   42 g   44 g

28 d   316 g   632 g   1.396 g

56 d   905 g   1.808 g   4.202 g

Abb. 16: Entwicklung des Masthuhns von 1957 bis 2005; aus M. J. Zuidhof u. a., Growth, efficiency, and yield of commercial broilers from 1957, 1978, and 2005, in: Poultry Science 93, 2014, H. 12, 2970–2982, hier: 2973.

belegen die sich wandelnde Physiologie von Masthühnern für die Zeit von 1957 bis 2005.[112]

Innerhalb der AWG hat sich mit dem Biologen Mark Williams, dem Archäologen Matt Edgeworth und dem Geologen Jan Zalasiewicz ein interdisziplinäres Dreiergespann gebildet, das sich der Analyse dieses biostratigraphischen Signals anthropogenen Ursprungs annahm. Auf Basis von Daten des Archäologischen

112 G. B. Havenstein, P. R. Ferket, M. A. Qureshi, Growth, Livability, and Feed Conversion of 1957 Versus 2001 Broilers When Fed Representative 1957 and 2001 Broiler Diets, in: Poultry Science 82, 2003, H. 10, 1500–1508; M. J. Zuidhof u. a., Growth, efficiency, and yield of commercial broilers from 1957, 1978, and 2005, in: Poultry Science 93, 2014, H. 12, 2970–2982.

Museums in London einerseits sowie von *Food and Agriculture Organization of the United Nations* (FAO) und *National Agricultural Statistics Service* (NASS) andererseits verglichen die drei zusammen mit anderen Geographen, Archäologen und Agrarwissenschaftlern, die nicht Mitglieder der AWG sind, Größe und Beschaffenheit der Unterschenkelknochen früherer Vögel mit denjenigen von Masthühnern.[113] Nachdem die Untersuchungsergebnisse beim Mainzer AWG Treffen 2018 der gesamten Gruppe präsentiert und dort diskutiert worden waren, wurden sie im November 2018 in der Zeitschrift der *Royal Society* publiziert.[114] Das Resultat der stratigraphischen Untersuchung von Hühnerknochen liest sich wie folgt: Zwar seien sie aufgrund des nur annähernd synchronen Auftretens als Primärmarker weniger gut geeignet als beispielsweise Radionuklide.[115] Ihre fossile Distinktion, ihre quantitativ hohe globale Nachweisbarkeit sowie ihr erwartungsgemäß gutes Erhaltungspotential aber mache sie zu einem »key fossil index taxon of the Anthropocene [...] similar to [...] materials such as plastics, concrete and spheroidal carbonaceous particles«.[116] Der Fall des Masthuhns ist ein Beleg dafür, dass interdisziplinäre Zusammenarbeit im Prozess stratigraphischer Wissensproduktion über die Grenzen der AWG hinaus funktioniert. So sieht es auch die AWG selbst, die sich zum Gründungszeitpunkt ihrer Funktionalität keineswegs sicher war. Der »value of using archaeological techniques for relative dating of stratigraphic sequences of terrestrial anthropogenic ground, in conjunction with geological methods« hat sich nun aber bestätigt.[117]

Mit einer beständigen Population von 22,7 Milliarden ist das Masthuhn die momentan reichste Vogelart auf dem Planeten. Carys Bennett u. a. zufolge sind zum heutigen Zeitpunkt nur drei Unternehmen für 90 % der Masthuhn-Produktion verantwortlich.[118] Nicht nur die Verbindung zu den Subdiskursen um ethische Fragen wie derjenigen nach Verantwortung und der Rolle des Kapitalismus für das Anthropozän wird hier offenkundig. Vielmehr wird am Beispiel des Masthuhns die Untrennbarkeit von ethischen Aspekten einerseits und der geowissenschaftlichen Fragestellung andererseits manifest. Im Zuge der Nutzung eines normativ aufgeladenen biostratigraphischen Markers zur Definition einer geologischen Epoche erhält die Normativität – ob gewollt oder nicht – Einzug in geologische Evidenzpraktiken.

---

113 Die FAO und die NASS stellen Daten zur Hühnerfleischproduktion und zu dessen Konsum für den Zeitraum 1961 bis 2017 bereit; vgl. Bennett u. a., The broiler chicken as a signal; Williams u. a., The Biostratigraphic Signal of the Neobiota; Jan A. Zalasiewicz, Mark W. Williams, Skeletons. The Frame of Life. Oxford 2018, 234–241.

114 Zalasiewicz, Jan A. on behalf of Mark Williams, Neobiota signals for biostratigraphy, Mainz 06.09.2018 (AWG Meeting. MPI for Chemistry, 06.09.–07.09.2018).

115 Bennett u. a., The broiler chicken as a signal.

116 Ebd., 8.

117 Waters u. a., Global Boundary Stratotype Section and Point (GSSP) for the Anthropocene Series, 31.

118 Bennett u. a., The broiler chicken as a signal, 7–8.

Alle drei angeführten Beispiele potentieller Sekundärmarker zeugen davon, dass es sich bei diesem Diskurs aufgrund der hohen Präsenz der Materialien im alltäglichen Leben um einen nicht nur innerhalb der Naturwissenschaften, sondern auch geisteswissenschaftlich wie öffentlich anschlussfähigen Diskurs handelt. Die Begriffe *Plasticene*, *Technocene* und *Chickenocene* sind indessen drei Termini, die den Subdiskurs um einzelne Marker aufgreifen.

Die Suche nach einem Global Stratotype Section and Point

Die Spannbreite potentiell anthropozäner Marker zeigt: »There's tons of strati evidence. The question is how you can use the strati evidence to construct a time division.«[119]

In ihrem Ende 2017 in einer vorläufigen Version veröffentlichten Paper *Global Boundary Stratotype Section and Point (GSSP) for the Anthropocene Series: Where and how to look for potential candidates* gibt die AWG einen ersten Überblick über sowie eine Einschätzung zu besonders geeigneten Ablagerungsmilieus hinsichtlich der GSSP-Bereitstellung. Da ein GSSP der genauen zeitlichen Festsetzung einer Epochengrenze dient, werden diejenigen Paläoumwelten bevorzugt, welche die präziseste Auflösung ermöglichen. Neben marinen, fluviatilen, deltaischen, ästuarinen und glazialen Sedimenten sind Korallen, marine Muscheln, Höhlen und Bäume bevorzugte Bohr- und Untersuchungsziele auf dem Weg zur Wahl desjenigen GSSP, der die Grenze Holozän-Anthropozän markieren soll.[120] Analog zu manchen, den stratigraphischen Kriterien widersprechenden, Eigenschaften verschiedener diskutierter Marker zeigen sich diese Schwierigkeiten bei der GSSP-Frage in ähnlicher Weise. Anthropogene Ablagerungen eignen sich allein aufgrund ihres diachronen Auftretens nicht als Primärmarker. Hinzu kommt, »[they] are not annually laminated, and may lack ›preservability‹«, was sie als GSSP, der den Primärmarker enthalten muss, ausschließt. Des Weiteren leisten natürliche Prozesse ihren Beitrag zur Disqualifikation bestimmter Ablagerungsmilieus als GSSP im Hinblick auf die und aufgrund der jungen anthropozänen Marker. Erosiven Ereignissen etwa ist die hohe Wahrscheinlichkeit geschuldet, dass in Deltas und Ästuarien einige sedimentierte Schichten fehlen. Tiefe marine Umwelten hingegen erweisen sich deswegen als problembehaftet, weil hohe Bioturbationsraten, die Radioisotop- und Schwermetallsignale beeinflussen, zu einer verzögerten Ablagerung führen können, was die Signalspitze verschiebt. Auch die räumliche Entfernung der Paläoumwelt zum Ursprung des Signals

---

119 Interview mit A3*, 15.11.2017.
120 Colin N. Waters, Potential GSSP/GSSA Levels, in: Zalasiewicz u. a. (Hrsg.), The Anthropocene as a Geological Time Unit, 269–285; Waters u. a., Global Boundary Stratotype Section and Point (GSSP) for the Anthropocene Series.

kann zu Diskrepanzen bezüglich des nachzuweisenden Ablagerungsbeginns führen.[121] So empfiehlt es sich bei der GSSP-Suche, sich auf Orte zu fokussieren, die von solchen Störfaktoren geographisch weit entfernt liegen. Gletschereis der Antarktis sowie Korallenriffe der Karibik stehen hierbei hoch im Kurs. Zudem handelt es sich in beiden Fällen um GSSP-Vorschläge, die den Anstieg der Plutoniumkonzentration zu Beginn der 1950er-Jahre mit am deutlichsten zeigen.[122] Abb. 17 gibt einen Überblick über den momentanen Forschungsstand im Hinblick auf die GSSP-Suche.

Environment \ Marker	Black Carbon	Fly ash	Lead	PCBs	Pesticides (DDT)	NO_3^-	$\delta^{15}N$	Sulphur	SO_4^{2-}	CO_2	CH_4	$\delta^{13}C$	$\delta^{18}O$	D &/or dust	Pu_{239}	^{14}C
Marine anoxic basins (1)	?	?	1965 (1970s)	1945 (1967)	1952 (1967)	?	x	x	x	x	x	?	?	x	1950-54 (1970s)	?
Coral bioherms & marine bivalves (2) (3)	?	?	Late 1940s (1970s) (2)	?	x	~1970 (3)	~1950 (3)	x	x	x	x	1955 (2)	~1950 (2)	x	1952 (1964) (2)	1958 (1972) (3)
Estuaries/ Deltas (4) (5)	?	1900s (5)	(1915) (4)	1950s (1965-1977) (4)	?	?	x	x	x	x	x	?	?	x	?	?
Lakes (6) (7) (8) (9) (10)	1940s-1950s (2004-6) (8)	~1950 (1970-1990)	1960s (Post-2000) (8)	~1960 (9)	1950s (9)	?	~1950 (7)	~1950 (10)	x	x	x	?	?	x	~1955 (1964) (6)	?
Peat & peatlands (11) (12)	x	1950s (1970s) (11)	1810 (1979) (12)	(1960-1976) (12)	x	x	x	x	x	x	x	?	x	x	x	x
Ice (13) (14)	~1880 (~1910) (14)	?	~1940 (~1970) (14)	?	?	~1950 (14)	~1950 (1980) (14)	~1940 (~1970) (14)	~1940 (14)	~1950 (13)	~1950 (13)	1955 (13)	1980s (2010) (14)	~1850 (13)	1953 (1962) (13)	1954 (1966) (13)
Speleothems (15)	x	x	?	?	?	?	?	1980 (2000)	1880 (15)	x	x	~1840 (1860)	1875 (1940)	x	x	~1965 (~1975)
Trees (16) (17) (18)	x	x	?	?	?	?	1945 (18)	1960s (15)	?	x	x	1940 (1750) (16)	?	1960	?	1956 (1964) (17)

Abb. 17: Aktueller Stand der GSSP-Analyse im Jahr 2018. Die x-Achse der Abbildung zeigt potentielle Primär- und Sekundärmarker des Anthropozäns, die y-Achse benennt Umwelten, in denen GSSP-Bohrungen durchgeführt werden. Die dabei gewonnenen Bohrkerne werden sodann auf die angeführten Marker hin untersucht. Die Fragezeichen bedeuten, dass die Untersuchung noch aussteht. x bedeutet, dass die Marker in den betreffenden Bohrkernen nicht in einem den geforderten Kriterien entsprechenden Maße vorkommen. Die Jahreszahlen zeigen den Beginn des Signals. Die Jahreszahlen in Klammern stehen für den Scheitelpunkt des Signals. Die Referenznummern verweisen auf die geographische Herkunft der Bohrkerne; vgl. Waters u. a., Global Boundary Stratotype Section and Point (GSSP) for the Anthropocene Series, 141.

121 Im Falle des Anthropozäns, das dem momentanen Debattenstand zufolge über Plutonium als Primärmarker definiert werden soll, ist damit die Entfernung zu den Orten der Atombombenabwürfe gemeint.

122 Waters, Potential GSSP/GSSA Levels; Waters u. a., Global Boundary Stratotype Section and Point (GSSP) for the Anthropocene Series.

Die bisherige stratigraphische Praxis definierte GSSPs, wie erwähnt, vornehmlich über fossile Ablagerungen in marinen Sedimenten. Zwar wurde der Vorschlag, das Holozän über einen grönländischen Eisbohrkern zu definieren, 2008 angenommen, dennoch bildet die Nutzung terrestrischer Sedimente als GSSP noch die Ausnahme. Der Diskurs um den Anthropozän-GSSP zeugt von einer eindeutigen Orientierung der AWG an der Arbeit und der Vorgehensweise der *Holocene Working Group*, die, wenn auch in abgeschwächter Form, ebenfalls etwas Neues in die Praxis geologischer Zeiteinteilung einbrachte, damit ebenso auf Gegenwind aus den Reihen der Geologie zu reagieren hatte und letztlich erfolgreich war.[123] »An optimum solution may be to follow the example of the Holocene GSSP and to suggest a primary stratotype augmented with half a dozen or so auxiliary stratotypes to provide effective global reference.«[124]

Ein wiederkehrendes Argument von geowissenschaftlicher Seite gegen die Formalisierung des Anthropozäns besteht in der behaupteten fehlenden Distinktion dessen von der Epoche des Holozäns.[125] Nicht zuletzt um dieses Argument zu entkräften, analysiert die AWG Eisbohrkerne desjenigen Ortes, der das Holozän definiert: Grönland.

»Given the precedent of locating the Holocene GSSP in glacial ice, there is a strong argument for locating in an ice sheet at least an auxiliary stratotype GSSP section for the base of the Anthropocene, not least to show how its signals contrast with those at the base of the Holocene.«[126]

Mit den Jahresringen von Bäumen wird in der Debatte auch ein lebender Organismus als möglicher GSSP verhandelt. Dies gestaltet sich in methodischer Hinsicht sowohl provokativ als auch herausfordernd und wirkt destabilisierend auf die etablierten Praktiken geowissenschaftlicher Evidenzgenerierung. Die Welle an Stellungnahmen seitens der AWG und aus der breiteren geowissenschaftlichen Community sowie das mediale Interesse infolge der Bekanntmachung, dass die Jahresringe von Bäumen großes Potential als möglicher GSSP aufwiesen, belegen die Neuartigkeit des Vorschlags.[127] Die AWG ist sich des darin enthaltenen Provokationspotentials durchaus bewusst, befindet den Baum als möglichen Hilfsstratotyp aber dennoch für legitim und verweist auf methodische Parallelen

---

123 Walker u.a., The Global Stratotype Section and Point (GSSP); Walker u.a., Formal definition and dating of the GSSP.
124 Waters, Potential GSSP/GSSA Levels, 284.
125 Head, Gibbard, Formal subdivision of the Quaternary System/Period.
126 Waters u.a., Global Boundary Stratotype Section and Point (GSSP), 145.
127 Chris S. M. Turney u.a., Global Peak in Atmospheric Radiocarbon Provides a Potential Definition for the Onset of the Anthropocene Epoch in 1965, in: Scientific Reports 8, 2018, H. 3293, 1–10. Zur medialen Berichterstattung vgl. exemplarisch Jonathan Amos, ›Loneliest tree‹ records human epoch, in: BBC, 19.02.2018; Brooks Hays, ›Loneliest tree in the world‹ offers evidence of Anthropocene's beginning, in: UPI, 19.02.2018; Cara Giaimo, The Island That May Hold the Key to the Beginning of the Anthropocene, in: Atlas Obscura, 08.03.2018.

zum holozänen Eisbohrkern, dessen Verwendung zur GSSP-Definition ebenso gegen die etablierten Regeln stratigraphischer Zeiteinteilungspraxis verstieß.[128]

Weder die Bohrungen noch die Analysen der Bohrkerne sind zum jetzigen Debattenzeitpunkt abgeschlossen. Formuliertes Ziel der *Anthropocene Working Group* ist es indessen, beim 36. IGC in Delhi 2020 ein vorläufiges Ergebnis zu präsentieren.[129] Unabhängig davon, auf welchen GSSP die Wahl der AWG letztlich fällt – er wird nicht nur in der Geologie, sondern auch in der Geschichtswissenschaft eine eigene Bedeutung entfalten. Ob man es wie Dipesh Chakrabarty Geogeschichte nennen mag oder nicht, geologische und historische Zeitdimension sind im Anthropozän untrennbar miteinander verknüpft.

Die konzeptionelle Beschaffenheit des Anthropozäns einerseits sowie die geologische Materialität des Konzepts andererseits werfen die Frage danach auf, wie die Erinnerungskultur dem gerecht werden kann. Die Bedeutsamkeit des Anthropozänkonzepts wird, sofern es formalisiert wird, nicht allein im geologischen, sondern auch im historischen Bereich weiter zunehmen und sodann möglicherweise verstärkt geschichtswissenschaftliche Auseinandersetzungsprozesse mit der Thematik anstoßen. Das Anthropozän fordert Geologen und Historiker gleichermaßen heraus, die mit ihrer traditionellen Methodik gegenwärtig beide an ihre Grenzen stoßen. Geologen bestimmen Zeitabschnitte sofern möglich über GSSPs, die sogenannten *golden spikes*. In einem symbolischen Akt werden diese *golden spikes* an ihrem Bohrungsort markiert, indem ein goldener Nagel mit den entsprechenden Angaben zum betreffenden Zeitabschnitt in Stein gemeißelt wird. Zweifelsohne gibt es unzählige Möglichkeiten, eine anthropozäne Erinnerungskultur zu entwickeln – allein die inhaltliche Breite der Thematik erlaubt mannigfaltige Umsetzungsmöglichkeiten zu den diversen Teilaspekten des Konzepts. Bezüglich des Gesamtkonzepts aber liegt der Gedanke nahe, auf ein ohnehin sowohl in den Geschichtswissenschaften als auch der Geologie etabliertes Symbol zurückzugreifen. Eine Möglichkeit, geologische materielle Zeit einerseits und historische immaterielle Zeit andererseits zusammenzubringen, bestünde darin, den *golden spike* als von der Geologie aus der Geschichtswissenschaft entlehntes historisches Symbol in Gestalt eines anthropozänen histori-

---

128 Vgl. dazu die Ausführungen im Kap. 1.3; Waters u. a., How to date natural archives of the Anthropocene; Jan A. Zalasiewicz u. a., The Anthropocene, in: Geology Today 34, 2018, H. 5, 177–181; Waters, Potential GSSP/GSSA Levels; Waters u. a., Global Boundary Stratotype Section and Point (GSSP), 127–138. – Zugleich zeigt sich in der Folgezeit auch eine Offenheit einzelner Vertreter der Geologie, die nicht Mitglied der AWG sind, gegenüber methodischen Neuerungen. Folgender Artikel illustriert dies: Samuli Helama, Markku Oinonen, Exact dating of the Meghalayan lower boundary based on high-latitude tree-ring isotope chronology, in: Quaternary Science Reviews 214, 2019, 178–184.

129 Aufgrund der COVID-19-Pandemie wurde der 36. Internationale Geologische Kongress auf voraussichtlich 16.–21. August 2021 verschoben. International Union of Geological Sciences, 36th International Geological Congress 10.08.2020.

schen Denk- oder vielmehr Mahnmals wieder an die Geschichtswissenschaften rückzubinden.

Das von dem kalifornischen Utopisten Steward Brand ins Leben gerufene Projekt des Baus einer Uhr, die unabhängig von menschlichen Eingriffen über 10 000 und mehr Jahre hinweg laufen können soll, verweist eindrucksvoll auf die dialektische Konstellation, dass die Menschheit Verantwortung für die in eine schier endlos ferne Zukunft hineinreichenden Folgen ihres Handelns zu übernehmen hat, ohne zu wissen, wie sie dieser Verantwortung gerecht werden kann.[130] Projekte wie diese *Clock of the Long Now* geben der Hoffnung eine Stimme, kategoriale Grenzziehungen, die sich mit der Aufklärung zu etablieren begannen, zu überwinden. Die Zusammenführung von geologischer und historischer Zeit rückt damit in greifbare Nähe.

4.3 Technik im Anthropozän als (inter-)disziplinäre Schnittstelle der Debatte

Wissenschaft und Technik haben für die Herausbildung moderner Gesellschaften eine zentrale Rolle gespielt. Erst die umfassende Technisierung aller Lebensbereiche hat jene Eindringtiefe des Menschen in Natur und Umwelt ermöglicht, die wir heute unter dem Begriff des Anthropozäns als Problem und Chance gleichermaßen diskutieren. Die Subdiskurse um die Periodisierung des neuen geologischen Zeitabschnitts sowie das damit verbundene Diskussionsfeld um geeignete Marker kreisen daher zu einem Gutteil – wenn auch innerhalb der geowissenschaftlichen Debatte eher implizit – um die Frage nach technikhistorischen Prozessen und deren Wirkung auf Umwelt und Gesellschaft. Darüber hinaus zählt eine multidimensionale Debatte um das Wesen von Technik selbst sowie Potential und Verderben derselben zu den identifizierten Subdiskurssträngen der Anthropozändebatte, die hier behandelt werden. Technologie erweist sich dabei als dem menschlichen Verstand zugängliche materielle wie zeitliche Brücke zwischen geologischer Dimension einerseits und historischer Dimension andererseits, was die Anschlussfähigkeit dieses Diskurses sowohl auf naturwissenschaftlicher als auch auf geistes- und sozialwissenschaftlicher Seite erklärt.

Erstens wird das vorliegende Kapitel die Diskussionen um das Geoengineering, auch Climate Engineering oder Climate Geoengineering genannt, in den Blick nehmen.[131] Ziel ist es dabei nicht, einen vollständigen Überblick über

---

130 The Long Now Foundation, The 10,000 Year Clock [Onlinedokument]; Danny Hillis u. a., Time in the 10.000-Year Clock [Onlinedokument] 2011.

131 Als Bezeichnung für technische Ansätze im Umgang mit Klimafolgen haben sich die Begriffe *Geoenineering* und *Climate Engineering* etabliert, die beide nicht unumstritten sind. Der zentrale Unterschied liegt darin, dass der Begriff *Climate Engineering* präziser darauf verweist, dass es explizit um Strategien zur Einwirkung auf klimatische Bedingungen geht.

diese facettenreiche inhaltliche, wissenschaftlich-politische Debatte zu geben, die sich durch enormes Provokationspotential auszeichnet. Vielmehr werden im Sinne der übergeordneten Fragestellung die Art und Weise der anthropozäninternen Aushandlung, Einbindung und Position einzelner AWG-Mitglieder in der breiteren Geoengineering-Debatte sowie daraus resultierende Effekte auf die etablierten geowissenschaftlichen Evidenzpraktiken der AWG in den Blick genommen. Zweitens werden die Konzepte der Technosphäre und des Technozäns diskutiert, die bereits in ihrer Begrifflichkeit den analytischen Anspruch signalisieren, die (lange) Gegenwart als eine von Technik nicht nur geprägte, sondern dominierte Periode zu fassen.

Technischer Fortschritt als Problem und Lösung zugleich? Die Rolle von Geoengineering in der Anthropozändebatte

Als besonders kontroverses Feld nicht nur der geowissenschaftlichen, sondern auch der geistes- und sozialwissenschaftlichen Debatte um das Anthropozän hat sich die These von einem *Guten Anthropozän* erwiesen, die zurückgeht auf eine Gruppe von Autoren um Michael Shellenberger und Ted Nordhaus, Gründer eines US-amerikanischen Think Tanks, dem *Breakthrough Institute*, mit engen Verbindungen zur Industrie. Nordhaus und Shellenberger haben umstrittene Bücher veröffentlicht, in denen sie das Ende der Umweltbewegung vorhersagen, sich gegen Klimaverhandlungen stellen und sich für eine Fortsetzung der Nutzung von Kernenergie einsetzen, um das Klima zu schützen und zu stabilisieren.[132]

Wie erwähnt gehört auch der Geograph Erle Ellis, Mitglied der AWG, zu den Verfechtern der 2015 im Ökomodernen Manifest formulierten Hoffnung, dass »knowledge and technology, applied with wisdom, might allow for a good, or

---

Seit der Jahrtausendwende haben sich die Begrifflichkeiten weiter ausdifferenziert, was zuvorderst auf die immer weiter fortschreitende Spezifizierung einzelner Geoengineering-Techniken zurückzuführen ist. Neben *Climate Geoengineering*, das weitestgehend synonym zu *Geoengineering* und *Climate Engineering* verwendet wird, findet sich sowohl in der wissenschaftlichen als auch in der medialen Berichterstattung häufig nur noch die Nennung spezifischer Techniken. Zudem zeigt sich eine regional unterschiedliche Verwendung der Termini *Geoengineering*, *Climate Engineering* und *Climate Geoengineering*. Weil in der breiteren Anthropozändebatte vielfach mit dem Terminus *Geoengineering* operiert wird, werde ich mich dem im Folgenden anschließen. Mit dieser Verwendung des Begriffs schließe ich auch die mit *Climate Engineering* und *Climate Geoengineering* bezeichneten Prozesse ein. Vgl. dazu Claudio Caviezel, Christoph Revermann, Climate Engineering. Kann und soll man die Erderwärmung technisch eindämmen?. Berlin 2014.

132 Ted Nordhaus, Michael Shellenberger, Break Through. From the Death of Environmentalism to the Politics of Possibility. New York 2007; Michael Shellenberger, Ted Nordhaus, The Death of Environmentalism. Global Warming-Politics in a Post-Environmental World, in: Geopolitics, History, and International Relations 1, 2009, H. 1, 121–163.

even great, Anthropocene«.[133] Dieses sei durch die voranschreitende Entkopplung von Mensch und Natur zu erreichen, indem »humans use their growing social, economic, and technological powers to make life better for people, stabilize the climate, and protect the natural world«.[134] Das Manifest reiht sich damit in eine für das moderne Denken charakteristische Linie ein.

Technikhistorikern sind solche Glaubensbekenntnisse in den Technofix nur allzu vertraut. Der Rekurs auf die säkularisierte Heilsgewissheit von Naturwissenschaft und Technik zählt, wie unter anderem Ulrich Wengenroth betont hat, zu den Leitideen der Moderne.[135] Für Thomas Hänseroth ist das Fortschrittsversprechen von Technik nicht weniger als das Signum der Epoche der »Technokratischen Hochmoderne«, die mit dem Einsetzen der zweiten Industriellen Revolution um etwa 1880 begann und mit der tiefen Zäsur um 1970 auslief.[136] Für James C. Scott ist der Technofix des *high modernism* noch längst nicht zu Ende gekommen, und in der Tat zeigt die Debatte um das Gute Anthropozän, wie tief der Glaube in die Heilskraft von wissenschaftlicher und technischer Kreativität im kulturellen Haushalt moderner Gesellschaften verankert ist und dass er zyklisch wiederkehrt.[137]

Die These vom Guten Anthropozän, das über technologischen Fortschritt zu erreichen sei, erfährt besonders in geistes- und sozialwissenschaftichen Disziplinen massive Kritik und mündet in einen ethisch-moralischen Subdiskurs um anthropozäne Fragestellungen, die von Provokationen auf philosophischer als auch anthropologischer Ebene zeugen. Die Sorge, solch großes Vertrauen in die Fähigkeit von Technik würde als Wegbereiter für fragwürdige Praktiken des Geoengineering dienen, steht dabei (mit) im Zentrum.[138] Der Humangeo-

133 Asafu-Adjaye u. a., Ecomodernist Manifesto, 6.
134 Ebd.
135 Ulrich Wengenroth, Technik der Moderne – Ein Vorschlag zu ihrem Verständnis. Version 1.0 [Onlinedokument]. München 2015, 32, 132, 237.
136 Thomas Hänseroth, Technischer Fortschritt als Heilsversprechen und seine selbstlosen Bürgen: Zur Konstituierung einer Pathosformel der technokratischen Hochmoderne, in: Hans Vorländer (Hrsg.), Transzendenz und die Konstitution von Ordnungen. Berlin 2013, 267–288; siehe auch Uwe Fraunholz, Sylvia Wölfel (Hrsg.), Ingenieure in der technokratischen Hochmoderne. Thomas Hänseroth zum 60. Geburtstag. Münster 2012.
137 James C. Scott, Seeing Like a State. How Certain Schemes to Improve the Human Condition Have Failed. New Haven 1998.
138 Bruno Latour, Love Your Monsters: Why We Must Care for Our Technologies as We Do Our Children, in: Breakthrough Journal, 2011, 21–28; ders., Agency at the Time of the Anthropocene, in: New Literary History 45, 2014, H. 1, 1–18; Clive Hamilton, The Theodicy of the »Good Anthropocene«, in: Environmental Humanities 7, 2016, H. 1, 233–238; Allenby, Geoengineering redivivus; Suvi Huttunen, Emmi Skytén, Mikael Hildén, Emerging policy perspectives on geoengineering. An international comparison, in: The Anthropocene Review 2, 2015, H. 1, 14–32; Clive Hamilton, The Delusion of the »Good Anthropocene«: Reply to Andrew Revkin. [Onlinedokument] 2014; Miranda Boettcher, Stefan Schäfer, Reflecting upon 10 years of geoengineering research. Introduction to the Crutzen + 10 special issue, in: Earth's Future 5, 2017, H. 3, 266–277.

graph Jamie Lorimer wie der Wirtschaftswissenschaftler Jeremy Baskin hegen die Befürchtung, die zweifache Exzeptionalität des Anthropozänkonzepts – die Menschheit habe den Planeten Erde in einen nie dagewesenen Zustand geführt – könne in Kombination mit der in Bezug auf Lösungsmöglichkeiten attestierten Relevanz von Expertenwissen einerseits und technologischer Intervention andererseits legitimierend auf den Einsatz außergewöhnlicher Formen des Managements, wie etwa das Geoengineering, wirken. Baskin sieht damit die Gefahr verbunden, politische Herausforderungen auf das Technische abzuwälzen. Lorimer wertet das Ökomoderne Manifest als Sinnbild einer ideologischen Nutzung des Anthropozänkonzepts.[139]

Es war kein anderer als Paul Crutzen, der im Jahr 2006 mit seinem Aufsatz *Albedo Enhancement by Stratospheric Sulfur Injection: A Contribution to Resolve a Policy Dilemma?* eine bis dato beispiellose wissenschaftliche und politische Debatte zum Thema Geoengineering lostrat.[140] Darin plädiert er, seiner wachsenden Besorgnis aufgrund politisch fehlgeschlagener Restriktionsversuche von Treibhausgasemissionen (Kohlendioxid und Sulfurdioxid) geschuldet, für die Injektion von Schwefeldioxidpartikeln in die Stratosphäre.

»Given the grossly disappointing international political response to the required greenhouse gas emissions, […] research on the feasibility and environmental consequences of climate engineering of the kind presented in this paper, which might need to be deployed in future, should not be tabooed.«[141]

Die Reaktion der Partikel in der Stratosphäre führt zur Bildung von künstlichen Sulfataerosol-Wolken, die das Sonnenlicht reflektieren. Die dadurch erreichte Verringerung der Sonneneinstrahlung sorgt für einen Ausgleich des für die globale Erwärmung verantwortlichen anthropogenen Treibhauseffekts. Heute

---

139 Baskin, Paradigm Dressed as Epoch; Jamie Lorimer, The Anthropo-scene. A guide for the perplexed, in: Social Studies of Science 4, 2017, H. 1, 117–142, hier: 123–125.

140 Zu der von Crutzen ausgelösten Debatte vgl. P. Oldham u. a., Mapping the landscape of climate engineering, in: Philosophical Transactions of the Royal Society. Series A, Mathematical, Physical & Engineering Sciences 372, 2014, H. 2031, 1–20; Boettcher, Schäfer, Reflecting upon 10 years of geoengineering research; Mark G. Lawrence, Paul J. Crutzen, Was breaking the taboo on research on climate engineering via albedo modification a moral hazard, or a moral imperative?, in: Earth's Future 5, 2017, H. 2, 136–143; Jonas Anshelm, Anders Hansson, Has the grand idea of geoengineering as Plan B run out of steam?, in: The Anthropocene Review 3, 2016, H. 1, 64–74. Einen Überblick zum aktuellen Forschungsstand im Bereich Geoengineering liefern Mark G. Lawrence u. a., Evaluating climate geoengineering proposals in the context of the Paris Agreement temperature goals, in: Nature Communications 9, 2018, H. 1, 1–19; Intergovernmental Panel on Climate Change, Climate Change 2014 Synthesis Report. Contribution of Working Groups I, II and III to the Fifth Assessment Report of the Intergovernmental Panel on Climate Change. [Core Writing Team; Pachauri, R. K; Meyer, L. A. (Hrsg.)], Genf 2015.

141 Paul J. Crutzen, Albedo Enhancement by Stratospheric Sulfur Injections. A Contribution to Resolve a Policy Dilemma?, in: Climatic Change 77, 2006, H. 3–4, 211–220, hier: 214.

ist diese Methode als eine Möglichkeit des *Solar Radiation Management* (SRM) bekannt und mit dem *Carbon Dioxide Removal* (CDR) einer der beiden prominentesten Geoengineering-Ansätze.

Paul Crutzen, der sich der mit solchen Eingriffen verbundenen Risiken zu jedem Zeitpunkt bewusst ist, schreibt weiter:

»I must stress here that the albedo enhancement scheme should only be deployed when there are proven net advantages and in particular when rapid climate warming is developing [...]. Importantly, its possibility should not be used to justify inadequate climate policies, but merely to create a possibility to combat potentially drastic heating«.[142]

Trotz seiner stets reflektierten Haltung sah sich Crutzen für seinen Vorschlag massiver Kritik ausgesetzt. Einige Wissenschaftler werteten die Thematisierung von Geoengineering als Handlungsoption als Tabubruch, wie es etwa die Klimatologen Ralph Cicerone oder Mark Lawrence bezeugen:

»In the discussions that surrounded the drafting of Crutzen's article, there was a passionate outcry by several prominent scientists claiming that it is irresponsible to publish such an article focused on a particular geoengineering proposal.«[143]

Währenddessen verweist der Bericht des IPCC aus dem Jahr 2018 auf die Notwendigkeit, erprobte Techniken des Geoengineering als Handlungsoption zu berücksichtigen, wenn es das Ziel sein soll, die globale Erwärmung unter 2° zu halten, um so die Habitabilität des Planeten für die kommenden Generationen zu gewährleisten.[144]

Die Diskussionen um den Einsatz von Techniken des Geoengineerings weisen strukturelle Parallelen zu der Debatte um die embryonale Stammzellforschung auf, die sich ebenfalls im Spannungsfeld von wissenschaftlichen Möglichkeiten und ethisch-moralischen Bedenken bewegt.[145] Ein struktureller Vergleich

---

142 Ebd., 216.

143 Mark G. Lawrence, The Geoengineering Dilemma. To Speak or not to Speak, in: Climatic Change 77, 2006, H. 3–4, 245–248, hier: 245; vgl. auch Ralph J. Cicerone, Geoengineering. Encouraging Research and Overseeing Implementation, in: Climatic Change 77, 2006, H. 3–4, 221–226.

144 Intergovernmental Panel on Climate Change, Global Warming of 1.5°C. An IPCC Special Report on the impacts of global warming of 1.5°C above pre-industrial levels and related global greenhouse gas emission pathways, in the context of strengthening the global response to the threat of climate change, sustainable development, and efforts to eradicate poverty. [Masson-Delmotte, V; Zhai, P; Pörtner, H.-O; Roberts, D; Skea, J; Shukla, P. R; Pirani, A; Moufouma-Okia, W; Péan, C; Pidcock, R; Connors, S; Matthews, J. B. R; Chen, Y; Zhou, X; Gomis, M. I; Lonnoy, E; Maycok, T; Tignor, M; Waterfield, T. (Hrsg.)], 313–443.

145 Zur Debatte um die embryonale Stammzellforschung vgl. exemplarisch Ute Kalender, Körper von Wert. Eine kritische Analyse der bioethischen Diskurse über die Stammzellforschung. Bielefeld 2012;
Martin Zenke u. a. (Hrsg.), Stammzellforschung. Aktuelle wissenschaftliche und gesellschaftliche Entwicklungen. Baden-Baden 2018.

dieser beiden Debatten böte das Potential, Antworten auf die Fragen zu finden, wie diese spannungsgeladene Konstellation den Gang wissenschaftlicher Forschung im Allgemeinen und den Prozess der Wissensgenerierung im Besonderen beeinflusst.

Infolge solcher Diskussionen über technische Eingriffe, deren langfristige Folgen für Klima und Erde weitestgehend unbekannt sind, hat die Idee des Anthropozäns einen bitteren Nachgeschmack hinterlassen. Die mit Erle Ellis und Paul Crutzen aktive Beteiligung zweier Mitglieder der *Anthropocene Working Group* an derart normativen Diskussionen fördert die verbreitete Wahrnehmung, die AWG sei Proponent eines Guten Anthropozäns, das über den Einsatz von Geoengineering-Methoden zu erreichen sei. Zudem sieht sich die Arbeitsgruppe wiederholt mit dem Vorwurf konfrontiert, sie agiere im Dienste und Interesse bestimmter politischer Richtungen.[146]

Doch das Gegenteil ist der Fall: Die AWG äußert sich weder zu wertbehafteten Fragen nach einem guten oder schlechten Anthropozän, noch finden sich in ihren Publikationen explizite Stellungnahmen zum Thema Geoengineering. Einzelne Mitglieder positionieren sich, gemeinsam mit führenden Klimawissenschaftlern, reflexiv und halten sich bedeckt, wie ein 2012 erschienener Artikel zeigt. Neben Will Steffen (IGBP, AWG), Jan Zalasiewicz (AWG), Mark Williams (AWG) und Paul Crutzen (IGBP, Nobelpreis Ozonloch, AWG) zählen unter anderem Johan Rockström (Planetary Boundaries), Hans-Joachim Schellnhuber (IPCC) und Mario Molina (Nobelpreis Ozonloch) zum Autorenteam:

»Nevertheless, it may become necessary to supplement efforts to reduce human emissions of greenhouse gases with geo-engineering to prevent severe anthropogenic climate change. If this strategy is required, then SRM mechanisms would probably be the more effective as the Earth System would respond more quickly to these than to manipulation of the carbon cycle [...]. However, in contrast to emissions reduction, the problem with geoengineering is ›not how to get countries to do it, (but) the fundamental question of who should decide whether and how geo-engineering should be attempted – a problem of governance‹ [...]. Many potential forms of geo-engineering would be relatively inexpensive, could be carried out unilaterally and could potentially alter climate and living conditions in neighboring countries. Thus, the potential geopolitical consequences of geo-engineering are enormous, and urgently require guiding principles for their application.«[147]

Indem die AWG als Gruppe die Debatte um das Geoengineering nicht explizit zum Thema macht, zeigt sie einerseits, dass sie auf ihr Ziel, nämlich die geowissenschaftliche Nachweisbarkeit des Anthropozäns, fokussiert bleibt. Andererseits zeugt diese Enthaltung von dem Bestreben, dem stratigraphischen

---

146 Vgl. exemplarisch Barry, Maslin, The Politics of the Anthropocene; Finney, Edwards, The »Anthropocene« epoch; Altvater, The Capitalocene.

147 Will Steffen u. a., The Anthropocene. From Global Change to Planetary Stewardship, in: Ambio 40, 2011, H. 7, 739–761, hier: 752.

Grundsatz treu zu bleiben und sich von normativen Diskussionen fernzuhalten, die nach eigenen Angaben außerhalb ihres Zuständigkeitsbereichs liegen. Damit versucht die Gruppe zugleich zu vermeiden, dass ihr eine politische Färbung unterstellt wird, die, sollte sie in der geowissenschaftlichen Communtiy als solche wahrgenommen werden, im schlimmsten Falle die Formalisierung des Anthropozäns gefährden könnte. Dennoch wirkt die Debatte um den Einsatz von Geoengineering, die eng an die Verhandlung anderer anthropozäner Phänomene gekoppelt ist, implizit und explizit auf Denkprozesse einzelner Mitglieder und damit den Evidenzproduktionsprozess der AWG rück. Allein das Wissen um die öffentliche Wahrnehmung und die Beteiligung von Mitgliedern an normativen Debatten, die in informellen Gesprächen durchaus thematisiert werden, verändern Evidenzpraktiken. Zudem agiert die Gruppe schon deshalb normativ, weil die gewählte Form der Interdisziplinarität in der Sozialdimension dies zwangsläufig mit sich bringt. Die Einbindung von Journalisten, sei es mit Andrew Revkin bis 2016 als Mitglied, sei es mit Christian Schwägerl oder Nicola Davison als an Treffen Teilnehmende, deren Praxis eine häufig normativ aufgeladene ist, verkörpert einen Wandel in der Evidenzpraxis, der sich normativen Aspekten nicht verschließt.[148] Andrew Revkin etwa bezog in seiner Rolle als Journalist durchaus Stellung zum Thema Geoengineering.[149]

Ohnehin ist fraglich, ob die Zurückweisung jeglicher Verantwortung und Kompetenz hinsichtlich ethischer, offensichtlich eng mit der geowissenschaftlichen Verhandlung des Konzepts verbundener Fragestellungen so noch angemessen ist – beschäftigt man sich doch mit geologischen Auswirkungen anthropogener Handlungen, die offensichtlich normgeleitet sind. Eine Beschäftigung mit dem *anthropos*, der in seinem Wesen als handelndes Subjekt durchweg normative Entscheidungen trifft, kann nicht non-normativ sein. Zwar geht es in der Stratigraphie, wie mehrfach erwähnt, um sichtbare Effekte, nicht aber um die Ursachen dieser Effekte. Indem diese Effekte jedoch als bedrohlich eingestuft werden und über potentielle Lösungsmöglichkeiten beraten wird, die allesamt auf menschlichem Handlungspotential unterschiedlicher Richtung basieren, wird ihnen ebenfalls ein Wert zugedacht. Zudem schließt jede Betrachtung von Effekten die zugrundeliegenden Ursachen implizit mit ein.

Die dem Anthropozänkonzept inhärente Normativität und besondere normative Aufladung einzelner Aspekte wirken somit transformierend auf etablierte geowissenschaftliche Evidenzpraktiken ein.

---

148 Nicola Davison nahm an dem Treffen der Arbeitsgruppe teil, das im September 2018 in Mainz stattfand und verfasste im Nachgang einen Artikel zur Arbeit der *Anthropocene Working Group*; vgl. Nicola Davison, The Anthropocene epoch: have we entered a new phase of planetary history?, in: The Guardian, 30.05.2019.
149 Andrew C. Revkin, Can Humans Go from Unintended Global Warming to Climate By Design?, in: New York Times Blog, 18.10.2016; ders., Scientists Focused on Geoengineering Challenge the Inevitability of Multi-Millennial Global Warming, in: Medium, 02.09.2016.

Technosphäre und Technozän – Technikkonzeptionen in planetarer Perspektive[150]

Der Diskurs um die Rolle von Technik für die Epoche des Menschenzeitalters hat sich in den letzten Jahren ausgeweitet und vertieft. Über disziplinäre Grenzen hinweg wird er sowohl in den Natur- als auch in den Geistes- und Sozialwissenschaften geführt. Eine Schlüsselrolle hat dabei der Begriff der Technosphäre inne, den Peter Haff eingeführt hat. Der Geophysiker, der auch Mitglied der *Anthropocene Working Group* ist, beschreibt das zunehmend komplexer werdende System von Technik als Technosphäre.[151] Haff geht mit seinem Konzept einen Schritt weg von der anthropozentrischen Perspektive auf Technik, die in den Diskussionen um Methoden und Einsatz von Geoengineering zutage tritt. Ausgangspunkt seiner Überlegungen bildete sein Eindruck, »some perspective was missing from all that discussion«.[152]

Wie im Fall des Anthropozäns selbst handelt es sich auch bei der Technosphäre um keine gänzlich neue Idee. Sie baut auf älteren Debatten um Technik auf, von denen einzelne Aspekte aufgegriffen werden. Haff bezieht sich etwa auf die Trope einer autonomen Technik, die Technikphilosophen und -soziologen wie Jacques Ellul und Langdon Winner bereits vor einem halben Jahrhundert zu diskutieren beziehungsweise zu widerlegen begannen.[153] Auch Günther Anders verwies in seinen technikphilosophischen Ausführungen bereits Mitte des 20. Jahrhunderts auf die wachsende Unterlegenheit gegenüber und zugleich Abhängigkeit des Menschen von der eigens geschaffenen Technik. Ähnliches findet sich bei dem Technikphilosophen Friedrich Rapp und dem Landschaftsökologen Zev Naveh, die beide auf die Komplexität einer entkoppelten Technosphäre verweisen.[154]

---

150 Folgende Ausführungen zu Technosphäre und Technozän wurden in Teilen bereits an anderer Stelle publiziert, vgl. Helmuth Trischler, Fabienne Will, Technosphere, Technocene, and the History of Technology, in: ICON 23, 2017, 1–17; dies., Die Provokation des Anthropozäns.

151 Peter K. Haff, Technology and human purpose. The problem of solids transport on the Earth's surface, in: Earth System Dynamics 3, 2012, H. 2, 149–156; ders., Technology as a geological phenomenon: implications for human well-being, in: Waters u. a. (Hrsg.), A Stratigraphical Basis for the Anthropocene?, 301–309; ders., Humans and technology in the Anthropocene. Six rules, in: The Anthropocene Review 1, 2014, H. 2, 126–136; ders., Being human in the Anthropocene, in: The Anthropocene Review 4, 2017, H. 2, 103–109; ders., Being Human in the Anthropocene [Onlinedokument].

152 Interview mit A4*, 02.12.2017.

153 Jacques Ellul, The Technological Society. New York 1967; Langdon Winner, Autonomous Technology: Technics-out-of-Control as a Theme in Political Thought. Cambridge 1977.

154 Günther Anders, Die Antiquiertheit des Menschen. Band I. Über die Seele im Zeitalter der zweiten industriellen Revolution. München ⁵1980; ders., Die Antiquiertheit des Menschen.

Dennoch unterscheidet sich Haffs systemisches Technosphärenkonzept qualitativ von früheren Mensch-Technik-Konzeptionen. So geht er davon aus, dass die Prozesse des globalen Wandels, die durch das Anthropozänkonzept gefasst werden, dazu führen, den *anthropos* als technisches Subjekt zu verstehen. Seine ingeniöse technische Kreativität habe es dem Menschen ermöglicht, tief in den globalen Stoffwechsel einzugreifen. Einen ähnlichen Gedanken – wenn auch mit völlig anderen Schlussfolgerungen hinsichtlich des Mensch-Umwelt-Verhältnisses – verfolgt der neomaterialistische Ansatz, der Mensch und Kultur nicht als Meister ihrer materiellen Umwelt, sondern als deren Produkte auffasst.[155]

Die Technosphäre beschreibt Haff in systemkritischer Perspektive als ein neu entstandenes Erdsystem, das aus

»the world's large-scale energy and resource extraction systems, power generation and transmission systems, communication, transportation, financial and other networks, governments and bureaucracies, cities, factories, farms and myriad other ›built‹ systems, […] all the parts of these systems, including computers, windows, tractors, office memos and humans«

besteht; und er zählt auch intermediäre gesellschaftliche Institutionen wie Kirchen und NGOs dazu.[156]

Im Unterschied zu frühen Verwendungen des Begriffs in den Naturwissenschaften als der vom Menschen durch Technik modifizierten Umwelt geht Haff nicht von der Annahme aus, dass die Technosphäre in erster Linie ein vom Menschen erschaffenes und von ihm kontrolliertes System ist. Das Funktionieren der modernen Menschheit sei vielmehr das Produkt eines Systems, das jenseits individueller und kollektiver Kontrolle operiere und dem menschlichen Verhalten seine eigenen Forderungen auferlege. Die Menschen gelten als essentielle, aber dennoch untergeordnete Teile des Systems.

In dieser Perspektive repräsentiert die Technosphäre als autonomes, dynamisches und globales System, »[that] does things«, eine neue Stufe in der Entwicklung der Erde:[157] Auf einer Ebene mit Lithosphäre, Atmosphäre, Hydrosphäre und Biosphäre verortet, agiert sie im Einklang mit physikalischen Prinzipien.

Band II. Über die Zerstörung des Lebens im Zeitalter der dritten industriellen Revolution. München 1980; Friedrich Rapp, Analytical Philosophy of Technology. Dordrecht 1981; Zev Naveh, Landscape ecology as an emerging branch of human ecosystem science, in: A. Macfadyen, E. D. Ford (Hrsg.), Advances in Ecological Research. Volume 12. London u. a. 1982, 189–237.

155 Einen Überblick bietet Timothy J. LeCain, Against the Anthropocene. A Neo-Materialist Perspective, in: International Journal of History, Culture and Modernity 3, 2015, H. 1, 1–28.

156 Haff, Humans and technology in the Anthropocene, 127.

157 Interview mit A4*, 02.12.2017.

Eine Reihe von Regeln, die sogenannten *six rules*, steuern die Beziehung zwischen Technosphäre und Menschheit.[158]

Als eine dieser Regeln identifiziert Haff Führung und Kontrolle. Die menschliche Fähigkeit, Führung zu übernehmen, gilt als Voraussetzung dafür, Kontrolle über ein System ausüben zu können. Jedoch ist Führung nur möglich, sofern das betreffende System bestimmte und einfache Strukturen bereitstellt. Zu realisieren ist dies allein dadurch, dass Systeme so weit vereinfacht werden, dass sie mit den Fähigkeiten des Kontrolleurs übereinstimmen. Da die Technosphäre keine solche einfache Struktur bereitstellt, sind weder Führung noch Kontrolle durch den Menschen möglich. Die Regel der Reziprozität impliziert die Regeln der Unzugänglichkeit sowie der Machtlosigkeit: Der Mensch kann nur mit Systemen der eigenen Größe direkt interagieren, nicht aber mit der ihm an Größe überlegenen Sphäre der Technik. Die Verortung der Technosphäre wie etwa auch der Biosphäre auf einer dem Menschen übergeordneten, komplexeren Ebene hat einerseits zur Folge, dass – abgesehen von Ausnahmefällen – das größere das kleinere System nicht beeinflussen kann, ohne zugleich viele andere kleine Systeme mit zu beeinflussen. Andererseits ist die Technosphäre als größeres System nicht direkt empfänglich für jedes singuläre (Fehl-)Verhalten kleinerer Systemteile. Denn wäre dies der Fall, würden Ausnahmefälle zu Regelfällen, und jeder Ausfall eines Teils untergeordneter Systeme könnte eine Kettenreaktion auslösen, resultierend in einem umfassenden Systemausfall.

Somit müssen zumindest einige Handlungen einzelner Systemteile den Stoffwechsel der Technosphäre unterstützen, um deren Funktion aufrechtzuerhalten. Die Beziehung zwischen Technosphäre und Menschheit ist von einem Abhängigkeitsverhältnis gekennzeichnet. Mit der Ermöglichung des Transports von Nahrungsmitteln über weite Distanzen etwa leistet einerseits die Technosphäre einen erheblichen Beitrag zum Überleben großer Bevölkerungsteile. Andererseits tragen die Menschen mit dem Aufbau der Infrastruktur zur Weiterentwicklung der Technosphäre bei. Komplettiert wird das Regelwerk durch den Faktor der Bereitstellung. Die Technosphäre muss eine Umwelt bereitstellen, die es den Menschen ermöglicht, ihre unterstützende Funktion zu erfüllen. Phänomene des Anthropozäns wie Umweltzerstörung, Bevölkerungszunahme und die globale Erwärmung aber führen dazu, dass die Technosphäre möglicherweise daran scheitern wird, der *provisional agency* nachzukommen, von der sowohl die Zivilisation als auch die Technosphäre selbst abhängen.[159]

---

158 Die sechs Regeln sind: *inaccesibility, impotence, leadership and control, reciprocity, performance* sowie *provision*. Da die Reziprozitäts-Regel diejenigen der *inaccessibility* und *impotence* impliziert, sind nur vier Regeln besonders relevant; vgl. ders., Humans and technology in the Anthropocene, 130–135.

159 Der Begriff *provisional agency* bezieht sich auf die Wirkungsweise der Technosphäre, die sich aus der Regel der Bereitstellung ergibt. Die Technosphäre muss eine Umgebung bereitstellen, die es allen Systemteilen, darunter auch den Menschen, ermöglicht, ihre unterstüt-

Wie aber lässt sich erklären, dass wir nach wie vor davon überzeugt sind, relativ losgelöst von den Zwängen der Technosphäre agieren zu können? Haff führt diesen scheinbaren Widerspruch darauf zurück, dass wir in all unserem vermeintlich freien Handeln und Entscheiden den Erhalt der Technosphäre – wenn auch unbeabsichtigt – mit unterstützen. Kurzum, alles menschliche Handeln ist technisches Handeln.

Zwar werden Parallelen zur Tradition der Kulturkritik offenkundig, in letzter Konsequenz aber läuft Haffs Technosphären-Konzept auf nicht weniger als eine grundlegende Neuinterpretation der Technikentwicklung hinaus, freilich ohne diese in eine konkrete temporale, räumliche oder gesellschaftliche Perspektive zu setzen. Die Technikgeschichte und die sozialwissenschaftliche Technikforschung sind sich seit den 1970er-Jahren darin einig, dass Technik durch die Gesellschaft geprägt wird. Technische Systeme agieren gerade nicht autonom, sondern sind vom Menschen gestaltet.[160]

Ganz anders aber Haff: Er versteht Technik, wie dargestellt, nicht als Konsequenz menschlichen Handelns, sondern sieht die Menschheit als Teil des dynamischen, von ihr gerade nicht zu kontrollierenden Erdsystems der Technosphäre, aus dem sie nicht ausbrechen kann und in dessen Dienst sie agiert. Demzufolge sind die Menschen »locked into technospheric feedback loops of performance and provision [...], from which position they cannot exit without peril to necessities of existence«.[161] Hier treten Parallelen zu Diskussionfeldern der Neuroforschung hervor, die ähnliche Debatten um Determinismus und Freiheit des Menschen anstößt wie Haff mit seinem Technosphären-Konzept.[162]

Während Haff die Technosphäre primär im zeitlichen Sinn versteht, im Grunde gleichbedeutend mit dem Anthropozän als einer neuen geologischen Epoche, bevorzugen es die meisten Wissenschaftler, die sich das Konzept zu eigen gemacht haben, dieses in einem räumlichen Sinn zu verwenden, wie es der Begriff der *Sphäre* nahelegt. Was die tendenziell kritische Einschätzung des

zende Funktion zu erfüllen. Nur dann kann sie selbst funktionieren. Da die Technosphäre allerdings auch von bestimmten Ressourcen und damit einer funktionierenden Umwelt abhängt, diese aber angesichts der Prognosen des Anthropozäns nicht mehr bzw. zeitnah nicht mehr gewährleistet ist, wird sie möglicherweise bald nicht mehr in der Lage sein, eine adäquate Umgebung für die sie unterstützenden Systemteile bereitzustellen; vgl. ders., Being human in the Anthropocene, 105.

160 Vgl. dazu exemplarisch Wiebe E. Bijker, Thomas P. Hughes, Trevor Pinch (Hrsg.), The Social Construction of Technological Systems. New Directions in the Sociology and History of Technology. Cambridge, MA, London 1987.

161 Haff, Being human in the Anthropocene, 108.

162 Vgl. etwa Christian E. Egler u. a., Das Manifest. Elf führende Neurowissenschaftler über Gegenwart und Zukunft der Hirnforschung, in: Gehirn & Geist, 2004, H. 6, 30–37; Henrik Walter, Contributions of Neuroscience to the Free Will Debate: From random movement to intelligible action, in: Robert Kane (Hrsg.), The Oxford Handbook of Free Will. Second Edition. New York 2011, 515–529.

Technosphärenkonzepts im Haff'schen Sinne betrifft, ergaben die Aussagen der befragten AWG-Mitglieder ein konsentiertes Bild. Dabei halten sie vornehmlich Haffs Definition von allumfassender Technologie sowie die Gleichsetzung von Technologie und Kultur für problematisch, weswegen die Arbeitsgruppe in ihrem Umgang mit der Technosphäre eine engere Definition zugrunde legt.[163] So hat sie sich die Aufgabe gestellt, die Masse und Diversität der physikalischen Technosphäre in einer ersten vorläufigen Abschätzung zu quantifizieren. Zu diesem Zweck definiert sie die physikalische Technosphäre als die Gesamtheit des materiellen Outputs aller menschlichen Unternehmungen, bestehend aus ruraler, urbaner, unterirdischer und Aerosphäre. Die Masse der Technosphäre wird auf etwa 30 Billionen Tonnen (Tt) geschätzt; das entspricht rund 50 kg pro Quadratmeter Erde. Wie erwähnt wächst die Diversität komplexer technischer Objekte, die sich als potentielle Spurenfossilien eignen, rasch und übertrifft die Biodiversität bereits an Reichtum (vgl. Kap. 4.2).[164]

Grundsätzlich versteht die Arbeitsgruppe die Technosphäre als Subkategorie des Anthropozäns, wobei sich der stratigraphische Untersuchungsgegenstand der materiellen Technosphäre deutlich von demjenigen des Anthropozäns, der *Anthropocene Series*, unterscheidet. Letztere schließt alle Strata ein, die sich während des Anthropozäns abgelagert haben (vgl. Kap. 1.2). Dazu zählen neben anthropogenen auch solche Sedimente, die sich ohne erkennbaren menschlichen Einfluss während der Zeit, die das Anthropozän umfasst, abgelagert haben. Nach traditioneller Klassifikation jedoch sind die offensichtlichsten Teile der physikalischen Technosphäre wie Gebäude oder Motorfahrzeuge nicht Bestandteil der *Anthropocene Series*. Hingegen zählen Sedimentablagerungen in der Tiefsee, in Schnee oder Eis, die in der *Anthropocene Series* enthalten sind, aber völlig losgelöst von jeglichem menschlichen Einfluss entstanden sind, nicht zur materiellen Technosphäre. Die Arbeitsgruppe ist der Ansicht, »the physical technosphere provides an alternative prism within which the Anthropocene phenomenon can be considered, that more clearly reflects its dynamic nature than does the chronostratigraphic Anthropocene Series«.[165]

Grundlegende Kritik an Haffs Ansatz kommt dagegen sowohl aus den Reihen der Naturwissenschaften als auch aus den Sozial- und Geisteswissenschaften. Sie bezieht sich erstens auf die mangelnde Berücksichtigung direkter Wechselwirkungen der Technosphäre mit anderen Systemen und Faktoren. Zweitens, und mehr noch, wird die inhärente Degradierung der Menschheit bemängelt, indem Haff der Technosphäre eine relative Autonomie zuschreibt.[166] Interessanterweise

---

163 Interview mit A3*, 15.11.2017; Interview mit A1*, 08.05.2017; Colin N. Waters, Leicester 20.06.2017; Jan A. Zalasiewicz, Leicester 20.06.2017; Mark W. Williams, Leicester 20.06.2017.
164 Zahlen nach Zalasiewicz u. a., Scale and diversity of the physical technosphere.
165 Ebd., 18.
166 Lorimer, The Anthropo-scene; Jonathan F. Donges u. a., The technosphere in Earth System analysis. A coevolutionary perspective, in: The Anthropocene Review 4, 2017, H. 1,

werfen hier gerade diejenigen, die befürchten, das Anthropozänkonzept würde dem grassierenden Anthropozentrismus Vorschub leisten, Haff vor, mit seiner These einer autonomen Technosphäre den Menschen aus dem Fokus zu verlieren.[167] Haff aber geht es nicht darum »to dehumanize humans or humanists«, sondern vielmehr darum, den Blickwinkel auf die momentane Situation des Planeten Erde zu verändern, indem er versucht »to put aside […] humanity«.[168]

»There are people who strongly disagreed with it [the technosphere concept] because […]without humans you wouldn't have a technosphere, […] so obviously humans are the main thing. Well okay, humans are essential but [… when] you're in the car […] you don't have your hand on the steering wheel […]. You can tell it where to go but you don't have time when you're in control.«[169]

Anstatt Haffs Ansatz für seinen fehlenden anthropozentrischen Gehalt zu kritisieren, könnte er vielmehr als entgegengestellte Perspektive der im Geoengineering-Diskurs für äußerst fragwürdig befundenen technofixen Idee gelesen werden. Neben den teils gegenläufigen Reaktionen von geistes- und sozialwissenschaftlicher Seite seien hier mit Bronislaw Szerszynski, Jeremy Davies, Tim LeCain und Christoph Rosol nur vier der zahlreichen Wissenschaftler genannt, die den systemischen Ansatz Haffs für produktiv halten und in ihren eigenen Feldern weiterentwickeln.[170] Während Szerszynski in seinen Überlegungen zu Exo-Technosphären eine interplanetare Perspektive einnimmt, geht diese Perspektiverweiterung für Jeremy Davies mit der zentralen Aufgabe einher, die »power relations between geophysical actors, both human and nonhuman« in ihren Verschränkungen zu analysieren.[171] Christoph Rosol, Sara Nelson und Jürgen Renn nahmen Haffs Konzept 2016 zum Anlass, einen *Anthropocene Campus* zur Technsophäre durchzuführen und nicht nur kritische Reflexion

23–33; LeCain, Against the Anthropocene; Paul N. Edwards, Knowledge infrastructures for the Anthropocene, in: The Anthropocene Review 4, 2017, H. 1, 34–43; Bronislaw Szerszynski, Viewing the technosphere in an interplanetary light, in: The Anthropocene Review 4, 2017, H. 2, 92–102; Bronislaw Szerszynski, München, Lancaster 28.02.2018; Interview mit C2, 07.12.2017.

167 Die Kritiker nähern sich damit in diesem Fall an die Ausführungen des Philosophen Clive Hamiltons an, der in seinem Buch *Defiant Earth. The fate of humans in the Anthropocene* positive Eigenschaften des Anthropozentrismus herausarbeitet und im Zuge dessen für einen neuen Anthropozentrismus für das Anthropozän plädiert (näher dazu vgl. Kap. 6.2).

168 Interview mit A4*, 02.12.2017.

169 Interview mit A4*, 02.12.2017.

170 Szerszynski, Viewing the technosphere in an interplanetary light; Katrin Klingan, Christoph Rosol (Hrsg.), Technosphäre. Berlin 2019; Johan Gärdebo, Agata Marzecova, Scott Gabriel Knowles, The orbital technosphere. The provision of meaning and matter by satellites, in: The Anthropocene Review 4, 2017, H. 1, 44–52; Bronislaw Szerszynski, München, Lancaster 28.02.2018; Timothy J. LeCain, München, Bozeman 21.03.2018.

171 Jeremy Davies, The Birth of the Anthropocene. Oakland, CA 2016, 62; im Original kursiv gedruckt.

bezüglich Haffs Ansatz, sondern bezüglich der Triebkräfte des Anthropozäns im Allgemeinen anzustoßen. Die Ergebnisse publizierten die Beteiligten 2017 in einem Special Issue der Zeitschrift *The Anthropocene Review*.[172] Der Wissenschaftshistoriker Jürgen Renn entwickelte seine Überlegungen zur Technosphäre in den Folgejahren weiter und führt in seinem jüngst publizierten Buch die Ergosphäre als »sphere of ›human work‹ – characterized by the transformative power of human labor« als eine Art Gegenkonzept zu Haffs Vorschlag ein.[173] So bemängelt er an Haffs Ansatz, dass dieser den Menschen jegliche Möglichkeit der intentionalen Beeinflussung großer technologischer Systeme abspreche. Die Ergosphäre hingegen »makes this possibility dependent on the existence of appropriate social and political structures and knowledge systems« und verleiht damit der menschlichen Handlungsfähigkeit für einen bewohnbaren Planten Gewicht.[174]

Eine Forschungsgruppe rund um den Erdsystemwissenschaftler Jonathan Donges bezieht in ihr Verständnis der Technosphäre die makrosoziale Ebene ein und legt den Fokus auf die Koevolution makrosozialer und technischer Strukturen während und in Folge der Großen Beschleunigung. Im Gegensatz zu Haff geht die Gruppe von einer direkten Interaktion von Technosphäre und Gesellschaft aus: Megagesellschaften und Technikkomplexe befinden sich auf einer Ebene, was direkte Wechselwirkungen ermöglicht. Abhängigkeiten laufen nicht zwangsläufig in eine Richtung.[175]

Mit Interdependenzverhältnissen setzt sich auch eine vom Haus der Kulturen der Welt in Berlin ins Leben gerufene Online-Publikation auseinander, die sich das Ziel setzt, das Konzept der Technosphäre inter- und transdisziplinär weiterzudenken. Das *Technosphere Magazine* zielt darauf ab, die verschiedenen Aspekte des Konzepts aus unterschiedlichen Perspektiven zu reflektieren und dabei wissenschaftliche, künstlerische und experimentelle Ansätze zu vereinen. Seine Initiatoren verstehen die Technosphäre als »the defining matrix and main driver behind the ongoing transition of this planet into the new geological epoch of humankind, the Anthropocene«.[176] Sie resultiere aus der Ubiquität menschlicher Kultur und globaler Technologien und verknüpfe Technik und Natur in unauflöslicher Form zu einer Art höherer Ökologie.

---

172 Christoph Rosol, Sara Nelson, Jürgen Renn, Introduction. In the machine room of the Anthropocene. in: The Anthropocene Review 4, 2017, H. 1, 2–8.
173 Jürgen Renn, The Evolution of Knowledge. Rethinking Science for the Anthropocene. Princeton, Oxford 2020, 382.
174 Ebd., 383.
175 Donges u. a., The technosphere in Earth System analysis.
176 Haus der Kulturen der Welt, Technosphere Magazine. Editorial. – Zu einem Versuch, die Technosphären-Idee in technikhistorischer Perspektive in neue Narrative zu übersetzen, siehe auch Nina Möllers, Luke Keogh, Helmuth Trischler, A new machine in the garden? Staging technospheres in the Anthropocene, in: Maria Paula Diogo u. a. (Hrsg.), Gardens and Human Agency in the Anthropocene. Abingdon, New York 2019, 161–179.

Auch der Anthropologe und Humanökologe Alf Hornborg geht von der enormen gesellschaftlichen Prägekraft von Technik aus, denkt diese jedoch nicht in räumlicher, sondern in zeitlicher Perspektive. Konsequenterweise plädiert er dafür, statt dem Anthropozän mit dem Epochenbegriff Technozän zu operieren.[177] Ausgangspunkt seiner Untersuchung bildet die Frage nach dem Sinn, in kartesischen Kategorien zu denken, sowie nach dem Mehrwert, der sich aus einem Wandel in Richtung post-kartesischen Denkens ergäbe. Ein Denken in der Dichotomie von Natur und Kultur führe geradezu zwangsläufig dazu, ausgehend von der Materialität von Technik diese der Natur zugehörig zu klassifizieren.[178] Post-kartesische Konzepte, wie etwa die Akteur-Netzwerk-Theorie (ANT) und der Posthumanismus, lösen die Dualismen von Natur und Kultur beziehungsweise Umwelt und Gesellschaft gänzlich auf. Ohnehin stellt sich durch die rasante anthropogene Überformung der Biosphäre mehr und mehr die Frage, wo »Natur aufhört und Kultur« beginnt.[179] Hornborg favorisiert einen dritten Weg: Trotz der untrennbaren Verbindung von Natur und Kultur bestehe kein Anlass, deren analytische Separierung aufzuheben. Denn »there are social objects and natural subjects«.[180] Die scheinbar objektiv operierende Technik hänge von der subjektiv und sozial konstruierten Ökonomie ab. So gelte die These, dass die Kategorien Natur und Gesellschaft obsolet seien, allein für die abstrakten Imaginationen dieser Kategorien als in der Realität voneinander losgelöste Bereiche. Deren analytischer Nutzen aber sei unbenommen.

Im Einklang mit der Anthropozän-These von der Zentralität des anthropogenen Einflusses und im Anschluss an die Technikgeschichte und sozialwissenschaftliche Technikforschung steht für Hornborg die Frage nach der sozialen, ökonomischen und eurozentrischen Dimension von Technik im Fokus.

Ganz im Sinne Paul Crutzens setzt er den Beginn des Technozäns mit der Industriellen Revolution im späten 18. Jahrhundert an. Die konventionelle Historiographie nehme die Entwicklung ingenieurtechnischen Wissens und die Verwendung fossiler Brennstoffe als maßgebliche Faktoren für die Industrialisierung an und verkenne dabei aber, dass diese von Beginn an auf hoher sozialer Ungleichheit aufbaute und deren Errungenschaften global noch heute sehr ungleich verteilt seien: »This uneven distribution of modern, fossil-fuel techno-

177 Alf Hornborg, Does the Anthropocene Really Imply the End of Culture/Nature and Subject/Object Distinctions?, in: International Colloquium The Thousand Names of Gaia: From the Anthropocene to the Age of the Earth. September 15–19, 2014. Rio de Janeiro 2014, 1–16, hier: 9.

178 Ders., Technology as Fetish. Marx, Latour, and the Cultural Foundations of Capitalism, in: Theory, Culture and Society 31, 2013, H. 4, 119–140.

179 Philippe Descola, Marshall Sahlins, Beyond Nature and Culture. Chicago, London 2014.

180 Alf Hornborg, Fetishistic causation. The 2017 Stirling Lecture, in: HAU: Journal of Ethnographic Theory 7, 2017, H. 3, 89–103, hier: 93.

logy is in fact a condition for its very existence. [...] What we have understood as technological innovation is an index of unequal exchange.«[181]

Die Störung des biogeochemischen Kreislaufs der Erde durch massiven Technikeinsatz sei jedoch keineswegs eine bewusste Entscheidung des Wirtschaftsbürgertums gewesen. Vielmehr handelt es sich dabei, in den Worten des Soziologen Daniel Cunha, um ein »product of unconsciousness and objectification«, einen von Profitgier angestoßenen Prozess, der zunehmend außer Kontrolle geriet.[182] In der Sicht von Hornborg wie auch Cunha hilft das marxistische Fetischismuskonzept weiter, um ein kritisches Verständnis der Rolle von Technik im Anthropozän zu gewinnen.[183] Die Fetischthese des späten Marx, in der er seine Entfremdungsthese weiterentwickelte, schreibt technischen Artefakten autonome Wirkungskraft zu. Im Einklang mit der weitgehenden Gleichsetzung von Anthropozän und Kapitalozän wird das Technozän als »fetishized form of interchange between Man and Nature historically specific to capitalism« beschrieben.[184] Die Menschen unterwerfen sich den Artefakten, die sie selbst erschaffen haben und wälzen so die Verantwortung für Mensch-Umwelt-Beziehungen auf Dinge ab.[185]

Laut Hornborg sei die Menschheit als kollektive Entität nie als historischer Agent in Erscheinung getreten – auch nicht während der Industrialisierung.[186] Da das Anthropozänkonzept irreführenderweise dazu verleite, die Menschheit als genau diese undifferenzierte, kollektive Entität zu begreifen, favorisiert er das Konzept des Technozäns, um die neue geologische Epoche zu bezeichnen: »To suggest alternative designations such as the ›Capitalocene‹ or ›Technocene‹

---

181 Ders., The Political Ecology of the Technocene: Uncovering Ecologically Unequal Exchange in the World-System, in: Clive Hamilton, Christophe Bonneuil, François Gemenne (Hrsg.), The Anthropocene and the Global Environmental Crisis. Rethinking modernity in a new epoch. London 2015, 57–69, hier: 60.

182 Daniel Cunha, The geology of the ruling class?, in: The Anthropocene Review 2, 2015, H. 3, 262–266, hier: 263.

183 Alf Hornborg, Andreas Malm, Yes, it is all about fetishism. A response to Daniel Cunha, in: The Anthropocene Review 3, 2016, H. 3, 205–207; Daniel Cunha, The Anthropocene as Fetishism, in: Mediations 28, 2015, H. 2, 65–77. In der Zeitschrift *The Anthropocene Review* finden sich mehrere Artikel von den Humanökologen Andreas Malm und Alf Hornborg einerseits und Daniel Cunha andererseits, die direkt aufeinander Bezug nehmen. Darin diskutieren sie in erster Linie die Frage nach der Verantwortlichkeit bestimmter Akteursgruppen im Anthropozän und teilen die Einschätzung von der ungebrochen hohen Erklärungskraft des Marxschen Fetischismuskonzepts.

184 Cunha, The Anthropocene as Fetishism, 65.

185 Hornborg, The Political Ecology of the Technocene: Uncovering Ecologically Unequal Exchange in the World-System; Carles Soriano, On theoretical approaches to the Anthropocene challenge, in: The Anthropocene Review 5, 2018, H. 2, 214–218.

186 Darüber lässt sich streiten. Denn zieht man einen Vergleich zum Einfluss anderer Spezies auf die Erdsysteme des Planeten Erde, scheint es gerechtfertigt von der Menschheit als kollektiver Akteurin zu sprechen. Vgl. dazu etwa José Augusto Pádua, Zagreb 30.06.2017.

is to evoke the very real logic of a blind socioecological system, not the subjective choice of the ruling class«.[187]

Die Debatten um Geoengineering, die Technosphäre und das Technozän zeigen, dass die Analyse technischer Prozesse nicht nur in der geistes- und sozialwissenschaftlichen Debatte, sondern auch in der geowissenschaftlichen Debatte um das Anthropozän untrennbar mit deren wirtschaftlichen, politischen, gesellschaftlichen und kulturellen Wirkungen und somit eng mit ethischen Fragen wie denjenigen nach Verantwortung und Gleichheit beziehungsweise Ungleichheit verbunden sind. Normative Perspektiven des Mensch-Technik-Umwelt-Verhältnisses, die in technikhistorischen Arbeiten meist eher implizit verhandelt werden, stehen im Fokus der Debatten um das Geoengineering, die Technosphäre und das Technozän. Und alle drei Konzepte werden ebenso wie ihr übergeordneter Bezugspunkt, das Anthropozän, nicht in intradisziplinär festgefahrenen Diskursen erörtert, sondern häufig in inter- und transdisziplinären Settings. Besonders die Debatte um ein *Gutes Anthropozän* hat luzide gezeigt, dass Fragen nach der Rolle des Menschen als geologischem Faktor unabdingbar normativ geprägt sind. Es gehört zu den methodisch-theoretischen Grundannahmen, dass jede Historiographie a priori gegenwartsorientiert ist, so auch jede Geschichte in anthropozäner Perspektive. Anthropozän-Narrative sind nicht nur gegenwartsgeprägt, sondern zukunftsgeleitet. Die Diskussionen um den Einsatz von Geoengineering belegen, dass einzelne Anthropozän-Narrative hochgradig normative Annahmen enthalten, gerade in Bezug auf die Frage, welche Rolle welchen Technologien für die Lösung in der Gegenwart identifizierter und in die Zukunft projizierter Probleme planetarer Dimension zugeschrieben wird. Dies bleibt nicht ohne Auswirkungen auf den Evidenzproduktionsprozess der Debatte um das Anthropozän als geologisches Konzept.

Insbesondere für die Technikgeschichte bietet sich im Dialog zwischen unterschiedlichen disziplinären Akteuren der Anthropozändebatte die gleichsam *natürliche* Chance, eine inter- und transdisziplinäre Scharnierrolle zu übernehmen.

Die Analyse der drei Subdiskurse der geowissenschaftlichen Debatte um das Anthropozän hat gezeigt, dass viele Mitglieder der *Anthropocene Working Group* auch aktiver Teil von Diskussionen um spezifische Aspekte des Anthropozäns jenseits geowissenschaftlicher Fragestellungen sind. Im Zuge dieser Beteiligung an Aushandlungsprozessen um äußerst verschiedene Phänomene des Anthropozäns vertiefen die AWG-Mitglieder ihre Expertise in Bezug auf inhaltlich wie konzeptionell unterschiedliche Aspekte, die im Anthropozän zusammenlaufen. Die in Diskussionen um Teilaspekte des Anthropozäns erworbenen Einsichten der Mitglieder fließen naturgemäß auch in die gruppeninternen Diskussionen ein. So findet auf inhaltlicher Ebene ein Wechselwirkungsprozess wissenskonstituierenden Charakters statt.

---

187 Hornborg, Malm, Yes, it is all about fetishism, 206.

Nicht nur der anschlussfähige Metadiskurs um den Beginn des Menschenzeitalters, sondern auch die Subdebatte um die auf den ersten Blick durchweg technisch-stratigraphische Frage nach geeigneten Markern für das Anthropozän zeigen, dass geowissenschaftliche Fragestellungen auch geisteswissenschaftliches Potential entfalten. Zwar fällt die Beurteilung eines Signals hinsichtlich der Markerfrage als geeignet oder ungeeignet nach wie vor der stratigraphischen Expertise zu. Dennoch bewirken die Materialität einzelner diskutierter Sekundärmarker wie Plastik, Technofossilien oder Masthuhn einerseits sowie deren Bedeutsamkeit für das alltägliche Leben andererseits, dass sich daraus nicht nur geistes- und sozialwissenschaftliche, sondern ebenfalls gesellschaftliche und politische Diskussionen um ethische Konsequenzen und zugrundeliegende Prozesse ergeben. Die daraus resultierende Bedeutung der Markerthematik im inter- und transdisziplinären Raum kann so von der AWG als stabilisierendes Moment für das eigene Vorhaben, die Formalisierung des Anthropozäns, genutzt werden.[188]

Auf Ebene der einzelnen Subdiskurse stattfindende, im stratigraphischen Sinn, neuartige Prozesse in der Evidenzproduktion spiegeln sich somit sowohl in der Sach- als auch in der Sozialdimension wider. Sowohl der Periodisierungs- als auch der Markerdiskurs zeugen von mehreren Phasen der Öffnung und Schließung, der De- und Restabilisierung. Insbesondere der Diskurs um die Technosphäre belegt eine destabilisierende Wirkung etablierter stratigraphischer Konzepte und Untersuchungsmethoden. Die AWG wird vor die Herausforderung gestellt, neue Definitionen für neue geologische Ablagerungen und Schichten zu erarbeiten und mit der Technostratigraphie über die Etablierung einer neuen Subdisziplin zu beraten. Diesem Destabilisierungsmoment ist in Bezug auf die übergeordnete Fragestellung nach der geowissenschaftlichen Existenz der neuen Epoche des Menschenzeitalters jedoch zugleich in zweifacher Hinsicht ein restabilisierendes Moment inhärent: Erstens fordert die Existenz von Technofossilien eine weitere disziplinäre Untergliederung des stratigraphischen Expertisefeldes. Zweitens tragen die Quantität sowie die Diversität technofossiler Objekte dazu bei, die These von der geologischen Nachweisbarkeit des Anthropozäns zu stabilisieren.

Öffnung muss somit nicht immer Destabilisierung bedeuten. Die Integration spezifischer Expertise zum Material Plastik mit Juliana Assunçao Ivar do Sul stellt einen Einschluss in der Sozialdimension dar und dient als weiteres Beispiel für die restabilisierende Wirkung von Öffnungsprozessen. Indem dieser Einschluss von Expertise auf inhaltlicher Ebene den Ausschluss von Plastik als Primärmarker fördert und damit einen Beitrag zur Festigung der Position der AWG als Gruppe leistet, entfaltet er eine restabilisierende Wirkung auf deren Meinung

---

188 Dies geschieht ganz im Sinne einer unintendierten Stabilisierung des Anthropozäns als formalisierungswürdige geologische Epoche.

zu Plastik als möglichem Marker, die zwar vorhanden, aufgrund mangelnder Expertise aber noch unzureichend fundiert war. Interdisziplinarität wird damit selbst zu einer funktionierenden Evidenzpraxis auf geowissenschaftlicher Ebene. Auch die Untersuchung des Markerdiskurses belegt dies. Die materielle Bedeutsamkeit bestimmter verhandelter Marker wird nicht nur zum stabilisierenden, disziplinverbindenden Element im Hinblick auf Evidenzpraktiken, sondern fungiert darüber hinaus als Brücke, die geologische, historische und menschliche Zeitdimensionen miteinander verknüpft. Die in künftigen geologischen Zeitabschnitten zu erwartende Nachweisbarkeit des historisch bedeutsamen Materials Plastik etwa, welches das alltägliche Leben des 20. und 21. Jahrhunderts geprägt hat, fordert ferner auf zu einer integrierten Geschichtsschreibung, die auf Basis veränderter Zeitlichkeiten neue Narrative entwickelt. Kosellecks Zeitschichten gewinnen im Lichte anthropozäner Fragestellungen neu an Gewicht.

5. Die Debatte um das Anthropozän als kulturelles Konzept

In der Analyse des geowissenschaftlichen Debattenstranges haben sich bereits enge Wechselwirkungsprozesse zur Verhandlung des Anthropozäns als kulturelles Konzept abgezeichnet. Welche Disziplinen in den geistes- und sozialwissenschaftlichen Aushandlungsprozessen eine zentrale Rolle einnehmen und ob und wie sie sich zum geowissenschaftlichen Debattenstrang positionieren, diesen Fragen wird das vorliegende Kapitel nachgehen. Das Interesse nach Transformationsanzeichen in Bezug auf die Anwendung disziplinspezifischer Evidenzpraktiken steht dabei im Zentrum. In Analogie zur Analyse der Debatte um das Anthropozän als geowissenschaftliches Konzept werde ich mich zunächst der Identifikation und Untersuchung zentraler Akteursgruppen zuwenden und Veränderungen im Hinblick auf etablierte Evidenzpraktiken sowie deren Ergänzung um neue Praktiken herausstellen. Diese Annahmen werde ich in einem nächsten Schritt anhand einer Analyse von wiederum drei für die geistes- und sozialwissenschaftliche Debatte zentralen Subdiskursen prüfen.

Neben dem reichhaltigen Literaturbestand dient auch diesem Kapitel das Interviewmaterial als Grundlage.

5.1 Das Anthropozän als geistes- und sozialwissenschaftliche Provokation

Das geowissenschaftliche Provokationspotential des Anthropozänkonzepts wurde in den vorangegangenen Kapiteln hinreichend ausgelotet. Die geistes- und sozialwissenschaftliche Provokation, die sich aus der These von der geologischen Wirkungsmacht des Menschen ergibt, ist mindestens genauso groß. Nicht zuletzt beweist dies der umfang- und facettenreiche Literaturbestand aus geistes- und sozialwissenschaftlicher Feder. Im Vergleich zum geowissenschaftlichen Debattenstrang aber geht die Provokation in diesem Fall von anderen Aspekten aus. Am offensichtlichsten provoziert dabei der Begriff selbst. Denn wer ist der *anthropos* im Anthropozän? Die für Geowissenschaftler völlig unproblematische Verwendung des Speziesbegriffs als Analysekategorie stößt im geisteswissenschaftlichen Bereich höchst spannungsreiche Diskussionen um die Frage danach an, wer dieses *wir* konstituiert. Zudem steht die naturwissenschaftliche Behandlung des Menschen als in planetarer Perspektive zentral agierender Akteur, trotz der postulierten Irrelevanz ethischer Aspekte, dem geistes- und sozialwissenschaftlich problematisierenden und differenzierenden Verständnis diametral gegenüber. Auch wird die von natur-, insbesondere geowissenschaftlicher Seite vollzogene Hinwendung zum anthropogenen Gegenstandsfeld von geistes- und sozialwissenschaftlicher Seite vielfach als Kampfansage in Bezug auf disziplinspezifische Definitionshoheiten wahrgenommen. Naturwissenschaftler begeben sich mit der Untersuchung des Anthropozäns mitten in ein Forschungsfeld, das bisher geistes- und sozialwissenschaftlichen Disziplinen vorbehalten war. Und speziell Historiker, die neben Archäologen gemeinhin als Experten für die Menschheitsgeschichte gelten, sehen sich von der geowissenschaftlichen Prüfung des Anthropozäns als neuem geochronologischen Zeitabschnitt in besonderer Weise herausgefordert.

Zwar stellt der Umgang mit diesen anthropozänen Provokationen eine Herausforderung dar. Gleichzeitig aber ist er als Chance zu begreifen, die großes Potential birgt. Die als provokativ geltenden Elemente unterscheiden sich von Disziplin zu Disziplin. Während die Geologie besonders in methodischer Hinsicht herausgefordert ist, sind Geistes- und Sozialwissenschaften dazu angehalten, etablierte Konzepte zu überdenken.

Doch trotz aller Unterschiedlichkeit – aus einer Metaperspektive betrachtet ist die Herausforderung dieselbe: einzutreten, in einen Disziplingrenzen überschreitenden Aushandlungsprozess um wissenschaftliches Wissen, in dem Einschließungsmomente zum charakterisierenden Merkmal aufsteigen und die oftmals kompetitive Haltung einer kooperativen Gesinnung weicht.

Die Debatte um das Anthropozän als kulturelles Konzept setzt ein, als die geowissenschaftliche Debatte um das Zeitalter des Menschen bereits in vollem Gange ist. Zeitlich versetzt differenzieren sich die geistes- und sozialwissenschaftlichen Diskussionen um verschiedene Aspekte des Anthropozänkonzepts besonders ab den Jahren 2013/2014 weiter aus, was an der exponentiell ansteigenden Anzahl an Publikationen aus der Feder geistes- und sozialwissenschaftlicher Vertreter abzulesen ist (vgl. Abb. 2). Die Gründung der drei interdisziplinär ausgerichteten Anthropozänzeitschriften, insbesondere des Journals *The Anthropocene Review*, leistet einen Beitrag zur stärkeren Fokussierung auf geistes- und sozialwissenschaftliche Aspekte des Konzepts.[1] Die in den Folgejahren weiter wachsenden Diskussionsfelder um anthropozäne Fragestellungen im geistes- und sozialwissenschaftlichen Bereich zeugen von dem enormen analytischen und heuristischen Potential, welches dem Konzept innewohnt. Das Anthropozänkonzept, das terminologisch die Spezies Mensch in den Fokus rückt, »repositions humankind in the universe, repositions humankind on the

---

1 Zum Anstieg geisteswissenschaftlicher Literatur um 2013/14 vgl. auch Noel Castree, The Anthropocene and the Environmental Humanities, in: Environmental Humanities 5, 2014, 233–260.

earth, repositions our understanding of what is nature and what is not nature«
und wirft damit etablierte Grundannahmen über Bord.[2]

Das spannungsgeladenen Provokationspotential der Debatte um das Anthropozän als kulturelles Konzept schlägt sich teils in weiterführenden Diskussionen
bestehender Debatten wie der Klimawandel- oder der Nachhaltigkeitsdebatte,
teils in der Entwicklung neuer Diskussionsstränge nieder.

Mit der planetaren Dimension anthropogenen Agierens, die übergeordneter
Ausgangs- und Endpunkt jeglicher anthropozänen Diskussion ist, handelt es
sich in jedem Falle aber um Diskussionen unter veränderten Vorzeichen. Ebendiese planetare Dimension ist es, die den Nutzen etablierter Praktiken und
Narrative insofern in Frage stellt, als sie geistes- und sozialwissenschaftliche
Disziplinen mit der Herausforderung konfrontiert, den planetaren Aspekt in
ihre Überlegungen nicht nur einzubeziehen, sondern gar hervorzuheben. Deren
Augenmerk lag bisher in erster Linie auf lokalen, regionalen, nationalen, inter-
und transnationalen sowie globalen Prozessen. Anstatt Entwicklungen von
lokalen Phänomenen aus zu erzählen, fordert das Anthropozän im Sinne einer
Umkehrung dieses Bottom-Up-Denkens dazu auf, das Planetare und Kollektive,
manchmal auch Abstrakte, zu lokalisieren, zu differenzieren und zu konkretisieren. Die damit inhaltlich einhergehenden Provokationen beinhalten etwa den
häufigen Vorwurf, beim Anthropozän handle es sich um ein westliches Konzept.
Zudem sei es bei weitem zu anthropozentrisch und in ethischer Perspektive vollkommen haltlos (näher dazu vgl. Kap. 6.2) – bürde es doch mit der Behandlung
des *anthropos* als kollektive Entität jedwedem Erdbewohner dasselbe Maß an
Verantwortung für die momentane Situation des Planeten auf. Begriffe man eben
diese Provokationen weniger als negativ, böte sich Geistes- und Sozialwissenschaften die Chance, (bewusst) eine Vermittler- und Übersetzerrolle zwischen
planetarer und lokaler Dimension der Thematik einzunehmen (vgl. Kap. 6.3).[3]
Von außen betrachtet haben sie diese Funktion ohnehin längst inne.

Die Evidenzpraktiken, welche die Debatte um das Anthropozän als kulturelles Konzept strukturieren, sind wie in der Einleitung beschrieben allesamt eng
mit der Praxis der Narrativierung verknüpft. Insbesondere die Praktiken der
Translation sowie der Ent- und Rekontextualisierung werden von Vertretern
der Geistes- und Sozialwissenschaften eingesetzt, um einzelnen Aspekten des
Anthropozänkonzepts sinnstiftend beizukommen. Dadurch ausgelöste Prozesse
wirken sodann in einer Art Rückkoppelungsschleife dynamisierend auf das Feld
der inhaltlichen Extraktion (die geowissenschaftliche Debatte).

---

2 John R. McNeill, Zagreb 30.06.2017.
3 Zu diesen Kritikpunkten am Anthropozänkonzept vgl. exemplarisch Jürgen Manemann, Kritik des Anthropozäns. Plädoyer für eine neue Humanökologie. Bielefeld, Berlin
2014; LeCain, Against the Anthropocene; T. J. Demos, Against the Anthropocene: Visual Culture and Environment Today. Berlin 2017; Kathryn Yusoff, A Billion Black Anthropocenes or
None. Minneapolis 2018.

Translation präsentiert sich dabei auf zweifache Weise: als Lokalisierung, über Raum- und Zeitdimensionen, sowie als Differenzierung, über Themenfelder hinweg. Während sich der erste Modus durch die Übertragung des planetar Abstrakten in das national oder lokal Konkrete sowie der synchronen geologischen Zeitvorstellung in die diachrone historische Zeitdimension auszeichnet, liegt das Charakteristikum des zweiten Modus' darin, einzelne Aspekte inhaltlicher Art aus dem geologischen Kontext aufzugreifen. Die Geistes- und Sozialwissenschaften nehmen über die differenzierte Perspektive auf einzelne inhaltliche Aspekte der Debatte um das Anthropozän als geologisches Konzept eine explizierende Rolle ein. An dieser Stelle wird analog zur geowissenschaftlichen Debatte ein Einschlussprozess primär in der Sachdimension offenkundig. Verflechtung wird damit in diesem Teilbereich der Debatte selbst zur Evidenzpraxis. Schon hier zeigt sich, dass die einzelnen Evidenzpraktiken eng miteinander verknüpft sind.

Die tiefenzeitliche Dimension des geowissenschaftlichen Anthropozäns, welche die menschliche Vorstellungskraft übersteigt, erfordert eben diese Übersetzung geologischer Evidenz in andere Formate: »[W]e need to translate it into the imaginative, the aesthetic, the gut feeling, the affective, all those things are needed, and that's where the humanities and the arts and the museums come in actually«.[4] Somit liegt eine Voraussetzung für die Translation in der Provokation. Zugleich zeigt sich jedoch auch hier, dass Translation und davon ausgehend Verflechtung gezielt als Evidenzstrategien eingesetzt werden, um den Stellenwert der eigenen Disziplin zu untermauern. Erfolgt dies argumentativ einleuchtend und mit dem Ziel, die eigene, disziplinspezifische Evidenzbasis durch die Mobilisierung fachfremden Wissens zu stärken, ist es dem übergreifenden Wissensproduktionsprozess und Sinnbildungsprozess der Anthropozändebatte zuträglich. Translation birgt jedoch auch die Gefahr, das Anthropozän ohne eine fundierte Auseinandersetzung mit dem Konzept zu nutzen, weil die Signifikanz des eigenen Beitrags vermeintlich steigt »if you locate it under the umbrella concept of the Anthropocene«.[5] Es ist nicht von der Hand zu weisen, dass der Begriff mittlerweile zu einer Art Modewort geworden ist. So setzen nicht wenige das Anthropozänkonzept schlicht mit dem Klimawandel gleich, obwohl es »captures so much more than just climate change. Climate change is such a reduction of the challenges we face.«[6] Die Analyse der Debatte um das Anthropozän als geowissenschaftliches Konzept hat ergeben, dass genau darin häufig einerseits die Ursache für Missverständnisse sowie andererseits der Ausgangspunkt für Vorwürfe an eine (vermeintlich) unangemessene und verantwortungslose Nutzung bestimmter Begrifflichkeiten und Entitäten zu finden sind.

4 Libby Robin, München 28.11.2017.
5 Interview mit B8, 26.03.2018.
6 Interview mit B1, 27.04.2018.

Die Evidenzpraxis der Translation ist eng mit einer weiteren, die Debatte um das Anthropozän als kulturelles Konzept kennzeichnenden Evidenzpraxis verwoben: der Verflechtung. Schließlich geht es nicht allein darum, einzelne Aspekte des Konzepts in die eigene Disziplin zu übertragen. Vielmehr sehen sich Vertreter geistes- und sozialwissenschaftlicher Disziplinen dazu angehalten, aus spezifischen Aspekten einen eigenen Subdiskurs zu entwickeln, den sie mit einem bestimmten, sich von anderen Erzählungen abgrenzenden Narrativ verbinden. Im intra- und interdisziplinären Raum werden empirische Fakten und Kontexte miteinander verknüpft und so zu Narrativen mit unterschiedlicher Schwerpunktsetzung weiterentwickelt. Auch dabei gestalten sich anthropozäne Themen insofern als besonders herausfordernd, als etablierte Narrative, die sich häufig durch Linearität auszeichnen, für diese neuen Erzählungen nicht mehr ausreichen. Freilich wird die narrative Überforderung mitunter von der alles übersteigenden planetaren Dimension in Raum und Zeit ausgelöst. Doch der Ursachenkomplex ist facettenreicher. Der Vorwurf, beim Anthropozän handle es sich um ein anthropozentrisches Konzept, ist in erster Linie von geistes- und sozialwissenschaftlicher Seite zu vernehmen. Konsequenterweise machen sich die entsprechenden Disziplinen daran, die Handlungsmacht nicht-menschlicher Akteure auszuloten – sei es in stofflicher, materieller oder technologischer Perspektive – sowie anthropozäne Zukünfte zu imaginieren, mit oder ohne den Menschen als Bewohner des Planeten. Jede dieser Perspektivierungen bietet eine andere Schwerpunktsetzung, und es ist zur gängigen Praxis geworden, dieses Interesse unter einem alternativen oder besser spezifizierenden Begriff zu fassen.

Die Auseinandersetzung mit alternativen Begriffsvorschlägen hat eine begriffliche Matrix ergeben, welche die von 2000 bis 2019 in die Debatte eingebrachten Termini abbildet. Diese zeichnen sich dadurch aus, dass sie unterschiedliche Akteure, Prozesse oder Stoffe ins Zentrum der neuen geologischen Epoche rücken. Zudem unterscheiden sich die Begriffe in temporaler Perspektive. Während Vorschläge wie beispielsweise das *Machinocene* des Philosophen Huw Price oder Roger Søraas und Håkon Fyhns (Science and Technology Studies) *Robotocene* von zukunftsgeleiteten Vorstellungen zeugen, verweisen Tim LeCains *Carbocene*, Christophe Bonneuils und Jean-Baptiste Fressoz' *Anglocene* oder Steve Pynes *Pyrocene* in ursachenorientierter Perspektive auf in der Vergangenheit liegende Prozesse, die den Weg ins Anthropozän bereitet haben.[7] Letztlich spiegeln die alternativen Bezeichnungen für das Menschenzeitalter alle entweder »a chosen part of the set of diagnostic characters or [are] providing a suggested explanation for the causes of the epoch's existence«.[8]

---

7 Die vier genannten Wissenschaftler, Tim LeCain, Christophe Bonneuil, Jean-Baptiste Fressoz und Steve Pyne, sind Historiker.
8 Zalasiewicz u. a., Stratigraphy and the Geological Time Scale, 15.

Die 59 aufgeführten Begriffsvorschläge illustrieren, dass sich das Anthropozän zu einem Konzept mit multiplen Bedeutungen entwickelt hat. Allerdings stehen die unterschiedlichen Perspektiven, welche sich in den Termini spiegeln, nicht zwangsläufig in einem oppositionellen Verhältnis zueinander. Vielmehr ergänzen die Vorschläge einander in inhaltlicher Perspektive. Die Anzahl der angebotenen Alternativen, von denen manche sicherlich ernster zu nehmen sind als andere, verweist zugleich darauf, dass die Phänomene, die das Anthropozän beschreibt, als gegeben akzeptiert und nicht in Frage gestellt werden. Clive Hamilton kritisiert die Praxis, alternative Begriffsvorschläge ins Spiel zu bringen, insofern, als dass die zugrundeliegende Intention der jeweiligen Urheber seiner Meinung nach darin bestünde, wissenschaftliches Wissen zu kontextualisieren und bestimmte Aspekte desselben zu relativieren, obwohl sie genau dieses als Inspirationsquelle für ihre eigene Arbeit nutzten.[9] Daran, dass die Debatte um den Begriff an sich von den Evidenzpraktiken des De- und Rekontextualisierens lebt, die ihrerseits häufig mit de- und restabilisierenden Absichten verknüpft sind, besteht kein Zweifel. Letztlich hat sich die terminologische Provokation als fruchtbarer Ausgangspunkt im geistes- und sozialwissenschaftlichen Aushandlungsprozess um das Anthropozän erwiesen.

Die Matrix öffnet den Blick für zwei Aspekte. In Abb. 18 wurde die farbliche Kodierung entsprechend der identifizierten Debattenphasen vorgenommen. Das Ergebnis bestätigt, dass die Hochphase des Debattenstrangs um das kulturelle Anthropozän in den Jahren 2013 bis 2016 liegt. Richtet man die Aufmerksamkeit auf inhaltliche Merkmale der einzelnen Begriffe, wird der Blick für die Bandbreite beteiligter Disziplinen sowie die Multidimensionalität des Erkenntnisinteresses frei.

Ob die vielfach vorgebrachte These eines anthropozänen Meta- oder Masternarrativs, das alle anderen Narrative überformt, vor dem Hintergrund nachfolgender Grafik tragbar ist, erscheint fraglich.[10] Vielmehr handle es sich, wie es der Soziologe Bronislaw Szerszynski formuliert, um ein Metanarrativ in planetarer Perspektive, das viele verschiedene Bedeutungen in sich vereint, die alle ihre Berechtigung haben:

»[Y]ou could say the Anthropocene narrative is itself an example of the Anthropocene story, which is a kind of a product of the technosphere. It's a sort of abstract machine that moves around the earth and incorporates more and more local narratives into this big global meta-narrative. So it's sort of self-exemplifying in a way, the Anthropocene narrative is part of the Anthropocene machine. So without completely abandoning all

---

9 Hamilton, Defiant Earth, 92.
10 Vgl. dazu exemplarisch Elizabeth M. DeLoughrey, Allegories of the Anthropocene. Durham 2019, 165–196; Frédéric Neyrat, The Unconstructable Earth. An Ecology of Separation. New York 2018, 34–44. Zur Untersuchung des Anthropozäns als Meta-Narrativ vgl. Gabriele Dürbeck, Narrative des Anthropozän – Systematisierung eines interdisziplinären Diskurses, in: Kulturwissenschaftliche Zeitschrift 3, 2018, H. 1, 1–20.

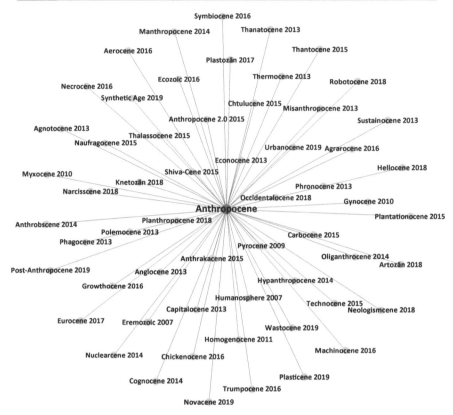

Abb. 18: Matrix zu den alternativen Begriffsvorschlägen. Blau entspricht der Phase I (2000–2009), gelb der Phase II (2009–2016) und grün der Phase III (2016–2018/19) der Debatte um das Anthropozän als kulturelles Konzept. Vgl. dazu Abb. 2, Quelle: Fabienne Will.

the new understanding of the planet, this is some way we can retell that story, which in a way […] is less European in feel, that has more of how things look from other less dominant cultures.«[11]

Das Anthropozän präsentiert sich als Konzept mit multiplen Bedeutungen, die sich in ihrer unterschiedlichen Schwerpunktsetzung und disziplinären Trennschärfe unterscheiden, einander zugleich aber auch ergänzen.

Mit der Unmöglichkeit, auf inhaltlicher Ebene eindeutige Zuständigkeitsbereiche festzulegen, werden Grenzen fließend, sowohl auf disziplinärer als auch auf inhaltlicher Ebene. Den Geistes- und Sozialwissenschaften bietet sich dabei die Chance, im Sinne disziplinübergreifender Kooperation gleichsam in eine symbiotische Beziehung zu den Naturwissenschaften zu treten. In den Worten

11 Bronislaw Szerszynski, München, Lancaster 28.02.2018.

des Historikers Tim LeCain: »I think we're at the moment where [...] [the] cultural divide has begun to collapse.«[12] Fernerhin fordert das Anthropozän dazu auf, überkommene moderne Dichotomien zu hinterfragen und neu zu (über)denken. Nicht weniger als das Verhältnis etablierter dichotomischer Kategorien wie Natur und Kultur, Subjekt und Objekt, Umwelt und Gesellschaft stehen dabei auf dem Prüfstand. Besonders posthumanistischen Denkern wie etwa Bruno Latour oder Donna Haraway bietet sich hier ein Anknüpfungspunkt. Die beiden gehen sogar so weit, die Trennung in separierte Kategorien überhaupt zur Diskussion zu stellen.

5.2 Die Vieldeutigkeit des Anthropozäns

Schon sein Provokationspotential lässt darauf schließen, dass das Spektrum der an der Debatte um das Anthropozän als kulturelles Konzept beteiligten Disziplinen groß ist. Neben Wissenschaftlern aus der Soziologie und den Politikwissenschaften gibt es mittlerweile zahlreiche Vertreter der Geschichts- und Rechtswissenschaften, der Philosophie und Theologie, der Literaturwissenschaften und der Kunst, die das Konzept aufgenommen, disziplinspezifischen Praktiken folgend transformiert, interpretiert und weiterentwickelt haben und selbst zu einem aktiven Teil des Aushandlungsprozesses um das Anthropozän geworden sind. Die Themen der geistes- und sozialwissenschaftlichen Subdiskurse waren von Beginn an, noch vor Institutionalisierung des geowissenschaftlichen Debattenstranges, in den Diskussionen um das Konzept angelegt (vgl. Kap. 2.2).

Seit der Begriffsbildung durch Paul Crutzen im Jahr 2000 wird der Zeitraum ab der Industrialisierung, der in historischer Perspektive von äußerster Relevanz ist, als potentieller Periodisierungszeitraum diskutiert. Weil die in diesem Zuge fortschreitende Ausbildung anthropogener geologischer Handlungsmacht eng mit technischen Errungenschaften und der Entwicklung kapitalistischer Wirtschaftsformen verbunden ist, sehen sich auch die Sozialwissenschaften von der Debatte in besonderer Weise herausgefordert. Dort entsteht wiederholt der Eindruck, die entscheidende Ursache für die momentane Krise des Planeten würde von der geowissenschaftlichen Untersuchung des Konzepts sowie ferner von dem Terminus Anthropozän selbst verdeckt. Der Humangeograph Nigel Clark sieht eine Lösungsmöglichkeit in einer neuartigen Verbindung disziplinspezifischer Denkkategorien, wenn er, ähnlich wie Dipesh Chakrabarty für die Geschichtswissenschaften, geo-soziales Denken für die Sozialwissenschaften fordert.[13] Bronislaw Szerszynski, Bruno Latour, Jason Moore, Andreas Malm

---

12 Timothy J. LeCain, München, Bozeman 21.03.2018.
13 Clark, Gunaratnam, Earthing the Anthropos.

und Alf Hornborg gehören wohl zu den prominentesten, aktiv an der Debatte beteiligten Soziologen. Die verhandelten Themen reichen dabei von der Rolle der kapitalistischen Wirtschaftsweise in Bezug auf die Entstehung des Anthropozäns bis hin zur Infragestellung des Menschen als handelndes Subjekt, wie es posthumanistische Ansätze postulieren.[14]

Ähnliche Fragestellungen werden in der Philosophie und Geschichtswissenschaft verhandelt. Besonders der Philosoph Clive Hamilton bereichert die Debatte fortwährend mit seinen teils provokativen Ausführungen zur ethischen Dimension anthropozäner Inhalte. So fordert er jüngst gar eine Erneuerung des bestehenden Anthropozentrismus und stellt sich damit gegen die vielfach formulierte Kritik an Selbigem (näher dazu vgl. Kap. 6.2).

Die Frage nach der Verantwortung der Menschheit für den Planeten ist darüber hinaus eine höchst politische. Auch Politikwissenschaftler haben das Anthropozänkonzept in ihre Überlegungen aufgenommen. Neben Eva Lövbrand, Frank Biermann, Thomas Hickmann oder Philipp Pattberg findet das Konzept mit Klaus Töpfer, dem ehemaligen Exekutivdirektor des UN-Umweltprogramms und Bundesminister für Umwelt, Naturschutz und Reaktorsicherheit unter Helmut Kohl, einen Vertreter in der politischen Praxis, der sichtlich darum bemüht ist, die Thematik in das politische Feld zu tragen.[15] Dennoch ist dies längst noch nicht auf breiter Front erfolgt. Das Anthropozän birgt weitaus größeres Potential, das im (sozio-)politischen Bereich bisher nicht zur Entfaltung gekommen ist. Die momentane politische Situation lässt wenig Raum für das hierfür erforderliche langfristige Denken, was einer der befragten Interviewpartner wie folgt beschreibt: »Wir sind am absoluten Antipunkt dessen, was das Anthropozän

---

14 Vgl. dazu an dieser Stelle exemplarisch Andreas Malm, Alf Hornborg, The geology of mankind? A critique of the Anthropocene narrative, in: The Anthropocene Review 1, 2014, H. 1, 62–69; Hornborg, Fetishistic causation; Latour, Agency at the Time of the Anthropocene; Gisli Palsson u. a., Reconceptualizing the ›Anthropos‹ in the Anthropocene. Integrating the social sciences and humanities in global environmental change research, in: Environmental Science & Policy 28, 2013, 3–13; Moore (Hrsg.), Anthropocene or Capitalocene.

15 Klaus Töpfer, Nachhaltigkeit im Anthropozän, in: Nova Acta Leopoldina 117, 2013, H. 398, 31–40; cdutv, Berliner Gespräch: Das Anthropozän – Unsere Verantwortung für Natur und Schöpfung. Youtube 23.08.2018; Klaus Töpfer, Das Anthropozän – Konsequenzen für die parlamentarische Demokratie? Klaus Töpfer in Augsburg, Augsburg Sommersemester 2019 (Internationale Gastdozentur am Jakob-Fugger-Zentrum); Frank Biermann, The Anthropocene. A governance perspective, in: The Anthropocene Review 1, 2014, H. 1, 57–61; Eva Lövbrand, Johannes Stripple, Bo Wiman, Earth System governmentality, in: Global Environmental Change 19, 2009, H. 1, 7–13; Eva Lövbrand u. a., Who speaks for the future of Earth? How critical social science can extend the conversation on the Anthropocene, in: Global Environmental Change 32, 2015, 211–218; Thomas Hickmann u. a. (Hrsg.), The Anthropocene Debate and Political Science. Abingdon, New York 2019; Philipp Pattberg, Michael Davies-Venn, Dating the Anthropocene, in: Gabriele Dürbeck, Philip Hüpkes (Hrsg.), The Anthropocenic Turn. The Interplay between Disciplinary and Interdisciplinary Responses to a New Age. London, New York 2020, 70–90.

eigentlich von uns verlangen würde.«[16] Dies könnte sich im Zuge der Corona-Pandemie nun ändern, die nichts weniger als ein anthropozänes Phänomen darstellt und aufgrund ihrer für den Menschen in globaler Perspektive unmittelbaren Bedrohung die Möglichkeit bereithält, planetare Interaktionsmechanismen zwischen Mensch und Natur explizit zu machen und so anthropozäne Themen auf die politische Agenda zu setzen.[17]

Die teils gottähnlich anmutende Darstellung des Menschen im Anthropozän bewegt auch Theologen zu einer Auseinandersetzung mit bestimmten Inhalten, wobei sich insbesondere in diesem Fachbereich eine enge Verknüpfung mit ethischen Aspekten anbietet – handelt es sich bei den Religionswissenschaften doch um ein Fach, das auf Wertevermittlung aufbaut.[18] Markus Vogt ebenso wie Celia Deane-Drummond haben sich der Aufgabe angenommen und gemeinsam mit Sigurd Bergmann 2017 einen Band zum Thema *Religion in the Anthropocene* herausgegeben. Und selbst Papst Franziskus hat das Anthropzän in seiner *Laudato si* aufgegriffen.[19] Während sich die genannten Autoren um einen konstruktiven Umgang mit dem Konzept des Anthropozäns bemühen, treten auch in der theologischen Auseinandersetzung mit dem Zeitalter des Menschen gegenläufige Tendenzen zutage. Jürgen Manemann etwa, der sich in seiner *Kritik des Anthropozäns* in erster Linie mit dem innerdeutschen Anthro-

---

16 Interview mit C2, 07.12.2017.

17 Hans J. Schellnhuber, Seuche im Anthropozän. Was uns die Krisen lehrten, in: Frankfurter Allgemeine Zeitung, 16.04.2020; Bernd Scherer, Leben im Anthropozän. Die Pandemie ist kein Überfall von Außerirdischen, in: Frankfurter Allgemeine Zeitung, 03.05.2020; Francesco de Pascale, Jean-Claude Roger, Coronavirus: An Anthropocene's hybrid? The need for a geoethic perspective for the future of the Earth, in: AIMS Geosciences 6, 2020, H. 1, 131–134; Cristina O'Callaghan-Gordo, Josep M. Antó, COVID-19: The disease of the anthropocene, in: Environmental Research 187, 2020, Art. 109683; Nebojsa Nakicenovic, The Coronavirus Crisis as an Opportunity for an Innovative Future, in: Future Earth Blog, 14.07.2020; Future Earth, Future Earth and COVID-19 [Onlinedokument].

18 Zur Reflexion und Weiterführung der gottähnlichen Darstellung vgl. unter anderem Hamilton, The Theodicy of the »Good Anthropocene«; Bronislaw Szerszynski, Gods of the Anthropocene. Geo-Spiritual Formations in the Earth's New Epoch, in: Theory, Culture and Society 34, 2017, H. 2–3, 253–275; Richard W. Miller, Deep Responsibility for the Deep Future, in: Theological Studies 77, 2016, H. 2, 436–465; Sherrie M. Steiner, Moral Pressure for Responsible Globalization. Religious Diplomacy in the Age of the Anthropocene. Boston 2018.

19 Markus Vogt, Eine neue Qualität von Verantwortung, in: aviso – Zeitschrift für Wissenschaft und Kunst in Bayern, 2016, H. 3, 14–19; ders., Humanökologie – Neuinterpretation eines Paradigmas mit Seitenblick auf die Umweltenzyklika Laudato si', in: Wolfgang Haber, Martin Held, Markus Vogt (Hrsg.), Die Welt im Anthropozän. Erkundungen im Spannungsfeld zwischen Ökologie und Humanität. München 2016, 93–104; ders., Human Ecology as a Key Discipline of Environmental Ethics in the Anthropocene. in: Celia Deane-Drummond, Sigurd Bergmann, Markus Vogt (Hrsg.), Religion in the Anthropocene. Eugene 2017, 235–252; Celia Deane-Drummond, Sigurd Bergmann, Markus Vogt (Hrsg.), Religion in the Anthropocene. Eugene 2017; Papst Franziskus, Laudato Si. Die Umwelt-Enzyklika des Papstes. Freiburg i. B. 2015; Szerszynski, Gods of the Anthropocene.

pozändiskurs auseinandersetzt, wirft den Befürwortern des Konzepts vor, einer fortschrittsoptimistischen Machbarkeitsideologie zu huldigen.[20]

Die Rechtswissenschaftler Jens Kersten und Davor Vidas nehmen eine andere Perspektive ein. Neben der Frage nach der gesetzlichen Verankerung von Rechten nicht-menschlicher Entitäten, rückt die Thematik der intergenerationellen Verantwortung ins Zentrum des Interesses.[21] Während Jens Kersten auf einer übergeordneten Ebene die Frage nach einer »Neubestimmung des Verhältnisses von Natur und Kultur« aufwirft, auf dessen Grundlage künftig entsprechende, Umweltaspekte betreffende, Gesetze rechtlich verankert werden können, hat sich Vidas, Mitglied der AWG, auf das Meeresrecht spezialisiert.[22] Fragen nach dem rechtlichen Umgang mit Konsequenzen anthropogenen Handelns, wie der Verschmutzung und Übersäuerung der Ozeane oder der stetig voranschreitende Anstieg des Meeresspiegels, stehen dabei im Zentrum.[23] Kolumbiens Oberster Gerichtshof sorgte im Frühjahr 2018 weltweit für Aufsehen, als er das kolumbianische Amazonasgebiet zum Rechtssubjekt erklärt.[24] Bereits zehn Jahre zuvor sprach die ecuadorianische Verfassung Pachamama unter anderem das Recht auf Wiederherstellung zu.[25]

Das Anthropozän provoziert ebenso auf literaturwissenschaftlicher Ebene. Erneut ist es die scheinbare dimensionale Unvereinbarkeit, welche die klassischerweise in der menschlichen Raum-Zeit-Dimension agierenden Literaten und Literaturwissenschaftler herausfordern.[26] Die italienische Literaturwissenschaftlerin Serenella Iovino hat jüngst unter Beweis gestellt, dass dem durch-

---

20 Manemann, Kritik des Anthropozäns.

21 Zur intergenerationellen Verantwortung vgl. auch Deane-Drummond, Bergmann, Vogt, Religion in the Anthropocene.

22 Jens Kersten, Das Anthropozän-Konzept. Kontrakt, Komposition, Konflikt. Baden-Baden 2014, 13; vgl. auch ders., Leben im Menschenzeitalter. Mehr Rechte für Natur und Tiere. Deutschlandfunk Kultur 27.07.2018; ders., Natur als Rechtssubjekt. Für eine ökologische Revolution des Rechts, in: Aus Politik und Zeitgeschichte, 2020, H. 11.

23 Vgl. etwa Davor Vidas, The Anthropocene and the international law of the sea, in: Philosophical Transactions of the Royal Society. Series A, Mathematical, Physical & Engineering Sciences 369, 2011, H. 1938, 909–925; ders., Sea-Level Rise and International Law, in: Climate Law 4, 2014, H. 1–2, 70–84; ders., Oceans in the Anthropocene – and Rules for the Holocene, in: Möllers, Schwägerl, Trischler (Hrsg.), Welcome to the Anthropocene, 56–59; ders., The Earth in the Anthropocene – and the World in the Holocene?, in: ESIL Reflections 4, 2015, H. 6; ders. u. a., International law for the Anthropocene? Shifting perspectives in regulation of the oceans, environment and genetic resources, in: Anthropocene 9, 2015, 1–13; Kersten, Das Anthropozän-Konzept; ders., Leben im Menschenzeitalter. Mehr Rechte für Natur und Tiere. Deutschlandfunk Kultur 27.07.2018.

24 República de Colombia. Corte Suprema de Justicia, STC 4360–2018.05.04.2018.

25 National Assembly, Legislative and Oversight Committee, Constitution of the Republic of Ecuador. 20.10.2008, Art. 72.

26 Vgl. etwa Alexa Weik von Mossner, Imagining Geological Agency: Storytelling in the Anthropocene, in: Robert Emmett, Thomas Lekan (Hrsg.), Whose Anthropocene? Revisiting Dipesh Chakrabarty's »Four Theses«. München 2016, 83–88.

aus Potential innewohnt, indem sie im Zeichen anthropozäner Schichten das Gesamtwerk Italo Calvinos neu interpretiert.[27]

Darüber hinaus erlaubt es das Anthropozän in diesem Feld, sowohl in Bezug auf den literarischen Schaffensprozess als auch im Bereich der Analyse, als kritisch-analytisches Instrument eingesetzt zu werden.[28] Ideen in Antwort auf die Frage zu entwickeln, wie anthropozänes Schreiben aussehen kann, ist ein Unterfangen, das methodisch-innovativ betrachtet vielversprechend klingt. Interessant wird es für künftige Literaturwissenschaftler, die sich in naher Zukunft möglicherweise die Frage stellen können, ob die geologische Epoche ein literaturwissenschaftliches Pendant gefunden hat. Einen kleinen Vorgeschmack darauf, wie dieses aussehen könnte, geben erste lyrische und epische Werke zum Anthropozän. Neu entworfene Utopien und Dystopien erweisen sich dabei als Mittel, abstraktes wissenschaftliches Wissen einem breiteren Publikum zugänglich zu machen.[29]

Das gleiche Potential eröffnet sich den Künsten – mit dem Unterschied, dass der Pool an kreativen Umsetzungsmöglichkeiten hier ein noch größerer ist. Licht- und Toninstallationen, Malerei und Fotografie, plastische Umsetzungen und performative Formen wie Tanz, Theater oder Opernaufführungen werden im künstlerischen Umgang mit dem Anthropozän bereits eingesetzt (näher dazu vgl. Ausblick).[30] So hat sich auch die Debatte um das Anthropozän als ge-

27 Vgl. Serenella Iovino, Reading the Anthropocene with Italo Calvino, München 12.04.2018 (Lunchtime Colloquium. Rachel Carson Center for Environment and Society); Serpil Oppermann, Serenella Iovino (Hrsg.), Environmental Humanities. Voices from the Anthropocene. London, New York 2017.

28 Zum Einsatz des Anthropozäns als Analyseinstrument vgl. etwa Alla Ivanchikova, Geomediations in the Anthropocene. Fictions of the Geologic Turn, in: C21 Literature: Journal of 21st-Century Writings 6, 2018, H. 1, 1–24; Tobias Menely, Jesse Oak Taylor (Hrsg.), Anthropocene Reading. Literary History in Geologic Times. University Park, Pennsylvania 2017; Melina Pereira Savi, The Anthropocene (and) (in) the Humanities. Possibilities for Literary Studies, in: Revista Estudos Feministas 25, 2017, H. 2, 945–959; Gina Comos, Caroline Rosenthal (Hrsg.), Anglophone Literature and Culture in the Anthropocene. Newcastle 2019; Greg Garrard, Richard Kerridge, Ecocritical Approaches to Literary Form and Genre, in: Greg Garrard (Hrsg.), The Oxford Handbook of Ecocriticism. Oxford u. a. 2014, 361–376; Daniel Falb, Anthropozän. Dichtung in der Gegenwartsgeologie. Berlin 2015; Anja T. Bayer, Daniela Seel (Hrsg.), All dies hier, Majestät, ist deins. Lyrik im Anthropozän: Anthologie. Berlin 2016; Adam Trexler, Anthropocene Fictions. The Novel in a Time of Climate Change. Charlottesville 2015; Alessandro Macilenti, Characterising the Anthropocene. Ecological Degradation in Italian Twenty-First Century Literary Writing. Frankfurt a. M. 2018.

29 Vgl. etwa Philipp Weiss, Am Weltenrand sitzen die Menschen und lachen. Roman. Berlin 2018; Alan Weisman, The World Without Us. New York 2008; Zalasiewicz, Freedman, The Earth after us.

30 Heidi Bostic, Meghan Howey, To address the Anthropocene, engage the liberal arts, in: Anthropocene 18, 2017, 105–110; Heather Davis, Etienne Turpin (Hrsg.), Art in the Anthropocene. Encounters Among Aesthetics, Politics, Environments and Epistemologies. London 2015; dies. (Hrsg.), Architecture in the Anthropocene. Encounters Among Design, Deep Time, Science and Philosophy. Ann Arbor 2013; Yesenia Thibault-Picazo, Craft in the Anthropocene. A Future Geology.

sellschaftliches Phänomen in den Jahren ab 2014 erheblich ausdifferenziert und verläuft mittlerweile ähnlich plural wie die Debatten um das Anthropozän als kulturelles und als geologisches Konzept (vgl. Abb. 2). Dabei wird die wissenschaftliche Anthropozändebatte nicht nur referiert, sondern mittels medieninhärenter Logiken interpretiert, übersetzt und transformiert. Während dabei vielfach erkenntnisfördernde und fundierte Auseinandersetzung stattfindet, zeigt sich zugleich, dass die Befürchtung, der Begriff Anthropozän könne zu einem bloßen Modewort verkommen, mittlerweile ebenfalls Realität geworden ist. Es bleibt zu hoffen, dass dies nicht überhandnimmt – besteht doch die Gefahr, dass der Begriff auf diese Weise an deskriptiver Kraft einbüßt (näher dazu vgl. Ausblick und Ergebnisse).

Die Breite der Debatte verbietet es, alle beteiligten disziplinären Akteursgruppen in der Analyse gleichberechtigt zu berücksichtigen. Daher werde ich mich im Folgenden primär auf die Geschichtswissenschaften fokussieren. Vor dem Hintergrund der wissenschaftshistorischen Verortung vorliegender Arbeit und weil das Interesse an Verschiebungen in disziplinspezifischen Zeitvorstellungen Teil der übergeordneten Fragestellung ist, drängt sich die Wahl der Geschichtswissenschaft als näher zu beleuchtender Akteur geradezu auf. Eine Analyse der historischen Auseinandersetzung mit dem Anthropozän führt Schwierigkeiten, Möglichkeiten und auch das methodisch-innovative Potential vor Augen, die der beschriebene temporale Öffnungsprozess nach sich zieht. Aufgrund des ungewöhnlich hohen Stellenwertes normativer Fragestellungen auch innerhalb der geowissenschaftlichen Debatte sowie des beiderseits explizit herausgestellten Zusammenhangs zwischen der Entwicklung kapitalistischer Wirtschaftsweisen und den Aspekten, die wir unter dem Begriff Anthropozän diskutieren, gehören die Soziologie und Philosophie ebenfalls zu denjenigen Akteursgruppen, die in der im nächsten Kapitel folgenden Analyse stärker berücksichtigt werden sollen als andere disziplinäre Akteure. Der Zugriff auf die gewählten Disziplinen als Akteure wird über für die Debatte zentrale Vertreter der genannten Akteursgruppen erfolgen. Die Ausführungen dieses Kapitels basieren neben dem umfangreichen Literaturkorpus auf Interviewmaterial. Bei zehn von fünfzehn Interviews, die mit Wissenschaftlern aus dem geistes- und sozialwissenschaftlichen Bereich geführt wurden, waren Historiker Interviewpartner. Die übrigen fünf Interviews wurden mit Personen aus dem soziologischen, politikwissenschaftlichen, literaturwissenschaftlichen sowie philosophischen Bereich geführt.

5.3 Neue Wege in der Konzeption historischer Zeitlichkeit

Historiker sind als Experten für die Menschheitsgeschichte von den Diskussionen um das Anthropozän ganz unmittelbar betroffen. Nicht von ungefähr wird das Anthropozän in der Technik- und Umweltgeschichte besonders intensiv diskutiert. Waren die temporalen Zuständigkeitsbereiche zwischen Geologie und Geschichtswissenschaft bisher klar voneinander getrennt, so steht für zweitere mit der geologischen Aneignung der menschlichen Zeitdimension nicht weniger als die Definitionsmacht um die Kategorie der Menschenzeit auf dem Spiel, welche die Geschichtswissenschaft seit der Ausdifferenzierung der Disziplinen als *ihre* Zeit für sich beansprucht. Jahrhundertelang werden die Geistes- und Sozialwissenschaften bereits als weiche beziehungsweise Nebenwissenschaften gehandelt, die nicht nur ihre Berechtigung, sondern auch ihren Nutzen permanent unter Beweis stellen müssen. In erster Linie von naturwissenschaftlicher Seite wird ihnen teils ein hilfswissenschaftlicher Charakter zugeschrieben.[31] Vor diesem Hintergrund ist nun das anthropozäne Kräftemessen zu betrachten, das sich in zum Teil offen ausgetragener Konkurrenz um Definitionsmacht manifestiert. Zwar ist der Vorwurf einer Marginalisierung geistes- und sozialwissenschaftlicher Disziplinen in der Debatte um das Anthropozän über die naturwissenschaftliche Aneignung von Inhalten, die außerhalb ihres Expertisefeldes liegen, nachvollziehbar – werden doch alte Wunden aufgerissen.[32] Doch verkennt ein solcher Einwand, dass es der breiteren naturwissenschaftlichen Community im Allgemeinen und der AWG im Besonderen ausschließlich um die geologische Zeiteinteilung geht.

Es versteht sich von selbst, dass es sich dabei um eine Sichtweise handelt, die nicht ausnahmslos auf die an der Debatte beteiligten Vertreter der Geistes- und Sozialwissenschaften zutrifft. Viele legen eine durchweg reflektierte Haltung an den Tag, wie folgendes Zitat aus einem Interview belegt: »[H]istorians don't say to themselves, ›What do you think of that rock strata?‹«.[33] Im Gegenteil, Historiker stellen ganz andere Fragen an das Anthropozän und nehmen im Gegensatz zu naturwissenschaftlichen Disziplinen einen ursachen- und prozessorientierten

31 Vgl. etwa Snow, Die zwei Kulturen; Gerhard Vowinckel, Verwandtschaft und was die Kultur daraus macht, in: Wulf Schiefenhövel, Christian Vogel, Gerhard Vollmer u. a. (Hrsg.), Zwischen Natur und Kultur. Der Mensch in seinen Beziehungen. Beiträge aus dem Funkkolleg »Der Mensch – Anthropologie heute«. Stuttgart 1994, 32–42; Michael Cahn, Wissenschaft und Literatur. Eine Berührungsstelle der zwei Kulturen, in: Helmut Bachmaier, Ernst Peter Fischer (Hrsg.), Glanz und Elend der zwei Kulturen. Über die Verträglichkeit der Natur- und Geisteswissenschaften. Konstanz 1991, 181–193; Jürgen Mittelstraß, Geist, Natur und die Liebe zum Dualismus – Wider den Mythos von zwei Kulturen, in: Helmut Bachmaier, Ernst Peter Fischer (Hrsg.), Glanz und Elend der zwei Kulturen. Über die Verträglichkeit der Natur- und Geisteswissenschaften. Konstanz 1991, 9–28; Lorraine Daston, Die Kultur der wissenschaftlichen Objektivität, in: Lorraine Daston, Otto Gerhard Oexle, Dieter Simon (Hrsg.), Naturwissenschaft, Geisteswissenschaft, Kulturwissenschaft. Einheit – Gegensatz – Komplementarität? Göttingen 1998, 9–40; Jost Halfmann, Johannes Rohbeck (Hrsg.), Zwei Kulturen der Wissenschaft – revisited. Weilerswist 2007.
32 Noel Castree, Speaking for the ›people disciplines‹. Global change science and its human dimensions, in: The Anthropocene Review 4, 2017, H. 3, 160–182; Sörlin, Reform and responsibility – the climate of history in times of transformation, 22.
33 Interview mit B1, 27.04.2018.

Blick ein. Somit ist die geschichtswissenschaftliche Evidenzstrategie eine völlig andere. Die ursachen- und prozessorientierte Perspektive erklärt, weswegen der historischen Zeiteinteilungspraxis andere Periodisierungen zugrunde liegen als der geologischen. Diese schließen einander jedoch nicht zwangsläufig aus. Obwohl die Stratigraphie wiederholt explizit auf die Effektzentrierung der geologischen Praxis verweist, betont sie daneben, dass sie die Prozessorientierung ebenfalls als wichtig erachtet. Zwar solle diese im geisteswissenschaftlichen Zuständigkeitsbereich verbleiben. Der Dialog sei jedoch erwünscht. Die Signifikanz der Prozessorientierung auch für das stratigraphische Anthropozän beweisen sowohl die interdisziplinäre Zusammensetzung der Arbeitsgruppe als auch die Funktion der Geistes- und Sozialwissenschaftler innerhalb der Gruppe. Die Arbeit der *Anthropocene Working Group* hat in der Praxis gezeigt, dass die geisteswissenschaftliche Beschäftigung mit dem Anthropozän, auch mit dem stratigraphischen Anthropozän, unerlässlich ist – kann der in einem historisch einschneidenden Zeitraum verortete Beginn des geologischen Anthropozäns doch ohne Kontextualisierung nicht verstanden werden.

Dennoch wird die von der Anthropozändebatte ausgelöste Grenzverwischung im geistes- und sozialwissenschaftlichen Bereich in Teilen als Bedrohung wahrgenommen, gewissermaßen als destabilisierend-öffnendes Moment, das es um jeden Preis zu restabilisieren und zu schließen gilt. Hier bietet sich jedoch die Chance, das destabilisierende Moment im Sinne einer interdisziplinären geistes-/naturwissenschaftlichen Kooperation für sich zu nutzen und gezielt für die Relevanz der eigenen Disziplin einzutreten: »[H]umanistic disciplines at least perceive themselves to be in crisis, they struggle to be judged as relevant and useful. And so saying things about the Anthropocene is a way to compete for relevance, for recognition, for legitimacy.«[34] Dies kann etwa durch die Hervorhebung des Faktums gelingen, dass naturwissenschaftliche Sinnstiftung und Erklärung für das Anthropozän ohne den Rückbezug auf geisteswissenschaftliches Wissen nicht möglich sind.

Die Befragten aus dem geistes- und sozialwissenschaftlichen Bereich sind sich indes einig, dass dem Anthropozän – sofern man es als Konzept mit all seinen Facetten nutzen möchte – nur auf der Grundlage veränderter Wissensproduktionsmechanismen beizukommen ist.[35]

Nicht alle gehen dabei so weit wie Dipesh Chakrabarty, der in seinem 2009 veröffentlichten Artikel *The Climate of History: Four Theses* einen *Klimawandel*

---

34 John R. McNeill, Zagreb 30.06.2017.
35 Interview mit B1, 27.04.2018; Interview mit B3, 27.03.2018; Interview mit B8, 26.03.2018; Libby Robin, München 28.11.2017; Bronislaw Szerszynski, München, Lancaster 28.02.2018; Timothy J. LeCain, München, Bozeman 21.03.2018; José Augusto Pádua, Zagreb 30.06.2017; Interview mit B2, 20.03.2018; Alf Hornborg, München, Lund 16.03.2018; Interview mit B5, 10.05.2018.

in den Geschichtswissenschaften fordert, weg von der Trennung in die separierten Kategorien Natur und Kultur oder Umwelt und Gesellschaft, hin zu einer integrierten Geo-Geschichte.[36] Mit seinem Buch *Provincializing Europe* als Vordenker postkolonialer Untersuchungen bekannt geworden, besitzt er innerhalb der historischen Community einen Einfluss, der sich auch in der Rezeption und Auseinandersetzung mit seinen Thesen niederschlägt.[37] Eine von Robert Emmet und Thomas Lekan kompilierte Studie kann an dieser Stelle exemplarisch für die von ihm angestoßenen multiperspektivischen Diskussionen um das Mensch-Umwelt-Verhältnis angeführt werden.[38] Zwar dient auch heute innerhalb des geisteswissenschaftlichen Debattenstrangs noch immer dieser erste Anthropozän-Artikel Chakrabartys als Bezugspunkt. Ein Blick auf spätere Veröffentlichungen aus seiner Feder zeigt jedoch, dass es sich bei ihm insofern um einen zentralen historischen Akteur der Debatte handelt, als er diese über die Zeit hinweg begleitet und kontinuierlich auf disziplinäre und zeitliche Grenzverwischungen und deren Potential hinweist.[39]

Einen Schritt weiter als Chakrabarty geht der Wissenschaftssoziologe Bruno Latour, der ganz im Sinne seines sich in der Akteur-Netzwerk-Theorie niederschlagenden posthumanistischen Denkansatzes die Existenz von Natur und Kultur als getrennte Kategorien als solche anzweifelt.[40]

In Analogie zu Geowissenschaftlern beginnen Historiker, ihre Argumente unter Rückgriff auf geowissenschaftliche Evidenz zu ergänzen. Ein jüngst ins Leben gerufenes gemeinsames Publikationsprojekt des AWG-Vorsitzenden Zalasiewicz, des Biologen Mark Williams und der Wissenschaftshistorikerin Julia Adeney Thomas zeigt pars pro toto, dass einer Kooperation von natur- und geisteswissenschaftlichen Evidenzpraktiken hohes innovatives Potential innewohnt.[41] Thomas demonstriert auch in vorangegangenen Artikeln und Projek-

36 Chakrabarty, The Climate of History.
37 Ders., Provincializing Europe. Postcolonial Thought and Historical Difference. Princeton 2009.
38 Robert Emmett, Thomas Lekan (Hrsg.), Whose Anthropocene? Revisiting Dipesh Chakrabarty's »Four Theses«. München 2016. Vgl. dazu auch Trischler, Will, Die Provokation des Anthropozäns.
39 Dipesh Chakrabarty, The Anthropocene and the convergence of histories, in: Bonneuil, Gemenne, Hamilton (Hrsg.), The Anthropocene and the Global Environmental Crisis, 44–56; ders., Humanities in the Anthropocene. The Crisis of an Enduring Kantian Fable, in: New Literary History 47, 2016, H. 2–3, 377–397; ders., The Seventh History and Theory Lecture. Anthropocene Time, in: History and Theory 57, 2018, H. 1, 5–32.
40 Latour, Agency at the Time of the Anthropocene.
41 Julia A. Thomas, Jan A. Zalasiewicz, Mark W. Williams, The Anthropocene. A Multidisciplinary Approach. Cambridge 2020; Interview mit B1, 27.04.2018. Vgl. beispielsweise Donna J. Haraway, Anthropocene, Capitalocene, Plantationocene, Chthulucene: Making Kin, in: Environmental Humanities 6, 2015, 159–165; Timothy J. LeCain, The Matter of History. How Things Create the Past. Cambridge 2017.

ten, dass diese Verschiebung produktiv sein kann. Sie verlässt die Komfortzone der eigenen Disziplin und tritt unter Bezugnahme auf biologische Inhalte in einen aktiven Aushandlungsprozess um das Konzept des Menschenzeitalters ein.[42] Ferner nimmt sie in ihren Studien zu Ausformungen des Anthropozäns im asiatischen Raum, speziell in Japan, die unter anderem von der Historikerin Anna Tsing und dem Historiker José Augusto Pádua formulierte Forderung nach der lokalen Aneignung des Planetaren, dem »placing, situating the Anthropocene«,[43] auf.[44] Indem sie naturwissenschaftliches Wissen als Ressource zur Stärkung ihres Arguments mobilisiert, lässt sie sowohl die Verflechtung als auch die Interdisziplinarität als spezifische Praktiken der Einschließung zu eigenen Evidenzierungsstrategien werden. Darüber hinaus gelingt es ihr auf diese Weise, die Bedeutsamkeit des eigenen Fachs für die Biologie zu exemplifizieren.[45]

Die Lokalisierung anthropozäner Themen bietet Historikern im Gegensatz zu Geologen zudem die Möglichkeit, politische Botschaften zu vermitteln – Botschaften, die konzeptionelle Kritik am Anthropozän aufnehmen und bis zu einem gewissen Grad auflösen. Die Lokalisation anthropozäner Phänomene außerhalb der westlichen Welt birgt die Möglichkeit, ein differenziertes Bild zu eröffnen, das in seiner Vielschichtigkeit wiederum dem planetaren Anspruch des Anthropozänkonzepts Rechnung trägt. Geschichtswissenschaft ist stets auch politische Praxis – nicht zuletzt, weil der Blick in die Vergangenheit immer auch einen Blick in die Zukunft eröffnet. Thomas beschäftigt sich auf wissenschaftstheoretischer und -politischer Ebene ganz konkret mit der Frage, welche Aufgaben der Geschichtswissenschaft im Anthropozän zukommen.[46] Sie stellt sich die Frage, ob es nützlich sei, »to look back at the past to find ways, the byways of modernity?«.[47]

Zu einem der frühen disziplinübergreifenden Projekte zählt auch die Initiative *Integrated History and future Of People on Earth* (IHOPE), die sich aus dem IGBP

42 Vgl. etwa Julia A. Thomas, History and Biology in the Anthropocene: Problems of Scale, Problems of Value, in: American Historical Review 119, 2014, H. 5, 1587–1607.

43 José Augusto Pádua, Zagreb 30.06.2017.

44 Anna L. Tsing, The Mushroom at the End of the World. On the Possibility of Life in Capitalist Ruins, Princeton, Oxford 2015; dies., Berlin 27.03.2018 (Anthropocene Lecture Series); José Augusto Pádua, Zagreb 30.06.2017; José Augusto Pádua, Brazil in the History of the Anthropocene, in: Liz-Rejane Issberner, Philippe Lena (Hrsg.), Brazil in the Anthropocene: Conflicts between Predatory Development and Environmental Policies. London 2017, 19–40; Interview mit B1, 27.04.2018.

45 Vgl. etwa Julia A. Thomas, Economic Development in the Anthropocene. Perspectives on Asia and Africa, Genf 26.–27. September 2014 (Graduate Institute of International & Development Studies); Kyle Harper u. a., Bio-History in the Anthropocene: Interdisciplinary Study on the Past and Present of Human Life, in: Chicago Journal of History 7, 2016, 5–19.

46 Julia A. Thomas, The Historians' Task in the Age of the Anthropocene: Finding Hope in Japan? Berlin 12.10.2017 (Anthropocene Lecture Series).

47 Interview mit B1, 27.04.2018.

ergab und im Jahr 2005 auf einer Konferenz in Dahlem als eigenständiges Projekt des IGBP etabliert wurde.[48] Ziel der Initiative ist es, die Mensch-Umwelt-Interaktionen in historischer Perspektive über einen Zeitraum von 100 000 Jahren zu verstehen. So hat es sich die für das Projekt verantwortliche Community zum Globalen Wandel zur Aufgabe gesetzt, einen Überblick zu geben,

»of how (and why) the planet and human societies have changed in historical times. [...] Initial development of IHOPE histories will begin with local and regional scale interactions between humans and their environment and lead up to global scale issues«.[49]

Als historisches Projekt, welches nicht von der historischen Community initiiert und darüber hinaus von einer interdisziplinären Gruppe, bestehend aus Archäologen, Geographen, Historikern, Umweltwissenschaftlern, Erdsystemwissenschaftlern, Informatikern, Anthropologen und Biologen, bearbeitet wurde, provoziert es, regt aber auch an. Die Historikerin Libby Robin, die unmittelbar nach der Gründung von IHOPE über den Erdsystemwissenschaftler Will Steffen damit in Berührung kam und sich seither engagiert mit anthropozänen Inhalten auseinandersetzt, kann als Paradebeispiel hierfür angeführt werden. In dem gemeinsam mit Will Steffen verfassten Aufsatz *History for the Anthropocene* schreibt sie, »the ›Global Change community‹ challenges historians to be interdisciplinary and beyond ›normal‹ scales of history, both in time and in space«.[50] Untenstehende Abbildung illustriert dies exemplarisch.

Darin haben es die Projektmitarbeiter von IHOPE gewagt, die in der Debatte um das Anthropozän vielfach geforderte Verschmelzung von geologischer Zeitlichkeit einerseits und historischer Zeitlichkeit andererseits nicht gedanklich, sondern auch praktisch (modellhaft) zu vollziehen. Vertikale geologische Zeit und horizontale historische Zeit laufen in der Grafik zusammen, was es dem Rezipienten erlaubt, Zu- und Abnahme einzelner naturwissenschaftlicher Parameter, wie etwa der Methan- oder CO_2-Konzentration in der Atmosphäre, mit bestimmten historischen Entwicklungen in Verbindung zu bringen – zumindest in zeitlicher Perspektive. Denn die Autoren weisen ausdrücklich darauf hin, dass in diesem ersten Versuch noch kein Kausalzusammenhang abgebildet ist. Während auf der linken Seite politische und kulturelle Ereignisse verortet sind, zeigt

---

48 Robert Costanza u. a., Developing an Integrated History and future of People on Earth (IHOPE), in: Current Opinion in Environmental Sustainability 4, 2012, H. 1, 106–114; ders., Lisa J. Graumlich, Will Steffen (Hrsg.), Sustainability or Collapse? An Integrated History and Future of People on Earth. Cambridge, MA, London 2007; ders. u. a., Sustainability or Collapse. What Can We Learn from Integrating the History of Humans and the Rest of Nature?, in: Ambio 36, 2007, H. 7, 522–527.

49 International Geosphere-Biosphere Programme, Developing an Integrated History and Future of People on Earth (IHOPE): Research Plan. IGBP Report No. 59. Stockholm 2010, 6–7.

50 Robin, Steffen, History for the Anthropocene, 1704.

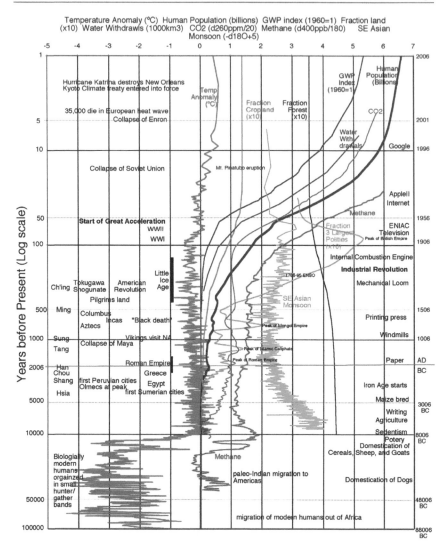

Abb. 19: Die vertikale Achse zeigt den Zeitraum von 100 000 Jahren BP bis 2006 in einer logarithmischen Skala. In der linken Hälfte des Diagramms sind kulturelle und politische Ereignisse verzeichnet, während die rechte Hälfte technologische Entwicklungen abbildet. Die horizontale Achse zeigt die Entwicklung ausgewählter Indikatoren des Erdsystemwandels für die abgebildeten 100 000 Jahre; aus Robert Costanza u. a., Sustainability or Collapse. What Can We Learn from Integrating the History of Humans and the Rest of Nature?, in: Ambio 36, 2007, H. 7, 522–527, hier: 524.

die rechte Seite technologische Ereignisse. Bei näherem Hinsehen fällt auf, dass es sich bei den angeführten Geschehnissen häufig auch um umwelthistorische Prozesse handelt. Zudem verliert der geologische Zeit-Raum von 100 000 Jahren in der Kombination mit Aspekten historischen Zeitraumes an Abstraktion. IHOPE kann mit dieser neuen Art von Forschung an der Schnittstelle von Natur- und Geisteswissenschaften nicht zuletzt als Aufforderung und Anregung für Historiker verstanden werden – als Aufforderung, sich der Herausforderung Anthropozän anzunehmen und als Anregung, Schichtenmodelle historischer Zeitlichkeiten zu konzeptualisieren.

Robin selbst nimmt sich dieser Aufgabe an. Das zeigt ihr bis zum heutigen Zeitpunkt fortbestehendes Engagement in der Debatte.[51] So plädiert sie in einem 2015 erschienenen Beitrag für eine disziplinübergreifende, gemeinsame Sprache, die es erlaubt, »the numbers of natural science and the metaphors of humanity« zu vereinen.[52] In Zusammenarbeit mit den Historikern Paul Warde und Sverker Sörlin greift sie 2017 den unter anderem von Stanley Finney und Lucy Edwards als Vorwurf an das geologische Anthropozänkonzept formulierten Renaissance-Vergleich auf.[53] Sowohl bei der Renaissance als auch beim Anthropozän handle es sich nicht zuletzt aufgrund ihres breiten inhaltlichen Fassungsvermögens um Konzepte mit multiplen Bedeutungen und für beide werden, je nach Interessensschwerpunkt, unterschiedliche Periodisierungen vorgenommen.[54] Zugleich zeigt sich die von Finney und Edwards im geologischen Sinn vorgebrachte Renaissance-Kritik insofern als verfehlt, als sie einen Aspekt aus dem geisteswissenschaftlichen Expertise-Bereich, mehr noch aus der geisteswissenschaftlichen Zeiteinteilungspraxis, zur Grundlage ihres geologischen Arguments machen. Sie stellen sich damit gewissermaßen selbst eine Falle, indem sie selbst praktizieren, was sie der AWG vorwerfen (vgl. Kap. 3): Sie argumentieren interdisziplinär, indem sie fachfremdes Wissen als Ressource mobilisieren, um die eigene These zu stärken.

Der Globalhistoriker John McNeill ist bereits seit einem frühen Zeitpunkt in die Debatte um das Anthropozän involviert. Sein Engagement bleibt dabei nicht auf seine AWG-Mitgliedschaft und den geowissenschaftlichen Debattenstrang beschränkt.[55] Auch die geisteswissenschaftliche Debatte profitiert von seinen Veröffentlichungen und Vorträgen zum Anthropozän, die sich aufgrund seines unmittelbaren Zugangs und Wissens zum Ursprung der Debatte und der

---

51 Aus IHOPE ist unter anderem hervorgegangen Libby Robin, Paul Warde, Sverker Sörlin (Hrsg.), The Future of Nature. Documents of Global Change. New Haven 2013.

52 Libby Robin, A Future Beyond Numbers, in: Möllers, Schwägerl, Trischler (Hrsg.), Welcome to the Anthropocene, 19–24, hier: 20.

53 Finney, Edwards, The »Anthropocene« epoch, 8–9.

54 Warde, Robin, Sörlin, Stratigraphy for the Renaissance.

55 Vgl. etwa Steffen, Crutzen, McNeill, The Anthropocene; Zalasiewicz, Waters, Anthropocene Working Group. Report of activities 2011.

stratigraphischen Diskussion von der Auseinandersetzung anderer Historiker mit dem Anthropozän unterscheidet. Ihm wird somit in doppelter Hinsicht eine kontextualisierende und explizierende Rolle zuteil. Während er innerhalb der *Anthropocene Working Group* für die historisch korrekte Verortung naturwissenschaftlichen Wissens zuständig ist, kann man ihm dieselbe Funktion für geisteswissenschaftliche Diskurse zuschreiben, in denen es ihm seine Innenperspektive erlaubt, als geowissenschaftliches Korrektiv aufzutreten.[56]

In Ko-Autorenschaft mit Peter Engelke erzählt er in dem 2014 erschienenen Buch *The Great Acceleration* eine globale Umweltgeschichte seit Ende des Zweiten Weltkrieges im Zeichen der Großen Beschleunigung und leistet damit einen wichtigen Beitrag zum Verständnis des sozio-politischen Hintergrundes der neuen geologischen Epoche. Damit baut er nicht nur auf historischen Vorgängerarbeiten wie denjenigen Christian Pfisters oder Rolf Peter Sieferles auf, die mit ihren Thesen bereits auf einen fundamentalen Wandel um die Mitte des 20. Jahrhunderts verwiesen, sondern stellt zugleich einen Bezug zu den 2004 veröffentlichten *Great Acceleration Graphs* sowie den AWG-internen Diskussionen um die Periodisierung der neuen geologischen Epoche her.[57] McNeill und Engelke gelingt es dabei, inhaltliche Bezüge zu geowissenschaftlichen Subdiskursen herzustellen. So greifen sie beispielsweise die Markerfrage auf und plädieren dafür, die Knochen und Zähne von in den 1940er-und 1950er-Jahren geborenen Säugetieren auf ihren radioaktiven Gehalt hin zu untersuchen, der sich signifikant von der Nachweisbarkeit vor 1940 und nach 1963 unterscheiden müsse.[58] Dies ist nicht allein als Aufruf zur Kooperation zu verstehen. Zugleich spielen sie auf ein für die Geschichtswissenschaften relativ neues Forschungsfeld an, das in den Bereich der *Deep History* fällt: die aDNA-Forschung (ancient DNA).[59] Diese entwickelt sich in den 1980er-Jahren aus einer Zusammenarbeit von Natur- und Geisteswissenschaften heraus und bietet heute über disziplinäre Grenzen hinweg eine fruchtbare Kooperationsmöglichkeit für die Geschichtswissenschaften sowie andere geistes- und sozialwissenschaftliche Disziplinen.[60]

---

56 Vgl. exemplarisch McNeill, The Industrial Revolution and the Anthropocene; John R. McNeill, Zagreb 30.06.2017; Jan A. Zalasiewicz, Leicester 20.06.2017.

57 Christian Pfister, The »1950s Syndrome« and the Transition from a Slow-Going to a Rapid Loss of Global Sustainability, in: Frank Uekötter (Hrsg.), The Turning Points of Environmental History. Pittsburgh 2010, 90–118; Rolf P. Sieferle, Der unterirdische Wald. Energiekrise und Industrielle Revolution. München 1982; ders., Epochenwechsel. Die Deutschen an der Schwelle zum 21. Jahrhundert. Berlin 1994.

58 McNeill, Engelke, The Great Acceleration, 167.

59 Siehe dazu die Überblicke von Elsbeth Bösl, Zur Wissenschaftsgeschichte der aDNA-Forschung, in: NTM 25, 2017, H. 1, 99–142; dies., Doing Ancient DNA. Zur Wissenschaftsgeschichte der aDNA-Forschung. Bielefeld 2017.

60 Zu historischen Projekten, die die aDNA-Methode für ihre eigene Forschung nutzen bzw. deren Einsatz für positiv halten, vgl. etwa Patrick Geary, Krishna Veeramah, Mapping European Population Movement through Genomic Research, in: Medieval Worlds 4, 2016,

Die aDNA-Forschung stieß und stößt in den Geschichtswissenschaften auf Euphorie und Ablehnung zugleich: Vor allem zu Beginn begrüßte man die Möglichkeit, Geschichtswissenschaft nun ebenfalls im Labor betreiben zu können. Eine versuchte Annäherung an naturwissenschaftliche Evidenzpraktiken – was implizit mit der Hoffnung verbunden war, den hilfswissenschaftlichen Charakter der eigenen Disziplin abzustreifen – wird dabei offenkundig. Bald aber zeigten sich erste Schwierigkeiten in praktischer und methodischer Hinsicht, sodass sich eine interdisziplinär geführte Kontroverse um den Einsatz von aDNA-Forschung anbahnte. Zwar kreist die Debatte um die aDNA-Forschung um ein weitaus begrenzteres Themenfeld, als es die Anthropozändebatte tut. Dennoch kann ein struktureller Vergleich der Anthropozändebatte mit interdisziplinären wissenschaftlichen Kontroversen der jüngeren Vergangenheit in wissenschaftsgeschichtlicher Perspektive erkenntnisfördernd sein. Dies anhand der Gegenüberstellung von den Debatten um die aDNA-Forschung einerseits und das Anthropozän andererseits zu vollziehen, lässt insofern Potential vermuten, als sich Struktur und Setting in beiden Fällen ähneln. Es etablieren sich jeweils neue, heterogene Forschungsfelder, die Disziplingrenzen verwischen lassen und etablierte disziplinspezifische Methoden in Frage stellen. Weil es den Rahmen vorliegender Arbeit sprengen würde, sich einem solchen Vergleich tiefergehend zu widmen, beschränke ich mich an dieser Stelle darauf, mögliche Fragestellungen zu skizzieren und auf das Potential eines solchen Vorgehens zu verweisen.

McNeill und Engelke gelingt es in ihrem Buch darüber hinaus im gleichen Atemzug, die Aufmerksamkeit auf anthropologische Grundfragen, wie diejenige nach der Verantwortung des Menschen für den Planeten, zu lenken und einzutreten für die Relevanz geisteswissenschaftlichen, insbesondere historischen Engagements in der Debatte. Letzteres sei bei weitem nicht ausgeschöpft, wie McNeill beklagt.[61]

Für die Geschichtswissenschaften im Allgemeinen mag das zutreffen – nicht aber für die Umweltgeschichte im Besonderen, die über den temporalen Aspekt hinaus von der inhaltlichen Konnotation jedweden Aspektes der Anthropozändebatte ganz besonders betroffen ist. Und es ist speziell die Umweltgeschichte, welcher der Umgang mit den Herausforderungen anthropozäner Geschichtsschreibung leichter fällt als Historikern mit anderer Schwerpunktsetzung. Schließlich bewegt sich die Umweltgeschichte ohnehin häufig »audaciously across time and space and species and thereby [anyway] challenges some of the conventions of history«.[62]

65–78; Stefanie Samida, Jörg Feuchter, Why Archaeologists, Historians and Geneticists Should Work Together – and How, in: Medieval Worlds 4, 2016, 5–21; Thomas, History and Biology in the Anthropocene.

61 John R. McNeill, Zagreb 30.06.2017.

62 Tom Griffiths, How many trees make a forest? Cultural debates about vegetation change in Australia, in: Australian Journal of Botany 50, 2002, H. 4, 375–389, hier: 377.

Mittlerweile gibt es eine ganze Fülle an umwelthistorischen Beiträgen und Arbeiten aus dem Bereich der florierenden Umweltgeisteswissenschaften.[63] Zu den frühen umwelthistorischen Arbeiten zählen Paul Dukes' *Minutes to Midnight*, in dem er die Geschichte des Menschenzeitalters ausgehend vom Ende des Siebenjährigen Krieges 1763 anhand des mit der Industrialisierung einsetzenden, beschleunigten wissenschaftlich-technischen Fortschritts erzählt. Die besondere Leistung des Anthropozäns, nämlich geologische und historische Zeit miteinander zu verknüpfen, würdigt er nicht nur, sondern tritt ferner für einen pandisziplinären Ansatz ein. Auch Gregory Cushmans *Guano and the Opening of the Pacific World* reiht sich in die Linie umwelthistorischer Aneignung des Konzepts ein.[64] Ganz im Zeichen posthumanistischer Denkansätze, nichtmenschliche Entitäten als Akteure in den Blick zu nehmen, liegt das Augenmerk Cushmans auf dem phosphat- und stickstoffsäurehaltigen Düngemittel Guano, das vornehmlich in Südamerika gewonnen und ab Mitte des 19. Jahrhunderts exportiert wird. Er beleuchtet die globalhistorischen Konsequenzen, welche die verbreitete Nutzung dieses Stoffes mit sich brachten und plädiert damit in historischer Perspektive implizit für einen Beginn des Anthropozäns um 1850.

Bronislaw Szerszynski sieht das Anthropozän als eine Art umfassende globale Umweltgeschichte: »[T]hat became a sort of global environmental story. […] [A]nd for me most of the time I kind of think it is a pretty amazingly powerful story«.[65] Es versteht sich von selbst, dass manche Beiträge dabei einschlägiger sind als andere.

Besonders Tim LeCain, der den Begriff *Carbocene* geprägt hat, verschafft sich in den letzten Jahren mit seinem neomaterialistischen Ansatz Aufmerksamkeit (vgl. dazu Kap. 6.2).

Jo Guldi und David Armitage plädieren in ihrem 2014 publizierten *History Manifesto* dafür, das zeitgenössische Gesellschaften charakterisierende kurzfristige Denken mit dem Anthropozänkonzept zu kurieren. Dieses könne ihnen zufolge als Instrument eingesetzt werden, um Gesellschaft und Politik zur *longue durée* zurückzuführen, indem Geschichtsschreibung im Zeichen des Anthropozäns den Blick auf vergangene Phänomene freigibt, die in ihrer Summe zu der Situation geführt haben, in der sich die Menschheit heute befin-

63 Vgl. dazu exemplarisch Oppermann, Iovino, Environmental Humanities; Castree, The Anthropocene and the Environmental Humanities; Sabine Wilke, Japhet Johnstone (Hrsg.), Readings in the Anthropocene. The Environmental Humanities, German Studies, and Beyond. New York 2017; Eva Horn, Hannes Bergthaller, The Anthropocene. Key Issues for the Humanities. Abingdon, New York 2020.

64 Paul Dukes, Minutes to Midnight. History and the Anthropocene Era from 1763. London u. a. 2011; Gregory T. Cushman, Guano and the Opening of the Pacific World. A Global Ecological History. Cambridge 2013.

65 Bronislaw Szerszynski, München, Lancaster 28.02.2018.

det.[66] Für ihr Plädoyer für die Rückkehr zum langfristigen Denken wurden sie viel gelobt. Dennoch gab das Manifest auch Anlass zu Kritik.[67] Unter Zitation des Soziologen Joshua Yates rufen sie dazu auf, »[to] realize our fullest potential as managers of the earth and our future on it«.[68] Analogien zum Glauben ökomoderner Denker in den *technological fix*, den diese im *Ecomodernist Manifesto* propagieren, sind dabei nicht von der Hand zu weisen. Die normative Aufladung geisteswissenschaftlicher Diskussionen aufgrund der üblicherweise vorhandenen inhaltlichen Verknüpfung mit dem Subjekt Mensch ist stets präsent. Weil es darüber hinaus zur Aufgabe insbesondere der Geschichtswissenschaften gehört, sich auch normativ zu positionieren – schließlich geht es darum, Kenntnis aus der Vergangenheit zu gewinnen und künftiges Handeln daraus abzuleiten –, sind es vielmehr inhaltliche Aspekte jenseits normativer Fragestellungen, die provokativ auf das Feld der Geschichtswissenschaften wirken. Im Gegensatz zum geowissenschaftlichen Debattenstrang werden die Diskussionen um ethische Implikationen des Konzepts in der geistes- und sozialwissenschaftlichen Auseinandersetzung ausgetragen.

Mit der intendierten Abkehr vom *short termism* und der Hinwendung zum *long termism* verbleiben Guldi und Armitage jedoch innerhalb des etablierten dualistischen Kategoriensystems, das Vertreter der *Deep History* bereits hinter sich gelassen haben.

Der geschichtswissenschaftliche Umgang mit dem Anthropozän macht offenkundig, dass es den Akteuren nicht primär darum geht, einen Beitrag zur geowissenschaftlichen Verhandlung des Konzepts zu leisten. Anstatt stratigraphisches Ziel und Vorgehensweise zu verstehen und kontextualisierend zu ergänzen, werden einzelne, in das Interessensfeld des eigenen Forschungsschwerpunkts fallende Aspekte des Konzepts aufgenommen und den eigenen disziplinären Regeln entsprechend transformiert und interpretiert. Differenzierung, Lokalisierung sowie De- und Rekontextualisierung sind Evidenzpraktiken, die dabei Hand in Hand gehen und allesamt Spezifizierungen derjenigen Evidenzpraxis darstellen, die für den geschichtswissenschaftlichen Prozess der Evidenzgenerierung zentral ist: die Narrativierung.

Da mittlerweile der Konsens herrscht, dass es nicht das eine Anthropozän gibt, sondern sich die ehemals erdsystemwissenschaftliche Idee zu einem Konzept mit multiplen Bedeutungen ausdifferenziert hat, findet die Art und Weise der geschichtswissenschaftlichen Auseinandersetzung mit dem Konzept durchaus seine Berechtigung und kann sicherlich im Hinblick auf die Gesamtdebatte, in Teilen jedoch auch in Bezug auf die geowissenschaftliche Debatte, eine ergän-

---

66 David Armitage, Jo Guldi, The History Manifesto. London 2014.

67 Deborah Cohen, Peter Mandler, The History Manifesto: A Critique, in: American Historical Review 120, 2015, H. 2, 530–542.

68 Joshua J. Yates, Abundance on Trial: The Cultural Significance of »Sustainability«, in: The Hedgehog Review 14, 2012, H. 2, 8–25, hier: 22.

zende Wirkung entfalten. Die eingehendere Betrachtung der Arbeiten von in die Debatte involvierten Historikern hat ergeben, dass die zentrale Herausforderung an das Fach der Geschichtswissenschaft in der Verschmelzung von geologischer, historischer und menschlicher Zeitlichkeit liegt: »[W]e are equipped to live in very local contexts [...] at a local environment [...] we are not existentially or mentally equipped to deal with a planet with 7 billion people for 100.000 years. It's just beyond our capacity.«[69]

Die Projekte und Publikationen, die hier vorgestellt wurden, zeigen, dass der Wille, diese Herausforderung zu meistern, vorhanden ist. Initiativen wie IHOPE oder Stewart Brands *Clock of the Long Now* schildern eindrucksvoll, dass dies gelingen kann. Eine Möglichkeit, dieser Aufgabe beizukommen, besteht in der Zusammenarbeit mit Geowissenschaftlern – in der Sach- und Sozialdimension. Einer der befragten Historiker beschreibt darüber hinaus die Notwendigkeit einer Vergleichzeitigung der verschiedenen Zeitdimensionen, wenn er erklärt:

»[W]hat I think synchronizers do [...] through the Anthropocene, they're going to link between the geological time scale, and the agency of humanity in the world, and then also linking the individual human life into the temporalities of the planetary, and the temporalities of the environment, and the temporalities that are ultimately geological. [...] A new logic and also directionality comes into time.«[70]

Anstatt historischen Wandel auf der horizontalen Ebene zu erzählen, gilt es, sowohl nicht-lineare Narrative zu entwickeln, als auch Geschichte auf der vertikalen Ebene zu verorten. Stratigraphen lesen die Erdgeschichte in vertikaler Richtung, indem sie geologische Schichten analysieren, um neben Zeiteinheiten kontinuierlichen Wandels disruptive Phasen planetarer Dimension zu identifizieren. Dagegen sind die Geschichtswissenschaften dazu angehalten, Schichtenmodelle historischer Temporalität zu konzeptualisieren – »one thing is to split your mind and [...] to keep part of your thinking in the time scale of individual humans and other nonhumans, and then deep time as well«.[71] Die florierende

69 Alf Hornborg, München, Lund 16.03.2018.
70 Interview mit B8, 26.03.2018. Der Begriff der Synchronisierung von Zeit geht auf den Kulturhistoriker Helge Jordheim zurück, der zwei zentrale Historisierungsinstrumente beschreibt: Erstens, den Fortschritt als Instrument der Moderne, der homogene, globale Zeit erschaffen hat. Jordheim zufolge werde der Fortschritt nun abgelöst von, zweitens, der Krise. Während Fortschritt an Zukunft orientiert ist und sich somit durch Kontinuität auszeichnet, ist die Krise gegenwartsorientiert und über Diskontinuität und Bruch synchronisiert.; vgl. dazu Helge Jordheim, Introduction: Multiple Times and the Work of Synchronization, in: History and Theory 53, 2014, H. 4, 498–518; ders., Europe at Different Speeds: Asynchronicities and Multiple Times in European Conceptual History, in: Willibald Steinmetz, Michael Freeden, Javier Fernández-Sebastián (Hrsg.), Conceptual History in the European Space. New York 2017, 47–62; ders., Einar Wigen, Conceptual Synchronisation. From Progress to Crisis, in: Millennium: Journal of International Studies 46, 2018, H. 3, 421–439.
71 Bronislaw Szerszynski, München, Lancaster 28.02.2018; Vgl. auch Interview mit B2, 20.03.2018.

Forschung zu Memorialkulturen und zum kollektiven Gedächtnis hat neue Wege in diese Richtung gewiesen.[72]

Zudem sehen sich die Geschichtswissenschaften der Frage gegenüber, wer oder was neben dem *anthropos* in der Geschichte des Anthropozäns als historischer Akteur gilt. Dabei zeichnet sich eine Erweiterung des Akteursspektrums ab, die nicht unbedeutsam ist für eine Wissenschaft, die methodisch bisher auf den Menschen als zentralen Akteur ausgerichtet gewesen ist. Die Komplementarität zu der neu in die Geowissenschaften einfließenden Perspektive, weg von Stoffen und nicht-menschlichen Akteuren hin zur Spezies Mensch, führt eindrücklich vor Augen, dass die zwei Kulturen letztlich mit ähnlichen Schwierigkeiten kämpfen, was erwarten lässt, dass experimentelle, kooperative Settings einen produktiven Umgang ermöglichten.

Sverker Sörlin beschreibt die bevorstehende Aufgabe des Historikers 2018 wie folgt:

»We need the history of nature in order to write history. We need the stories and the big drama and the Earth histories of the sciences. And we can't leave these stories to scientists alone, because their stories lack details of the human. [...] Now is the time to use our skills. We will expand in many directions and we will go to places we have never gone before. We need to change, but we will not cease to be who we are.«[73]

Stärker noch als in den Naturwissenschaften scheint sich das geisteswissenschaftliche Bewusstsein für die Notwendigkeit einer neuen Art von Wissenschaft zu formieren, »die nicht nur aus der Summe der Einzelteile von verschiedenen Disziplinen besteht«.[74] Vielmehr braucht das Anthropozän eine Verflechtung von Expertise, die besonders dann gelingen kann, wenn die noch imaginierte, wahrhaftig interdisziplinäre Wissenschaft ihre Fundierung in guter disziplinärer Wissenschaft erfährt. Sollte das gelingen, muss keineswegs Einigkeit dahingehend herrschen, was das Anthropozän bedeutet. Stattdessen kann das Anthropozän als multiples Konzept funktionieren, bei dem die unterschiedlichen Foki in einer ergänzenden Funktion zueinanderstehen und sich zu einem Gesamtbild verbinden. Darin manifestiert sich ein besonderes Potential des Anthropozänkonzepts, das Tim LeCain wie folgt formuliert: »[T]he key [...], the beauty of the Anthropocene in a more narrowly constrained way, is the bringing together of sicence and humanities«.[75]

Anders als innerhalb der Geowissenschaften wirkt das Anthropozän auf die Geistes- und Sozialwissenschaften in Bezug auf eine Veränderung oder gar Ablösung etablierter Evidenzpraktiken weniger transformierend ein. Vielmehr

---

72 Vgl. hierzu Trischler, Will, Die Provokation des Anthropozäns.
73 Sörlin, Reform and responsibility, 23.
74 Interview mit B5, 10.05.2018.
75 Timothy J. LeCain, München, Bozeman 21.03.2018.

sieht sich dieser Debattenstrang einer inhaltlichen Herausforderung gegenüber, die in erster Linie in der Integration der planetar-tiefenzeitlichen Raum-Zeit-Dimension besteht. Während sich die Geowissenschaften dazu angehalten sehen, klein mit groß zu verbinden, gilt für Geistes- und Sozialwissenschaften die Umkehrung. Geowissenschaftler benötigen das, was Geisteswissenschaftler haben, Geisteswissenschaftlern fehlt das, womit sich Geowissenschaftler täglich auseinandersetzen. Darin liegt eine große Chance der gegenseitigen Bereicherung, des Expertise-Austausches sowie der wechselseitigen Ergänzung, die mittels eines offenen, aktiven Aushandlungsprozesses über disziplinäre Grenzen hinweg erreicht werden kann.

Bisher erfolgen Umsetzung und Sinnstiftung in der Debatte um das Anthropozän als kulturelles Konzept primär unter Rückgriff auf spezifische, bereits etablierte Evidenzpraktiken. Die Narrativierung bildet dabei als Herstellungs- und Darstellungsmodus von Evidenz eine funktionierende Praxis. Die planetare Dimension des Anthropozänkonzepts aber konfrontiert die Narrativierungspraxis und ihre Unterformen mit neuen Herausforderungen.

Auch wenn das komplexe Themenfeld des Anthropozäns die Einsatzhäufigkeit der Translation, der Differenzierung und der (Ent-)Kontextualisierung als Evidenzpraktiken erhöht, handelt es sich dabei um nichts vollkommen Neuartiges. Diskurse bleiben im geistes- und sozialwissenschaftlichen Bereich seit jeher nicht auf eine Disziplin begrenzt. Zwar stellt der Aushandlungsprozess mit Naturwissenschaftlern, insbesondere Geowissenschaftlern, eine Besonderheit dar. Allerdings fällt sie weniger als neu auf als etwa bei den Geowissenschaften. Die Definitionshoheit der Stratigraphie bezüglich der zeitlichen Verortung des Anthropozäns trägt, trotz des Wissens um deren auf die Erweiterung der Geologischen Zeitskala beschränkten Interesses, nicht zum Abbau der geisteswissenschaftlichen Krise bei, die sich in (zunehmendem) Legitimierungsdruck äußert – Druck dahingehend, ihr Selbstverständnis innerhalb des Wissenschaftssystems zu stärken sowie ihre Zukunftsfähigkeit zu demonstrieren.[76] Die Etablierung neuer hybrider Fachrichtungen wie den *environmental humanities*, den *energy humanities* oder den *integrative humanities* innerhalb der letzten beiden Dekaden in Reaktion auf die in den Klimawandel- und Nachhaltigkeitsdebatten breit verhandelte Umweltthematik, die auch Teil der Debatte um das Anthropozän ist, präsentiert sich als ein Weg, die Signifikanz geisteswissenschaftlichen Wissens hinsichtlich der Herstellung naturwissenschaftlichen Wissens hervorzuheben.[77]

---

76 Vgl. hierzu exemplarisch Jörg-Dieter Gauger, Günther Rüther (Hrsg.), Warum die Geisteswissenschaften Zukunft haben! Ein Beitrag zum Jahr der Geisteswissenschaften. Freiburg 2007.

77 Sverker Sörlin, Graeme Wynn, Fire and Ice in the Academy. The rise of the integrative humanities, in: Literary Review of Canada 24, 2016, H. 6, 14–15; Sverker Sörlin, Humanities of transformation. From crisis and critique towards the emerging integrative humanities, in: Research Evaluation 14, 2018, H. 1, 287–297; ders., Reform and responsibility; Palsson u. a., Re-

Neben der Verflechtung wird somit auch im geistes- und sozialwissenschaftlichen Bereich Institutionalisierung als Evidenzpraxis eingesetzt. Mit Nicole Heller, der weltweit ersten Kuratorin für das Anthropozän, die am *Carnegie Museum of Natural History* in Pittsburgh mit dem Aufbau eines sogenannten *Anthropocene Center* betraut ist, geht die Institutionalisierung des Anthropozäns in eine nächste Runde. Die ETH Zürich plant für das Jahr 2022 die Besetzung des ersten Lehrstuhls für die Geschichte des Anthropozäns.

conceptualizing the ›Anthropos‹ in the Anthropocene; Imre Szeman, Dominic Boyer (Hrsg.), Energy Humanities. An Anthology. Baltimore 2017.

6. Evidenz geistes- und sozialwissenschaftlich gedacht

In Analogie zum Kapitel *Evidenz geowissenschaftlich gedacht* beleuchtet der folgende Abschnitt spezifische, von geistes- und sozialwissenschaftlicher Seite im Sinnbildungsprozess um das Anthropozän eingesetzte Evidenzpraktiken anhand von drei weiteren Subdiskursen. Ziel ist es dabei zum einen, Unterschiede zum geowissenschaftlichen Evidenzproduktionsprozess aufzudecken. Zum anderen soll ein Fokus auch hier auf Interaktionsmechanismen und Rückwirkungseffekten zwischen geistes- und sozialwissenschaftlichem Vorgehen einerseits und natur- beziehungsweise geowissenschaftlicher Praxis andererseits liegen. Insbesondere die enge inhaltliche wie konzeptionelle Interdependenz einzelner Phänomene und Kategorien lässt das Anthropozänkonzept dabei als Motor für die Entwicklung einer neuen Art der Wissensproduktion und -kommunikation erscheinen. Inwieweit die Evidenzpraktiken der Ein- und Ausschließung einander bedingen und, ob Einschließungsprozesse ähnlich häufig und mit gleicher Zielsetzung zum Einsatz kommen wie in der Debatte um das Anthropozän als geologisches Konzept, dem soll hier nachgegangen werden. Die Phänomene der De- und Restabilisierung werden wir auch in diesem Teil der Arbeit als untrennbar miteinander verbundene Prozesse kennenlernen.

Sechs Evidenzpraktiken sind in diesem Kapitel besonders relevant: die Narrativierung, die (Ent-)Differenzierung, die (De-)Zentrierung, die Verflechtung, die Entgrenzung und die Lokalisierung. Bei diesen sechs Praktiken handelt es sich, wie die in der Einleitung erfolgte Typisierung zeigt, um spezifische Evidenzpraktiken, die sich primär in der Sachdimension zeigen. Im Gegensatz zur Debatte um das Anthropozän als geologisches Konzept treten Veränderungen in Bezug auf Prozesse der Evidenzgenerierung in der Debatte um das Anthropozän als kulturelles Konzept vornehmlich in der Sachdimension hervor. Für diesen Teil der Debatte wird es folglich primär um die Anwendungskontexte von Evidenz gehen.

In der Analyse werde ich mich auf folgende drei Subdiskurse beschränken: erstens denjenigen um Verantwortlichkeiten im Anthropozän, zweitens die posthumanistische Auseinandersetzung mit dem Konzept sowie drittens Möglichkeiten und Strategien einer lokalen Aneignung des Planetaren. Das Kapitel erhebt dabei nicht den Anspruch der Vollständigkeit. Innerhalb der Debatte um das Anthropozän als kulturelles Konzept haben sich mittlerweile eine ganze Reihe weiterer Subdiskurse formiert. Wie bereits erwähnt liegt der Schwerpunkt in der Akteursanalyse primär auf den Geschichtswissenschaften. Davon ausgehend fiel die Wahl in der inhaltlichen Analyse auf die genannten Diskussionsfelder, da diese das Akteurspotential der Geschichtswissenschaften am besten abbilden.

6.1 Verantwortlichkeiten im Anthropozän

Vor dem Hintergrund der Debatte um das Anthropozän im Allgemeinen und den Wechselwirkungen zwischen den Debatten um das Anthropozän als geologisches Konzept und als kulturelles Konzept im Besonderen intendiert der Diskurs um Verantwortlichkeiten im Anthropozän, das geowissenschaftliche Verständnis des Anthropozäns um Kausalzusammenhänge zu ergänzen. Als spezifische Evidenzpraktiken, auf die Geistes- und Sozialwissenschaftler dabei zurückgreifen, werden wir in diesem Kapitel die Differenzierung und die Verflechtung in der Sachdimension kennenlernen. Die Analyse zeigt eindrücklich, dass solche Evidenzierungsstrategien, die eine Destabilisierung geowissenschaftlicher Argumentationslinien intendieren, häufig eine restabilisierende Wirkung entfalten. Dem Bestreben, die geowissenschaftliche Debatte in ursachenorientierter Perspektive zu ergänzen, wohnt enormes Potential inne – ein Potential, das dann vollends zur Entfaltung kommen kann, wenn die beteiligten Akteure nicht mehr darum bemüht sind, vor dem Hintergrund eines disziplinären Gegeneinanders um die Legitimation und Relevanz der eigenen Disziplin zu kämpfen, sondern der Öffnungsprozess so weit fortgeschritten ist, dass die unterschiedlichen Denk- und Forschungsansätze auf synergetische Weise zusammenlaufen. Nichts braucht unsere Gesellschaft mehr als den inter- und transdisziplinären Dialog, der das Verständnis für systemische Zusammenhänge und die multidimensionale Verwobenheit des Menschen mit dem Planeten Erde fördert.

Anthropos – Chancen und Grenzen der Spezieskategorie

Der Subdiskurs um die Rolle des Kapitalismus im Anthropozän nimmt seinen Ausgang im Jahr 2013, als der Soziologe und Umwelthistoriker Jason Moore den Terminus Kapitalozän als differenzierten, der Heterogenität der Menschheit Rechnung tragenden Gegenbegriff zum Anthropozän einführt.[1] In Form

---

1 Donna Haraway zufolge hat Andreas Malm den Begriff Kapitalozän bereits 2009 erstmals in einem Seminar in Lund vorgebracht. Auch Moore verweist darauf, dass er den Terminus von Malm übernommen hat; vgl. Haraway, Anthropocene, Capitalocene, Plantationocene, Chthulucene, 163; Jason W. Moore, The Capitalocene Part II. Accumulation by appropriation and the centrality of unpaid work/energy, in: The Journal of Peasant Studies 45, 2018, H. 2, 237–279, hier: 238. Auch David Ruccio verwendet den Begriff Kapitalozän bereits vor Jason Moore in einem Blog Post 2011; vgl. David F. Ruccio, Anthropocene – or how the world was remade by capitalism.

einer essayistischen Trilogie formuliert er sein Argument, das er in dem zwei Jahre später erschienenen Buch *Capitalism in the Web of Life* ausführlich beleuchtet.[2] Quelle für Moores Auseinandersetzung mit dem Anthropozän unter den Vorzeichen der Kapitalismusforschung bildet der von geistes- und sozialwissenschaftlicher Seite vielfach formulierte Kritikpunkt, das Anthropozänkonzept verdecke Unterschiede, Ungleichheiten und unterschiedliche Dimensionen der Verantwortlichkeit, indem die Menschheit begrifflich als undifferenzierte, homogen agierende Entität zur treibenden Kraft hinter der planetaren Krise stilisiert werde.[3]

In den Diskussionen um den *anthropos* als terminologische und konzeptionelle Kategorie tritt ein Spannungsverhältnis zwischen zwei Praktiken zutage, das in der methodischen Andersartigkeit von naturwissenschaftlichen Disziplinen und geistes- und sozialwissenschaftlichen Disziplinen begründet liegt. Vorliegendes Kapitel beleuchtet dieses Spannungsverhältnis zwischen der Differenzierung und der Entdifferenzierung am Beispiel der Diskussionen um die Spezieskategorie. Außerdem präsentiert sich die Verflechtung, die Differenzierungs- und Entdifferenzierungsmomente miteinander verbindet, diesbezüglich als vielversprechende Evidenzpraxis.

Natur- und insbesondere Geowissenschaftler operieren entsprechend ihrer disziplinären Logik mit Artenbegriffen. In den Geowissenschaften liegt dies in der tiefenzeitlichen Dimension begründet. Sich über Jahrmillionen vollziehende geologische Veränderungen weisen einen Zusammenhang mit der Präsenz oder Absenz von Arten, nicht aber spezifischer Varietäten bestimmter Subspezies auf. Viele Geistes- und Sozialwissenschaftler aber sehen in der Verwendung der Spezies-Kategorie für das Menschenzeitalter eine untragbare Komplexitätsreduktion.[4] Und in historischer Perspektive trifft das zu. Planetares transhistorisches Artendenken und regionales Bevölkerungsdenken stehen einander

2 Jason W. Moore, Anthropocene or Capitalocene? [Onlinedokument] 13.05.2013; ders., Anthropocene or Capitalocene? Part II. [Onlinedokument] 16.05.2013; ders., Anthropocene or Capitalocene? Part III. [Onlinedokument] 19.05.2013; ders., Capitalism in the Web of Life. Ecology and the Accumulation of Capital. London, New York 2015.

3 Vgl. beispielsweise Baskin, Paradigm Dressed as Epoch; Manemann, Kritik des Anthropozäns; Daniel Hartley, Anthropocene, Capitalocene, and the Problem of Culture, in: Moore (Hrsg.), Anthropocene or Capitalocene, 154–165. Zu einer kritischen Auseinandersetzung mit Moores Thesen vgl. etwa Judith Watson u. a., Disentangling Capital's Web, in: Capitalism Nature Socialism 27, 2016, H. 2, 103–121; Ian Angus, Knocking down straw figures, in: International Socialist Review, 2016, H. 103; Kamran Nayeri, ›Capitalism in the Web of Life‹ – A Critique. 19.07.2016; Ian Angus, John B. Foster, In Defense of Ecological Marxism: John Bellamy Foster responds to a critic. 06.06.2016.

4 An dieser Stelle sei darauf verwiesen, dass es sich auch beim Artenbegriff um einen umstrittenen biologischen Terminus handelt, um den sich ein eigenständiges Diskussionsfeld rankt; vgl. etwa Marc Ereshefsky, Species, in: Edward N. Zalta (Hrsg.), Stanford Encyclopedia of Philosophy. Stanford 2016.

diametral gegenüber. Während es den einen entsprechend der disziplinären Logik widerstrebt, unifizierend zu denken, widerspricht es der Methodik der anderen Seite, zu differenzieren.

Dennoch konfrontiert das Anthropozän Geistes- und Sozialwissenschaften mit der Herausforderung, nicht nur über ihren bisherigen Untersuchungszeitraum hinauszugehen, sondern auch entsprechende Denkmuster zu überwinden. Denn allein die tiefenzeitliche Perspektive lässt erkennen, warum die gegenwärtigen Umweltveränderungen, die in erdsystemische Umbrüche münden, langfristig eine Bedrohung für den Menschen, und zwar für die Spezies Mensch, bedeuten. Es läuft der geschichtswissenschaftlichen Methodik besonders zuwider, die Menschheit als undifferenzierte Entität zu betrachten, da dies kausale Einzelheiten historischen Wandels verdeckt und in einem spannungsgeladenen Verhältnis zur Komplexität der Konzeption von Mensch-Natur-Beziehungen steht.

Selbst die Geographin und Politikwissenschaftlerin Kathleen McAfee, die zwar den Artenbegriff als solchen und die These Chakrabartys vom Menschen, der erst als Spezies zum geologischen Faktor wurde, nicht in Frage stellt, betont, dass dennoch die Entscheidungen machttragender Personen ausschlaggebendes Kriterium in Bezug auf die Geologisierung des Menschen gewesen seien – wobei diese Machtposition Einzelner wiederum das Resultat politischer und sozialer Prozesse sei.[5] Fokussiert ist dieser Teil der Debatte insbesondere auf die Formeln *Who is the we?* und *Whose Anthropocene?*.

Während die Ursachen im Hinblick auf diejenigen Entwicklungen, die in das Anthropozän geführt haben, in einer differenzierten Analyse einzelner, interagierender Mikroebenen zu finden sind, zeigen sich deren Effekte in planetarkollektiver Manier auf der Makroebene. Und weil von geowissenschaftlicher Seite wiederholt formuliert wird, dass es in den Aufgabenbereich der Geistes- und Sozialwissenschaften falle, die Kausalzusammenhänge aufzudecken, welche die von naturwissenschaftlicher Seite untersuchten Effekte verursacht haben, eignet sich die Spezies-Kategorie tatsächlich wohl kaum für eine kritische geisteswissenschaftliche Auseinandersetzung mit dem Anthropozänkonzept.[6] Dennoch verspräche eine offene Haltung gegenüber dem Speziesdenken *eine* Möglichkeit, den Konnex zur geologischen Tiefenzeit herzustellen und so die Trennung zwischen Natur und Kultur zu überwinden. Zudem präsentiert sich die Entdifferenzierung in diesem speziellen Fall als ein Weg, auch aus geschichtswissenschaftlicher Perspektive in planetaren, die historische Zeitvorstellung überschreitenden Dimensionen zu denken. Geschieht dies reflexiv, kann die

5 Kathleen McAfee, The Politics of Nature in the Anthropocene, in: Emmett, Lekan (Hrsg.), Whose Anthropocene?, 65–72.

6 Lesley Head, Contingencies of the Anthropocene. Lessons from the ›Neolithic‹, in: The Anthropocene Review 1, 2014, H. 2, 113–125; Lisa Sideris, Anthropocene Convergences. A Report from the Field, in: Emmett, Lekan (Hrsg.), Whose Anthropocene?, 89–96.

Speziesperspektive den Geschichtswissenschaften ferner eine Hilfestellung sein, neue Modelle historischer Zeitlichkeit in planetarer Perspektive zu konzipieren, die – einmal etabliert – ausdifferenzierend befüllt werden können.

Chakrabarty sieht in der Aufnahme dieser umfassenden Kategorie in die Geschichtswissenschaften durchaus Potential – unter anderem dasjenige, etablierte Denkmuster zu ergänzen und einen Beitrag zur Förderung des Verständnisses der eigenen Geologizität zu leisten, denn

»[w]e may not experience ourselves as a geological agent, but we appear to have become one at the level of the species. And without that knowledge that defies historical understanding there is no making sense of the current crisis that affects us all.«[7]

Auch die Geographin Gerda Roelvink erkundet das Potential einer Integration der Spezieskategorie. Ihre Arbeiten weisen in eine ähnliche Richtung.[8]

Die Krise zu verstehen, geht mit dem Erkennen einer nicht nur intergenerationellen, sondern vielmehr entgrenzten und planetaren (Umwelt-)Verantwortung einher. Beim Verantwortungsbegriff, wie wir ihn heute verstehen, handelt es sich um einen Terminus, der seine Wurzeln in Rechtstexten des 15. Jahrhunderts hat. Drei wesentliche Elemente konstituieren den Begriff: Verantwortung »ist eine Zuständigkeit, die (1) bei jemandem, (2) für etwas, (3) gegenüber jemandem liegt«.[9] Nimmt man die von geisteswissenschaftlicher Seite vielfach geforderte Differenzierung der Menschheit in Bezug auf die Ursachen des Anthropozäns ernst, wäre es verfehlt, allen Menschen das gleiche Maß an Verantwortung mit auf den Weg der Sicherung eines funktionierenden Erdsystems zu geben.[10] Der Politikwissenschaftler Jeremy Baskin nimmt diese Kritik in einem jüngst publizierten Buchkapitel erneut auf. Darin bemängelt er hinsichtlich der geowissenschaftlichen Verhandlung des Konzepts das »repeated listing of symptoms of anthropogenic influence. There is little mention, however, of what might be driving the Anthropocene. [...] Justice questions and inequality go unexplored.«[11] Anstatt die Geowissenschaften wiederholt für dieses vermeintliche Versäumnis zu kritisieren, wäre es wohl sinnvoller, in den eigenen Reihen Lösungsstrategien für einen verantwortungsvollen Umgang mit den Herausforderungen des Menschenzeitalters zu entwickeln. Denn Markus Vogt zufolge sind angesichts

7 Chakrabarty, The Climate of History, 221.
8 Gerda Roelvink, Rethinking Species-Being in the Anthropocene, in: Rethinking Marxism 25, 2013, H. 1, 52–69.
9 Markus Vogt, Ethik des Wissens. Freiheit und Verantwortung der Wissenschaft in Zeiten des Klimawandels. München 2019, 39.
10 Zur Auseinandersetzung mit der Verantwortungsfrage im Anthropozän vgl. auch Sebastian Kistler, Wie viel Gleichheit ist gerecht? Sozialethische Untersuchungen zu einem nachhaltigen und gerechten Klimaschutz. Marburg 2018.
11 Jeremy Baskin, Global Justice and the Anthropocene: Reproducing a Development Story, in: Frank Biermann, Eva Lövbrand (Hrsg.), Anthropocene Encounters. New Directions in Green Political Thinking. Cambridge 2019, 150–168, hier: 154–156.

der planetaren Phänomene, die das Anthropozän beschreibt, alle drei Verant-
wortungsdimensionen verunsichert: Subjekt, Objekt und Adressat. Dies schlägt
sich in einer Verantwortungsüberlastung nieder und hemmt Aktion.[12] Leinfelder, Vogt und viele andere sehen in einer Ergänzung des bestehenden Wissenschaftssystems durch eine transformative Wissenschaft das Potential, dass
Wissenschaft über die Auflösung strikter Grenzziehungen zwischen inner- und
außerwissenschaftlichem Bereich zu einem Katalysator für gesellschaftliche
Veränderungsprozesse wird.[13]

Die geowissenschaftliche Debatte befindet sich mittlerweile auf der Zielgera-
den. Daher steht der oben genannte Vorwurf sinnbildlich für die Unwissenheit
mancher geistes- und sozialwissenschaftlicher Akteure in Bezug auf grundlegende geologische Untersuchungsmethoden. Während Geowissenschaftler
annehmen, dass sich das Anthropozän zu einem Konzept mit multiplen Bedeutungen entwickelt hat, die alle ihre Rechtfertigung haben, geben Publikationen,
die aus der Feder weniger zentral involvierter Geistes- und Sozialwissenschaftler stammen, einen Hinweis darauf, dass es ihnen vielmehr darum geht, die
Perspektive des Gegenübers in Frage zu stellen, um den eigenen Standpunkt
in intra- und interdisziplinärer Hinsicht zu stärken. Die Dekonstruktion, bei
der es sich um eine etablierte geisteswissenschaftliche Evidenzpraxis handelt,
tritt somit auch in der Anthropozändebatte als Evidenzpraxis hervor. Weil es
in dieser Arbeit aber um Transformationsanzeichen im Prozess wissenschaftlicher Wissensproduktion geht, soll ihr hier keine gesonderte Aufmerksamkeit
geschenkt werden.

Zweifelsohne ist kritisches Hinterfragen wichtig und fruchtbar – gerade von
politikwissenschaftlicher Seite. Wünschenswert aber wäre, dass dies basierend
auf einer Auseinandersetzung mit den Hintergründen derjenigen Aspekte geschieht, die kritisiert werden – um einen inter-disziplinären Konkurrenzkampf
durch kooperative Zusammenarbeit abzulösen, die in eine Verschränkung unterschiedlicher Expertisefelder mündet und damit dem multiperspektivischen
Anthropozänkonzept Rechnung trägt.

---

12 Ausgehend von einer kritischen Auseinandersetzung des Verantwortungsbegriffs hat
sich Christian Hoiß in seiner Dissertationsschrift dem Themenfeld aus didaktischer Perspektive genähert und Modelle entwickelt, welche die schulische Vermittlung anthropozäner
Inhalte in den Mittelpunkt stellen; Christian Hoiß. Deutschunterricht im Anthropozän. Didaktische Konzepte einer Bildung für nachhaltige Entwicklung.

13 Das Konzept der transformativen Wissenschaft hat im wissenschaftlichen Feld kontroverse Diskussionen um den Wert eines solchen innerwissenschaftlichen Wandels angestoßen;
vgl. dazu beispielsweise Peter Strohschneider, Zur Politik der Transformativen Wissenschaft,
in: André Brodocz u.a. (Hrsg.), Die Verfassung des Politischen. Festschrift für Hans Vorländer. Wiesbaden 2014, 175–192; Uwe Schneidewind, Transformative Wissenschaft – Motor für gute Wissenschaft und lebendige Demokratie, in: GAIA 24, 2015, H. 2, 88–91; Armin
Grunwald, Transformative Wissenschaft – eine neue Ordnung im Wissenschaftsbetrieb?, in:
GAIA 24, 2015, H. 1, 17–20.

Die Evidenzpraxis der Verflechtung bietet großes Potential, die dem Konzept inhärente Forderung danach, etablierte Dichotomien hinter sich zu lassen, in der Sachdimension zu vollziehen. So gibt der Religionswissenschaftler Christoph Baumgartner, der sich von dem dualistischen Ansatz des Entweder-Oder löst und statt von kollektiver oder geteilter Verantwortung, von einer geteilten Verantwortung aller Menschen spricht, einen Hinweis auf einen sinnvollen Umgang mit ethisch-normativen Fragestellungen, die sich aus der Diskussion um die Kategorie des *anthropos* ergeben. In der Verflechtung von naturwissenschaftlicher Sichtweise einerseits und geisteswissenschaftlichem Differenzierungsbestreben andererseits gelingt es ihm dabei, die aufeinanderprallenden Kategorien Art und Individuum zusammenzudenken.[14]

Die vielen kleinen alltäglichen, individuellen Handlungen bleiben für sich genommen unmittelbar folgenlos und werden erst in der Masse zum Problem. Darin liegt eine weitere *Scaling*-Schwierigkeit, die konstitutiv für den Umgang mit dem Anthropozänkonzept ist. Wenn es gelänge, das Bewusstsein für die planetaren Auswirkungen lokaler Handlungsweisen zu schärfen – etwa über Diskussionen um ethische Aspekte des Anthropozäns –, gelänge es im Umkehrschluss möglicherweise ebenfalls, ein Bewusstsein dafür zu schaffen, dass die Effekte marginal erscheinender Handlungen für den Planeten in ihrer Summe ebenfalls große Wirkung entfalten können. Auch die Konkretisierung als spezifische Form der Differenzierung präsentiert sich als vielversprechende Evidenzpraxis auf dem Weg, der *Scaling*-Herausforderung in geistes- und sozialwissenschaftlicher Perspektive sinnstiftend beizukommen.

Letztlich sollte es in fruchtbaren Diskussionen, die disziplinäre Grenzen überwinden, vor allem darum gehen, fachfremden disziplinspezifischen Konzeptionen des Menschen mit Offenheit zu begegnen.

Während Chakrabarty Einschließungsmomente als Evidenzpraxis für eine neue Art der Geschichtsschreibung nutzt, zeugt die geisteswissenschaftliche Debatte um das Anthropozän vielfach auch von der gegenläufigen Tendenz. Statt sich bewusst auf die multidimensionale Grenzverwischung einzulassen, pocht man auf die Richtigkeit der eigenen Perspektive und damit auf den Erhalt disziplinärer Grenzziehungen. Dies bestätigt, dass Evidenzpraktiken Teil zirkulärer Mechanismen sind, und der Einsatz spezifischer Praktiken, wie in diesem Fall der Einschließung, häufig das Auftreten gegenläufiger Praktiken bedingt, die sich als Teil eines engen Wechselwirkungsprozesses gegenseitig verstärken. Interdisziplinarität hat folglich nicht zwangsläufig einen destabilisierenden Effekt auf bestehende Trennungen, sondern ist gleichermaßen im Stande, restabilisierende Wirkung zu entfalten.

---

14 Christoph Baumgartner, Transformations of Stewardship in the Anthropocene, in: Deane-Drummond, Bergmann, Vogt (Hrsg.), Religion in the Anthropocene, 53–66; vgl. auch Hamilton, Defiant Earth.

Die historische Rolle einzelner Akteure

Der folgende Abschnitt widmet sich der Evidenzpraxis der Differenzierung. Dabei werden nicht nur Chancen offenkundig, die eine differenzierende Herangehensweise mit sich bringt. Zugleich gibt die Analyse den Blick auf Spannungen und nicht-intendierte Gegeneffekte frei, welche die Differenzierungspraxis jenseits des Kontextes entfaltet, auf den sie angewendet wird. Die durch eine differenzierte historische Perspektive auf einen spezifischen inhaltlichen Teilbereich der Anthropozändebatte intendierte Stabilisierung kann in eine Destabilisierung münden. Dies dient nicht nur als Beleg für die Dynamik wissenschaftlicher Wissensproduktionsprozesse. Ebenso verweist dies auf die engen Interaktionsmechanismen, die eine interdisziplinäre Debatte wie diejenige um das Anthropozän charakterisieren und disziplinäre Grenzziehungen unscharf werden lassen.

Jason Moore begreift die Idee des *anthropos* als kollektive Entität im Anthropozänkonzept als Fehlkonzeption und sieht die Quelle dafür im kartesischen Dualismus. Anstatt die das moderne Denken charakterisierende Trennung in die voneinander separierten Kategorien Natur und Kultur zu überwinden, entstehe das Anthropozänkonzept in seiner originalen Bedeutung aus ebendiesem dualistischen Denken heraus, das es in einer Art Feedbackloop noch weiter verstärke. Daher begnügt sich Moore in seinen Ausführungen nicht damit, die Zentralität historischer Kenntnisse für das Verständnis anthropozäner Themen zu betonen, sondern konzipiert darüber hinaus den Kapitalismus als Resultat sich wechselseitig dynamisierender Rückkopplungsschleifen als Ko-Produktion menschlicher und natürlicher Prozesse neu. Er lässt etablierte Ursachenzusammenhänge der Kapitalismusforschung insofern hinter sich, als er die Faktoren, die zur Entstehung und Verbreitung des Kapitalismus führten, über das Moment der Dezentrierung weiter ausdifferenziert. Dabei weitet er den Blick auf Entitäten jenseits menschlicher Akteursgruppen. So versteht er Kapitalismus als »co-produced history of human-initiated projects and processes bundled with (and within) specific natures« und zeichnet dessen Geschichte als Geschichte »of successive *historical natures*, which are both producers *and* products of capitalist developments«.[15] Sowohl der Natur als auch dem Kapitalismus schreibt Moore *agency* zu und löst darin das dualistische Verhältnis von Natur und Kultur auf (näher dazu vgl. Kap. 6.2).[16] Der US-amerikanische Soziologe Christian Parenti geht einen Schritt weiter, wenn er auf politikwissenschaftlicher Ebene die zentrale Rolle des Staates im Kapitalismus beschreibt und darauf verweist, »the

---

15 Moore, Capitalism in the Web of Life, 18, 19; vgl. dazu auch ders., Introduction. Anthropocene or Capitalocene? Nature, History, and the Crisis of Capitalism, in: ders. (Hrsg.), Anthropocene or Capitalocene, 1–11, hier: 5–6; ders., The Rise of Cheap Nature, in: ebd., 78–115.

16 Vgl. auch Altvater, The Capitalocene, or, Geoengineering against Capitalism's Planetary Boundaries.

capitalist state does not *have* a relationship with ›nature‹ – it *is* a relationship with nature«.[17] Der Staat als System ist ihm zufolge zentraler Umweltakteur. Er hält es für unwahrscheinlich, dass sich dies zeitnah ändern wird, weswegen er in seinem Fazit dafür plädiert, den Staat auf Basis neuer kritischer Theorien zu einem besseren Umweltakteur zu machen.

Als weitere Ursache für die mangelnde Differenzierung des *anthropos* im Anthropozänkonzept nennt Moore ebenso wie der Politikwissenschaftler Manuel Arias-Maldonado den Zweck einer intendierten Simplifizierung, die über eine Generalisierung erreicht wird, wenn er schreibt:

»The Anthropocene makes for an easy story. Easy, because it does not challenge the naturalized inequalities, alienation, and violence inscribed in modernity's strategic relations of power and production. It is an easy story to tell because it does not ask us to think about these relations at all. [...] [T]he historical-geographical patterns of differentiation and coherence are erased in the interests of narrative simplicity.«[18]

Zudem argumentiert er historisch gegen das geologische Anthropozän. »The Anthropocene argument takes biogeological questions and facts [...] as an adequate basis for historical periodization.«[19] Auch hier tritt das bereits mehrfach dargelegte Kommunikationsproblem hervor, das auf methodischen Unterschieden gründet und den Dialog zwischen an der Debatte beteiligten Geowissenschaftlern einerseits und Geistes- und Sozialwissenschaftlern andererseits charakterisiert – beansprucht es die *Anthropocene Working Group* doch keineswegs für sich, eine geschichtswissenschaftliche Periodisierung bereitzustellen.

Im Kern nimmt Moore die kapitalismuskritische Perspektive ein, um einen differenzierten Blick auf die für verantwortlich befundene Menschheit zu richten und die Debatte wegzulenken von einer eurozentrischen Perspektive auf die Problemstellung. Zweiteres gelingt Moore, indem er die Geschichte des Kapitalismus in globalgeschichtlicher Perspektive seit dem 16. Jahrhundert erzählt und damit eine Alternative zur Konzeption der Industrialisierung als eine Art »deus ex machina« bietet.[20] Zugleich jedoch spielt er mit der als Evidenzpraxis für das Kapitalozän eingesetzten Differenzierung dem im Begriff Anthropozän enthaltenen, kollektiv homogenisierenden Ansatz insofern in die Hände, als er aufzeigt, dass sich der Kapitalismus über einen langen Zeitraum hinweg unter, wenn auch unterschiedlich intensiver, Beteiligung verschiedenster Bevölkerungsgruppen zu dem krisenauslösenden Moment entwickelt hat, das viele mit dem Begriff und seiner praxeologischen Ausprägung der letzten

17 Christian Parenti, Environment-Making in the Capitalocene. Political Ecology of the State, in: Moore (Hrsg.), Anthropocene or Capitalocene, 166–184, hier: 182.
18 Moore, Capitalism in the Web of Life, 170–171; vgl. auch Manuel Arias-Maldonado, Environment and Society. Socionatural Relations in the Anthropocene. Cham 2015, 55–94.
19 Moore, Capitalism in the Web of Life, 171, vgl. weiter 171–173.
20 Ebd., 175, im Original kursiv gesetzt.

beiden Jahrhunderte verbinden.[21] Der Philosoph Clive Hamilton positioniert sich ganz explizit zu derartigen Differenzierungsbestrebungen und verteidigt nicht nur das Anthropozänkonzept im Allgemeinen, sondern Paul Crutzen im Besonderen, wenn er die Verantwortung des Globalen Nordens für den konstatierten Erdsystemwandel zwar anerkennt, jedoch zugleich auf die sich im Laufe des 20. Jahrhunderts zunehmend auflösenden Differenzen in der Art und Weise des Handelns nördlicher und südlicher Akteure verweist.[22] Ihmzufolge könne Crutzen höchsten dafür kritisiert werden, das Anthropozänkonzept, das die Menschheit als kollektiven Akteur beschreibt, verfrüht vorgebracht zu haben.[23] Es wäre nicht das erste Mal, dass Crutzen dem Gang des gesellschaftlichen, politischen und wissenschaftlichen Zeitgeistes voraus ist.

Während Moore einerseits also implizit die These von der kollektiven Beteiligung der Menschheit adressiert, schlägt der Differenzierungsversuch auf einer weiteren Ebene fehl, was an der Fortentwicklung dieses Subdiskurses abzulesen ist: Denn dort wird der Begriff Kapitalozän in erster Linie mit der undifferenzierten homogenen Einheit westlicher industrialisierter Akteure assoziiert. Paradoxerweise entspricht eine derartige Vereinheitlichung der Ursprungsthese Crutzens, der in seinen ersten Artikeln zum Anthropozän eben nicht die Menschheit als Einheit ins Zentrum der Verantwortung rückt – so undifferenziert wie häufig behauptet, ist die Ursprungsthese folglich nicht. Schließlich befindet Crutzen mit dem Vorschlag, das Anthropozän habe mit der Industrialisierung, genauer noch mit der Erfindung der Dampfmaschine durch James Watt im Jahr 1784 begonnen, auf genau diejenige Akteurskonstellation für hauptverantwortlich, die auch mit dem Begriff Kapitalozän assoziiert wird – mit dem Unterschied, dass das Anthropozän diesen Umstand terminologisch nicht spiegelt. Auch die in der zweiten Version nach Wohlstand differenzierten *Great Acceleration Graphs*, auf denen der gegenwärtig favorisierte Periodisierungsvorschlag der AWG aufbaut, enthalten die innerhalb des Kapitalismusdiskurses eingenommene Perspektive. Dies beweist, dass geisteswissenschaftliche Denkansätze von naturwissenschaftlicher Seite nicht nur wahrgenommen, sondern integriert werden. Die bis zu einem gewissen Grad intendierte Destabilisierung des geowissenschaftlichen Anthropozänkonzepts unter Rückgriff auf sozialwissenschaftliche Argumente scheint hier eine (re)stabilisierende Wirkung zu entfalten.

Zweifelsohne birgt Moores Ansatz Potential. Das bestätigen nicht nur die zahlreichen, sich daraus ableitenden Diskussionen, sondern auch die sowohl von naturwissenschaftlicher als auch von geistes- und sozialwissenschaftlicher Seite

---

21 Zur geteilten Verantwortung vgl. auch Timothy J. LeCain, München, Bozeman 21.03.2018; Chakrabarty, The Climate of History, 217–218; Timothy J. LeCain, Heralding a New Humanism. The Radical Implications of Chakrabarty's »Four Theses«, in: Emmett, Lekan (Hrsg.), Whose Anthropocene?, 15–20.
22 Vgl. auch UNFCCC, Übereinkommen von Paris.
23 Hamilton, Defiant Earth, 27–35.

formulierte Notwendigkeit, die Entwicklungen zu verstehen, die den Phänomenen, die das Anthropozänkonzept beschreibt, zugrunde liegen.

Eine Möglichkeit im Umgang mit dem, dem geowissenschaftlichen Debattenstrang attestierten, mangelhaft differenzierten Blick auf die Menschheit bestünde darin, der Homogenität Heterogenität einzuhauchen, ohne die Homogenität gänzlich aufzulösen und damit eine ergänzende statt einer oppositionellen Haltung in Bezug auf das geowissenschaftliche Verständnis des Anthropozäns einzunehmen. Darin besteht *eine* Aufgabe der Geschichtswissenschaft. Die Analyse von in der *Anthropocene Working Group* ablaufenden Prozessen hat gezeigt, dass dieser Herausforderung auf vielversprechende Weise begegnet werden kann (vgl. Kap. 3).

Es sind in erster Linie Historiker und Soziologen, die Moores These aufnehmen und weiterführend diskutieren. Dabei ist dasselbe Muster erkennbar wie auf der Ebene der Gesamtdebatte, wenn die verschiedenen Communities spezifische Aspekte, nicht aber Moores gesamte Argumentationslinie weiterentwickeln. Welche Ziele die jeweiligen Disziplinen mit ihrem Engagement in dem hier behandelten Subdiskursstrang der Anthropozändebatte verfolgen, werde ich im Folgenden konkretisieren.

Die Historiker Christophe Bonneuil und Jean-Baptiste Fressoz widmen ein Kapitel ihres *Shock of the Anthropocene* dem Kapitalozän.[24] Stärker noch als Moore nehmen sie die historischen Entwicklungslinien der ab dem ausgehenden 18. Jahrhundert florierenden kapitalistischen Produktionsweise und der dadurch angestoßenen Dynamiken in den Blick.[25] Im Gegensatz zu Moore, der für das Kapitalozän als das Anthropozän ersetzenden Begriff eintritt, betrachten sie diesen als ein Werkzeug, den Ursachenkomplex des Anthropozäns explizierend zu denken. Unter Rückgriff auf Immanuel Wallersteins Welt-Systemtheorie, die es erlaubt, einen systemisch-globalen Blick auf historische Phänomene zu werfen, fördern die beiden mit der Darstellung historischer systemischer Veränderungen die Anschlussfähigkeit des geschichtswissenschaftlichen Dialogs im Hinblick auf die systemisch ausgerichteten Erdsystemwissenschaften.[26] Letztlich nutzen

---

24 Bonneuil, Fressoz, The Shock of the Anthropocene, 222–252.

25 Vgl. auch Interview mit B2, 20.03.2018.

26 Immanuel Wallerstein entwickelt in den 1970er-Jahren in einem vierbändigen Werk die Welt-Systemtheorie. Das Weltsystem begreift er dabei als einheitliches, modernes System, das wirtschaftlich, nicht aber zwangsläufig politisch in einem Interdependenzverhältnis steht. Er differenziert es in ökonomischer Perspektive in Zentrum, Peripherie und Semi-Peripherie. Die Ungleichheit zwischen diesen Zonen fasst er als Produkt der Entwicklung des Kapitalismus seit dem 16. Jahrhundert. Die Weltsystemtheorie wurde vor allem in der Ökonomie, der Soziologie und den Geschichtswissenschaften vielfach rezipiert, kritisiert und weiterentwickelt. Vgl. Immanuel M. Wallerstein, The Modern World-System I. Capitalist Agriculture and the Origins of the European World-Economy in the Sixteenth Century. New York 1974; ders., The Modern World-System II. Mercantilism and the Consolidation of the European World-Economy 1600–1750. New York 1980; ders., The Modern World-System III. The Second Era

auch sie die kapitalkritische Perspektive ähnlich wie Moore, um zu differenzieren, zu konkretisieren und zu lokalisieren. Dabei behandeln sie das System als
Akteur und untersuchen dessen Wirkungsmacht, indem sie ihren Blick auf die
sich über einen Zeitraum von 400 Jahren entwickelnden Ausformungen dieses
Systems richten und dessen weltweite Interaktion mit verschiedenen Regionen –
häufig determiniert von Ressourcenverfügbarkeit – untersuchen. Mehr noch als
die das System Ausführenden befinden sie dabei das System selbst für verantwortlich. Ein gewisser Widerspruch zu der verbreiteten Sichtweise, das Kapitalozän würde westliche industrialisierte Länder für verantwortlich erklären, ist
auch in diesem Fall nicht von der Hand zu weisen. Sofern man zum Ziel habe, das
folgenreiche Handeln bestimmter Nationen terminologisch zu repräsentieren,
schiene den beiden Franzosen der Begriff Anglozän auf Grundlage vorhandener
Statistiken zu CO_2-Emmissionen der vergangenen 150 Jahre adäquater.[27] Die
hierin ersichtliche monokausale Konstruktion anthropozäner Ursachenzusammenhänge bestätigt die Befürchtung des Historikers Franz Mauelshagen, eine
zu eindimensionale Betrachtung des Menschenzeitalters verdecke die originale
Bedeutung des Konzepts.[28] Doch ebendiese hervorzuheben, indem die planetare
Dimension Teil historischer Narrative wird, stellt eine Herausforderung des Konzepts an die Geistes- und Sozialwissenschaften dar. Und der Umgang mit dieser
Herausforderung ist es, der verändernd auf etablierte Evidenzpraktiken einwirkt.

Auch bei Bonneuil und Fressoz sind es schließlich die Praktiken der Differenzierung und Lokalisierung, welche die Globalität des Anthropozäns unter-
streichen – etwa wenn sie ihren Blick auf den nicht-westlichen Raum ausweiten,
um die »fundamentally global nature of what is too simply called industrial
revolution« auszuloten.[29] Die planetare Dimension wird dadurch auch in ursa-
chen- und prozessorientierter Perspektive gestützt, was das Konzept erklärend
ergänzt, jedoch nicht ersetzt: »A rematerialized and ecologized history of capitalism appears as the indispensable partner of the Earth system sciences in
order to understand our new epoch.«[30] Die geschichtswissenschaftliche Auseinandersetzung mit dem Kapitalozän entfaltet somit in zweifacher Hinsicht eine
stabilisierende Wirkung: Sie stärkt die Legitimität der eigenen Disziplin, indem
sie die Relevanz geschichtswissenschaftlicher Beiträge für die Gesamtdebatte
unter Beweis stellt, und stützt durch die erbrachte historische Evidenz für das
Anthropozän geowissenschaftliche Argumente.

of Great Expansion of the Capitalist World-Economy, 1730–1840s. San Diego 1989; ders., The
Modern World-System IV. Centrist Liberalism Triumphant, 1789/1914. Berkeley 2011.
    27 Bonneuil, Fressoz, The Shock of the Anthropocene, 116–121, 222–252.
    28 Franz Mauelshagen, Bridging the Great Divide: The Anthropocene as a Challenge to
the Social Sciences and Humanities, in: Deane-Drummond, Bergmann, Vogt (Hrsg.), Religion in the Anthropocene, 87–102.
    29 Bonneuil, Fressoz, The Shock of the Anthropocene, 232.
    30 Ebd., 252.

Marx' Fetischthese als konstruktiver Ansatz?

Auch die soziologischen Diskussionen innerhalb des kapitalistischen Subdiskurses stellen Teile des geowissenschaftlichen Anthropozän-Narrativs in
Frage und sie greifen dafür ebenfalls auf die Evidenzpraxis der Differenzierung
zurück – allerdings unter veränderten Vorzeichen. Weniger als auf der Differenzierung in inhaltlicher Perspektive liegt der Fokus dabei darauf, die konzeptuelle Ebene einer differenzierenden Prüfung zu unterziehen. Anders als bei
den genannten Historikern liegt der Schwerpunkt auf der Frage nach der Verantwortung spezifischer Nationen und Klassen, also auf Aspekten der Gleichheit
und Ungleichheit. Anstatt die Entwicklung kapitalistischer Strukturen seit dem
16. Jahrhundert zu betrachten, überwiegt das Interesse an der Bedeutung und
Nützlichkeit bestimmter Theorien und Kategorien für ein kritisches Verständnis
des Anthropozänkonzepts.[31]

Die Anwendung des marxistischen Fetischkonzepts auf die Beziehung zwischen Mensch und Kapital lässt die Möglichkeit einer konkreten Schuldzu-
weisung überhaupt fraglich erscheinen. Der Fetischismus im Marx'schen Sinne
beschreibt ein verdinglichtes Verhältnis religiösen Charakters zu Produkten
menschlicher Arbeit:

»Fetishism is the attribution of autonomous agency to inanimate or abiotic things. It
is fundamental to human social life inasmuch as humans tend to anchor their social
relations in external artefacts […]. The externalised interaction of their artefacts […]
tends to be perceived by humans as determined by the intrinsic properties of the
artefacts themselves, rather than by the regulations and features bestowed upon them
by human agents […]. Humans thus become subservient to their artefacts, rather than
vice versa.«[32]

Das Potential der Fetischthese im Hinblick auf die Anthropozändebatte liegt im
Erkennen dieses vielschichtigen Abhängigkeitsverhältnisses.

Andreas Malm und Alf Hornborg, die den sozialwissenschaftlichen Diskursstrang um die Nützlichkeit marxistischen Denkens im Umgang mit dem
Anthropozänkonzept angelegt haben, stellen in ihrem Aufsatz *The geology of
mankind? A critique of the Anthropocene narrative*, der bereits im Titel einen
direkten Verweis auf Crutzens 2002 publizierten Artikel enthält, im Jahr 2014
die Frage nach der Verantwortung der Menschheit als kollektive Entität zur
Diskussion. Denn »transhistorical – particularly species-wide – drivers cannot be invoked to explain a qualitatively novel order in history«[33] Entgegen

---

31 Alf Hornborg, München, Lund 16.03.2018.
32 Hornborg, Malm, Yes, it is all about fetishism, 206.
33 Malm, Hornborg, The geology of mankind?, 64.

Chakrabartys These von der Menschheit als Spezies, die »arises from a shared sense of catastrophe« und deren Teile von den Konsequenzen des Anthropozäns auf dieselbe Weise betroffen sein werden, da »unlike in the crises of capitalism there are no lifeboats here for the rich and the privileged«,[34] zeigen Malm und Hornborg, dass es stets die herrschende, kapitalistische Klasse sein wird, die weniger zu befürchten hat.[35] Sie kommen zu dem Schluss, »[t]his is the geology not of mankind, but of capital accumulation«, weswegen sie den häufig in Zusammenhang mit dem Klimawandel genutzten Terminus anthropogen durch soziogen ersetzen.[36] Moore spricht, gemäß seinem Verständnis vom Kapitalismus als zentralem Umweltakteur, sogar von einer kapitalogenen globalen Erwärmung.[37] Zugleich resümieren Malm und Hornborg, dass die Bedingung für die Existenz von Technologien für fossile Brennstoffe, welche die Akkumulation von Kapital in dem diskutierten Maße ermöglichten, in der geographisch ungleichen Verteilung biophysikalischer Ressourcen zu finden sei.[38] Neben der herrschenden Klasse schreiben sie somit wie auch Moore der Natur nicht nur *agency* zu, sondern gar eine Teilverantwortung in Bezug auf die Erfolgsgeschichte des Kapitalismus sowie implizit bezüglich der Triebkräfte, die den Planeten in das Anthropozän geführt haben.

Wie bereits im Abschnitt zum Technozän beschrieben, argumentiert Daniel Cunha in Antwort auf die beiden Schweden, dass die Störung des biogeochemischen Kreislaufs der Erde keineswegs ein intendierter Entschluss der Bourgeoisie gewesen sei und wendet sich damit gegen die These einer Geologie der herrschenden Klasse.[39] Die Ausführungen des Chemieingenieurs und Psychologen David Kidner laufen in eine ähnliche Richtung und stützen letztlich die Thesen Moores, Hornborgs und Cunhas. Das menschliche Verhalten als anthropozentrisch zu klassifizieren, verkenne, dass die Ursache für das Verhalten westlicher Akteure im industriellen System selbst zu suchen sei. »Anthropocentrism is

---

34 Chakrabarty, The Climate of History, 222, 221.

35 Andreas Malm, Fossil Capital. The Rise of Steam Power and the Roots of Global Warming. London, New York 2016; Malm, Hornborg, The geology of mankind?; vgl. auch J. Timmons Roberts, Bradley C. Parks, A Climate of Injustice. Global Inequality, North-South Politics, and Climate Policy. Cambridge, MA 2007.

36 Malm, Fossil Capital, 391.

37 Moore, The Capitalocene Part II.

38 Malm, Hornborg, The geology of mankind?

39 Cunha, The geology of the ruling class?; vgl. dazu auch Manemann, Kritik des Anthropozäns, 35–44; Vor allem von historischer Seite sind Gegenstimmen zu vernehmen. Diese argumentieren dahingehend, dass machttragende Akteure durchaus im Bewusstsein über mögliche Konsequenzen gehandelt haben, worin eine zentrale ursächliche Dynamik des Anthropozäns zu sehen sei, vgl. etwa Fabien Locher, Jean-Baptiste Fressoz, Modernity's Frail Climate: A Climate History of Environmental Reflexivity, in: Critical Inquiry 38, 2012, H. 3, 579–598; Gabrielle Hecht, Being Nuclear. Africans and the Global Uranium Trade. Cambridge, MA 2012.

therefore a symptom rather than a cause«, weswegen Kidner es für angemessener hält, Überlegungen dazu anzustellen, wie der vorherrschende *Industrozentrismus* aufgelöst werden könne, anstatt den Anthropozentrismus zu kritisieren.[40]

Sowohl Malm und Hornborg als auch Cunha sehen in der Fetischthese des späten Marx großes Potential für ein kritisches Verständnis des Anthropozäns. Konsequenterweise entwickeln sie die ursprünglich im Zeichen des Warenfetischismus geprägte These weiter.[41]

Die in der Fetischthese ausgedrückte Hörigkeit des Menschen gegenüber Dingen kommt in gewisser Hinsicht einer Verdinglichung von Verantwortung gleich. Denn die im Fetischkonzept definierte Abhängigkeit des Menschen von Artefakten verdinglicht die Verantwortung, indem sie sie zur ungewollten Konsequenz dieses Abhängigkeitsverhältnisses stilisiert. Somit bedeutet die Fetischthese zugleich einen Schritt in Richtung posthumanistischen Denkens, schreibt sie Gegenständen doch eine nicht geringe *agency* zu, welche das Handeln der Menschen beeinflusst, wenn nicht sogar steuert.[42] Dies trägt wiederum zur Abkehr von der im kapitalistischen Subdiskurs intendierten differenzierten Sichtweise auf die Menschheit bei, insbesondere in Bezug auf den unterschiedlichen Verantwortungsgrad bestimmter Akteursgruppen, und kommt einer Hinwendung zur Wahrnehmung der Menschheit als kollektive Entität gleich. Denn ob arm oder reich, die Unterwürfigkeit gegenüber Artefakten verschiedenster Art betrifft alle Menschen.[43] Insbesondere im Erkennen dieses universalen Abhängigkeitsverhältnisses sehen die drei Wissenschaftler das anthropozäne Potential Marx'schen Denkens. Ein stärkeres Bewusstsein für die Konstellation eines entfremdeten sozialen Metabolismus, der durch den Kapital-Fetisch gesteuert wird und in ursachenorientierter Perspektive eine zentrale Rolle für die krisenhaften Veränderungen gespielt hat und noch spielt, die das Anthropozänkonzept beschreibt, bietet nicht weniger als eine Abkehrmöglichkeit vom Glauben an den Technofix. Zudem liegt im Erkennen der Fremdsteuerung durch den kapitalistischen Fetisch, die Parallelen zu Haffs Technosphärenkonzept aufweist, *ein* Mittel, den Dualismus von Natur und Kultur zu überwinden.[44]

Der Rückgriff auf die Fetischthese mit dem Zweck der Förderung eines kritischen Verständnisses des Anthropozänkonzepts hat auch im naturwissenschaft-

40 David W. Kidner, Why ›anthropocentrism‹ is not anthropocentric, in: Dialectical Anthropology 38, 2014, H. 4, 465–480, hier: 477.

41 Hornborg, Technology as Fetish; Cunha, The Anthropocene as Fetishism; Hornborg, Malm, Yes, it is all about fetishism; Hornborg, Fetishistic causation.

42 Die konzeptionelle Nähe zur Idee der Technosphäre wird hier besonders offenkundig, geht Peter Haff, wie wir gesehen haben, doch von einer autonom agierenden Technosphäre aus, die dem Menschen ihre eigenen Forderungen auferlegt.

43 Das hier beschriebene wechselseitige Abhängigkeitsverhältnis zwischen Menschen und Artefakten beschreibt auch Peter Haff in seiner Konzeption der Technosphäre.

44 Carles Soriano, The Anthropocene and the production and reproduction of capital, in: The Anthropocene Review 5, 2018, H. 2, 202–213.

lichen Bereich Aufmerksamkeit erregt. Mit Carlos Soriano und Frank Oldfield schalten sich ein Erdsystem- und ein Umweltwissenschaftler in die Diskussion ein und prüfen den Nutzen dieser Perspektive für die naturwissenschaftliche Debatte um das Anthropozän. Während Soriano den Denkansatz honoriert und diesen in Bezug auf den Umgang mit Schlüsselherausforderungen des Anthropozäns als positiv und erkenntnisfördernd – auch hinsichtlich der naturwissenschaftlichen Verhandlung des Konzepts – beurteilt, steht Oldfield der marxistischen Analyse kritisch gegenüber. Soriano hebt in seiner Analyse insbesondere die im Marxismus enthaltene geohistorische Perspektive hervor und verweist in derselben Argumentationslinie darauf, dass es sich bei der von der AWG gewählten Periodisierung nur um die phänomenologische Entsprechung der durch historisch-kapitalistische Entwicklungen angestoßenen Krise handelt, was mitunter die sich wechselseitig dynamisierende und ergänzende Funktion der beiden Debattenstränge demonstriert.[45] Oldfield hingegen bezweifelt, dass eine Rahmung anthropozäner Themen unter marxistisch-kapitalistischen Vorzeichen die »increasingly necessary synergy between global change science and socio-economic insights« befördern könne.[46]

Interessanterweise sind es die Naturwissenschaftler, die sich die Frage nach der Nützlichkeit des Kapitalismuskonzepts für die Gesamtdebatte stellen. Beteiligte Geisteswissenschaftler hingegen setzen diese als gegeben voraus. Dies kann als Anzeichen dafür gewertet werden, dass Einschließung in der Sach- und Sozialdimension im geowissenschaftlichen Aushandlungsprozess als Evidenzpraxis eine zentralere Stellung zukommt als in der Debatte um das Anthropozän als kulturelles Konzept.

Insgesamt zeichnet sich der soziologische Umgang mit der Rolle des Kapitalismus durch einen systemischen Ansatz aus. Differenzierung kommt dabei ebenfalls als Evidenzpraxis zum Einsatz, im Gegensatz zur historischen Darlegung der Geschichte des Kapitalismus, bei der in unterschiedlichen Konstellationen stets Menschen als handelnde Akteure im Zentrum stehen, aber auf Systemebene. Anstatt zwischen konkreten geographischen Orten zu unterscheiden, verweilen die soziologischen Ausführungen auf einer abstrakteren Ebene und operieren mit Begriffen wie der Menschheit, der herrschenden Klasse oder dem Dualismus von arm und reich. Die für die historische Auseinandersetzung diagnostizierte, mittels Differenzierung ausgelöste, restabilisierende Wirkung geowissenschaftlicher Argumente bleibt in Bezug auf die sozialwissenschaftliche Art und Weise des Einsatzes der Differenzierung aus.

---

45 Ebd; ders., On theoretical approaches to the Anthropocene challenge.
46 Frank A. Oldfield, A personal review of the book reviews, in: The Anthropocene Review 5, 2018, H. 1, 97–101, hier: 100.

6.2 Das Anthropozän aus posthumanistischer Sicht

Die Teildebatte um die Rolle des Kapitalismus lässt, trotz des Versuchs, Kritikpunkte, die von geistes- und sozialwissenschaftlicher Seite vorgebracht wurden,
argumentativ zu füllen, einen Aspekt unbeachtet. Ob im Differenzierungsversuch auf Handlungs- und Verantwortungsebene oder im Ausloten der Konsequenzen der kapitalistischen Wirtschaftsweise, die Betrachtung bleibt, trotz
vereinzelter posthumanistischer Anzeichen, menschenzentriert. Während die
einen das Anthropozän für »the first truly anti-anthropocentric concept« halten,[47] sind andere der Meinung, »anthropocentrism puts the blame right where
it should be«.[48] Vorliegendes Kapitel lotet den analytischen Wert der Evidenzpraxis der Dezentrierung aus. Analog zu den Evidenzpraktiken des Ein- und
Ausschließens, der De- und Restabilisierung oder der Differenzierung und
Entdifferenzierung bleibt auch die Dezentrierung nicht ohne ihr oppositionelles
Pendant. Im Diskurs um die Rolle des Posthumanismus im Anthropozän tritt
die Zentrierung menschlicher *agency* in konterkarierender Manier im Aushandlungsprozess um ein und dieselbe Fragestellung auf, um das mit Hilfe des
Dezentrierungsmoments vorgebrachte Argument zu widerlegen. Dezentrierung
und Zentrierung erweisen sich in der Debatte um das Anthropozän als kulturelles Konzept als spezifische Evidenzpraktiken des Subdiskurses um posthumanistische Fragestellungen.

Der Begriff Anthropozentrismus beschreibt die in der westlichen Philosophie verbreitete Vorstellung vom Menschen als zentrale, anderen Seinsformen
überlegene Entität. Als von der Natur separiert gedachtes Lebewesen schreibt
der Anthropozentrismus dem Menschen eine moralische Sonderstellung zu,
wodurch er die Ausbeutung vorhandener Ressourcen im Dienste menschlichen
Wohlergehens rechtfertigt. Und die Kategorie des *anthropos* wird eben nicht
allein für ihren unifizierenden Charakter kritisiert. So befürchten posthumanistische Denker, die Verhandlung des Anthropozänkonzepts befördere die
gesellschaftlich tief verankerte anthropozentrische Perspektive noch, anstatt ihr
entgegenzuwirken; sie mache damit die seit den 1990er-Jahren sich zunehmend
verbreitende posthumanistische Denkweise zunichte.[49] Die Kulturtheoretikerin
Claire Colebrook formuliert diesen Gedanken wie folgt:

---

47 Timothy Morton, How I Learned to Stop Worrying and Love the Term Anthropocene,
in: Cambridge Journal of Postcolonial Literary Inquiry 1, 2014, H. 2, 257–264, hier: 262.
    48 Interview mit B1, 27.03.2018.
    49 Zur Entwicklung des Posthumanismus in den 1990er-Jahren vgl. Rosi Braidotti, Tho-
mas Laugstien, Posthumanismus. Leben jenseits des Menschen. Frankfurt a. M. 2014; Stefan Herbrechter, Posthumanism. A Critical Analysis. London 2013. – Zu den begründenden
Werken der posthumanistischen Philosophie werden unter anderem folgende Publikationen
gerechnet, die mögliche posthumane Seinsformen imaginierten: Hans P. Moravec, Robot.

»From a modernity in which apparent difference was vanquished – acknowledging only life or matter without intrinsic difference – posthuman claims for being one more aspect of a general ›life‹ have now been vanquished.«[50]

Besonders der naturwissenschaftliche Umgang mit der *agency* des Menschen trägt zur Verstärkung dieser Befürchtung bei. Lewis und Maslin oder Crutzen, Steffen und McNeill etwa benennen die Verantwortung des Menschen im Umgang mit der Natur als oberstes Gebot des planetaren Krisenmanagements, wenn sie die Frage nach den Menschen als »Stewards of the Earth System?« ausloten.[51] Sie halten fest, dass

»[t]o a large extent the future of the only place where life is known to exist is being determined by the actions of humans. Yet, the power that humans wield is unlike any other force of nature, because it is reflexive and therefore can be used, withdrawn or modified.«[52]

Die in einer Aufhebung des Dualismus von Natur und Kultur angestrebte Dezentrierung des Menschen löst sich so zugunsten einer Vervielfachung seiner Zentralität auf.[53] Nicht nur ist er treibende, verursachende Kraft der planetaren Krise. Zudem wird er in Person eines *planetary steward* zum Heilsbringer stilisiert, der im Natur-Kultur-Dualismus verharrt.[54] In Reaktion auf die Wiederkehr der klassischen Frage nach der (De-)Zentralität des Menschen etabliert sich in der Debatte um das Anthropozän als kulturelles Konzept ein eigenes Diskussionsfeld zwischen Vertretern neo- und posthumanistischer Denklinien.

Auch diese Teildebatte steht in enger Wechselwirkung zu anderen anthropozänen Teildebatten – man denke nur an Haffs Konzeption einer autonomen Technosphäre.

Mere Machine to Transcendent Mind. New York 1999; ders., The Future of Robot and Human Intelligence. Cambridge, MA 1988; Ray Kurzweil, The Age of Spiritual Machines. When Computers Exceed Human Intelligence. New York 2000.
50 Claire Colebrook, We Have Always Been Post-Anthropocene. The Anthropocene Counterfactual, in: Richard A. Grusin (Hrsg.), Anthropocene Feminism. Minneapolis 2017, 1–20, hier: 6.
51 Steffen, Crutzen, McNeill, The Anthropocene, 618.
52 Lewis, Maslin, Defining the Anthropocene, 178.
53 Vgl. dazu exemplarisch Baskin, Paradigm Dressed as Epoch.
54 Vgl. dazu Steffen u. a., The Anthropocene.

Die Dekonstruktion des geowissenschaftlichen Anthropozäns

Baruch de Spinoza, Gilles Deleuze und Félix Guattari zählen zu den am häufigsten zitierten philosophischen Vordenkern des posthumanistischen Ansatzes.[55] Nicht nur die Begriffswerdung des Posthumanismus ist innerhalb der Forschungsliteratur umstritten. Auch die einzelnen Definitionen unterscheiden sich in zentralen Punkten voneinander. Wem oder was der Status eines Akteurs zugeschrieben wird und die Intensität der Grenzverwischung tradierter Dichotomien, sind dabei zentrale Differenzierungsmerkmale.[56] Während die einen technische *agency* in den Vordergrund rücken,[57] nehmen andere die *agency* anderer Lebewesen[58] oder die Handlungsmacht von Materialität als solcher[59] in den Fokus.

Im Gegensatz zum Transhumanismus,[60] der auf die Zusammenfügung von Mensch und Maschine im Dienste einer Verbesserung des Menschen abzielt und somit anthropozentrisch bleibt,[61] zeichnet den Posthumanismus Stefan Herbrechter zufolge die Problematisierung des anthropozentrischen und damit humanistischen Weltbildes aus.[62]

55　Vgl. etwa Rosi Braidotti, Posthuman Critical Theory, in: Journal of Posthuman Studies 1, 2017, H. 1, 9–25.

56　Zu den unterschiedlichen Definitionen des Posthumanismus vgl. unter anderem Donna J. Haraway, Carmen Hammer, Immanuel Stiess, Die Neuerfindung der Natur. Primaten, Cyborgs und Frauen. Frankfurt a. M., New York 1995; Oliver Krüger, Virtualität und Unsterblichkeit. Die Visionen des Posthumanismus. Freiburg i. B. 2004; Nick Bostrom, The Transhumanist FAQ. A General Introduction. Version 2.1. [Onlinedokument] 2003.

57　Vgl. dazu exemplarisch Ihab Hassan, Prometheus as Performer: Toward a Posthumanist Culture?, in: The Georgia Review 31, 1977, H. 4, 830–850; Dolly Jørgensen, Not by Human Hands. Five Technological Tenets for Environmental History in the Anthropocene, in: Environment and History 20, 2014, H. 4, 479–489; Haff, Humans and technology in the Anthropocene.

58　Ursula K. Heise, Nach der Natur. Das Artensterben und die moderne Kultur. Berlin 2010; Donna J. Haraway, The Companion Species Manifesto. Dogs, People, and Significant Otherness. Chicago 2003.

59　Vgl. dazu exemplarisch LeCain, Against the Anthropocene; ders., The Matter of History; Jane Bennett, Vibrant Matter. A Political Ecology of Things. Durham 2010.

60　Der Begriff Transhumanismus geht auf den Biologen Julian Huxley zurück, der diesen 1957 in seinem Aufsatz *Transhumanism* zum ersten Mal verwendete, vgl. Julian Huxley, New Bottles for New Wine. Essays. London 1957, 13–17.

61　Oliver Krüger, Tod und Unsterblichkeit im Posthumanismus und Transhumanismus, in: Transit Europäische Revue, 2007, H. 33; Reinhard Heil, Trans- und Posthumanismus. Eine Begriffsbestimmung, in: Annette Hilt (Hrsg.), Endlichkeit, Medizin und Unsterblichkeit. Geschichte – Theorie – Ethik. Stuttgart 2010, 127–149.

62　Stefan Herbrechter, Posthumanistische Bildung?, in: Sven Kluge, Ingrid Lohmann, Gerd Steffens (Hrsg.), Menschenverbesserung – Transhumanismus. Frankfurt a. M. 2014, 267–281; vgl. auch Monica C. Abadia, New Materialism: Re-Thinking Humanity Within an Interdisciplinary Framework, in: InterCultural Philosophy 1, 2018, 168–183.

Um einen möglichst umfassenden Zugriff auf die einzelnen Argumentationslinien des posthumanistischen Diskurses innerhalb der Anthropozändebatte zu gewährleisten, wird im Folgenden das Verständnis des Soziologen und Wissenschaftshistorikers Andrew Pickering zugrunde gelegt. Er sieht das Charakteristikum posthumaner Wissenschaft in der Entwicklung einer dezentrierten Perspektive und damit der Konstruktion einer Welt, in der Menschliches und Materielles symmetrisch miteinander verbunden sind, wobei es kein kontrollierendes Zentrum gibt.[63] Der posthumanistische Subdiskurs der Anthropozändebatte zeichnet sich dadurch aus, dass Vertreter des posthumanistischen Denkens die genannte Dezentrierung als Evidenzpraxis im Dienste posthumanistischer Sinnbildung einsetzen.

Seit seinen Anfängen ist der Posthumanismus ersucht, das im modernen Denken verwurzelte dichotomische Verständnis von Natur einerseits und Kultur andererseits zu überwinden und die Menschen nicht separiert von, sondern als Teil des Ökosystems zu verstehen. Wenn das Anthropozänkonzept etwas diagnostiziert – und zwar in all seinen Facetten –, dann die engen Interaktionsmechanismen zwischen natürlichen und sozialen Prozessen. Zugleich aber liefert es »the most striking proof that humans do occupy a position separate from nature«, was sein provokatives Potential erneut zur Entfaltung bringt, weil es damit die Grundlage des posthumanistischen Ansatzes in Frage stellt.[64]

»Contrary to the post-humanist stance, accepting the science of the Anthropocene entails accepting the unique and extraordinary power of humans to influence, by conscious decision or otherwise, the future course of the Earth, even if it is not necessarily in the way intended.«[65]

In Reaktion auf oben genanntes Charakteristikum des Anthropozänkonzepts nehmen Posthumanisten eine Gegenhaltung ein, was sich in dem Versuch widerspiegelt, durch eine Fokusverlagerung auf die Handlungsmacht nichtmenschlicher Entitäten den Grad der dem Konzept inhärenten menschlichen *agency* zu schmälern. Vor diesem Hintergrund entwickeln sie ihre Überlegungen ausgehend von einem ganz spezifischen Aspekt des Konzepts und greifen dabei auf die Evidenzpraxis der Dezentrierung zurück. Die planetare Umweltkrise, die das Anthropozän beschreibt, sei nicht als die Exzeptionalität menschlicher *agency* bestätigend zu lesen, sondern führe das endgültige Versagen der historisch gewachsenen Hoffnung menschlicher Kontrolle über die Natur vor Augen und beweise, dass die dualistische Trennung in die Kategorien Natur und

---

63 Andrew Pickering, Practice and posthumanism. Social theory and a history of agency, in: Karin Knorr-Cetina, Theodore R. Schatzki, Eike von Savigny (Hrsg.), The Practice Turn in Contemporary Theory. London 2001, 163–174; ders., The Mangle of Practice. Time, Agency, and Science. Chicago 1995.
64 Hamilton, Defiant Earth, 89.
65 Ebd.

Kultur außerhalb unserer Imagination nie existierte. Anstatt jedoch die dem Anthropozentrismus zugeschriebenen humanistischen Werte wie diejenigen der Gleichheit und Würde aller Menschen hinter sich zu lassen, verteidigen Posthumanisten diese, indem sie sie auf andere Arten und Materialien übertragen.

Kennzeichen der neu entworfenen Ontologien ist die Dezentrierung und gewissermaßen Aberkennung menschlicher Handlungsmacht zugunsten einer gleichberechtigten Verteilung von *agency*. Der Tatsache, dass dies inmitten des Aushandlungsprozesses um ein Konzept geschieht, das die planetare *agency* des Menschen auf Grundlage von naturwissenschaftlicher Evidenz so erwiesen wie nie erscheinen lässt, wohnt eine gewisse Paradoxie inne.

Die Philosophin Jane Bennett beispielsweise, der primär an »greener forms of human cultures and more attentive encounters between people-materialities and thing-materialities« gelegen ist,[66] beraubt die Menschen jeglicher Intentionalität, wenn sie schreibt

»portions congeal into bodies, but not in a way that makes any one type the privileged site of agency. The source of effects is, rather, always an ontologically diverse assemblage of energies and bodies, of simple and complex bodies, of the physical and the physiological.«[67] »I believe in one matter-energy, the maker of things seen and unseen. I believe that this pluriverse is traversed by heterogeneities that are continually *doing things*.«[68]

Der Historiker Tim LeCain, der seine Überlegungen zum Neomaterialismus in *The Matter of History* von einem Exkurs in die Mikrobiologie her entwickelt, geht einen Schritt weiter, wenn er nicht nur den Menschen Intentionalität abspricht, sondern Dingen neben *agency* auch Intentionalität zuspricht.[69] Aus neomaterialistischer Perspektive sind Kultur und damit der Mensch Produkte ihrer materiellen Umwelt: »[H]umans are in the earth's hands«.[70] Um die materielle Geschichte des Planeten und dabei insbesondere die Bedeutung von Kohle und Kohlenwasserstoffen hervorzuheben, schlägt er den Terminus *Carbocene* vor.[71] In der Erklärung seines Begriffsvorschlags lehnt er sich an das Karbon an, eine geochronologische Periode des Paläozoikums, die 359 Millionen Jahre BP begann.[72] In dieser bewussten Mobilisierung geowissenschaftlichen Wissens über die Analogiebildung zur geologischen Vergangenheit des Planeten Erde gelingt es ihm, die Geologizität des Menschen zu explizieren. Er kombiniert unter Rückgriff auf die Einschließung in der Sachdimension naturwissenschaftliches

---

66 Bennett, Vibrant Matter, x.
67 Ebd., 117.
68 Ebd., 122. Im Original kursiv.
69 LeCain, Against the Anthropocene.
70 Ebd., 5.
71 LeCain bezieht sich damit auf Kohle und Kohlenwasserstoffe.
72 LeCain, The Matter of History, 306–328.

Wissen und historische Rekonstruktion und kommt zu dem Schluss, »the ›Anthropos‹« seien eigentlich »the ›Carbos‹«.[73]

Die konstatierte Intentionalität des Materiellen lässt Parallelen zur Diskussion um die Eignung des marxistischen Fetischkonzepts im Umgang mit den Herausforderungen des Anthropozäns erkennen. Wenn man bedenkt, dass die Menschheit in dieser Perspektive jeder Verantwortung enthoben und von jeglicher Schuld befreit wird, erscheint es nachvollziehbar, dass die These von der Fremdsteuerung menschlicher Aktivität durch nicht-menschliche *agency* eine Menge kritischer Reaktionen nach sich zieht.[74]

Die Zuschreibung von *agency* zu Materiellem beschwört jedoch zugleich eine Vorstellung von geteilter *agency* herauf und erleichtert so den Zugang zur Geologizität des Menschen: Die Verortung des Menschen auf geologischer Ebene löst die kategoriale Trennung von Natur und Kultur auf.

Auch die Verflechtung ist hier wesentlicher Bestandteil und fungiert insofern als Evidenzpraxis, als dass beispielsweise LeCain seine Überlegungen mehrfach an naturwissenschaftliches Wissen rückbindet. Fachfremdes Wissen wird folglich nicht nur von geowissenschaftlicher, sondern auch von geisteswissenschaftlicher Seite als Ressource mobilisiert. Die Einschließung als Evidenzpraxis wird an dieser Stelle in der Sachdimension explizit.

Auch die feministische Wissenschaftsphilosophin Donna Haraway, eine besonders prominente Vertreterin des Posthumanismus, nimmt die Anthropozändebatte zum Anlass, ihre Überlegungen weiterzuentwickeln. Sie greift dabei insbesondere auf die Evidenzpraktiken der Dezentrierung und der Entgrenzung zurück. Schon in den Jahren 1985 und 2003 veröffentlichte Haraway jeweils ein Manifest, *A Cyborg Manifesto* und das *Companion Species Manifesto*. Beide zeugen davon, dass ihr primär an einer Entgrenzung etablierter Kategorien gelegen ist.[75] Liegt ihr Fokus 1985 entsprechend posthumanistischer Tradition noch auf der Mensch-Technik-Interaktion, so zielt sie 2003 auf Wahrnehmung der untrennbaren Verbundenheit globaler und lokaler *naturecultures* sowie die Anerkennung der Handlungsmacht der *companion species*, wozu sie neben Tieren auch Mikroorganismen und Pflanzen rechnet.[76] In ihrer Auseinandersetzung mit einzelnen Implikationen des Anthropozänkonzepts nimmt sie nicht nur eine

73 Ebd., 328. Zum Interdependenzverhältnis zwischen Menschen und Dingen vgl. auch Ian Hodder, Entangled. An Archaeology of the Relationships between Humans and Things. Malden 2012, 15–39.

74 Vgl. etwa Hamilton, Defiant Earth, 87–111.

75 Donna J. Haraway, Simians, Cyborgs, and Women. The Reinvention of Nature. New York 2010, 149–181; dies., The Companion Species Manifesto.

76 Während der Fokus posthumanistischer Forschung in den 1980er-Jahren noch primär auf der Grenze Mensch-Maschine lag, verlagert er sich in den 1990er-Jahren auf das Verhältnis von Mensch-Tier; vgl. Ursula K. Heise, The Posthuman Turn. Rewriting Species in Recent American Literature, in: Caroline Field Levander, Robert S. Levine (Hrsg.), A Companion to American Literary Studies. New York 2011, 454–468.

Gegenposition zum viel kritisierten Anthropozentrismus ein. Vielmehr geht es ihr um das Zusammenspiel auf Systemebene. Wie andere Posthumanisten auch lässt sie von dem Konzept aufgeworfene Kritikpunkte wie dem der mangelnden Kontextualisierung und Differenzierung der Menschheit und somit den Versuch einer explizierenden Kausalitätskonstruktion hinter sich. Stattdessen operiert sie auf Akteursebene mit diversen Entitäten, materiellen Stoffen wie lebenden Organismen, was auf konzeptioneller Ebene eine Analogie zur Diskussion um den *anthropos* als Spezies erkennen lässt – mit dem Unterschied, dass sie die Zentralität der Spezies Mensch zugunsten gleichberechtigt verteilter *agency* aufhebt.

Der Wissenschaftssoziologe und Philosoph Bruno Latour, der als Akteur-Netzwerk-Theoretiker die Existenz etablierter Kategorien konsequent hinterfragt und die Vorstellung vom Menschen als zentralem Akteur längst hinter sich gelassen hat, entwickelt seine Überlegungen wie auch Haraway vor der Hintergrundfolie des Anthropozäns weiter.[77] Latour zufolge ist

»[t]he point of living in the epoch of the Anthropocene […] that all agents share the same shape-changing destiny, a destiny that cannot be followed, documented, told, and represented by using any of the older traits associated with subjectivity or objectivity. Far from trying to ›reconcile‹ or ›combine‹ nature and society, the task, the crucial political task, is on the contrary to distribute agency as far and in as differentiated a way as possible – until, that is, we have thoroughly lost any relation between those two concepts of object and subject that are no longer of any interest any more except in a patrimonial sense.«[78]

Nur so könne der Übergang hin zu einer integrativen, harmonischen *geostory* gelingen.[79]

Weil auch Haraway mit ihren Arbeiten das Ziel verfolgt, kategoriale Grenzen zu überwinden, wundert es nicht, dass sie *small-scale*-Kategorien auflöst,

---

77 Vgl. u. a. Bruno Latour, Is Geo-logy the new umbrella for all the sciences? Hints for a neo-Humboldtian university, Ithaca 25.10.2016 (Cornell University); ders., Telling Friends from Foes in the Time of the Anthropocene, in: Hamilton, Bonneuil, Gemenne (Hrsg.), The Anthropocene and the Global Environmental Crisis, 145–155; ders., How Better to Register the Agency of Things, Yale 26./27.03.2014 (Tanner Lectures. Yale University); ders., Anthropology at the Time of the Anthropocene – a personal view of what is to be studied, Washington, D. C. 14.12.2014; ders., Will non-humans be saved? An argument in ecotheology, in: Journal of the Royal Anthropological Institute 15, 2009, 459–475.

78 Latour, Agency at the Time of the Anthropocene, 15.

79 Vgl. dazu ebd., 1–18. In Anlehnung an und Abgrenzung zu Dipesh Chakrabarty, der mit dem Begriff *geohistory* operiert, nutzt Bruno Latour den Begriff *geostory*. Während der Terminus bei Chakrabarty das Zusammenlaufen von menschlicher bzw. historischer Geschichte einerseits und geologischer Geschichte andererseits spiegelt, verwendet Latour den Begriff *geostory*, um die Erdgebundenheit von Subjekt und Objekt zu verdeutlichen. Ihm geht es folglich weniger um die Rückbindung des Menschen an die Natur als um die Darstellung der Verbundenheit jeglicher Art von Subjekt und Objekt mit der planetaren Materialität.

um einen Schritt weiter in Richtung Grenzverwischung auf *big-scale*-Ebene zu gehen. Ihr viel zitiertes Plädoyer,»make kin, not babies!«, fordert dazu auf, uns in einem über Entitäten-, Raum- und Zeitgrenzen hinausreichenden Verwandtschaftsverhältnis wahrzunehmen.[80]

»Cyborgs and companion species each bring together the human and non-human, the organic and technological, carbon and silicon, freedom and structure, history and myth, the rich and the poor, the state and the subject, diversity and depletion, modernity and postmodernity, and nature and culture in unexpected ways.«[81]

In ihrem Buch *Staying with the Trouble* entwirft Haraway im Lichte anthropozäner Phänomene eine wahrhaftig posthumane Zukunftsutopie: Die Grenzen zwischen Mensch, Tier und Maschine verschwimmen, und neue Wesen werden statt Menschen den Planeten bewohnen. Die künftige Welt wird sich grundlegend davon unterscheiden, was war und ist, weswegen sie sich gegen das Anthropozän als geochronologische Epoche und für das Anthropozän als geologische Grenze, vergleichbar mit der Kreide-Paläogen-Grenze, ausspricht. Der rund 66 Millionen Jahre zurückliegende Übergang auf Systemebene, der auch die Grenze zwischen Erdmittelalter und Erdneuzeit markiert, zeichnet sich durch geologisch-biologische Umwälzungsprozesse aus, die sich aus einem Zusammenspiel verschiedener Umweltveränderungen ergaben. Dies veranlasst Haraway dazu, Parallelen zur gegenwärtigen Situation zu ziehen. Wie LeCain mobilisiert sie hier geowissenschaftliches Wissen als Ressource für ihr eigenes Argument.[82] Paradoxerweise bespielt Haraway ihr Kategorien entgrenzendes Argument, indem sie sich auf Kategorien geowissenschaftlicher Zeiteinteilung stützt. Mit ihrem alternativen Begriffsvorschlag des Chthuluzäns[83] würdigt sie nicht nur die tentakelartige Allverbundenheit der verschiedenen Handlungsmächte, sondern auch »myriad temporalities and spatialities and myriad intra-active entities-in-assemblages – including the more-than-human, other-than-human, inhuman, and human-

---

80 Haraway, Anthropocene, Capitalocene, Plantationocene, Chthulucene, 162; dies., Staying with the Trouble. Making Kin in the Chthulucene. Durham 2016, 60.

81 Haraway, The Companion Species Manifesto, 4.

82 Dennoch müsste einer der auf das Holozän folgenden geochronologischen Zeitabschnitte – unabhängig von dessen hierarchischer Verortung – im Falle einer x-Anthropozän-Grenze entsprechend stratigraphischer Methodik als Anthropozän anerkannt werden.

83 *Cthulu* bezeichnet ursprünglich ein von dem Schriftsteller H. P. Lovecraft erdachtes Wesen, dem die Fähigkeit innewohnt, den Tod allen Lebens auf Erden zu verursachen. Sein Kopf ähnelt einem Tintenfisch; vgl. dazu Howard P. Lovecraft, H. P. Lovecraft. Das Werk, hrsg. v. Leslie S. Klinger. Frankfurt a. M. 2017. Haraway betont ihre von Lovecraft abweichende Schreibweise (Chthulu). Zwar lehnt sie sich begrifflich an Lovecraft an, in normativer Perspektive aber verweist sie auf andere mythologische Wesen, die Raum und Zeit planetar in sich vereinen. Letztlich nimmt Haraways Begriff die verwandtschaftlichen Beziehungen nicht nur allen Lebens, sondern auch aller Kategorien in den Fokus; vgl. Haraway, Anthropocene, Capitalocene, Plantationocene, Chthulucene.

as-humus«.[84] Sie nimmt sich als Philosophin der Aufgabe an, die unterschiedlichen Zeitdimensionen, von Colebrook als »Anthropocene dissonance of difference« bezeichnet,[85] miteinander zu verbinden und neue Modelle historischer
Narrativierung zu entwickeln – Narrative, die sowohl den systemischen Interaktionsmechanismen auf allen Ebenen Rechnung tragen, als auch die Geologizität
allen Seins vor Augen führen. Haraway selbst formuliert dies wie folgt:[86] »[W]e
need stories (and theories) that are just big enough to gather up the complexities
and keep the edges open and greedy for surprising new and old connections«.[87]

Insbesondere Entgrenzung und Interdisziplinarität stechen in Haraways Ausführungen als Evidenzpraktiken hervor. Entgrenzung tritt dabei sowohl im
Dienste der Auflösung tradierter Dichotomien als auch des Zusammenfließens
unterschiedlicher Raum- und Zeitdimensionen hervor, was sich in ihren Arbeiten wiederholt auf linguistischer Ebene spiegelt, etwa wenn sie vom »pastpres-
entfuture« spricht.[88] Interdisziplinarität zeigt sich weniger im Aushandlungsprozess, wie ich es beispielsweise für die *Anthropocene Working Group* erarbeitet
habe, als vielmehr im Konstruktionsprozess der Argumentationslinie.

Anna Tsing legt eine weniger radikale Haltung an den Tag. Dennoch kommt
auch bei ihr die Evidenzpraxis der Dezentrierung zum Ausdruck. Ihr geht es
nicht primär um den Ausschluss von Wissen und Denkansätzen fachfremder
Disziplinen und die Einnahme einer Gegenposition zur Debatte um das Anthropozän als geologisches Konzept. Vielmehr ist ihr daran gelegen, die Beziehung
des Menschen zu anderen Lebewesen sowie der Natur herauszustellen und zu
verdeutlichen, dass die Menschheit durch diese Beziehungen definiert ist, beziehungsweise es sich um ein gegenseitiges, keineswegs aber um ein einseitiges
Abhängigkeitsverhältnis handelt.[89]

LeCain bringt diesen Gedanken auf den Punkt, wenn er schreibt: »Coal
shaped the humans who used it far more than humans shaped coal.«[90] In der
Fokussierung auf Wechselwirkungen ist auch Tsing nicht weit entfernt vom geowissenschaftlichen Verständnis des Anthropozäns, bei dem Interaktionsmechanismen zwischen Erdsystemen und Menschen an zentraler Stelle stehen – nur
eben auf planetar-geologischer Ebene statt auf lokal- oder globalgeschichtlicher
Ebene.

Auch die feministische Philosophin Rosi Braidotti fordert dazu auf, ein neuartiges Verständnis unseres Seins als Subjekt zu erlangen:

---

84 Haraway, Anthropocene, Capitalocene, Plantationocene, Chthulucene, 160.
85 Colebrook, We Have Always Been Post-Anthropocene, 6.
86 Vgl. auch Haraway, Staying with the Trouble.
87 Dies., Anthropocene, Capitalocene, Plantationocene, Chthulucene, 160.
88 Ebd.
89 Tsing, The Mushroom at the End of the World.
90 LeCain, Against the Anthropocene, 21.

»[T]he idea of subjectivity as an assemblage that includes non-human agents [...]: we need to visualize the subject as a transversal entity encompassing the human, our genetic neighbours the animals and the earth as a whole«.[91]

Und Timothy Mortons Argumente laufen in eine ähnliche Richtung:

»We are [...] allowing non-humans to be what they are, namely entangled with us in all kinds of strange ways, neither absolutely reducible to human access nor completely divorced from it. And non-humans get access to us, and one another.«[92]

Doch stärker noch als an der Auflösung der Natur-Kultur-Dichotomie ist Morton daran interessiert, die kategoriale Trennung in Subjekt und Objekt zu überwinden, wobei er sich dieser Problemstellung über die Kategorie der *hyperobjects* nähert.[93] In Verlängerung seiner Überlegungen problematisiert Morton, obwohl auch seine Ausführungen dem posthumanistischen Denkansatz nahestehen, die Grenzen desselben, der wie alle anderen Konstrukte und Theorien auch eine Kategorie ist, wenn er schreibt:

»Nonhuman beings are responsible for the next moment of human history and thinking. It is not simply that humans became aware of nonhumans, or that they decided to ennoble some of them by granting them a higher status – or cut themselves down by taking away the status of the human. These so-called post-human games are *nowhere near posthuman enough* to cope with the time of hyperobjects. They are more like one of the last gasps of the modern era, its final pirouette at the edge of the abyss. The reality is that hyperobjects were already here, and slowly but surely we understood what they were already saying. [...] Hyperobjects profoundly change how we think about any object. [...] [W]e can only think this thought in light of the ecological emergency inside of which we have now woken up.«[94]

Die Philosophin Francesca Ferrando nutzt die posthumanistische Herangehensweise an das Anthropozänkonzept etwas anders. So legt sie eine weniger dystopische Vorstellung von der künftigen Existenz oder besser Nicht-Existenz des Menschen an den Tag und positioniert sich deutlich handlungsauffordernder, auch wenn sie die als posthumanistisches Charakteristikum geltende Überwindung der Sonderstellung des Menschen dadurch nicht ganz vollzieht. Statt-

91 Braidotti, Laugstien, Posthumanismus, 82.
92 Timothy Morton, Anna Lowenhaupt Tsing's »The Mushroom at the End of the World: On the Possibility of Life in Capitalist Ruins«. [Onlinedokument] 12.08.2015.
93 Timothy Morton definiert *hyperobjects* anhand von fünf Charakteristika, die alle auf die raum-zeitliche Transgressionseigenschaft von *hyperobjects* verweisen. Als Beispiele für solche Objekte nennt er neben der globalen Erwärmung etwa radioaktives Plutonium oder Styropor; vgl. ders., The Ecological Thought. Cambridge, MA 2012.
94 ders., Hyperobjects. Philosophy and Ecology after the End of the World. Minneapolis, London 2013, 201.

dessen plädiert sie für einen *posthuman turn*, weil sie an die Möglichkeit glaubt, die Menschen so von ihrem parasitären Verhältnis zum Planeten zu befreien.[95] Zugleich entgeht sie so dem Vorwurf, die Menschheit über die Verteilung von *agency* auf Stoffe und andere Lebewesen ihrer Verantwortung zu entheben.

Auch Braidotti hebt in ihrer stark feministisch orientierten Abhandlung zum Anthropozän mögliche politische Implikationen des Posthumanen hervor.[96] »[T]he posthuman is not postpolitical but rather recasts political agency in the direction of relational ontology«.[97] Darüber hinaus macht sie einen kritischen Posthumanismus als qualitativ neuartiges Diskurs- und Analysemittel zur Adressierung von komplexen anthropozänen Phänomene stark.[98]

Im posthumanistischen Subdiskurs der Anthropozändebatte zeichnen sich letztlich zwei Entwicklungen ab. Tsings, Braidottis und Ferrandos Engagement beweist, dass sich der Ausschluss- und Abgrenzungsversuche erkennen lassende Posthumanismus und das Anthropozän als geologisches Konzept nicht gegenseitig ausschließen müssen. Vielmehr kann die oppositionelle Haltung einem Öffnungs- und Ergänzungsprozess weichen. Denn, dass Ergänzungspotential vorliegt – auch in Bezug auf eine Konkretisierung des Abstrakten –, ist nicht von der Hand zu weisen. Während die einen also einen Schritt zurückgehen, indem sie den Menschen und seine Handlungsmacht zwar nach wie vor reflektiert und kritisch betrachten, die *agency* jedoch anerkennen, entwickeln die anderen den Posthumanismus in die entgegengesetzte Richtung weiter. Der Fokus aber liegt nicht mehr nur auf tierischer und technischer *agency*, wie es den Posthumanismus in den 1980er-beziehungsweise 1990er-Jahren kennzeichnete. Stattdessen rückt nun die stofflich-materielle Handlungsmacht in den Vordergrund. Obwohl sich sowohl LeCains als auch Latours Arbeiten in diese Linie einreihen, manifestiert sich die genannte Entwicklung am offensichtlichsten im Denken Haraways, die sich explizit gegen die Existenz jeglicher Kategorie ausspricht.

Was alle posthumanistischen Auseinandersetzungen mit dem Anthropozänkonzept vereint, ist die Evidenzpraxis der Dezentrierung. Und dieses Dezentrierungsmoment ist es, das eine posthumanistische Aneignung des Anthropozäns in einem oppositionellen Verhältnis in erster Linie zum geowissenschaftlichen Verständnis des Anthropozäns stehend erscheinen lässt. Die Abgrenzung gegen-

---

95 Francesca Ferrando, The Party of the Anthropocene. Post-humanism, Environmentalism and the Post-anthropocentric Paradigm Shift, in: Relations 4, 2016, H. 2, 159–173.

96 Ohne an dieser Stelle näher darauf einzugehen, sei darauf verwiesen, dass sich, ausgehend von einer 2014 von Richard Grusin organisierten Konferenz am *Center for 21st Century Studies*, mittlerweile eine eigene Diskussion um den sogenannten *Anthropocene Feminism* als weiterer Teildiskurs des posthumanistischen Subdiskursstranges etabliert hat; vgl. dazu u. a. Richard A. Grusin (Hrsg.), Anthropocene Feminism. Minneapolis 2017.

97 Rosi Braidotti, Four Theses on Posthuman Feminism, in: ebd., 21–48, hier: 40.

98 dies., Posthuman Critical Theory.

über dem anthropozentrischen Anteil des Anthropozänkonzepts bedeutet auch die Ausschließung bestimmten wissenschaftlichen Wissens einerseits sowie spezifischer disziplinärer und theoretischer Ansätze andererseits. Sowohl Abgrenzung als auch Ausschließung fungieren als Evidenzpraktiken, die in gewisser Weise auf eine Entkräftung geowissenschaftlicher Argumente abzielen, in jedem Fall aber dem Verweis auf die mangelnde Expertise und unzureichende Reflexion geowissenschaftlicher Auseinandersetzung mit ethisch-moralischen Implikationen des Anthropozänkonzepts verpflichtet sind. Ob die intendierte Destabilisierung fachfremder Ansätze tatsächlich in die Restabilisierung posthumanistischen Denkens mündet, bleibt fraglich. Eher scheint das Destabilisierungsmoment auf das eigene Anliegen rückzuwirken. Die Analyse zeigt, dass die zitierten Wissenschaftler und Wissenschaftlerinnen Ausschließung zwar fordern, aber nicht konsequent praktizieren. Schließlich scheint die beabsichtigte Destabilisierung in gewisser Hinsicht durch die mehrfach beobachtete Mobilisierung naturwissenschaftlichen, insbesondere geowissenschaftlichen, Wissens, also durch die gezielte Einschließung in der Sachdimension, ausgehebelt. Das durch Abgrenzung zu erreichende Destabilisierungsmoment des Anthropozäns als geologischem Konzept wirkt in Gestalt eines Einschließungsprozesses restabilisierend auf den Posthumanismus zurück.

Vom Wert der menschlichen agency

Clive Hamilton bemerkt hinsichtlich posthumanistischer Arbeiten zum Anthropozän eine Vermischung von Anthropozentrismus als wissenschaftlichem Fakt einerseits und Anthropozentrismus als normativer Behauptung andererseits.[99] Ausgehend von dem in der Debatte um das Anthropozän als geowissenschaftlichem Konzept konstatierten Anthropozentrismus als wissenschaftlichem Fakt – nämlich, dass die menschliche Aktivität zu einem so starken Einfluss- und Modifikationsfaktor innerhalb der erdsystemischen Kreisläufe geworden ist, ohne sie aber zu dominieren oder gar zu kontrollieren, dass sich das Erdsystem nun in einem veränderten geologischen Zustand befindet – konstruiert er einen neuen Anthropozentrismus als eine Art Negativ des teleologischen Anthropozentrismus. Anhand von vier Merkmalen führt er das Neuartige seiner Anthropozentrismus-Konzeption vor. Diese gründet, erstens, auf der Anerkennung des Menschen als »»embedded subject«, wodurch er der Menschheit ihre Exzeptionalität und Herrschaft über die Natur aberkennt.[100] Zwar geht der neue Anthropozentrismus, zweitens, auch von einer menschlichen Kraft aus,

---

99 Hamilton, Defiant Earth, 39–44.
100 Ebd., 52.

die im Stande ist, den Planeten zu verändern, zieht aber dem Anthropozentrismus entgegengesetzte ethische Schlussfolgerungen. Denn während, drittens, die bisherige Anthropozentrismus-Diskussion die Erde als passive Entität begreift, erkennt der neue Anthropozentrismus die Aktivität und Handlungsmacht der Erde an, womit Hamilton, viertens, gewissermaßen einen antihumanistischen Standpunkt einnimmt – macht er doch das Schicksal der Menschheit von vielen Faktoren abhängig.[101] Anstatt normative Implikationen anthropozentrischen Denkens auszuloten, versucht er unter Einbezug erdsystemwissenschaftlichen Wissens und Denkens einen konstruktiven Zugang zum Gesamtphänomen Anthropozän zu erlangen. Die Integration neuer Kategorien wie etwa des Menschen als *embedded subject* erlaubt es, die menschliche *agency* über die unterschiedlichen Raum-Zeit-Dimensionen hinweg in ihrer Planetarität zu denken.[102]

Mit dem Verweis auf die Anerkennung menschlichen Eingebettet-Seins in die Natur (und damit das Dezentrierungsmoment) gewinnt er dem Posthumanismus durchaus etwas Positives ab. Zugleich jedoch betont er die Notwendigkeit, sich der Einzigartigkeit des Menschen, die posthumanistische Ansätze aufzulösen versuchen, bewusst zu bleiben, vornehmlich in Bezug auf die Möglichkeit, die künftige Entwicklung der Erde – nicht im ökomodernen Sinne, aber positiv – zu beeinflussen. Damit positioniert er sich gegen das Potential posthumanistischen Denkens im Umgang mit Herausforderungen der anthropozänen Gegenwart und möglicher anthropozäner Zukünfte und kehrt das Argument im Sinne einer Rezentrierung um.

In eine ähnliche Richtung weist eine aus einer philosophisch-umweltwissenschaftlichen Kooperation hervorgegangene Argumentationslinie: Um die dem traditionellen Anthropozentrismus inhärente Unterordnung der Erde unter die Herrschaft des Menschen aufzuheben, fordern der Geograph Jeremy Schmidt und die Umweltwissenschaftler Peter Brown und Christopher Orr eine Neuausrichtung in Richtung eines Ethnozentrismus. In diesem laufen unterschiedliche kulturelle Perspektiven und damit Naturverständnisse zusammen, was Erd- und Menschheitsgeschichte miteinander verbindet.[103] So plädieren sie dafür, sich vorhandenen Konzepten gegenüber zu öffnen und auf Basis von Einschließungsprozessen in der Sach- und Sozialdimension neue Konzepte zu schaffen, die der planetar-tiefenzeitlichen Dimension des Anthropozäns gerecht werden, ohne die historisch differenzierte Perspektive zu vernachlässigen.

---

101 An dieser Stelle beziehe ich mich mit dem Begriff des Antihumanismus ausschließlich auf Hamiltons Verständnis desselben.
102 Hamilton, The Theodicy of the »Good Anthropocene«; vgl. ders., Defiant Earth, 36–111.
103 Jeremy J. Schmidt, Peter G. Brown, Christopher J. Orr, Ethics in the Anthropocene. A research agenda, in: The Anthropocene Review 3, 2016, H. 3, 188–200. Peter G. Brown ist zudem Mitglied des 1968 gegründeten *Club of Rome*.

Anstatt eine Grenze zur Debatte um das Anthropozän als geologisches Konzept zu ziehen, zeugen sowohl Hamiltons als auch Schmidts, Browns und Orrs Umgang mit philosophischen Konsequenzen anthropozäner Fakten von großer Offenheit nicht nur gegenüber geo- beziehungsweise geisteswissenschaftlichem Wissen, sondern auch gegenüber der Methodik, die diesem Wissen zugrundeliegt. Anstatt punktuell auf dieses Wissen zurückzugreifen, um eine stabilisierende und legitimierende Wirkung für die eigene Perspektive zu erreichen, versucht Hamilton, seinen neuen Anthropozentrismus ausgehend vom erdsystemwissenschaftlichen Verständnis des Anthropozäns zu entwickeln und naturwissenschaftliche anthropozäne Fakten mit den daraus resultierenden normativen Implikationen auf synergetische Weise zu verbinden. Gleiches gilt im Umkehrschluss für Schmidt, Brown und Orr.

6.3 Lokale Aneignung des Planetaren

Es ist nicht das erste Mal, dass ein westliches Konzept einen globalen Anspruch erhebt und infolgedessen problematisiert wird. Vor allem die Nachhaltigkeitsdebatte weist strukturelle Parallelen zur Anthropozändebatte auf.[104] Diese strukturelle Vergleichbarkeit macht sie zu einem debattentheoretischen Lernfeld im (geschichtswissenschaftlichen) Umgang mit einer Problematisierung des eurozentrischen Fokus'. Die Ursprünge des Nachhaltigkeitskonzepts reichen weit in die Vergangenheit zurück. Was wir heute mit dem Begriff Nachhaltigkeit assoziieren, hat sich mit dem ab Mitte des 20. Jahrhunderts im Globalen Norden entstehenden globalen Umweltbewusstsein entwickelt. Popularität erlangte das Konzept mit dessen Verwendung auf den UN-Umweltkonferenzen ab 1972. Ab diesem Zeitpunkt begann sich eine weitreichende Debatte, besonders um nachhaltiges Wirtschaften, zu entspinnen, die nicht zu führen war, ohne den geographischen Raum von Entwicklungsländern zu tangieren. Wie im Anthropozän bestehen bezüglich der historischen Ursachen und Entwicklungslinien, in Bezug auf gegenwärtige Herausforderungen sowie hinsichtlich einer Bestimmung des Vulnerabilitätsgrades erhebliche Differenzen zwischen Entwicklungsländern einerseits und westlichen, industrialisierten Nationen andererseits.[105] Deswegen haben sich spannungsgeladene Diskussionen um die Projektion des westlich gefärbten Konzepts auf das Gebiet des Globalen Südens entsponnen, die in eine

---

104 Ein struktureller Vergleich zwischen der Nachhaltigkeits- und der Anthropozändebatte hat weiter mehr Potential als hier skizziert. Eine tiefergehende Auseinandersetzung mit einem solchen Vergleich aber würde den Rahmen dieser Arbeit übersteigen.
105 Vgl. etwa Jeremy L. Caradonna, Sustainability. A History. New York 2016; Edmund A. Spindler, The History of Sustainability. The Origins and Effects of a Popular Concept, in: Ian Jenkins, Roland Schröder (Hrsg.), Sustainability in Tourism. A Multidisciplinary Approach. Wiesbaden 2013, 9–31.

Problematisierung, Historisierung, Differenzierung und Lokalisierung mannigfaltiger Art münden.[106]

Auch, wenn das Anthropozänkonzept inhaltlich breiter angelegt ist als das Nachhaltigkeitskonzept und deutlich vielschichtigeres Provokationspotential in sich trägt, ist es – entsprechend ihrer disziplinspezifischen Methodik – speziell an Historikern, aus vergangenen Beispielen zu lernen und Schlüsse für eine produktive Problematisierung des eurozentrischen Gehalts zu ziehen. Die Nachhaltigkeitsdebatte zeigt, dass Konzepte multiple Bedeutungen haben können, die einander nicht ausschließen, sondern einen produktiven Umgang ermöglichen. Denn dass es nicht die eine Definition von Nachhaltigkeit gibt, liegt, wie etwa Markus Vogt oder Edmund Spindler argumentieren, wenn sie von Nachhaltigkeit als »container term«, »catch-all term« oder »buzz word« sprechen, auf der Hand.[107] Der Blick auf die Nachhaltigkeitsdebatte zeigt, dass es andere Debatten gibt, die der Anthropozändebatte auf mehreren Ebenen ähneln. Für die Konzepte der Nachhaltigkeit einerseits und des Anthropozäns andererseits trifft das insofern zu, als es sich bei beiden um westliche Konzepte handelt, die einen globalen Anspruch erheben und infolgedessen vielfach dafür kritisiert worden sind. Zudem findet in beiden Fällen eine Ausdifferenzierung des Begriffes selbst statt – jeweils mit moralischen Implikationen.

Im Gegensatz zu der Differenzierungspraxis, die wir in der Teildebatte um die Rolle des Kapitalismus im Anthropozän kennengelernt haben, zeugt die Lokalisierungspraktik von einer zweiten Stoßrichtung der Differenzierung. Diese zeichnet sich dadurch aus, dass es nicht primär um Unterschiede in ursachenorientierter Perspektive geht. Stattdessen setzt sie jenseits der normativen Fragestellung nach dem Grad der Verantwortung einzelner Akteursgruppen für den Zustand an, den das Anthropozän beschreibt. Im Fokus stehen konkrete Wirkungsdimensionen einerseits sowie andererseits die Frage nach dem lokalen, regionalen, nationalen und auch transnationalen Bedeutungsgehalt des Konzepts. Folglich geht es nicht zuletzt um Implikationen auf Handlungsebene. Diese stärker gegenwarts- und zukunftsgeleitete, in der Lokalisierungspraktik manifest werdende, Form geschichtswissenschaftlicher Differenzierung steht der geowissenschaftlichen Verhandlung des Konzepts methodisch näher als die als oppositionell herausgearbeitete Differenzierungspraktik, die den Subdiskurs um Verantwortlichkeiten im Anthropozän prägt.

---

106 Vgl. dazu beispielsweise Saeid Yazdani, Kamariah Dola, Sustainable City Priorities in Global North Versus Global South, in: Journal of Sustainable Development 6, 2013, H. 7, 38–47; Michael S. Pak, Beyond the North-South Debate. The Global Significance of Sustainable Development in Debates in South Korea, in: Problemy Ekorozwoju – Problems of Sustainable Development 10, 2015, H. 2, 79–86.

107 Markus Vogt, Prinzip Nachhaltigkeit. Ein Entwurf aus theologisch-ethischer Perspektive. München 2009, 111; Spindler, The History of Sustainability, 9.

Im Gegensatz zu den anderen, in vorliegendem Kapitel behandelten Subdiskursen der Debatte um das Anthropozän präsentiert sich die mittlerweile von einigen Historikern umgesetzte Lokalisierung des planetaren Konzepts mehr als eine Form geschichtswissenschaftlichen Umgangs mit und Antwort auf die konzeptionellen Herausforderungen des Anthropozäns denn als eigene Teildebatte. Ausgangspunkt der sich erst in ihren Anfängen befindenden geschichtswissenschaftlichen Lokalisierungsbestrebungen bilden zwei besonders aus geisteswissenschaftlicher Perspektive kritisch belegte Aspekte des geologischen Anthropozänkonzepts. Dazu zählt zum einen die verbreitete Ansicht, das Anthropozän präsentiere sich in Gestalt eines westlichen, eurozentrischen Konzepts, das, zahlreichen historischen Beispielen ähnlich, dem Globalen Süden aufoktroyiert würde, ohne eine in ursachen- und prozessorientierter Hinsicht notwendige, geographisch differenzierte Perspektive einzunehmen.[108] Zudem ist es insbesondere das Aufeinandertreffen unterschiedlicher Dimensionen von Räumlichkeit, welches in enger Verbindung zu den im Anthropozän zusammenlaufenden Temporalitäten steht, das eine besondere Herausforderung für Historiker darstellt und eine weitere Quelle für die lokale Auseinandersetzung mit dem Phänomen des Anthropozäns ist. Letzteres fordert eine Transformation skalarer Mittel und Vorstellungen, die innerhalb der Geschichtswissenschaften in dem Versuch, das Planetare über dessen Verräumlichung mit dem Globalen, dem Nationalen sowie dem Lokalen zu verbinden, umzusetzen versucht wird. Ein Blick in die Vergangenheit zeigt, dass dies eine lösbare Aufgabe darstellt und die verschiedenen Dimensionen durchaus miteinander vereinbar sind. Denn nicht zum ersten Mal ist man sowohl im wissenschaftlichen als auch im außerwissenschaftlichen Bereich damit konfrontiert, sich von etablierten Raum- und Zeitvorstellungen zu lösen. Auch im 19. Jahrhundert, als die biblische Betrachtung von Raum und Zeit infolge der Weiterentwicklung von Datierungsmethoden um die geologische, raumgreifende Tiefzeit erweitert wurde, waren Wissenschaftler herausgefordert, neue Narrative und Modelle historischer Zeitlichkeit zu entwickeln (vgl. Kap. 1).[109] Zwar mögen sowohl die Instrumente traditioneller historischer Methodik als auch die etablierten linearen Narrative für eine solche anthropozäne Geschichtsschreibung nicht mehr ausreichen. Doch Deborah Coens *History of*

108 Vgl. etwa Gareth Austin, Introduction, in: ders. (Hrsg.), Economic Development and Environmental History in the Anthropocene. Perspectives on Asia and Africa. London 2017, 1–22; Amitav Ghosh, Die grosse Verblendung. Der Klimawandel als das Undenkbare. München 2017; Johan Elverskog, (Asian Studies + Anthropocene), in: The Journal of Asian Studies 73, 2014, H. 4, 963–974. Zur Rolle des Globalen Südens vgl. auch Jens Marquard, Worlds apart? The Global South and the Anthropocene, in: Hickmann u. a. (Hrsg.), The Anthropocene Debate, 200–218.
109 Die Aufwertung des Raumes vollzieht sich bereits mit der Aufklärung um 1700. Als klassisches Werk dazu, das jedoch auch viel kritisiert worden ist, gilt: Alexandre Koyré, Von der geschlossenen Welt zum unendlichen Universum. Frankfurt am Main ²2008. Mit der Relativitätstheorie erfährt die räumliche Dimension um 1900 abermals eine Erweiterung.

Scaling zeigt *einen* Weg auf, die Verbindung von geologischen und historischen Raum- und Zeitvorstellungen zu vollziehen.[110] Die *Placing*-Geschichten, die im Folgenden beleuchtet werden, verdeutlichen, dass dieser Ansatz keineswegs in Homogenisierung mündet – eine von zahlreichen Geschichtswissenschaftlern in Bezug auf Makrogeschichten sowie die Verwendung allumfassender Kategorien des Planetaren und Globalen gehegte Befürchtung.

In der lokalen Aneignung des Anthropozänkonzepts liegt eine Aufgabe, die speziell Historikern zukommt, da diese aufgrund ihrer methodischen Herangehensweise und ihres Erkenntnisinteresses eine solche Verbindung schaffen und etablieren können. Das Potential, diachrone, lokale Anthropozäne mit dem sychronen, planetaren geologischen Konzept zu verbinden, macht Historiker zu einem aktiven, unverzichtbaren Teil der Debatte – ergänzend zur geowissenschaftlichen Verhandlung des Konzepts und die naturwissenschaftlichen Evidenzpraktiken gewissermaßen vervollständigend. Über die lokale Aneignung Teilaspekte des facettenreichen Gesamtkonzepts zu übersetzen und verständlich zu machen, wirkt in einer Art Feedbackloop auf die von geistes- und sozialwissenschaftlicher Seite angestrebte, ausdifferenziert heterogene Perspektive zurück. Des Weiteren bietet sich auch hier eine Legitimationsmöglichkeit für geisteswissenschaftliche Disziplinen, die Geschichtswissenschaften im Besonderen. Chris Otter zufolge hat die geschichtswissenschaftliche Adressierung des Anthropozänkonzepts »significantly widened and opened the scope of our field«.[111]

Historiker können dabei aus dem Vollen schöpfen. Und obwohl die vorhandene Literatur zur lokalen Aneignung des Anthropozäns noch überschaubar ist, lassen sich bereits Lokalisierungsbestrebungen unterschiedlicher Art identifizieren. Während die einen einen kontinentalen Fokus wählen, entscheiden sich andere für eine nationale oder regionale Perspektive. Wie eine jüngst erschienene Publikation aus dem Bereich der *Urban Studies* zeigt, beginnt man sich dem Konzept auch aus der Perspektive des städtischen Raums zu nähern.[112] Unabhängig von der Wahl der Perspektive – in allen Fällen präsentiert sich die Lokalisierung als Evidenzpraxis, die speziell den Geschichtswissenschaften eine produktive Handlungsoption im Umgang mit dem Anthropozänkonzept eröffnet. Wie das *Mit-dem-Anthropozän-Denken* umgesetzt wird und welche Strategien dabei zum Einsatz kommen, werden die folgenden Fallbeispiele illustrieren.

---

110 Deborah R. Coen, Big is a Thing of the Past. Climate Change and Methodology in the History of Ideas, in: Journal of the History of Ideas 77, 2016, H. 2, 305–321.

111 Chris Otter u. a., Roundtable. The Anthropocene in British History, in: Journal of British Studies 57, 2018, H. 3, 568–596, hier: 596.

112 Giles Thomson, Peter Newman, Cities and the Anthropocene: Urban governance for the new era of regenerative cities, in: Urban Studies 7, 2018, H. 1, 1–18. Vgl. auch John Ljungkvist u. a., The Urban Anthropocene: Lessons for Sustainability from the Environmental History of Constantinople, in: Paul J. J. Sinclair u. a. (Hrsg.), The Urban Mind. Cultural and Environmental Dynamics. Uppsala 2010, 367–390.

Auf Grundlage der Durchsicht der vorhandenen Literatur konnten zwei Arten von Lokalisierungspraktiken identifiziert werden, die sich an verschiedenen Aspekten des Konzepts reiben. Dennoch werden in der zugrundeliegenden Motivation und Zielsetzung Parallelen offenkundig.

Historische Aufarbeitung aus britischer Perspektive

Mitte 2018 veröffentlichte das *Journal of British Studies* eine Diskussionsrunde zwischen fünf Historikern zum Thema *The Anthropocene in British History*.[113] Dies mag zunächst verwundern. Warum sollten britische Historiker die Anstrengung unternehmen, ein ohnehin eurozentrisch gedachtes Konzept, dessen Ursprungsthese keinem anderen als Großbritannien selbst die Verursacherrolle zudenkt, über Lokalisierungsbestrebungen in der nationalen Geschichte zu verankern? Rein intuitiv läge die Vermutung nahe, britische Wissenschaftler seien darum bemüht, ebendiese zentrale Stellung in Bezug auf die Ursachen für die gegenwärtige Krise des Planeten mittels einer prozessorientierten Kontextualisierung außerhalb der eigenen Nationalgeschichte von sich zu weisen, anstatt sie noch hervorzuheben. Stattdessen nehmen die fünf die konzeptionelle Herausforderung des Konzepts an die Geschichtswissenschaften zum Ausgangspunkt ihrer Überlegungen: »[H]ow should scholars working on British culture and history respond to the conceptual challenges of the Anthropocene?«.[114] Speziell Fredrik Albritton Jonsson stellt einen Bezug zu ähnlichen konzeptuellen Herausforderungen britischer Geschichtsschreibung in der Vergangenheit her und appelliert daran, diese zum Beispiel für eine funktionierende Zusammenführung sich scheinbar ausschließender Dimensionen zu nehmen.[115] Die britische Geschichte biete diesbezüglich großes Potential. So verweist er etwa auf die im Viktorianischen Zeitalter aufkommenden Diskussionen um prädiktive Fragestellungen nach Ressourcengrenzen, die Auswirkungen auf die wirtschaftliche Entwicklung haben könnten.[116] Speziell die Kontextualisierung als eine Form der Narrativierung tritt an dieser Stelle als Evidenzpraxis hervor. Der Rückgriff auf die in der Vergangenheit liegende Erzählung von der Meisterung der konzeptionellen Herausforderung, Räum- und Zeitlichkeiten neu zusammenzudenken, geht mit einer Appellfunktion wissenschaftspolitischer Art einher.

---

113 Otter u. a., Roundtable.
114 Ebd., 568.
115 Ebd., 578–580. Vgl. dazu auch Warde, Robin, Sörlin, Stratigraphy for the Renaissance.
116 Vgl. dazu Fredrik Albritton Jonsson, The Origins of Cornucopianism: A Preliminary Genealogy, in: Critical Historical Studies 1, 2014, H. 1, 151–168; exemplarisch nennt er die damals aufkommende Frage danach, wie lange Großbritannien die für die industrielle Produktion erforderliche Kohleversorgung aufrechterhalten könne.

Jason Kelly geht einen Schritt weiter, wenn er hinterfragt, ob die Nation als räumliche Kategorie im Angesicht einer Historisierung planetarer, anthropozäner Phänomene überhaupt noch hilfreich und angemessen sei – repräsentieren diese Phänomene doch die Summe geographisch differenzierter Umstände, die sich häufig aus natürlichen Grenzen bestimmter Umwelten, nicht aber aus nationalen Grenzen ergeben.[117]

Die Autoren verweisen zwar darauf, dass die britische Geschichte des Anthropozäns vor dem Hintergrund der kolonialen Expansion des 19. Jahrhunderts nicht auf den nationalen Raum beschränkt bleiben kann. »[I]t is important to state that the British history of imperial expansion is critical to the environmental history of the Anthropocene«.[118] Man kann ihnen daher zugutehalten, dass die Rolle des Globalen Südens dadurch implizit integriert wird. Weil sie in zeitlicher Perspektive aber nicht über die Industrialisierung hinausgehen, verharrt die Problematisierung etablierter Praktiken der Narrativierung in der klassischen Erzählung und dem Fortschrittsparadigma westlicher Geschichtsschreibung. Diese Form des *Placings* verfehlt somit das, was eine Überwindung der eurozentrischen Perspektive fordert.

Der Fall des britischen Lokalisierungsversuchs wird im Folgenden als Negativfolie dienen, insofern als die genannten Historiker zwar den Anspruch erheben, sich der konzeptionellen Herausforderung der Entwicklung neuer Erzählungen anzunehmen, bislang aber im klassischen Narrativ verharren.

Die angeregte multidimensionale britische Adressierung des Anthropozänkonzepts kann mitunter als strategisches Moment auf wissenschaftspolitischer Ebene interpretiert werden. Nach dem Motto: Großbritannien spielt unter historischen Gesichtspunkten eine zentrale Rolle im Anthropozän, was die Relevanz des Konzepts für die britische Geschichte und Geschichtsschreibung unter-

---

117 Otter u.a., Roundtable, 591–593; Zur kritischen Hinterfragung der nationalen Kategorie in umweltgeschichtlicher Praxis vgl. auch Jillian Walliss, Exhibiting Environmental History: The Challenge of Representing Nation, in: Environment and History 18, 2012, H. 3, 423–445. Parallel zu diesen von geistes- und sozialwissenschaftlicher Seite formulierten Bedenken an der Angemessenheit, im Angesicht anthropozäner Phänomene weiterhin in etablierten räumlichen Kategorien wie derjenigen der Nation als Denkrahmen zu verbleiben, hat sich jüngst auch die Kulturpolitik dieser spezifischen Problemstellung angenommen. So fand im Oktober 2019 auf der Frankfurter Buchmesse eine Diskussionsrunde zum Thema *Kulturelles Anthropozän: Auf dem Weg zu einer europäischen Kulturpolitik?* statt, welche – ähnlich wie auch Christian Schwägerl – die Notwendigkeit der Grenzverwischung räumlich-politischer Kategorien problematisierte, um die Aufmerksamkeit weg von kurzfristigen Zielen hin zu einer langfristigen planetaren Perspektive zu lenken; vgl. Diskussionsrunde, Kulturelles Anthropozän: Auf dem Weg zu einer europäischen Kulturpolitik? 16.10.2019 (Frankfurter Buchmesse); Christian Schwägerl, Das Gegenteil von Rechtspopulismus ist Denken in den Dimensionen des Anthropozäns. In hysterischen Zeiten kann die Idee den Blick auf das Wesentliche richten, in: AnthropoScene, 25.08.2018.
118 Otter u.a., Roundtable, 575.

streicht. Damit geht die Aufforderung an britische Wissenschaftler und Politiker einher, sich mit dem Konzept auseinanderzusetzen, denn mit dem Anthropozän »the same history becomes vitally different«.[119]

Lokalisierung im nicht-westlichen Raum – Antworten auf ein ›eurozentrisches‹ Konzept

Asien

Die bisherige Forschung zur Rolle Asiens im Anthropozän einerseits sowie der Bedeutung des Anthropozäns für den asiatischen Raum andererseits hat sich explizit die Problematisierung des *Occicentrism* auf die Fahnen geschrieben. In Verlängerung der verbreiteten Wahrnehmung Asiens als lange Zeit rückständiger Raum, der den europäischen, sich über einen Zeitraum von Jahrhunderten erstreckenden Prozess der Ökonomisierung nun innerhalb weniger Dekaden vollzogen hat, stellt Mark Hudson im Jahr 2014 die Frage, ob das mangelnde Interesse am Anthropozänkonzept im asiatischen Raum sowie die fehlende Auseinandersetzung von Geisteswissenschaftlern des Globalen Nordens mit einem asiatischen Anthropozän womöglich darauf zurückzuführen sei, dass »the Anthropocene is simply another process by which Asia becomes more like ›the West‹?«.[120] Um eine differenzierte Perspektive auf den asiatisch-anthropozänen Zusammenhang zu erlangen und eine Debatte in und zu diesem geographischen Raum anzustoßen, organisierte Jennifer Munger, damalige Chefredakteurin des *Journal of Asian Studies*, im Jahr 2014 auf der jährlichen Konferenz der *Association for Asian Studies* eine Diskussionsrunde zum Thema *Asian Studies and Human Engagement with the Environment*. Noch im selben Jahr mündet diese in die Publikation mehrerer Artikel.[121]

---

119 Ebd., 572.
120 Mark J. Hudson, Placing Asia in the Anthropocene: Histories, Vulnerabilities, Responses, in: The Journal of Asian Studies 73, 2014, H. 4, 941–962, hier: 944. Zur ökonomischen Entwicklung Asiens vgl. beispielsweise Günter Schucher (Hrsg.), Asien zwischen Ökonomie und Ökologie. Wirtschaftswunder ohne Grenzen? Hamburg 1998; Karl Pilny, Asia 2030. Was der globalen Wirtschaft blüht. Frankfurt a. M. 2018; Richard T. Corlett, Becoming Europe. Southeast Asia in the Anthropocene, in: Elementa. Science of the Anthropocene 1, 2013, Art. 16.
121 Mark J. Hudson u. a., JAS at AAS: Asian Studies and Human Engagement with the Environment, Philadelphia 29.03.2014 (Association for Asian Studies); Gene Ammarell, Whither Southeast Asia in the Anthropocene? Comments on the papers from the 2014 roundtable JAS at AAS: Asian Studies and Human Engagement with the Environment, in: The Journal of Asian Studies 73, 2014, H. 4, 1005–1007; Kavita Philip, Doing Interdisciplinary Asian Studies in the Age of the Anthropocene, in: The Journal of Asian Studies 73, 2014, H. 4, 975–987; Elverskog, (Asian Studies + Anthropocene); Hudson, Placing Asia in the Anthropocene; Karen L. Thornber, Literature, Asia, and the Anthropocene: Possibilities for Asian Studies and the Environmental Humanities, in: The Journal of Asian Studies 73, 2014, H. 4, 989–1000.

Die (bis dato) mangelnde Berücksichtigung Asiens hinsichtlich der Erkundung geschichtswissenschaftlicher Ursachenzusammenhänge liegt Julia Adeney Thomas zufolge auch in der Herausbildung der Geschichtswissenschaften als akademische Disziplin im 19. Jahrhundert begründet, als Freiheit von den Zwängen der Natur zum Definitionsmerkmal moderner Geschichtsschreibung wurde. Weil bestimmte Bevölkerungsgruppen als im Einklang mit der Natur lebend wahrgenommen wurden, blieben diese lange von Geschichtsschreibung ausgeschlossen.[122]

Um dies gerade im Lichte des Anthropozäns zu ändern, haben Historiker unter Rückgriff auf unterschiedliche Strategien begonnen, den westlichen Fokus des Anthropozänkonzepts zu problematisieren.[123] Asiens Relevanz als gegenwärtig bevölkerungsreichster Kontinent und im Zuge der dortigen Industrialisierung als einer der Hauptbeitragenden zur Umweltverschmutzung ist besonders im Hinblick auf anthropozäne Zukünfte nicht von der Hand zu weisen.

Der Religionswissenschaftler Johan Elverskog sieht in der differenzierten und kontextualisierten Adressierung einzelner Kategorien, des Räumlichen, des Zeitlichen, des Ideologischen sowie des Institutionellen, unter asiatischen Vorzeichen einen Weg, eine destabilisierende Wirkung auf den eurozentrischen Gehalt des Konzepts zu erzielen. Eine temporale Ausweitung des historischen, ursachenorientierten Blicks auf der Industrialisierung vorgelagerte Prozesse würde Hudson und Amitav Gosh zufolge die Bedeutsamkeit Asiens in Bezug auf anthropozäne, historisch-geologische Interdependenzverhältnisse aufdecken. Mitunter aus diesem Grund sehen die betreffenden Wissenschaftler vor allem die Periodisierungsvorschläge, die den Zeitraum von der Neolithischen Revolution bis 1610 (Orbis Spike) betreffen, als gewinnbringend für eine asiatische Auseinandersetzung mit dem Anthropozän an.[124] Der Archäologe Dorian Fuller und der Atmosphärenwissenschaftler Logan Mitchell etwa positionieren sich auf

122 Julia A. Thomas, Why Do Only Some Places Have History? Japan, the West, and the Geography of the Past, in: Journal of World History 28, 2017, H. 2, 187–218; dies., The Present Climate of Economics and History, in Austin (Hrsg.), Economic Development and Environmental History, 291–312.
123 International Energy Agency, Global Energy & CO2 Status Report 2018. The latest Trends in Energy and Emissions in 2018. s.l. 2019; Intergovernmental Panel on Climate Change, Global Warming of 1.5°C. An IPCC Special Report on the impacts of global warming of 1.5°C above pre-industrial levels and related global greenhouse gas emission pathways, in the context of strengthening the global response to the threat of climate change, sustainable development, and efforts to eradicate poverty. [Masson-Delmotte, V; Zhai, P; Pörtner, H.-O; Roberts, D; Skea, J; Shukla, P. R; Pirani, A; Moufouma-Okia, W; Péan, C; Pidcock, R; Connors, S; Matthews, J. B. R; Chen, Y; Zhou, X; Gomis, M. I; Lonnoy, E; Maycok, T; Tignor, M; Waterfield, T. (Hrsg.)]; Ghosh, Die grosse Verblendung.
124 Hudson, Placing Asia in the Anthropocene; Ghosh, Die grosse Verblendung, 123–159; Julia A. Thomas, Prasannan Parthasarathi, Rob Linrothe u.a., JAS Round Table on Amitav Ghosh, The Great Derangement: Climate Change and the Unthinkable, in: The Journal of Asian Studies 75, 2016, H. 4, 929–955, hier: 932–935.

Grundlage naturwissenschaftlicher Untersuchungen im Periodisierungsdiskurs in Übereinstimmung mit der Bodenthese Certinis und Scalenghes für einen Beginn des Anthropozäns um 3000 bis 2000 BP, wobei sie sich auf Analysen zu den Auswirkungen des Reisanbaus im asiatischen Raum auf den Anstieg der Methankonzentration in der Atmosphäre stützen.[125]

Bezüglich eines weiteren positiven Aspektes, der aus der Integration der asiatischen Perspektive in die Debatte um das Anthropozän resultiert, sind sich diejenigen Historiker einig, die sich unter der zukunftsgeleiteten Fragestellung nach neuartigen historischen Narrativen mit den Konsequenzen des gegenwärtigen Zustandes des Planeten Erde mit dem asiatischem Raum beschäftigt haben. Was Julia Adeney Thomas als Grund für das Auslassen asiatischer Prozesse in der traditionellen Geschichtsschreibung nennt, wird nun als Lösungsstrategie für den geforderten Wandel des Natur-Kultur-Verständnisses im Anthropozän gehandelt: Die in asiatischen Religionen wie dem Shintoismus oder dem Buddhismus praktizierte Öko-Spiritualität, die seit jeher von der Vorstellung des in die Natur eingebetteten menschlichen Lebens geleitet wird, verleiht asiatischen Stimmen besonderes Gewicht: sowohl in Bezug auf Diskussionen um adäquate Umgangsformen mit anthropozänen Vulnerabilitäten als auch im Hinblick auf Strategien zur Erhöhung des Resilienzvermögens.[126] Gleiches gilt für kulturelle und religiöse Praktiken aus dem südamerikanischen Raum. Die Pachamama-Verehrung indigener Völker beispielsweise steht für ein Leben im Einklang mit der Natur. Papst Franzikus hat diesen Kult im Jahr 2019 in die Amazonas-Synode aufgenommen und zeigt damit – neben der im südamerikanischen Raum teils erfolgten legislativen Verankerung von Naturrechten – ein weiteres Feld auf, in dem der Globale Süden eine Vorbildfunktion für den Westen einnehmen kann.[127]

Auch der Historiker Gareth Austin stellt sich der Herausforderung, das Konzept zu lokalisieren, wobei er in seinem 2017 herausgegebenen Sammelband *Economic Development and Environmental History in the Anthropocene* anthropozäne Ursachenzusammenhänge ab 1400 im Sinne eines »›How did we get here?‹« ins Zentrum der Analyse stellt.[128] Darin führt er Untersuchungen zu vier spezifischen Regionen zusammen: Südostasien, Ostasien, Südasien und das Afrika südlich der Sahara. Mit dieser Kombination von asiatischer und afrikanischer Perspektive entwickelt er ein konzentriertes Kompendium, das eine ergänzende Perspektive zum westlichen Verständnis des Anthropozäns bietet.[129]

125 Fuller u. a., The contribution of rice agriculture and livestock pastoralism; Logan Mitchell u. a., Constraints on the Late Holocene Anthropogenic Contribution to the Atmospheric Methane Budget, in: Science 342, 2013, H. 6161, 964–966.

126 Hudson, Placing Asia in the Anthropocene.

127 Papst Franziskus, Amazonien. Neue Wege für die Kirche für eine ganzheitliche Ökologie. Schlussdokument, hrsg. v. Deutsche Bischofskonferenz. Vatikan 2020, 30–32.

128 Bonneuil, Fressoz, The Shock of the Anthropocene, 47.

129 Austin (Hrsg.), Economic Development and Environmental History.

Die einzelnen Beiträge zeigen sowohl Handlungsmacht und -optionen lokaler Akteure als auch das von westlichen Akteuren unabhängige Entwicklungspotential der jeweiligen Regionen auf. Sie lösen den monokausalen Erklärungsansatz auf, der den Industrialisierungsprozess des Globalen Nordens und die eng damit in Verbindung stehenden imperialistischen Bestrebungen, die vielfach dem Ziel der Profitmaximierung verpflichtet waren, als Ausgangspunkt jeglicher Umweltdegradation und Transformationsprozesse konstruiert. Auch dabei zeigt sich eine Dezentrierung von *agency*.[130]

Insbesondere der Artikel des Historikers Peter Boomgaard reiht sich in diese Linie ein. Anstatt südostasiatischen Umweltwandel im Zeichen disruptiver Ereignisse zu erzählen, wählt er eine andere Chronologie. Rodung fand im südostiasiatischen Raum demnach weniger aus industriellen Gründen, sondern vielmehr in Reaktion auf kontinuierliches Bevölkerungswachstum statt. Sofern die Betrachtung auf den Wald als Untersuchungsgegenstand beschränkt bleibt, »an Anthropocene based on Southeast Asian forest did not occur until at least a century after the date set by those who came up with the term«.[131] Die differenzierten Kontextualisierungen der einzelnen Fallstudien, die in ihrer Gegenüberstellung durchaus von einer Koexistenz bestimmter Phänomene und parallelen Entwicklungslinien zeugen, bieten multiple Periodisierungen, die entsprechend geschichtswissenschaftlicher Logik weder einander noch dem geologischen Anthropozän entgegenstehen. Vielmehr geht es um multiperspektivische diachrone Differenzierung, angestoßen von und für planetare Synchronität. Denn »[h]istorians might well be comfortable with the idea that the Anthropocene begins earlier in some places than in the others [...], an approach that has ›a kind of fuzziness that geologists don't like, but historians live by‹«.[132]

Indem Boomgaard entgegen kolonialer Geschichtsschreibung inner-südostasiatische Gründe und daraus resultierende Eigeninitiative im Aufforstungsprozess aufzeigt, sprengt er die Monokausalität des Kapitalozäns.[133] Ghoshs Argumente laufen in eine ähnliche Richtung, wenn er die mangelnde Eignung des Kapital-Konzepts angesichts der mannigfaltig vorhandenen Evidenz asiatischer Entwicklung jenseits kapitalistischer Bestrebungen demonstriert.[134]

---

130 Auch die Globalgeschichte problematisiert die *agency*-Thematik seit längerem; vgl. dazu exemplarisch Sebastian Conrad, What is Global History? Princeton, Oxford 2016.

131 Peter Boomgaard, The Forests of Southeast Asia, Forest Transition Theory and the Anthropocene, 1500–2000, in: Austin (Hrsg.), Economic Development and Environmental History, 179–197, hier: 193.

132 Thomas, The Present Climate of Economics and History, 298; José Augusto Pádua, Zagreb 30.06.2017; Interview mit B2, 20.03.2018; John R. McNeill, Zagreb 30.06.2017; Interview mit B4, 12.03.2018; Interview mit B8, 26.03.2018.

133 Boomgaard, The Forests of Southeast Asia.

134 Ghosh, Die grosse Verblendung, 123–159.

Zwar hat das Anthropozän sein analytisches Potential im asiatischen Raum längst noch nicht vollständig entfaltet. Dennoch zeugen sowohl die wachsende Zahl von Konferenzen zu Asien im Anthropozän in den Jahren 2018 und 2019 als auch die 2018 erfolgte Gründung des *Center for Anthropocene Studies* in Südkorea von einer offenen Haltung. Das neue Zentrum kommt einer Institutionalisierung des Konzepts im geisteswissenschaftlichen Bereich gleich.[135] Ein jüngste Publikation mit dem Titel *Chinese Shock of the Anthropocene* treibt das einschließende Moment mit der Beleuchtung des Konzepts unter künstlerischen, experimentellen und ästhetischen Vorzeichen einen Schritt weiter.[136]

Afrika

Deutlich expliziter adressiert die Historikerin Gabrielle Hecht in ihrer Auseinandersetzung mit einem afrikanischen Anthropozän das Ineinanderfließen unterschiedlicher Raum- und Zeitdimensionen. Sie stellt dabei die politischen Implikationen jedweder lokalen Aneignung des Konzepts in den Vordergrund:

»The Anthropocene concept [...] invites scholars to dramatically expand their spatial and temporal scales of analysis. [...] [I]n accepting this invitation, we must also consider the political and ethical work accomplished by scalar choices and claims.«[137]

Zudem identifiziert sie das Monitoring von Abfällen und Emissionen als Schlüsseltechnik anthropozäner Epistemologie, weswegen sie sich dem Anthropozän ausgehend von einem Verständnis desselben als »apotheosis of waste« nähert.[138] Die konzeptionelle Anlehnung an Abfallstudien, die etwa dem Abfallmanagement *agency* – beispielsweise als neue soziale Beziehungen und spezifische kulturelle Praktiken kreierend – zuschreiben, lässt eine Verbindung zu posthumanistischen und neomaterialistischen Ansätzen erkennen. Vom Kapitalismusdiskurs aber grenzt sich Hecht, ebenso wie teilweise für die asiatische Aneignung des Anthropozänkonzepts festgestellt, insofern ab, als sie das Fetischpotential von

135 National Taiwan University, Research Center for Future Earth, 2019 Conference on Pan-Pacific Anthropocene (ConPPA), Taipeh 14.–16.05.2019 (National Taiwan University, Research Center for Future Earth); University of Michigan, Asia and the Anthropocene, Ann Arbor 23.–27.08.2018 (University of Michigan); State of Nature in India, Mumbai 23.–25.08.2018 (Goethe Institut Max Mueller Bhavan).

136 Kwai-Cheung Lo, Jessica Yeung, Chinese Shock of the Anthropocene. Image, Music and Text in the Age of Climate Change. Singapur 2019.

137 Gabrielle Hecht, Interscalar Vehicles for an African Anthropocene: On Waste, Temporality, and Violence, in: Cultural Anthropology 33, 2018, H. 1, 109–141, hier: 111; vgl. auch dies., The African Anthropocene. The Anthropocene feels different depending on where you are – too often, the ›we‹ of the world is white and Western, in: Aeon, 06.02.2018.

138 Hecht, Interscalar Vehicles for an African Anthropocene, 111.

Abfall und Emissionen zwar anerkennt, das Erklärungsmodell der Marx'schen Fetischthese aufgrund des vorhandenen Wissens zu den möglichen negativen Auswirkungen von Abfallproduktion aber ablehnt.

Was Hecht letztlich fordert, ist eine Erneuerung historischer Narrativierungspraktiken, um die zahlreichen lokalen Realitäten des Anthropozäns aufzudecken. Denn »[t]here are many possible points of departure, many stories to tell, and many ways of telling them«.[139]

Im Gegensatz zu anderen Historikern, die wir in dieser Arbeit kennengelernt haben, erhebt Hecht weder einen Kausalitätskonstruktionsanspruch noch geht es ihr um Differenzierung unter ethischen Gesichtspunkten. Vielmehr setzt sie Lokalisierung und Kontextualisierung gezielt als Evidenzpraktiken ein, um eine Verflechtung unterschiedlicher historischer Realitäten und der planetaren Dimension des Anthropozänkonzepts zu erreichen und dadurch neue anthropozäne Narrativierungstechniken zu generieren. Zwar greifen Historiker seit jeher auf die Praxis der Narrativierung zurück, um Allgemeines mit dem Spezifischen zu verbinden. Der Fokus liegt dabei für gewöhnlich auf der Verbindung des Lokalen mit dem Sozialen, dem Kulturellen oder dem Politischen. Das Neuartige an Hechts Ansatz liegt in der Verflechtung des Lokalen mit dem Planetaren, ohne dass sich die planetare Dimension dabei verflüchtigt.

Gabun war von 1839 bis 1960 französische Kolonie. Und auch in der Folgezeit bestand das Abhängigkeitsverhältnis zu Frankreich fort. Das Ende des Zweiten Weltkriegs läutete das Zeitalter atomaren Wettrüstens ein. Zu diesem Zweck begann Frankreich im Jahr 1961, uranhaltiges Gestein aus Afrika für die französische Atomwaffenproduktion und den Betrieb landeseigener Atomkraftwerke zu importieren.[140] 1972 entdeckten französische Wissenschaftler, dass das Gestein aus dem Tagebau Oklo im afrikanischen Gabun von ungewöhnlich geringem Urangehalt war: Chargen im Anreicherungsprozess wiesen plötzlich einen geringeren Urangehalt auf. Waren die Gründe dafür zunächst unklar, vermuteten Geowissenschaftler bald, die Erklärung für diesen Umstand sei in der geologischen Vergangenheit zu suchen. Und tatsächlich: »[N]ature had made nuclear reactors nearly two billion years before humans [...]. Fission in these so-called natural reactors had depleted uranium.«[141] Die Untersuchungen bestätigten, dass der Tagebau Eigenschaften eines natürlichen Reaktors aufwies.

Ausgehend von dem uranhaltigen Gestein dieses natürlichen Reaktors als empirisches Objekt entwirft Hecht eine Theorie des Interskalaren. Sie schreibt Objekten die Funktion eines interskalaren Instruments zu, das es erlaubt, der räumlichen wie zeitlichen Multidimensionalität des Anthropozänkonzepts beizukommen. Jede Dimension ist zugleich Kategorie und als solche das Ergebnis

---

139 Ebd., 112.
140 Dies., Being Nuclear.
141 Dies., Interscalar Vehicles for an African Anthropocene, 122.

soziokultureller und/oder politischer Konstruktionsprozesse. Zu den Charakteristika von *Scales* zählt Hecht folglich ebenfalls, dass diese stets im Werden begriffen sind, was sie dazu ermutigt, für die Anwendung von Objekten als interskalare Narrativierungsinstrumente in den Geschichtswissenschaften zu plädieren.[142] Sie verbindet damit die Ziele, möglicherweise eine neuartige anthropozäne geohistorische raum-zeitliche Dimension zu entwickeln und die Geohistorizität über die Materialität des interskalaren Objekts greifbar zu machen. Ein ähnliches Resultat hat das Marker-Kapitel ergeben, das sowohl dem Plastik als neuem geologischen Material als auch der neuen Kategorie der Technofossilien eine Brückenfunktion im Hinblick auf die verschiedenen Dimensionen von Zeitlichkeit zuspricht (vgl. Kap. 4.2). Timothy Mortons *hyperobjects* ist eine vergleichbare Funktion zu attestieren.

Bereits bis 1972 manifestierten sich Hecht zufolge in dem afrikanischen Gestein in mehrfacher Hinsicht interskalare Eigenschaften. Sei es auf (räumlich-)politischer Ebene, wo es global- und nationalpolitische Bestrebungen Frankreichs mit lokalpolitischen Zielen Gabuns verband, sei es in (räumlich-)erdsystemwissenschaftlicher Hinsicht, indem es in seiner sich während des Abbau-, Anreicherungs- und Weiterverarbeitungsprozesses wandelnden Form als erdsystemisches Verbindungsglied zwischen Erdinnerem, Erdoberfläche, Atmosphäre und der resultierenden planetaren Wirkungsdimension auftritt, sei es auf sozialer Ebene oder in temporaler Hinsicht. Schließlich handelt es sich um ein Material aus der geologischen Vergangenheit, das in der Gegenwart genutzt wird, um die künftige politische Situation zu beeinflussen. Mit der Entdeckung der geologischen Bedeutung Oklos gewinnt das gabunische Gestein 1972 eine weitere interskalare Eigenschaft hinzu. Nicht nur laufen damit geologische, historische und menschliche Zeit im Gestein aus Gabun zusammen. Darüber hinaus stellt diese Erkenntnis eine neue Verbindung zwischen der geologischen Vergangenheit und der geologischen Zukunft her, denn Wissenschaftler behandeln Oklo fortan als natürlichen Prototyp zur Atommülllagerung. Und zugleich führt die Betrachtung dieser Erkenntnis unter anthropozänen Vorzeichen die zerstörerische Kraft des Menschen exemplarisch vor Augen. »Precambrian rock took two million years to generate the materials that a human-built nuclear reactor can pump out in one. Now there's a scale for Anthropocenic acceleration: two million to one.«[143] Crutzens These vom Menschen als geologischem Faktor scheint vor dem Hintergrund dieses afrikanischen Ortes nicht nur gerechtfertigt, sondern auch auf Basis geisteswissenschaftlicher Evidenzierungspraktiken untermauert. Hechts Bottom-Up-Geschichte einer Lokalisierung demonstriert nicht nur das Potential eines integrativen Ansatzes, sondern führt zudem vor Augen, dass

142 Ebd., 109–141.
143 Ebd., 131.

Geistes- und Naturwissenschaften trotz unterschiedlicher Herangehensweise und Methodik zu demselben Schluss gelangen können.

Gabrielle Hecht hat eindrucksvoll bewiesen, dass einem Bottom-Up-Denken des Konzepts großes Potential innewohnt. Auf Grundlage diverser sozialer, wirtschaftlicher, politischer und kultureller Unterschiede kann ein geisteswissenschaftlicher Ansatz einen Beitrag leisten, unterschiedliche Vulnerabilitätsgrade aufzudecken und dadurch handlungsauffordernd zu wirken – auch auf politischer Ebene. Letztlich aber mündet auch die hier vollzogene Differenzierung in die Bestätigung des heterogenen Seins, und somit den homogenen Aspekt, des Planetaren: »›They‹ are ›us‹, and there is no planetary ›we‹ without them«.[144]

Festzuhalten ist, dass sich das von Hecht analysierte Objekt zwar in Afrika befindet, Afrika als Analysekategorie in ihren Ausführungen aber keine zentrale Rolle spielt. In den folgenden Beispielen hingegen liegt der Fokus auf Afrika als kulturellem Raum.

Der Biologe Colin Hoag und der Anthropologe Jens-Christian Svenning machen in ihrer Auseinandersetzung mit der Rolle Afrikas im Anthropozän eine Langzeitperspektive auf. Dem Ziel verpflichtet, aus den gewonnenen Erkenntnissen Schlüsse für anthropozäne Adaptionsmöglichkeiten des Menschen zu ziehen, sind sie ersucht, den Umgang indigener afrikanischer Bevölkerungsgruppen mit Umweltveränderungen für einen Zeitraum von etwa 2,6 Millionen Jahren auszuloten. Ähnlich wie Hudson für das asiatische Anthropozän machen die beiden die lokale afrikanische Vergangenheit als Mittel im Umgang mit einer planetaren Zukunft stark. Ganz anders die Geographin Kathryn Yusoff. In ihrem 2018 erschienenen Buch *A Billion Black Anthropocenes or None* nimmt sie geographisch bedingte Ungleichheiten zwischen westlichen und nicht-westlichen Nationen in den Fokus und konstruiert

»the proximity of black and brown bodies […] [as] an inhuman proximity organized by historical geographies of extraction, grammars of geology, imperial global geographies, and contemporary environmental racism. It is predicated on the presumed absorbent qualities of black and brown bodies to take up the body burdens of exposure to toxicities and to buffer the violence of the earth. Literally stretching black and brown bodies across the seismic fault lines of the Earth, Black Anthropocenes subtend White Geology as a material stratum.«[145]

Auch ein Panel zum Thema *Multiple African anthropocenes: universal concepts, local manifestations* auf der *8th European Conference of African Studies* im Juni 2019 nahm sich unter sozialanthropologischen Vorzeichen der ethischen Kritik

---

144 Dies., The African Anthropocene.
145 Yusoff, A Billion Black Anthropocenes or None, vii. Yusoffs Ausführungen bauen damit auf einem der zentralen, von geistes- und sozialwissenschaftlicher Seite formulierten Kritikpunkte auf.

an und diskutierte das Spannungsverhältnis von globalen Konzepten einerseits und deren heterogenen lokalen Realitäten andererseits.[146]

Die geringe Anzahl der hier zitierten Artikel zum Anthropozän im afrikanischen Raum zeigt, dass die afrikanisch-lokale Aneignung des Konzepts noch in den Kinderschuhen steckt.

Brasilien

Im Jahr 2017 haben die Wirtschaftswissenschaftlerin Liz-Rejane Issberner und der Soziologe Philippe Léna einen Sammelband mit dem Titel *Brazil in the Anthropocene* herausgegeben.[147] Im Hinblick auf die geschichtswissenschaftliche Lokalisierung des Konzepts sticht besonders der darin enthaltene Beitrag des Umwelthistorikers José Augusto Pádua hervor. Pádua sieht im integrativen Charakter des Anthropozänkonzepts Stärke und Schwäche zugleich:

»There are two aspects. One aspect is how the Anthropocene can help to enlighten and reframe our own understanding of our own specific history. The other question is how the different regions and countries participated in the history of the Anthropocene.«[148]

Insbesondere in der Konkretisierung der lange Zeit abstrakten Präsenz des Planeten durch die Verschmelzung von geologischer und menschlicher Geschichte sieht er Potential. Vornehmlich von geisteswissenschaftlicher Seite vorgebrachten Kritikpunkte (vgl. Kap. 5) verweisen darauf, dass das integrative Sein des Anthropozäns auch Schwierigkeiten mit sich bringt. Der Forderung, einen differenzierten Blick sowohl in ursachen- und prozessorientierter Hinsicht als auch bezüglich des künftigen Vulnerabilitätsgrades und Resilienzvermögens einzelner geographischer Räume einzunehmen, stimmt Pádua zu – aus geschichtswissenschaftlicher Perspektive: »[T]he history and future of the Anthropocene as a *historical period also* needs to be examined in the context of each country«.[149] Seine Wortwahl verweist darauf, dass es ihm primär darum geht, die Rolle Brasiliens in Bezug auf das Anthropozän als historische Epoche auszuloten – nicht aber darum, gegen die geologische Konzeption des Anthropozäns zu argumentieren. Pádua stellt das geologische, planetare Anthropozän und nationale, regionale sowie lokale Anthropozäne, die sich in ihren

---

146 Tilman Musch, Dida Badi, Multiple African anthropocenes: universal concepts, local manifestations, Edinburgh 14.06.2019 (ECAS 2019 Africa: Connections and Disruptions).
147 Liz-Rejane Issberner, Philippe Lena (Hrsg.), Brazil in the Anthropocene: Conflicts between Predatory Development and Environmental Policies. London 2017.
148 José Augusto Pádua, Zagreb 30.06.2017.
149 Pádua, Brazil in the History of the Anthropocene, 23. Im Original nicht kursiv.

spezifischen Ausformungen und Entwicklungen voneinander unterscheiden, nebeneinander:

»The idea is to locate the Anthropocene on a geographical framework, to situate the Anthropocene. But when I argue in favor of studying national cases, even micro-regional cases, or macro-regional cases it's not to go back to national histories. The idea is to reframe national history and local history in the context of the global Anthropocene phenomena. I'm not saying that Anthropocene is local, it's global. But the participation in it of the different, not only places, countries and regions, but also social classes, or [...] different cultures, are not the same. We need to understand it. My point is, I'm arguing in favor of complexity. We need to understand that at the same time we have a high-level aggregation reality, and we have to locate and to differentiate what exists inside it. This is one aspect that can help, can be a contribution by historians and social scientists.«[150]

Im Gegensatz zu vielen anderen, die eine Marginalisierung beklagen und auf Differenzierung und Ausschließung als Evidenzpraktiken mit dem Ziel der Abgrenzung zurückgreifen, um die Geologie von der Relevanz der eigenen Perspektive zu überzeugen und eine Änderung des geologischen Verständnisses fordern, denkt Pádua geologische und historische Konzepte als ein in wechselseitiger Interaktion stehendes Nebeneinander. Auf diese Weise demonstriert er die ergänzende, Heterogenität erzeugende Funktion der geschichtswissenschaftlichen Perspektive.

Vorliegende Arbeit hat bereits mehrfach ein Kommunikationsproblem thematisiert, das häufig aus Unwissen in Bezug auf fachfremde methodische Herangehensweise resultiert. Pádua kann als ideales Beispiel für die gelungene Überwindung dieser Barriere angeführt werden. Denn seine Ausführungen zeigen, dass er sowohl um die der disziplinspezifischen Methodik geschuldeten Effektzentrierung der Geowissenschaftler als auch deren Erkenntnisinteresse weiß. Letzteres besteht primär in der Untersuchung der Summe lokaler Prozesse auf planetarer Ebene. Diese naturwissenschaftliche Erkenntnis nimmt er zum Ausgangspunkt, um unter geschichtswissenschaftlichen Gesichtspunkten eine lokale Realität der Phänomene aufzuzeigen, die das Konzept beschreibt. Wie Gabrielle Hecht stellt er das Konzept zu keiner Zeit in Frage und nimmt damit ein wahres *Placing* vor.

Konkret untersucht er die Rolle Brasiliens in drei Phasen des Anthropozäns: von der Industrialisierung bis 1950, für den Zeitraum der Großen Beschleunigung von 1950 bis heute sowie eine in der Zukunft liegende, der Großen Beschleunigung nachgelagerten Phase eines »»Self-Conscious Anthropocene««.[151] Dabei verfolgt er das Ziel, durch eine methodisch-innovative Herangehensweise eine neuartige Praktik planetar-historischer Narrativierung zu erschaffen:

---

150 José Augusto Pádua, Zagreb 30.06.2017.
151 Pádua, Brazil in the History of the Anthropocene, 21.

»An encompassing, though synthetic history of the country, based on the three stages of the Anthropocene, might demonstrate the relevance of thinking national histories from a planetary perspective.«[152]

Das 2015 in Rio de Janeiro eröffnete *Museum of Tomorrow* hat das Anthropozänkonzept, insbesondere dessen planetare Dimension, schon in seiner Planungsphase aufgenommen. Pádua war maßgeblich an der Konzeption der Ausstellung beteiligt.[153]

Doch Pádua ist bislang ein Einzelfall. Insgesamt scheint das Konzept im lateinamerikanischen Raum noch kaum angekommen.[154] Zwar gibt es weitere Artikel mit lateinamerikanischem Fokus, aber unter naturwissenschaftlichen Gesichtspunkten.[155] Der Anthropologe Cymene Howe stellt das Potential Mexikos, Nicaraguas und Argentiniens in Bezug auf den Übergang zu erneuerbaren Energien ins Zentrum seiner Analyse. Damit nimmt auch er eine zukunftsgeleitete Perspektive ein und adressiert die Frage, inwieweit Länder des Globalen Südens einen konstruktiven Beitrag zu Antworten auf anthropozäne Herausforderungen leisten können.[156] Da die Frage nach dem *Wie geht es weiter?* auf politikwissenschaftlicher Ebene im Zeichen des Anthropozäns besonders brisant ist, gewinnt die Auslotung der in diesem Falle lateinamerikanischen Praktiken im Umgang mit Umweltaspekten an Gewicht. Zugleich leistet sie einen Beitrag zur Überwindung des dem Konzept vielfach vorgeworfenen Eurozentrismus.

Die untersuchte geschichtswissenschaftliche Lokalisierung des Planetaren lässt besonders ein Bestreben erkennen: Über die geographische Ausweitung der Geschichte des Anthropozäns und somit eine globale Ausdifferenzierung soll die Auflösung des Eurozentrismus erreicht werden. Somit handelt es sich bei der Lokalisierung unter anthropozänen Vorzeichen um eine Evidenzpraxis, die sich

---

152 Ebd., 24.
153 Luiz Alberto Oliveira, Museum of Tomorrow. Rio de Janeiro 2015.
154 José Augusto Pádua, Zagreb 30.06.2017.
155 Vgl. etwa Juan J. Armesto u. a., From the Holocene to the Anthropocene: A historical framework for land cover change in southwestern South America in the past 15,000 years, in: Land Use Policy 27, 2010, H. 2, 148–160; David Rojas, Climate Politics in the Anthropocene and Environmentalism Beyond Nature and Culture in Brazilian Amazonia, in: Political and Legal Anthropology Review 39, 2016, H. 1, 16–32; Pedro França Junior, Carina Christiane Korb, Christian Brannstrom, Research on Technogene/Anthropocene in Brazil, in: Quaternary and Environmental Geosciences 9, 2018, H. 1, 1–10; A. C. Roosevelt, The Amazon and the Anthropocene. 13,000 years of human influence in a tropical rainforest, in: Anthropocene 4, 2013, 69–87; Antônio Carlos Hummel, Deforestation in the Amazon. What is illegal and what is not?, in: Elementa. Science of the Anthropocene 4, 2016, Art. 141; E. Carol u. a., The hydrologic landscape of the Ajó coastal plain, Argentina. An assessment of human-induced changes, in: Anthropocene 18, 2017, 1–14.
156 Cymene Howe, Latin America in the Anthropocene: Energy Transitions and Climate Change Mitigations, in: The Journal of Latin American and Caribbean Anthropology 20, 2015, H. 2, 231–241.

durch eine neue Dimension auszeichnet: dem Planetaren in lokaler Perspektive sinnstiftend beizukommen. Gewisse Parallelen zur Herangehensweise der *Subaltern Studies Group*, die sich darauf spezialisiert hat, Geschichte des südasiatischen Raumes von unten zu erzählen, sind nicht von der Hand zu weisen.[157] Differenzierung und Kontextualisierung kommen dabei als die eurozentrische, auf Industrialismus und Imperialismus fokussierte Perspektive destabilisierende Evidenzpraktiken zum Einsatz. Der durch die lokale Aneignung beschrittene Weg einer räumlichen Globalisierung demonstriert weltweite raum-zeitliche Interdependenzverhältnisse in historisch-geologischer Perspektive und untermauert so das planetare Sein des Anthropozäns. Es zeugt von einer gewissen Paradoxie, dass der Einsatz von Lokalisierung und Differenzierung letztlich die planetare Dimension des Phänomens und damit die geowissenschaftliche These untermauert: Das Abgrenzungs- und Ausschlussmoment kehrt sich in eine Öffnung um und resultiert in einer, die übergreifende These bestätigenden Konkretisierung, die nicht mehr gegen, sondern in ergänzender und damit restabilisierender Funktion zur Debatte um das Anthropozän als geologisches Konzept steht.

---

157 Auch der Historiker Dipesh Chakrabarty ist Mitglied der *Subaltern Studies Group*. Sein 2000 erschienenes Buch *Provincializing Europe* ist aus dieser Denklinie heraus entstanden. Kap. 5 hat auf die Wirkung Chakrabartys in der Debatte um das Anthropozän als kulturelles Konzept verwiesen. Eine seiner zentralen Thesen bezüglich der konzeptionellen Herausforderung des Anthropozäns besteht, wie mehrfach erwähnt, in der Forderung nach der Etablierung einer integrierten Geogeschichte. Dafür wurde er viel gelobt, aber auch kritisiert. Vor dem Hintergrund seiner subalternen Studien ist diese Kritik nachvollziehbar, kehrt er seinen Standpunkt, Geschichte im Sinne eines Bottom-Up von historisch vernachlässigten Regionen aus zu erzählen damit doch geradezu um.

Ausblick und Ergebnisse

Die Rolle der Öffentlichkeit im Prozess anthropozäner Wissensbildung

Die vorliegende Arbeit operierte auf konzeptioneller Ebene mit einer Dreiteilung der Anthropozändebatte: der Debatte um das Anthropozän als geologisches Konzept, derjenigen um das Anthropozän als kulturelles Konzept und der Debatte um das Anthropozän als gesellschaftliches Phänomen.[1] Die Analyse konzentrierte sich auf innerwissenschaftliche Aushandlungs- und Wechselwirkungsprozesse. An dieser Stelle möchte ich nun in ergänzender Perspektive das Potential des Konzepts im öffentlichen Raum einerseits sowie Interaktionsmechanismen zwischen der Verhandlung wissenschaftlicher Konzepte im öffentlichen und wissenschaftlichen Raum andererseits ausblicksartig anreißen. Ob an der Schnittstelle von Wissenschaft und Öffentlichkeit spezifische Evidenzpraktiken zum Einsatz kommen, ob sich diese von den im innerwissenschaftlichen Bereich eingesetzten unterscheiden und den innerwissenschaftlichen Wissensproduktionsprozess in einer Art Rückkopplungsschleife gleichsam beeinflussen, ist ein zentrales Feld, das die hier durchgeführte Metaanalyse ergänzt.

Auch die Debatte um das Anthropozän als gesellschaftliches Phänomen hat sich in den letzten Jahren erheblich ausdifferenziert und verläuft mittlerweile ähnlich plural wie die Debatte um das Anthropozän als kulturelles Konzept. Einer hinreichend tiefgehenden Untersuchung dieses Debattenstrangs entlang der Frage nach veränderten Mechanismen der Evidenzgenerierung und -anwendung müsste eine gesonderte Auseinandersetzung mit den sich von Format zu Format unterscheidenden Charakteristika der Wissensaufbereitung und -vermittlung vorausgehen.

Ich werde mich an dieser Stelle darauf beschränken, das provokative und grenzverwischende Potential des Anthropozänkonzept für den öffentlichen Bereich skizzenhaft zu umreißen. Dabei deutet sich an, dass sich Darstellungsmodi von Evidenz mit dem Anthropozän auch im medialen Bereich verändern.

---

1 Vgl. dazu auch Trischler, The Anthropocene; Fabienne Will, Negotiating and Communicating Evidence: Lessons from the Anthropocene Debate. 26.01.2018, in: German Historical Institute Washington (Hrsg.), History of Knowledge. Research, Resources, and Perspectives. Washington, D. C.

Aushandlungsprozesse um politisch und gesellschaftlich relevante Themen-
stellungen verlassen in der zeitgenössischen pluralistischen Wissensgesellschaft,
in der verstärkt Forderungen der Gesellschaft nach Partizipation an wissenschaftlichen Wissensproduktionsprozessen laut werden, die Arena des innerwissenschaftlichen Bereichs. Wissenschaftliche Fragestellungen werden so
zum öffentlich verhandelten Gegenstand. Dies erschwert die Diskussionen um
legitimes, vertrauenswürdiges Wissen – eine Entwicklung, die auch in der Anthropozändebatte an der Schnittstelle von außer- und innerwissenschaftlichem
Raum manifest wird.

In medialisierten Wissensgesellschaften sind die (Massen-)Medien zentrale
Akteure der Strukturierung öffentlicher Diskurse um Fragen und Problemstel-
lungen der Wissenschaft. Wissen fungiert unter anderem als Machtressource.[2]
Und ein Charakteristikum neuer wissenschaftlicher Erkenntnisse – insbesondere Umwelt und Klima betreffend – besteht in deren Potential, Legitimitäts-
krisen auszulösen. Während wissenschaftliches Wissen manche politischen,
wirtschaftlichen oder gesellschaftlichen Interessen legitimiert, stellt es andere in
Frage – eine Konstellation, die in einen Restabilisierungsversuch über die gezielte
Destabilisierung der präsentierten Evidenz münden kann. Die Klimawandel-
debatte, die aktueller denn je ist, führt das exemplarisch vor Augen.

Problematisch an der Zentralität medialer Akteure ist die sich ausbildende
Medienwirklichkeit, in der das Mediale zu einem selbstreferentiellen System
wird. Nicht selten mündet dies in die Reproduktion von Fehlinformationen, was
Wissenschaftler unter Umständen unter Rechtfertigungsdruck setzt.[3]

Zweifelsohne spielen Medialisierungsprozesse und öffentliche Aufmerksamkeit eine Rolle für die Durchsetzung wissenschaftlicher Geltungsansprüche. Im
Falle der Anthropozändebatte trifft das primär auf moralische Implikationen zu,
ist es doch in erster Linie die ethische Dimension des Konzepts, die, sofern wir
uns dem Erhalt der Bewohnbarkeit des Planeten für den Menschen verschrei-
ben, nicht nur politisches, sondern auch wirtschaftliches und gesellschaftliches
Umdenken erfordert.

Letzteres anzustoßen, stellt insbesondere für den Bildungsbereich eine
Herausforderung dar, was sich in zahlreichen wissenschaftlichen Auseinandersetzungen niederschlägt.[4]

---

2 Weingart, Die Wissenschaft der Öffentlichkeit, 59–62.

3 Ebd., 9–33; ders., Die Stunde der Wahrheit?, 232–261. Die Befragung der AWG-Mitglieder hat ergeben, dass sie sich zum Teil mit eben dieser Herausforderung konfrontiert sehen.

4 Vgl. hierzu exemplarisch Reinhold Leinfelder, Assuming Responsibility for the Anthropocene: Challenges and Opportunities in Education, in: RCC Perspectives: Transformations in Environment and Society, 2013, H. 3, 9–28; A.M. Mychajliw, M.E. Kemp, Elizabeth
A. Hadly, Using the Anthropocene as a teaching, communication and community engagement opportunity, in: The Anthropocene Review 2, 2015, H. 3, 267–278; Lollie Garay u.a.,
ASPIRE. Teachers and researchers working together to enhance student learning, in: Ele-

Schon früh ist die Anthropozändebatte von den Printmedien aufgegriffen worden. Seit nunmehr zwei Jahrzehnten berichten Zeitungen weltweit über das Anthropozän.[5] Das mehrfach von Ergebnispräsentationen der Arbeitsgruppe ausgelöste mediale Interesse am Thema verweist nicht nur auf einen engen Wechselwirkungsprozess zwischen Wissenschaft und Öffentlichkeit, sondern darüber hinaus auf das Potential, das dem Konzept auch von Vertretern der Medienwelt zugeschrieben wird.[6] Christian Schwägerl hat dieses Potential jüngst als Gegenhaltung zu rechtspopulistischem Denken in Stellung gebracht: Die Anthropozänidee biete im öffentlichen Raum die Chance, auf »globalen, humanistischen, ökologischen und empathischen Prinzipien« basierendes Denken in den Mittelpunkt zu rücken.[7] Eine Abkehr von nationalistischen und wissenschaftsfeindlichen Bestrebungen könne über anthropozänes Denken gelingen.

In zeitlicher Koinzidenz zum geistes- und sozialwissenschaftlichen Aufschwung der Anthropozändebatte in den Jahren von 2014 bis 2016 hat sich das Spektrum der Formate in der öffentlichen Debatte weiter ausdifferenziert und erlebt seit 2017/18 einen regelrechten Boom (vgl. Abb. 2). So wird die Debatte um das Anthropozän mittlerweile nicht mehr nur in den Print- und digitalen Medien sowie in Museen und Kulturzentren geführt, sondern ebenso in künstlerischen Umsetzungen.

menta. Science of the Anthropocene 2, 2014, Art. 34. Auch der Germanist Christian Hoiß hat sich dieser Herausforderung angenommen und in seiner Dissertationsschrift die Frage nach didaktischen Modellen zur Vermittlung des Anthropozäns im Deutschunterricht adressiert (Näheres dazu siehe Einleitung).

5 Teils widmen Zeitungen dem Thema sogar ganze Artikelserien. Die *Süddeutsche Zeitung* etwa veröffentlichte über einen Zeitraum von zweieinhalb Monaten hinweg im Kulturteil wöchentlich einen Artikel zu einem der vielen Aspekte des Konzepts: Süddeutsche Zeitung, Anthropozän. [Onlinedokument], München 2018. Auch die Kulturpolitik hat das Konzept aufgenommen; vgl. dazu beispielsweise aviso, Anthropozän – Das Zeitalter der Menschen. (2016), H. 3.

6 Interview mit B2, 20.03.2018; Timothy J. LeCain, München, Bozeman 21.03.2018; Libby Robin, München 28.11.2017; José Augusto Pádua, Zagreb 30.06.2017. Auch der Zwischenbericht zum Untersuchungsstand der AWG im Jahr 2016 auf dem IGC in Kapstadt hat eine Welle medialer Berichterstattung ausgelöst und die konstatierte Ausdifferenzierung des Spektrums an Darstellungsformaten neu befeuert; vgl. dazu etwa Julie Rasplus, Préparez-vous à entrer dans l'anthropocène, une nouvelle ère géologique, in: Le Monde, 29.08.2016; Elena Dusi, Troppo forte la traccia dell'uomo. Benvenuti nell'era dell'antropocene, in: La Repubblica, 30.08.2016; Damian Carrington, The Anthropocene epoch: scientists declare dawn of human-influenced age, in: The Guardian, 29.08.2016; Justin Worland, The Anthropocene Should Bring Awe – and Act As a Warning, in: Time, 12.09.2016; Lóránt Komjáthy, Üdv az Antropocénban: Új korszakba lépett az emberiség, a dem nem túl biztató, in: Korkep, 01.09.2016; Son Güncelleme, ›İnsan Çağı‹ ne zaman başladı?, in: Gazete Duvar, 02.09.2016; Chen Lei Yu, 科学家宣布地质纪元进入»人类世«, in: China Daily, 14.09.2016; Luciano Badal, Es oficial: La era del Antropoceno está aquí, in: El Desconcierto, 30.08.2016.

7 Schwägerl, Das Gegenteil von Rechtspopulismus.

Dabei wird die wissenschaftliche Debatte nicht nur referiert, sondern mittels medieninhärenter Logiken interpretiert, übersetzt und transformiert. Insbesondere die Translation, die Narrativierung sowie die Ent- und Rekontextualisierung scheinen zentrale Praktiken zu sein, die im künstlerischen und medialen Bereich genutzt werden, um wissenschaftliches Wissen für eine breitere Zuhörerschaft aufzubereiten. Die wissenschaftliche Erkenntnisse de- und restabilisierende Wirkung ist dabei je nach Intention unterschiedlich stark ausgeprägt.

Ob der Begriff Evidenzpraktiken, wie er in vorliegender Arbeit verwendet wird, auf den künstlerischen und medialen Raum angewendet werden kann, erscheint mir fraglich. Schließlich geht es nicht darum, Evidenz für bestimmte Sachverhalte herzustellen. Vielmehr steht die Übersetzung vorhandener wissenschaftlicher Evidenz in andere Formate im Vordergrund. Dies findet unter Rückgriff auf spezifische Praktiken statt. Anstatt den für den innerwissenschaftlichen Raum fruchtbaren Begriff Evidenzpraktiken auf den transdisziplinären Raum zu übertragen, scheint es mir angemessener, diesbezüglich von Praktiken der Evidenzaufbereitung, die in Evidenzerfahrung mündet, zu sprechen. Es lässt sich insbesondere aus dem Bereich der journalistischen Zeitungsberichterstattung ableiten, dass auch die Dekonstruktion von Evidenz zu den Formen der Evidenzaufbereitung zählt. Über die punktuelle Informationsbereitstellung wird oftmals eine bestimmte Perspektive de- oder restabilisiert. Nicht selten geht dies mit der Parteinahme für eine politische Richtung oder der Unterstützung bestimmter wirtschaftlicher Interessen einher. Besonders Umwelt- und Klimathemen sind es, die konfliktträchtiges Potential für bestimmte politische und wirtschaftliche Interessen bergen.

Gleiches gilt für die Debatte um das Anthropozän, die eng mit der Klimadebatte verschränkt ist – besonders im öffentlichen Diskurs. Manche Vertreter der Politik und Wirtschaft, denen aus Macht- und Profitgründen häufig jegliche perspektivische Langfristigkeit abhanden und wissenschaftliches Wissen zum Erdsystemwandel denkbar ungelegen kommt, werden zu *Gegnern* wissenschaftlicher Evidenz. In einer solchen Situation kann die Öffentlichkeit als Ressource an Gewicht gewinnen und zum »Koalitionspartner« werden, den es von innerwissenschaftlicher Seite zu gewinnen gilt, um im politischen, gesellschaftlichen, wirtschaftlichen oder auch wissenschaftlichen Raum bestimmte Geltungsansprüche durchzusetzen.[8] Relevanz-Erzeugung über Wissensvermittlung mit dem Ziel einer Stabilisierung wissenschaftlichen Wissens fungiert dabei als wissenschaftliche Evidenzpraxis im außerwissenschaftlichen Bereich. Und diese Re-

---

8 Zum Ressourcenpotential der Öffentlichkeit für die Durchsetzung wissenschaftlicher Geltungsansprüche vgl. Sybilla Nikolow, Christina Wessely, Öffentlichkeit als epistemologische und politische Ressource für die Genese umstrittener Wissenschaftskonzepte, in: Nikolow, Schirrmacher (Hrsg.), Wissenschaft und Öffentlichkeit als Ressourcen füreinander, 273–285, hier: 277; vgl. außerdem Mitchell Ash, Wissenschaft(en) und Öffentlichkeit(en) als Ressourcen füreinander, in: ebd., 349–362.

levanz-Erzeugung ist angewiesen auf Praktiken der Evidenzaufbereitung durch Personen, die an der Schnittstelle von Wissenschaft und Öffentlichkeit agieren.

Die Ausstellung ist neben Zeitungs- und Zeitschriftenartikeln wohl dasjenige Format, anhand dessen Prozesse, die an der Schnittstelle von Wissenschaft und Öffentlichkeit ablaufen, am besten nachvollzogen werden können. In der Translation wissenschaftlichen Wissens über museumspädagogische Aufbereitungsprozesse in eine Darstellung, die dem wissenschaftlichen Forschungsstand noch entspricht, aber soweit simplifiziert ist, dass der Inhalt Besuchern unterschiedlichen Hintergrunds verständlich wird, besteht eine zentrale Herausforderung dieses Bereiches – ganz besonders in Bezug auf die Vermittlung multidimensionaler Konzepte wie dem des Anthropozäns. Letzteres stößt Veränderungen in Bezug auf etablierte Ausstellungsformate an.

Das 2013 vom Haus der Kulturen der Welt in Berlin gestartete *Anthropozän-Projekt* erregte weltweit große Aufmerksamkeit und initiierte eine Vielzahl von vergleichbaren Aktivitäten. Ähnliches gilt für die 2014 im Deutschen Museum eröffnete Sonderausstellung *Willkommen im Anthropozän. Unsere Verantwortung für die Zukunft der Erde*, die sich international zahlreiche Einrichtungen zum Vorbild genommen haben, um die Anthropozändebatte in den öffentlichen Raum zu tragen. So eröffnete das *Carnegie Museum for Natural History* in Pittsburgh 2017 eine Ausstellung mit dem Titel *We are Nature: Living in the Anthropocene*. Als weltweit erste Kuratorin des Anthropozäns ist Nicole Heller dort mit der Etablierung eines *Anthropocene Center* betraut, das als eine Art Zentrum für *Knowledge-Action Networks* (KANs) konzipiert ist.[9] *Future Earth*, das IGBP Nachfolgeprojekt, definiert Knowledge-Action Networks als

»collaborative frameworks that facilitate highly integrative sustainability research on some of today's most pressing global environmental challenges. Their aim is to generate the multifaceted knowledge needed to inform solutions for complex societal issues.«[10]

Heller verweist am Beispiel Pittsburghs auf die museale Brückenfunktion des Anthropozänkonzepts. Indem anthropozäne Inhalte in das dortige, recht tradi-

---

9 Auch jenseits von Wissenschaftsmuseen stößt das Konzept auf fruchtbaren Boden. Vgl. dazu exemplarisch Röda Sten Konsthall, 2016 Thematic: The Anthropocene [Onlinedokument], Göteborg 01.01.–13.11.2016; Museum Folkwang, Thomas Struth Nature & Politics [Onlinedokument], Essen 04.03.–29.05.2016; Thomas Struth, Nature & Politics. London 2016; Andreas Greiner, Nach der Natur: Kunst im Anthropozän. Ankündigung für einen Vortrag im Rahmen von VISIT (Artist in Residence Program der innogy Stiftung), Essen 05.2018; Kathrina Neumann, Kunst im Anthropozän II. Veranstaltungsinformation der Philosophischen Fakultät, Abteilung Kunstgeschichte, Düsseldorf SoSe 2013; Timo Skrandies, Romina Dümler (Hrsg.), Kunst im Anthropozän. Köln 2019; Museum Art Architecture Technology, Eco-Visionaries: Art and Architecture after the Anthropocene. [Onlinedokument], Lissabon 11.04.–08.10.2018; Oliveira, Museum of Tomorrow.

10 Future Earth, Knowledge-Action Networks [Onlinedokument].

tionelle naturwissenschaftliche Museum einfließen, werden nicht nur neuartige Verbindungen zwischen den einzelnen Sektionen geschaffen, sondern auch in der kuratorischen Arbeit etablierte Praktiken transformiert. Dies zeigt, dass die geologisch-planetare Zeitlichkeit jenseits menschlicher Zeitvorstellungen auch Personen außerhalb des rein wissenschaftlichen Betriebes dazu auffordert, innovative Wege zu beschreiten und etablierte Narrative zu überdenken.[11] Nina Möllers, die die Ausstellung im Deutschen Museum kuratierte, bringt die musealen Implikationen dieses Faktums auf den Punkt, wenn sie schreibt:

»Anstatt einem nicht einzuhaltenden Ideal der Klarsicht und der eindeutigen Antworten hinterherzulaufen, haben wir uns entschieden, das Thema in seiner Vielschichtigkeit, Widersprüchlichkeit und Unabgeschlossenheit auszustellen. […] Nicht zuletzt im Deutschen Museum, wo traditionell erklärt wird, ›wie etwas funktioniert‹, war diese Herangehensweise kein geringes Risiko. Doch das Anthropozän ist anders und so musste auch diese Ausstellung anders werden.«[12]

Das Anthropozän ist ein Konzept mit multiplen Bedeutungen. Und die ausstellungsorientierte Umsetzung desselben ist ebenso vielfältig. Museen kommt im Bereich der Vermittlung wissenschaftlichen Wissens eine zentrale Stellung zu. Weil das Publikum ebenso wenig als homogene Entität gelten kann wie der *anthropos* unter geistes- und sozialwissenschaftlichen Vorzeichen, spricht nicht jede Art der Darstellung jeden auf dieselbe Weise an. Differenzierung gilt auch hier als Grundvoraussetzung zur Adressierung einer zweifachen Heterogenität: derjenigen des zu vermittelnden Inhaltes und derjenigen der zu adressierenden Zuhörerschaft. Translation und Differenzierung sind im transdisziplinären Bereich insofern willkommen, als ein charakteristisches Wirkungspotential dieser Praktiken im öffentlichen Raum darin liegt, Dialog und Reflexion zu fördern.

Die Thematik regt nicht nur im Ausstellungsbereich ein konzeptionelles Umdenken an. Gleiches gilt für die performativen Künste. Auch hier verändert die Beschäftigung mit dem Anthropozänkonzept kulturelle Produktionen. Die Dramaturgin Theresa J. May etwa konstatiert für das Theater einen Wandel, der sich in der Etablierung einer neuen Kategorie, der Ökodramaturgie, manifestiert.[13] Sie beschreibt das Theater als Raum, in dem es möglich wird, inner-

11 Nicole Heller, Integrating Environmental Humanities into the Natural History Museum: Toward an Anthropocene Center at the Carnegie Museum of Natural History, München 18.06.2019 (Rachel Carson Center for Environment and Society); vgl. auch Nina Möllers, Ist das Anthropozän museumsreif? Eine Bilanz der Ausstellung im Deutschen Museum, in: aviso – Zeitschrift für Wissenschaft und Kunst in Bayern, 2016, H. 3, 24–29; dies., Cur(at)ing the Planet – How to Exhibit the Anthropocene and Why, in: RCC Perspectives: Transformations in Environment and Society, 2013, H. 3, 57–66.
12 Möllers, Ist das Anthropozän museumsreif?, 26.
13 Wendy Arons, Theresa J. May, Introduction, in: dies. (Hrsg.), Readings in Performance and Ecology. Basingstoke 2015, 1–10.

halb der geistes- und sozialwissenschaftlichen Debatte um das Anthropozän formulierte Forderungen umzusetzen. Provokation und politische Aufladung gehören (seit jeher) zum Wesen des Theaters. So hat man im Bereich der Theaterwissenschaften begonnen,

»[to spin] counter narratives and [invent] alternative forms that resisted environmental and cultural imperialism by exposing its mechanisms, amplifying the voices of those places and peoples it has silenced or ignored, and advocating ecological reciprocity between and among land and people«.[14]

Im experimentell-imaginativen Zustand theatralischer Darstellung ist es möglich, sich a-chronologisch in Zeit und Raum zu bewegen, über die Praxis des *Placings* einer differenzierten Perspektive gerecht zu werden und zugleich die planetar-tiefzeitliche mit der historisch-menschlichen Dimension auf synergetische Weise zu verbinden.[15]

Mit der schottischen Opernproduktion *Anthropocene*, die im Januar 2019 erfolgreich Premiere feierte, gelangte die Anthropozänthematik erstmals auch auf die Bühne des klassischen Gesangs. Das Forschungsschiff *Anthropozän* wird darin bei einer Expedition nach Grönland von Eis eingeschlossen, woraufhin die Beziehungen innerhalb des Forschungsteams auf die Probe gestellt werden. Diese Spannungen werden insbesondere von *Ice* provoziert, eine von den Forschern entdeckte gefrorene Person, die in einer früheren Zeit geopfert wurde, um eine drohende Eiszeit abzuwenden und das Überleben des eigenen Volkes zu sichern. Mit der Expedition, die der Sammlung von Eisproben dient, stellt die Schriftstellerin Louise Welsh einen direkten Bezug nicht nur zur geowissenschaftlichen Verhandlung des Anthropozäns im Allgemeinen, sondern zur stratigraphischen Zeiteinteilungspraxis im Besonderen her. Mit der Arktis als Ort des Geschehens verweist die Oper unmissverständlich auf den Klimawandel, der Teil des anthropozänen Gegenstandsfeldes ist. Und besonders die sich ent-

---

14 Theresa J. May, *Tú eres mi otro yo* – Staying with the Trouble: Ecodramaturgy & the AnthropoScene, in: The Journal of American Drama and Theatre 29, 2016–17, H. 2, 1–18, hier: 1.

15 Eine explizit das Anthropozän adressierende Performance im Bereich des Tanztheaters wurde 2016 unter dem Titel *Anthropozän. Urbanes Tanztheater* in Wien uraufgeführt. Auch in Stockholm entstand aus einer transdisziplinären Kooperation zwischen Wissenschaftlern des Umweltinstituts der Universität Stockholm und Künstlern der Theater Dramaten und Riksteatern das Stück *Anthropocen*, das 2015 auf die Bühne gebracht wurde. Und in Sydney fand jüngst eine Konferenz zum Thema *Bodies, Space and the Anthropocene* statt, die unter anderem das Potential praktischer Umsetzungen im Dienste eines Denkens mit dem Anthropozän auslotete; Valentin Alfery, Anthropozän. Urbanes Tanztheater. Begleitmaterial zur Vorstellung [Onlinedokument], Wien 2016; Sean Hobbs, ›The Human Scene‹: exploring what it means to live in the Anthropocene. [Onlinedokument] 23.02.2015; Dramaten, Anthropocen. 2015; March Dance, Bodies, Space and the Anthropocene. In partnership with the Sydney Environment Institute. [Onlinedokument] 06.03.2019.

spinnenden zwischenmenschlichen Konflikte sowie die demonstrierte Abhängigkeit des Menschen von technischen Systemen sind es, welche die Debatte um das Anthropozän als kulturelles Konzept aufnehmen. Geologische, historische sowie menschliche Vergangenheit, Gegenwart und Zukunft vermischen sich in der Oper zu einer untrennbaren Gemengelage. Das Anthropozän wird dabei zu einer öffentlich verhandelten Angelegenheit, die nicht nur die Grenzen zwischen einzelnen Disziplinen sprengt, sondern auch diejenigen zwischen Wissenschaft und Gesellschaft.[16] Zwar ist die Zielgruppe von Opernaufführungen keine sonderlich breite. Doch auch Musiker anderer Genres haben den Begriff in ihre Stücke aufgenommen.[17]

Im filmischen Bereich bietet sich besonders der Dokumentarfilm an, eine Übersetzung wissenschaftlichen Wissens zu leisten. Um nur zwei Beispiele zu nennen: Neben zwei fotografischen Wanderausstellungen, die von September 2018 bis Februar 2019 in der *Art Gallery* in Ontario und der kanadischen *National Gallery* zu sehen waren, produzierten Edward Burtysnky, Jennifer Baichwal und Nicolas de Pencier einen Dokumentarfilm in Spielfilmlänge namens *Anthropocene. The human epoch*, der ebenfalls im Herbst 2018 erstmals gezeigt wurde. Darin nutzen die drei Filmemacher die wissenschaftliche These vom Anthropozän als geologischer Epoche, die von der *Anthropocene Working Group* auf ihre stratigraphische Evidenz hin geprüft wird, in Einstiegs- und Schlussbild als Rahmung des in erster Linie durch seine künstlerische Machart und seine Bildgewalt bestechenden Films. Die neunzigminütige Reise zu verschiedenen Orten auf dem Planeten Erde – die Orte zeigen Dimension, Ausmaß und Konsequenzen anthropogenen Handelns in all ihrer Unterschiedlichkeit – richtet sich an sieben zentralen, wissenschaftlich verhandelten anthropozänen Phänomenen aus. Neben dem Klimawandel, der Ressourcengewinnung, dem Aussterben und der Terraformung sind dies Technofossilien, Anthroturbation und Grenzlinien.[18] Sie nähern sich der Vermittlung anthropozänen Inhaltes dabei anders als Steve Bradshaw drei Jahre zuvor. Bradshaw, langjähriger Journalist bei der BBC und bekannt für seine Berichterstattung zu kontroversen Themen, baut seinen Film *Anthropocene*, der 2015 Premiere feierte, anders auf. Während der kanadische Film mit Bildern glänzt, setzt Bradshaw auf eine stärker an dem Gang der wissenschaftlichen Debatte orientierte Umsetzung und erzählt den Film entlang der Frage, ob das Anthropozän als Tragödie, Komödie oder Tragikomödie zu begreifen sei. Er bindet nicht nur mehrere Vertreter der AWG in seine Produktion

16 OperaVision, ANTHROPOCENE MacRae/Welsh – Scottish Opera. Youtube Juni 2019.

17 Vgl. dazu exemplarisch Madison Bloom, Braudie Blais-Billie, Grimes Announces New Album Miss_Anthropocene, in: Pitchfork, 20.03.2019; Warmer, Jesse Gunn, Anthropocene. 2018; bademeisterTV, Die Ärzte – Abschied. Youtube 17.03.2019; Peter Oren, Anthropocene. 2017; Abraham, Look, here comes the dark! 2018.

18 Edward Burtynsky, Jennifer Baichwal, Nicolas de Pencier, Anthropocene: The Human Epoch. Kanada 2018.

ein, wobei er bei der Wahl der sieben zu Wort kommenden Mitglieder darauf achtet, das disziplinäre Spektrum der Arbeitsgruppe abzubilden. Darüber hinaus erzählt er die Vorgeschichte des Anthropozäns in langer Perspektive, indem er den Blick auf die Entwicklung der Menschheit seit der Neolithischen Revolution richtet. Es gelingt ihm, über den wiederholten Rekurs auf den zum Zeitpunkt der Filmproduktion noch unabgeschlossenen Periodisierungsdiskurs beim Zuschauer ein Verständnis für die geowissenschaftliche Zeiteinteilungspraxis zu evozieren. Zugleich wird die Signifikanz bestimmter historischer Entwicklungen und Ereignisse deutlich.[19]

Bradshaws Kooperation mit der AWG illustriert exemplarisch, dass Interaktion zwischen inner- und außerwissenschaftlichem Raum zu einem Teil des Aushandlungsprozesses um das Anthropozän wird. Für die Geologie handelt es sich dabei um ein Novum. Nie zuvor bestand ein derart großes mediales Interesse am Prozess geowissenschaftlicher Entscheidungsfindung. Es ist naheliegend, dass sich daraus Rückwirkungseffekte ergeben. Bereits das Wissen um die Relevanz neuer Ergebnisse im öffentlichen und politischen Raum verändert die Denklinien der beteiligten Wissenschaftler. Inwieweit sich das konkret im Prozess der Evidenzgenerierung widerspiegelt, kann an dieser Stelle nicht beantwortet werden. Um valide Ergebnisse vorlegen zu können, müsste einer Analyse des Wechselspiels von Wissenschaft und Öffentlichkeit in der Debatte um das Anthropozän eine fundierte Auseinandersetzung mit den Spezifika der einzelnen öffentlichkeitsgerichteten Darstellungsformate vorausgehen.

Die Auswertung des Interviewmaterials zum Fragenkomplex *transdisziplinärer Bereich* hat ergeben, dass die befragten AWG-Mitglieder die mediale Auseinandersetzung mit dem stratigraphischen Anthropozän ausnahmslos als zweischneidiges Schwert wahrnehmen.[20] Einerseits befinden es die Befragten durchweg für positiv und für die Wissenschaft im Allgemeinen notwendig, sich mit öffentlichen Reaktionen auf wissenschaftliches Wissen auseinanderzusetzen sowie sich auf neue Denkrichtungen einzulassen. Auch verweisen die Antworten darauf, dass innerhalb der AWG ein für statigraphische Begriffe neuartiges Bewusstsein für die eigene öffentliche Verantwortung besteht, was einen Hinweis auf das transformierende Potential der Auseinandersetzung an der Schnittstelle von inner- und außerwissenschaftlichem Bereich auf den geowissenschaftlichen Aushandlungsprozess gibt. Andererseits jedoch bringt die Kommunikation zwischen Wissenschaft und Öffentlichkeit auch Schwierigkeiten mit sich.[21] Wie auch in Bezug auf die inhaltlichen Herausforderungen gilt es, sich auch dieser

---

19 Bradshaw, Anthropocene.
20 Mark W. Williams, Leicester 20.06.2017; John R. McNeill, Zagreb 30.06.2017; Interview mit A3*, 15.11.2017; Will Steffen, München, Canberra 07.02.2018; Interview mit A1*, 08.05.2017; Jan A. Zalasiewicz, Leicester 20.06.2017; Colin N. Waters, Leicester 20.06.2017; Interview mit A4*, 02.12.2017.
21 John R. McNeill, Zagreb 30.06.2017; Jan A. Zalasiewicz, Leicester 20.06.2017.

Aufgabe anzunehmen und einen produktiven Umgang mit solchen, für den stratigraphischen Bereich neuartigen, Spannungen zu finden.

Mit Andrew Revkin war bis 2016 auch ein Journalist Mitglied der Arbeitsgruppe.[22] Die Integration des an der Schnittstelle von Wissenschaft und Öffentlichkeit angesiedelten journalistischen Bereichs in den aktiven geowissenschaftlichen Aushandlungsprozess zeigt, dass Jan Zalasiewicz sowohl die transdisziplinären Implikationen als auch das gesellschaftliche Potential des Konzepts von Beginn an im Blick hatte.

Einer solchen medialen Pluralisierung wohnt großes Potential inne, von dem man nur hoffen kann, dass es auch im gesellschaftlichen Raum zur Entfaltung kommen wird. Denn kaum etwas braucht unsere Gesellschaft dringender als den tradierte Grenzen überschreitenden Dialog über die Verantwortung des Menschen für die Erde in Vergangenheit, Gegenwart und Zukunft.

Zwar kann der skizzierte Ausblick keine verallgemeinernden Tendenzen des öffentlichen Diskurses um das Anthropozän herausarbeiten oder gar stichhaltige Aussagen zu Wechselwirkungsprozessen zwischen inner- und außerwissenschaftlichem Raum treffen. Gleichwohl fällt auf, dass erstens die Medien – und dabei durchaus nicht nur wissenschaftsnahe Journale, sondern auch die Tagespresse und die Massenmedien – sehr früh die naturwissenschaftliche Debatte aufgreifen und zeitnah über neue Ergebnisse berichten. Die mediale Repräsentation ist dabei, zweitens, einerseits eng mit der Debatte über den Klimawandel verschränkt, geht andererseits aber weit darüber hinaus und reflektiert interessanterweise auch komplexe epistemologische Fragen wie die der wissenschaftlichen Evidenz für ein neues erdgeschichtliches Zeitalter, das nach dem Menschen benannt ist. Es kann kaum verwundern, dass, drittens, die öffentliche Debatte um das Anthropozän in hohem Maße normativ geprägt ist, die Problemdimensionen des menschlichen Einflusses auf die Erde betont und von der Frage geleitet wird, was sich in Politik, Wirtschaft, Wissenschaft und Technik sowie Gesellschaft ändern müsse, um Umweltprobleme zu lösen beziehungsweise ihre negativen Folgen zu reduzieren. Viertens fällt schließlich auf, wie früh und wie breit Künstlerinnen und Künstler mit ihrem feinen Sensorium für kulturell-gesellschaftliche Veränderungen den Anthropozändiskurs aufgegriffen und als Chance erkannt haben, Wandel anzustoßen.[23]

Zweifelsohne ist der transdisziplinäre Debattenstrang ebenso wie der naturwissenschaftliche und der geistes- und sozialwissenschaftliche mittlerweile ein sehr ausdifferenzierter und zeugt von einem breiten Spektrum an Formaten. Diese zeichnen sich durch Diversität nicht nur in der Herangehens-, sondern

---

22 Revkins Mitgliedschaft lag vor dem Hintergrund des von ihm 1992 verwendeten Begriffs *Anthrocene* nahe; vgl. Andrew C. Revkin, Global Warming. Understanding the Forecast. New York 1992, 55.

23 Vgl. hierzu auch Trischler, Will, Die Provokation des Anthropozäns.

auch der Darstellungsweise aus. Doch trotz der vielschichtigen Diversität – die Thematisierung der ethischen Implikationen des Anthropozänkonzepts ist ihnen gemein. Die einzelnen künstlerischen und medialen Formate richten sich an verschiedene Teilöffentlichkeiten. Von der *Öffentlichkeit* und damit der einen öffentlichen Debatte um das Anthropozän zu sprechen, erweist sich vor diesem Hintergrund als problematisch. Ein interessanter Ansatz bestünde darin, zu prüfen, wie sich die unterschiedlichen Teilöffentlichkeiten zusammensetzen und ob sich publikumsspezifische Darstellungsmodi identifizieren lassen. Auf welche Art und Weise die einzelnen Formate dabei die Herausforderungen adressieren, die mit den im Anthropozänkonzept zusammenlaufenden Raum- und Zeitvorstellungen einhergehen, böte in Verlängerung vorliegender Arbeit eine vielversprechende Ergänzung.

Eine genaue Analyse der Übersetzungs- und Transformationsprozesse, die an der Schnittstelle von Wissenschaft und Öffentlichkeit ablaufen, würde fernerhin die Frage nach Wechselwirkungsprozessen zwischen innerwissenschaftlichen Wissenproduktionsprozessen einerseits und außerwissenschaftlichen Vermittlungsprozessen andererseits fortführen. Welche Strategien im öffentlichen Diskurs genutzt werden, um das multiple Anthropozänkonzept für ein breites Publikum zu übersetzen, welche Narrative sich dabei als dominant erweisen, ob diese mit den wissenschaftlichen Narrativen deckungsgleich sind und ob sich darüber hinaus gattungsspezifische Umgangsformen mit anthropozänen Erkenntnissen ausmachen lassen, sind Fragestellungen, deren Beantwortung einen erhellenden und bereichernden Beitrag zur Forschung im Bereich der Wissenschaftskommunikation leisten könnte.

Um die Neuartigkeit des Anthropozäns auch für den transdisziplinären Bereich auszuloten und der Frage nachzugehen, ob sich die Beziehung zwischen Wissenschaft und Öffentlichkeit mit der Thematik des Anthropozäns sichtbar verändert, wäre es zudem hilfreich, eine historisch vergleichende Perspektive einzunehmen. Wie Umwelt-, Klimawandel- und Nachhaltigkeitsdiskurs von einzelnen medialen Formaten aufgegriffen wurden und wie Rückwirkungseffekte aussahen, ist dabei eine Möglichkeit, einen Beitrag nicht nur zu rezenten Debatten um das Zeitalter des Menschen, sondern auch zur Wissenschafts- und zur Umweltgeschichte zu leisten.

Sich all dieser Fragen anzunehmen, überstiege den Umfang vorliegender Arbeit, weswegen ein potentielles Forschungsdesign an dieser Stelle nur skizzenhaft umrissen wird.

Welche Rolle die Öffentlichkeit in Bezug auf eine potentielle Neuordnung der Wissenschaft beziehungsweise der Etablierung einer neuen Disziplin in Folge der vom Anthropozänkonzept ausgelösten Grenzverwischung spielen kann, bleibt abzuwarten. Was diese skizzenhafte Annäherung jedoch bereits vermuten lässt, ist, dass kulturelle Produktionen beginnen, sich infolge einer Auseinandersetzung mit dem Anthropozän zu verändern. Darüber hinaus bietet das breite

Spektrum öffentlichkeitsgerichteter Darstellungsformate vielversprechende
Möglichkeiten im Umgang mit der dem Konzept inhärenten Herausforderung,
unterschiedliche Dimensionen von Räumlichkeit und Zeitlichkeit zusammenzudenken und Kommunikationsformate zu erarbeiten, die es erleichtern, dieser
Herausforderung zu begegnen.

Das Anthropozän und sein wissenschaftssystemisches Transformationspotential

Das Anthropozän hat sich in den letzten beiden Dekaden zu einem Konzept mit
multiplen Bedeutungen entwickelt. Die Arbeit konnte zeigen, dass die verschiedenen Lesarten einander nicht zwangsläufig ausschließen. Weder geht es in der
Anthropozändebatte um Ausschließlichkeit, noch um homogenes Wissen oder
eindimensionale Perspektiven. Vielmehr sind es die Vielschichtigkeit und der
Detailreichtum des Konzepts, die sein provokatives Potential erst zur Entfaltung
bringen – eine Provokation, die, neben mannigfaltigen disziplinspezifischen
Ausformungen, in erster Linie darin besteht, etablierte Grenzen inhaltlicher,
disziplinärer und kategorialer Art auf eine seit der Ausdifferenzierung der Disziplinen im 19. Jahrhundert ungekannte Weise zu verwischen.

Zwar mag die Anthropozändebatte auf den ersten Blick als unübersichtliche
Gemengelage divergierender Positionen erscheinen. Bei genauerem Hinsehen
aber zeigt sich, dass sich die Gesamtdebatte aus einzelnen Subdiskursen zusam-
mensetzt. Die darin ausgehandelten Argumentationslinien unterscheiden sich
in ihrem Erkenntnisinteresse voneinander und rücken konsequenterweise verschiedene Aspekte ins Zentrum des Interesses. Diese inhaltliche Breite ist es, die
dem Anspruch des Anthropozänkonzepts letztlich Rechnung trägt. So stehen die
Subdiskurse aus einer Metaperspektive betrachtet nicht in einem oppositionellen
Verhältnis, sondern in einer ergänzenden Funktion zueinander und ergeben in
ihrer Summe das Problemfeld, welches das Anthropozän beschreibt. Die Analyse
ausgewählter Subdiskursstränge gibt nicht nur den Blick auf Interaktionsmechanismen, Gemeinsamkeiten und Unterschiede zwischen naturwissenschaftlichen
sowie geistes- und sozialwissenschaftlichen Denkmodellen, sondern auch auf die
Grenzen etablierter Wissensproduktionsprozesse frei.

Im Zentrum des Interesses stand die Frage danach, wie Evidenz hergestellt
wird, wie und mit welcher zugrundeliegenden Intention sie eingesetzt wird und
inwiefern Reaktionen auf präsentierte Evidenz in einer Art Feedbackloop auf
disziplinspezifische Praktiken der Evidenzgenerierung rückwirken.

Die Arbeit konnte zeigen, dass die drei konzeptionellen Analyseebenen (die
Debatten um das Anthropozän als geologisches Konzept, als kulturelles Konzept und als gesellschaftliches Phänomen) eng miteinander verknüpft sind,
was die beteiligten Akteure mit neuen Herausforderungen konfrontiert und sie

zwingt, aus ihren *Komfortzonen* herauszutreten, um mit den jeweils anderen Akteursgruppen in einen aktiven Aushandlungsprozess über Evidenzsicherung zu treten. Dabei geraten etablierte disziplinäre Evidenzpraktiken unter Legitimierungsdruck und werden im intra-, inter- und transdisziplinären Raum neu verhandelt. Grenzziehungen zwischen etablierten Kulturen der Wissensproduktion verwischen und zwingen die einzelnen Akteure, tradierte Grundannahmen der Evidenzproduktion zu überprüfen. Die Anthropozändebatte wird so zu einer *trading zone*, in der grundlegende Vorstellungen von Evidenzproduktion und -sicherung verhandelt werden.[24] Letzteres äußerst sich in aktiven Aushandlungsprozessen um Wissen, in denen verschiedene Evidenzpraktiken in neuen Konstellationen aufeinanderprallen.

Vor dem Hintergrund der in Kap. 1 *Die Geologie – Entwicklung und Spielregeln einer wissenschaftlichen Disziplin* dargelegten etablierten Praktiken geowissenschaftlicher Evidenzproduktion nahm sich die Kapitel *Die Debatte um das Anthropozän als geologisches Konzept – die Anthropocene Working Group als zentraler Akteur* und *Evidenz geowissenschaftlich gedacht* der Frage nach vom Anthropozänkonzept ausgelösten Transformationsprozessen im Bereich der geowissenschaftlichen Evidenzgenerierung an. Besondere Aufmerksamkeit lag hierbei auf der *Anthropocene Working Group*, die sich nicht nur aufgrund ihrer zentralen Stellung innerhalb der Debatte um das Anthropozän, sondern auch vor dem Hintergrund ihrer personellen Besetzung ideal eignet, um Mechanismen geowissenschaftlicher Evidenzproduktion nachzuzeichnen, die den intradisziplinären Raum verlassen (haben). In der interdisziplinär zusammengesetzten Arbeitsgruppe treffen divergente Evidenzpraktiken in konzentrierter Form aufeinander. Das Augenmerk lag hierbei insbesondere auf Wechselwirkungsprozessen zwischen Geologie und Geschichtswissenschaft, die aufgrund ihrer Expertise für Zeitlichkeiten beide von der Anthropozändebatte ganz unmittelbar betroffen sind.

Zu den spezifischen Beobachtungen im Hinblick auf eine Transformation geowissenschaftlicher Evidenzpraktiken zählen, *erstens*, Einschließungsprozesse in der Sach- und Sozialdimension. Einschließung selbst wird von zentralen Akteuren der Debatte um das Anthropozän als geologisches Konzept gezielt eingesetzt, um die geowissenschaftliche Argumentationslinie zu stützen sowie die Relevanz der Thematik unter Rückgriff auf fachfremdes Wissen zu erhöhen. Interdisziplinarität und Verflechtung werden somit selbst zu Evidenzpraktiken. Das Einschließungsmoment, das sowohl auf inhaltlicher als auch auf Akteursebene zunächst Destabilisierung bedeutet, erzeugt zugleich kontextspezifische Ausschließungsmomente. Exemplarisch illustriert das die 2009 mit der Etablie-

---

24 Peter Galison, Image and logic. A Material Culture of Microphysics. Chicago 2000; ders., Trading with the Enemy, in: Michael E. Gorman (Hrsg.), Trading Zones and Interactional Expertise. Creating New Kinds of Collaboration. Cambridge, MA, London 2010, 25–52.

rung der *Anthropocene Working Group* erfolgte Institutionalisierung der Debatte um das Anthropozän als geologisches Konzept. Auch die Institutionalisierung tritt dabei in der Sozialdimension selbst als Evidenzpraxis hervor. Denn die Gründung der AWG kommt gewissermaßen einer Institutionalisierung von Evidenzgenerierung und -sicherung gleich. Das Kapitel konnte zeigen, dass die Einrichtung der Arbeitsgruppe nicht nur eine Form der Einschließung darstellt, sondern in zweifacher Hinsicht – sowohl im geowissenschaftlichen als auch im geistes- und sozialwissenschaftlichen Aushandlungsprozess – auch als Ausschlussprozess dynamisierenden Charakters fungiert. Dennoch haben die Ausschließungsmomente erzeugenden Einschließungsprozesse, aus einer Metaperspektive betrachtet, im Verlauf der Debatte letztlich eine (re)stabilisierende Wirkung auf das ursprüngliche Anliegen der AWG entfaltet. Dieses Ergebnis deckt sich mit dem Befund der interdisziplinär ausgerichteten DFG-Forschungsgruppe *Practicing Evidence – Evidencing Practice*, die herausstellt, dass es wissenschaftlichen Disziplinen häufig gelingt, mit einer Restabilisierung auf eine vorangegangene Destabilisierung disziplinspezifischer Evidezpraktiken zu antworten.[25]

Das Kapitel illustriert, *zweitens*, dass das Konzept an sich bereits in der präinstitutionellen Debattenphase bei manchen Geowissenschaftlern einen Transformationsprozess in methodischer Hinsicht angestoßen hat, der sich seit 2009 intensiviert. Ob die eingeleitete Veränderung in einen nachhaltigen Wandel geowissenschaftlicher, insbesondere stratigraphischer Evidenzpraktiken münden wird, bleibt abzuwarten. Das Potential zumindest ist gegeben, insbesondere für den Bereich der Quartärstratigraphie. Nicht nur die geologische Kürze und damit stratigraphische *Nicht-Existenz* sowie die Zukunftsdimension des verhandelten Zeitabschnitts haben Geowissenschaftler im Evidenzbereitstellungsprozess vor ungekannte Herausforderungen gestellt. Die Neuartigkeit verhandelter Marker lässt Geologen mit ihrem klassischen methodischen Repertoire an ihre Grenzen stoßen und sie konsequenterweise darüber hinausgehen. Die dem Konzept inhärente Normativität sowie das ungewohnt große mediale und interdisziplinäre Interesse an geowissenschaftlichen Entscheidungsfindungsprozessen tun ihr Übriges, den transformativen Charakter des Anthropozäns in seiner Multidimensionalität freizulegen. Als besondere Schwierigkeit entpuppt sich hierbei, dass die »idea of the Anthropocene fossilises an idea of responsibility in the stratigraphy from which it is hard to return«.[26]

Die Analyse dreier als für die Verhandlung des Anthropozäns als geologisches Konzept zentral eingestufter Subdiskurse hat die identifizierten Transformationsprozesse in Bezug auf die geowissenschaftlichen Evidenzproduktion bestätigt. Sowohl der Metadiskurs um die Periodisierung des Anthropozäns als

25 Zachmann, Ehlers, Wissen und Begründen.
26 Warde, Robin, Sörlin, Stratigraphy for the Renaissance, 250.

auch die Teildebatte um die technisch-stratigraphische Frage nach geeigneten Markern für den neuen geologischen Zeitabschnitt haben gezeigt, dass Geisteswissenschaftlern nicht allein die Funktion der Ressourcenbereitstellung im Dienste geowissenschaftlicher Argumentation zukommt, sondern geowissenschaftliche Fragestellungen auch geisteswissenschaftliches Potential entfalten. Insbesondere die von Peter Haff angestoßene Teildebatte um die Rolle von Technik für die Vergangenheit, Gegenwart und Zukunft des Anthropozäns erweist sich als anschlussfähig und kann als Paradebeispiel für einen inter- und transdisziplinären Dialog angeführt werden, der durch ein enges Wechselspiel gekennzeichnet ist. Die dabei ablaufenden Aushandlungsprozesse sind nicht selten spannungsgeladen. Als zentraler methodischer Unterschied sowie als primäre Ursache für Missverständnisse und Auseinandersetzungen an der Schnittstelle beteiligter Disziplinen entpuppt sich die Effektzentrierung der Stratigraphie, die der Ursachen- oder Prozessorientierung geistes- und sozialwissenschaftlicher Disziplinen diametral gegenübersteht.

Die Kapitel *Die Debatte um das Anthropozän als kulturelles Konzept* und *Evidenz geistes- und sozialwissenschaftlich gedacht* haben nach provozierten Veränderungen im Bereich geistes- und sozialwissenschaftlicher Evidenzgenerierung gefragt. Die Analyse insbesondere der geschichtswissenschaftlichen und soziologischen Auseinandersetzung mit dem Anthropozän hat eine weniger transformierende Wirkung in Bezug auf disziplinspezifische Evidenzpraktiken als für den geowissenschaftlichen Bereich ergeben. Während die Diskussionen um den Begriff an sich für die an der Debatte beteiligten Geowissenschaftler von geringer Relevanz sind, ist es im geistes- und sozialwissenschaftlichen Bereich gerade der von Crutzen gewählte Terminus, von dem aus sich die Diskurse zu einem Gutteil entspinnen. Geistes- und Sozialwissenschaften sehen sich darüber hinaus weniger von der Interdisziplinarität in der Sozialdimension provoziert – diesem Öffnungsprozess wohnt gar die Chance inne, die Legitimation der eigenen Disziplin unter Beweis zu stellen – als von der Herausforderung in inhaltlicher Perspektive.

Dabei sehen sich besonders Historiker mit der Aufgabe konfrontiert, die planetare Raum- und Zeitdimension in ihre geschichtswissenschaftliche Auseinandersetzung mit anthropozänen Themen zu integrieren. Die Mittel, um dies zu meistern, haben sie zur Hand. Die Evidenzpraxis der Narrativierung etwa erlaubt es, über die Praktiken der Verflechtung, der Translation, der Kontextualisierung, der (De-)Zentrierung sowie der Differenzierung und Lokalisierung, die im geowissenschaftlichen Diskurs anklingenden anthropologischen Fragen aus dem eigenen Expertisefeld heraus zu befüllen. So bietet sich Geistes- und Sozialwissenschaften gleichsam die Chance, die so dringend benötigte Translationsfunktion zwischen planetarer und nationaler beziehungsweise lokaler Dimension verhandelter Inhalte einzunehmen, um den einzelnen Aspekten des Anthropozänkonzepts sinnstiftend beizukommen. Während die nötigen

Evidenzpraktiken dafür vorhanden sind, fehlen bisher entsprechende Narrativierungsmodelle. So sieht sich die Geschichtswissenschaft dazu angehalten, Schichtenmodelle historischer Zeitlichkeit zu konzeptualisieren, welche die geologische Tiefenzeit und damit in Verbindung stehende naturwissenschaftliche Phänomene ebenso in sich aufnehmen wie historische Ereignisse. Die Arbeit hat unter Rückgriff auf verschiedene Beispiele illustriert, dass dies in kooperativen Settings funktionieren kann.

Die Betrachtung zentraler Diskussionsfelder der Debatte um das Anthropozän als kulturelles Konzept hat gezeigt, dass sich diese ausgehend von geistes- und sozialwissenschaftlichen Kritikpunkten am geowissenschaftlichen Verständnis des Konzepts entwickelt. In der Analyse der Debatte um Verantwortlichkeiten im Anthropozän wird die von geistes- und sozialwissenschaftlicher Seite geforderte Prozessorientierung offenkundig. Für die Umsetzung derselben hat sich besonders die Evidenzpraxis der Differenzierung als zentral erwiesen, die mit ein- und ausschließenden Momenten in der Sach- und Sozialdimension einhergeht. Der Subdiskurs um den Wert menschlicher und nicht-menschlicher *agency* wird in erster Linie von der Evidenzpraxis der (De-)Zentrierung strukturiert, die eng mit der Differenzierungspraxis verknüpft ist. Das Moment der Dezentrierung ist es, das die posthumanistische Perspektive auf das Anthropozän in einem oppositionellen Verhältnis zum geowissenschaftlichen Verständnis des Konzepts erscheinen lässt. Bei genauerem Hinsehen treten jedoch auch für diesen Subdiskurs enge Wechselwirkungen zur Debatte um das Anthropozän als geologisches Konzept hervor.

In den Reihen der Geowissenschaften auftretende Expertiselücken zu schließen, der ethischen Aufladung des Konzepts entsprechend zu kontextualisieren, zu differenzieren und zu perspektivieren sowie politische, gesellschaftliche und wirtschaftliche Implikationen auszuloten, darin liegt nicht nur das Potential, sondern auch eine Legitimierungsmöglichkeit der geistes- und sozialwissenschaftlichen Auseinandersetzung mit dem Anthropozän. Beiderseitige Offenheit und Ablehnung gehen dabei Hand in Hand. Auffällig aber ist, dass ein Großteil der zentralen Akteure der Debatte einer disziplinären Grenzverwischung häufig nicht nur mit großer Offenheit begegnet, sondern diesen Öffnungsprozess gar intendiert. Weniger zentral involvierte Wissenschaftler reagieren indessen deutlich skeptischer.

Insgesamt entpuppt sich die Debatte um das Anthropozän geradezu als Ballungsraum an Aushandlungsprozessen um Evidenz und bestätigt, dass sich diese stets auf mehreren Ebenen abspielen. Die Prozesse verlaufen dabei nicht immer konfliktfrei. Nicht nur naturwissenschaftlich gewonnene Daten und Statements werden von fachfremden Disziplinen kulturell anschlussfähig gemacht und in erweiterte Deutungshorizonte eingepasst, indem sie unter Anwendung spezifischer Mechanismen der Evidenzerzeugung interpretiert und transformiert werden. Gleiches gilt, wie erwähnt, im Umkehrschluss.

Unabhängig von Herstellungs- und Anwendungszusammenhang der dabei zum Einsatz kommenden Evidenzpraktiken setzen diese stets Dynamiken frei, die sich angesichts einer interdisziplinären Thematik wie derjenigen des Anthropozäns zu potenzieren scheinen. Die Evidenzpraktiken folgen dabei nicht linear aufeinander. Vielmehr treten sie häufig gekoppelt auf und werden zu einem Teil zirkulärer Prozesse der Evidenzproduktion: Was in einem Kontext etwa als Einschließungs-, Differenzierungs- oder Destabilisierungsmoment fungiert, löst in anderen Kontexten Ausschließungs-, Entdifferenzierungs- oder Restabilisierungsmomente aus. So treten auch hier Kooperation und Konkurrenz, wie meist in der Wissenschaft, in einer Interaktionsdynamik gekoppelt auf.[27] Interdisziplinäre Debatten gewinnen auf diese Weise an Eigendynamik, die enge Wechselwirkungsmechanismen an der Schnittstelle von Disziplinen kreiert.

Trotz der identifizierten spannungsgeladenen Auseinandersetzungsprozesse, die eine durchaus dynamisierende Wirkung auf den Gang der Debatte entfalteten, war der Zeitraum von 2000 bis 2018 insgesamt von methodisch-konzeptionellen Neuerungen geprägt, denen hohes innovatives Potential innewohnt.

Ein konzeptionelles Novum, dem der Text besondere Aufmerksamkeit geschenkt hat, liegt im Ineinandergreifen verschiedener Dimensionen von Zeitlichkeit und Räumlichkeit. Man muss weder die sehr ferne geologische Zukunft des Planeten im Blick haben, noch den 13,8 Milliarden Jahre zurückliegenden Urknall, um die durch die Anthropozändebatte eröffnete Perspektive zu erkennen, unterschiedliche Zeitskalen miteinander zu verknüpfen. Das Anthropozänkonzept ermöglicht es, geologische und historische Zeit, aber auch technische, biologische und menschliche Zeit, zu neuen Narrativen zu verbinden, die auf neuen Zeitlichkeiten basieren. Die Menschheit gestaltet den Planeten und wird ihrerseits durch erdsystemische Veränderungen geprägt, die in geologischen Signaturen sichtbar werden, an die wiederum der Mensch Hand angelegt hat. Diese doppelte Wechselwirkung und die darin manifest werdende Grenzverwischung zwischen Natur und Kultur werden zum Signum des Anthropozäns. Das Konzept verbindet die bis in die Neolithische Revolution zurückreichende Zeitspanne menschlicher Eingriffe in die Erde mit der Gegenwart des *langen Jetzt* und der daraus hervorgehenden Verantwortung für die Zukunft. Die Auflösung kategorialer Trennungen, die nicht mehr als ein im modernen Denken verwurzeltes gedankliches Konstrukt darstellen, und die Machbarkeit der Zusammenführung der unterschiedlichen Zeitdimensionen rückt mit dem Anthropozän in greifbare Nähe.[28]

---

27 Kärin Nickelsen, Kooperation und Konkurrenz in den Naturwissenschaften, in: Ralph Jessen (Hrsg.), Konkurrenz in der Geschichte. Praktiken – Werte – Institutionalisierungen. Frankfurt a. M., New York 2014, 353–379; dies, Fabian Krämer, Introduction: Cooperation and Competition in the Sciences, in: NTM 24, 2016, H. 2, 119–123.

28 Vgl. hierzu auch Trischler, Will, Die Provokation des Anthropozäns.

Die Arbeit hat luzide gezeigt, dass die Verschränkung unterschiedlicher Zeit-skalen Bewegung in die disziplinspezifischen Vorstellungen von Zeitlichkeit bringt. Die sich unter Geowissenschaftlern formierende Diskussion um den geologischen Epochenbegriff ist ein Beleg dafür. Das Anthropozän wird – sollte es als geologischer Zeitabschnitt ratifiziert werden – der Geologischen Zeitskala als jüngste Epoche hinzugefügt. Doch erfüllt es kaum die im stratigraphischen Kriterienkatalog festgelegten definitionstragenden Merkmale, die eine Epoche charakterisieren und setzt dadurch etablierte Grundannahmen geologischer Zeiteinteilung außer Kraft.[29] Eine Formalisierung könnte in eine grundlegende Neudefinition geologischer Zeiteinheiten, insbesondere des Epochenbegriffs, und konsequenterweise in einen Wandel der zugrundeliegenden Methodik münden.[30]

Im Falle einer Anerkennung des geologischen Anthropozäns bleibt abzu-warten, wie geistes- und sozialwissenschaftliche Disziplinen, insbesondere die Geschichtswissenschaft, darauf reagieren. Der Wissenschafts-, Technik- und Umweltgeschichte bietet sich in der Debatte um das Anthropozän die Chance, im Dialog um anthropozäne Inhalte eine Scharnier- und Vermittlerrolle ein-zunehmen. Denn die Interaktion mit naturwissenschaftlichen Schwestern-disziplinen gehört zum Alltagsgeschäft dieser drei geschichtswissenschaftlichen Teilbereiche.

Ein geschichtswissenschaftliches Pendant zur geologischen Ratifizierung könnte in einer Verankerung des Anthropozäns als Bezeichnung für den Zeit-raum ab der Industriellen Revolution liegen, der ab 1950 geologisch nachweisbar wird. Damit trüge man der Prozessorientierung der eigenen Disziplin Rechnung, ohne den geowissenschaftlichen Gehalt des Konzepts auszublenden. Eine andere Möglichkeit bestünde darin, dem Anthropozän aus historischer Perspektive einen mit der Renaissance vergleichbaren Status zuzuschreiben – dieser wird dem Konzept ohnehin bereits vielfach beigemessen.

Ist das Anthropozän *nur* geologisch anerkannt, besteht die Möglichkeit, dass das geistes- und sozialwissenschaftliche Interesse am Thema abreißt. Ginge die potentiell geologische Ratifizierung mit einer *Anerkennung* des Menschenzeit-alters als in historischer Perspektive einschneidender Zeitabschnitt einher, stiege nicht nur die Relevanz der betreffenden Inhalte. Vielmehr erhielte das Konzept langfristig Einzug in Bildungsprogramme, was nicht ohne Einfluss auf den politischen Handlungsdruck bliebe und dazu beitrüge, die 2019 auf der UN-Klimakonferenz in Madrid geforderte *Zeit zu handeln* Realität werden zu lassen.

---

29 Damit sind hier diejenigen Kriterien gemeint, welche die hierarchische Verortung geo-logischer Zeiteinheiten festlegen. Nicht beziehe ich mich hier auf die Kriterien für die Fest-legung entsprechender Marker, die unabhängig von der hierarchischen Verortung von Zeit-abschnitten gelten.

30 Dieser Wandel deutete sich schon mit dem Formalisierungsprozess des Holozäns an. Mit der stratigraphischen Untersuchung des Anthropozänkonzepts ist diese Diskussion neu entflammt.

Ziel der Arbeit war es ferner, anhand der genutzten Evidenzpraktiken über disziplinspezifische Besonderheiten hinaus allgemeine Charakteristika abzuleiten und zu eruieren, inwieweit sich diese auf metawissenschaftlicher Ebene spiegeln. Phänomene, die den für die Anthropozändebatte identifizierten ähneln, zeigen sich auf metawissenschaftlicher Ebene insofern, als durch divergierende Mechanismen der Evidenzgenerierung angestoßene dynamische Auseinandersetzungsprozesse um Inhalte und Methoden auch in vergangenen wissenschaftlichen Debatten zu beobachten sind – insbesondere in solchen, die interdisziplinär geführt wurden und kontroverse Themenfelder behandelten. Sowohl die naturwissenschaftliche Kontroverse zwischen Anhängern der Plutonistentheorie Huttons und der Neptunistentheorie Werners im späten 18. Jahrhundert als auch Beispiele aus der jüngeren Vergangenheit, wie die Debatten um die aDNA-Forschung oder die Frage danach, ob Pluto nun als Planet gelte oder nicht, illustrieren dies. Alle drei Beispiele beschreiben primär Methodenstreits, die sich nicht zuletzt in Konkurrenz um Deutungshoheiten manifestieren. Dabei handelt es sich um ein Phänomen, das letztlich aus der Etablierung und stetigen Ausdifferenzierung der Disziplinen erwächst. Die in den letzten Dekaden verstärkt zu vernehmende Forderung nach einer Demokratisierung des Wissenschaftssystems, die charakteristisch für die spätmoderne Wissensgesellschaft ist, potenziert die ohnehin spannungsgeladene Auseinandersetzung um Deutungsansprüche zwischen den Disziplinen. Je nach Perspektive belegen unterschiedliche Evidenzen verschiedene Tatsachenbestände. Das konnte die Analyse der Anthropozändebatte exemplarisch beleuchten. Und insbesondere das Aufeinandertreffen unterschiedlicher Dimensionen von Zeitlichkeit, Räumlichkeit und *agency* multipliziert den Spannungsreichtum interdisziplinärer Debatten. In medialisierten Wissensgesellschaften treffen divergierende Erkenntnisinteressen nicht nur im interdisziplinären, sondern auch im transdisziplinären Raum aufeinander. Das erklärt die konstatierte Legitimationskrise, der sich die Wissenschaften gegenübersehen.

Um die Frage danach beantworten zu können, welche Auswirkungen eine Debatte, die etablierte Disziplingrenzen und Kategorien so grundlegend hinterfragt wie das Anthropozän, in metawissenschaftlicher Perspektive hat, müssten fundierte wissenschaftshistorische Vergleiche zu wissenschaftlichen Kontroversen der Vergangenheit gezogen werden. Die Anthropozändebatte ist in vollem Gange – valide Aussagen zu Konsequenzen metawissenschaftlicher Art sind allein aufgrund der Unverfügbarkeit über die Zukunft zum jetzigen Zeitpunkt noch nicht zu treffen. Sicherlich ist es möglich, wahrscheinlichere und weniger wahrscheinliche Szenarien zu konstruieren. Aber auch das setzt eine eingehende Beschäftigung mit vergangenen wissenschaftlichen Debatten interdisziplinären Charakters voraus. Dabei wäre einerseits nach Prozessen und Strukturen der jeweiligen Debatte sowie andererseits nach den Interaktionsmechanismen und dem Wirkungspotential eingesetzter Strategien der Evidenzgenerierung auf die

Debatte selbst zu fragen. Fernerhin müsste das Wissenschaftssystem als Ganzes in einem Vorher-Nachher-Vergleich – mit einem angemessenen zeitlichen Abstand – betrachtet werden. Sofern Transformationsprozesse ersichtlich sind, interessiert insbesondere, ob diese von der betreffenden wissenschaftlichen Kontroverse angestoßen wurden. In einem zweiten Schritt wäre sodann ein Vergleich mit der Anthropozändebatte möglich, der fundierte Aussagen zum tatsächlichen Potential des Konzepts auf metawissenschaftlicher Ebene erlaubte, die nicht allein auf Mutmaßungen beruhen. Genau hier liegen die Grenzen vorliegender Arbeit, deren Rahmen es übersteigt, den skizzierten Vergleich durchzuführen.

Wie sich die Dinge entwickeln, wird die Zukunft zeigen. Allerdings lässt sich auf Basis vorliegender Arbeit die These aufstellen, dass das Potential des Anthropozänkonzepts die Weichen für die Entwicklung einer neuen Inter-Disziplin gestellt hat, welche die klassischen Dualismen des modernen Denkens überwindet und jenseits disziplinärer Grenzziehungen operiert.

Dank

Das vorliegende Buch basiert auf dem geringfügig überarbeiteten Manuskript meiner Dissertationsschrift, die ich im Januar 2020 an der Ludwig-Maximilians-Universität München eingereicht habe. Seine Entstehung ist nur mit der Unterstützung zahlreicher Personen und Institutionen möglich gewesen, denen ich hier ganz herzlich danken möchte.

Mein herzlicher Dank gilt an erster Stelle meinem Doktorvater Helmuth Trischler, der meine Arbeit stets mit großem Engagement und Interesse begleitet und unterstützt hat. Ganz besonders dankbar bin ich für die vielen Phasen der produktiven und vertrauensvollen Zusammenarbeit, die maßgeblich zum Gelingen des Projektes beigetragen haben. Markus Vogt und Uwe Lübken danke ich für das Zweit- und Drittgutachten zu meiner Arbeit. Ganz herzlich danken möchte ich außerdem Nils Freytag, der mich nach Abschluss meines Studiums dazu ermutigt hat, den Schritt in die Wissenschaft zu gehen und meine Dissertationsphase interessiert verfolgt hat.

Die mit dem Promovieren verbundene Berufsphase durfte ich in der menschlich angenehmen und fachlich stimulierenden Atmosphäre des Forschungsinstituts für Wissenschafts- und Technikgeschichte des Deutschen Museums in München verbringen. Dem Rachel Carson Center danke ich für den regen Dialog und die zahlreichen Rückmeldungen zu meinem Projekt, insbesondere während meiner Zeit im Doktorandenprogramm Umwelt und Gesellschaft. Die Anbindung an diese beiden Institute bot ein ideales Arbeitsumfeld mit inspirierendem interdisziplinären und internationalen Austausch für ein Projekt, das sich an der Schnittstelle von Wissenschafts- und Umweltgeschichte bewegt. Es waren neben den Direktoren dieser Institutionen und zahlreichen (Gast-)Wissenschaftler*innen vor allem auch die Koordinator*innen des Graduiertenkollegs, Hilfskräfte und viele andere Mitarbeiter*innen, die unzählige Veranstaltungen geplant und diesen Orten täglich Leben eingehaucht haben. Für die gewissenhafte Unterstützung bei den administrativen Herausforderungen des Forschungsprojektes möchte ich insbesondere Andrea Walther und Andrea Lucas danken.

Die Durchführung dieses Forschungsprojektes ist nur möglich gewesen dank einer großzügigen Förderung der DFG. Für einen Zeitraum von drei Jahren durfte ich Teil der DFG-Forschungsgruppe 2448 zum Thema *Practicing Evidence – Evidencing Practice. Evidenz in Wissenschaft, Medizin, Technik und Gesellschaft* sein. Zahlreiche gemeinsame Aktivitäten in diesem interdisziplinären Setting haben regelmäßig zu Neuperspektivierungen meiner Arbeit geführt und zu deren theoretischer Fundierung beigetragen. Mein Dank gilt dabei insbesondere unserem soziologischen Tandemprojekt mit Andreas Wenninger, Sascha Dickel und Sabine Maasen, mit dem ich auf eine Zeit kooperativen Arbeitens zurückblicken kann.

Darüber hinaus möchte ich meinen zahlreichen Interviewpartner*innen für ihre Bereitschaft und Offenheit danken, in instruktiven Gesprächen Licht ins Dunkel meiner Forschungsfragen gebracht zu haben. Mein besonderer Dank gilt dabei der *Anthropocene Working Group*, insbesondere Jan Zalasiewicz und Colin Waters, die es mir ermöglicht haben, durch die Teilnahme an einem ihrer Treffen einen Blick hinter die Kulissen des innersten anthropozänen Zirkels zu werfen. Das hat meine Forschung enorm bereichert.

In zahllosen Gesprächen auf Konferenzen und Workshops in aller Welt, aber nicht zuletzt auch in den Mittags- und Kaffeepausen am Deutschen Museum und im RCC haben mir Kolleg*innen durch die Höhen und Tiefen des Doktorandendaseins geholfen, indem sie mich unterstützt und mir Mut zugesprochen haben. Danken möchte ich hierfür – neben vielen anderen, die ich an dieser Stelle nicht aufzählen kann – Noemi Quagliati, Andreas Jünger, Kira Schmidt, Johannes Müske, Robert Groß, Johannes Sauter, Fabienne Huguenin, Christian Götter, Franz Mauelshagen, Sebastian Kistler, Martín Fonck, Astrid Kirchhof, Rudi Seising, Christian Schwägerl, Katharina Bock, Phil Gibbard, Mark Walker, Rebekka Wolf, Christoph Rosol, Susanne Brunner, Johan Gärdebo, Christina Dörfling, Charlotte Holzer und Christina Elsässer.

Matthias Göggerle, Martin Meiske, Fabian Zimmer und Vanessa Osganian waren in besonderer Weise eine Stütze im unentwegten Kampf mit Kapitelentwürfen und IT-Schwierigkeiten und haben mit großer Sorgfalt weite Teile des Manuskripts gelesen. Auch Dayana Boguslavska hat mit ihrer gewissenhaften Arbeit als studentische Hilfskraft zum Gelingen dieses Projekts beigetragen.

Mein besonderer Dank gilt überdies auch meiner Familie, insbesondere meinem Bruder Constantin, und meinen Freund*innen. Neben vielen anderen möchte ich in erster Linie Sophia, Kathrin, Lisa, Michl, Leo, Magdalena, Theresa, Uschi, Nina, Anna und Michaela danken, die mir während all der Jahre den Rücken freigehalten haben und stets ein offenes Ohr hatten. Widmen möchte ich dieses Buch meinen Eltern, Andrea und Jürgen, die mich stets auf meinem Weg unterstützt haben.

Abschließend danke ich den Herausgebern Helmuth Trischler und Christof Mauch für die Aufnahme in die Reihe und dem Verlag, insbesondere Daniel Sander, für die Betreuung und die reibungslose Zusammenarbeit.

München, Oktober 2020 Fabienne Will

Anhang

Abkürzungen

AGU	American Geophysical Union
aDNA	ancient DNA
AIMES	Analysis, Integration and Modeling of the Earth System
ANT	Akteur-Netzwerk-Theorie
AWG	Anthropocene Working Group
BGS	British Geological Survey
BRICS	Brasilien, Russland, Indien, China, Südafrika
CDR	Carbon Dioxide Removal
ESS	Earth System Sciences
FAO	Food and Agriculture Organization of the United Nations
FCKW	Fluorchlorkohlenwasserstoff
GSSA	Global Standard Stratigraphic Age
GSSP	Global Stratotype Section and Point
GTS	Geological Timescale
HKW	Haus der Kulturen der Welt
IAS	Inorganic Ash Spheres
ICS	International Commission on Stratigraphy
ICSU	International Council for Science
IGBP	International Geosphere-Biosphere Programme
IGC	International Geological Congress
IHDP	International Human Dimensions Programme on Global Environmental Change
IHOPE	Integrated History and future Of People on Earth
INQUA	International Union for Quaternary Research
IPBES	Intergovernmental Platform on Biodiversity and Ecosystem Services
IPCC	Intergovernmental Panel on Climate Change
ISG	International Stratigraphic Guide
ISSC	International Subcommission on Stratigraphic Classification
IUGS	International Union of Geological Sciences
KAN	Knowledge-Action Network
MPIWG	Max-Planck-Institut für Wissenschaftsgeschichte
NALMA	North American Land Mammal Age
NASA	National Aeronautics and Space Administration
NASS	National Agricultural Statistics Service
OCP	Organochlorine Pestizide
OECD	Organisation for Economic Cooperation and Development
PCB	Polychlorierte Biphenyle
SCP	Spheroidal Carbonaceous Particles
SQS	Subcommission on Quaternary Stratigraphy
SRM	Solar Radiation Management
STS	Science and Technology Studies
UdSSR	Union der Sozialistischen Sowjetrepubliken
UNEP	United Nations Environment Programme
UNFCCC	United Nations Framework Convention on Climate Change
WCRP	World Climate Research Programme
WMO	World Metereological Organization

Bildnachweis

Interviewkodierung

A	Naturwissenschaftler
B	Geistes- und Sozialwissenschaftler
C	Schnittstelle Wissenschaft – Öffentlichkeit
*	Mitglied der *Anthropocene Working Group*

A1*	08.05.2018
A2	12.11.2018
A3*	15.11.2017
A4*	02.12.2017

B1	27.04.2018
B2	20.03.2018
B3	27.03.2018
B4	12.03.2018
B5	10.05.2018
B6	25.02.2018
B7	28.07.2017
B8	26.03.2018

C1	04.10.2017
C2	07.12.2017

Quellen- und Literaturverzeichnis

Quellen

Interview mit Alf Hornborg. München/Lund 16.03.2018.
Interview mit Tim LeCain. München/Bozeman 21.03.2018.
Interview mit John R. McNeill. Zagreb 30.06.2017.
Interview mit José Augusto Pádua. Zagreb 30.06.2017.
Interview mit Libby Robin. München 28.11.2017.
Interview mit Lise Sedrez. Zagreb 30.06.2017.
Interview mit Will Steffen. München/Canberra 07.02.2018.
Interview mit Bronislaw Szerszynski. München/Lancaster 28.02.2018.
Interview mit Colin Waters. Leicester 20.06.2017.
Interview mit Mark W. Williams. Leicester 20.06.2017.
Interview mit Jan A. Zalasiewicz. Leicester 20.06.2017.
Interview mit A1*. 08.05.2017.
Interview mit A2.12.11.2018.
Interview mit A3*. 15.11.2017.
Interview mit A4*. 02.12.2017.
Interview mit B1.27.04.2018.
Interview mit B2.20.03.2018.
Interview mit B3.27.03.2018.
Interview mit B4.12.03.2018.
Interview mit B5.10.05.2018.
Interview mit B6.25.02.2018.
Interview mit B7.28.07.2017.
Interview mit B8.26.03.2018.
Interview mit C1.04.10.2017.
Interview mit C2.07.12.2017.

Literatur

[–], The human epoch. Official recognition for the Anthropocene would focus minds on the challenges to come, in: Nature 473, 2011, H. 254.
[–], The Anthropocene. A man-made world. Science is recognising humans as a geological force to be reckoned with, in: The Economist, 26.05.2011.
Abadia, Monica C., New Materialism: Re-Thinking Humanity Within an Interdisciplinary Framework, in: InterCultural Philosophy 1, 2018, 168–183.
Abraham, Look, here comes the dark! 2018, (URL: https://abrahamband.bandcamp.com/album/look-here-comes-the-dark; zuletzt aufgerufen am 11.09.2019).
Ager, Derek V., The stratigraphic code and what it implies, in: William A. Berggren (Hrsg.), Catastrophes and Earth History. The New Uniformitarianism. Princeton 1984, 91–100.
Albritton, Claude C., The Abyss of Time. Changing Conceptions of the Earth's Antiquity after the Sixteenth Century. San Francisco 1980.

Albritton Jonsson, Fredrik, Abundance and Scarcity in Geological Time, 1784–1844, in: Katrina Forrester, Sophie Smith (Hrsg.), Nature, Action and the Future. Political Thought and the Environment. Cambridge, New York 2018, 70–93.

Alfery, Valentin, Anthropozän. Urbanes Tanztheater. Begleitmaterial zur Vorstellung, Wien 2016 (URL: https://doczz.net/doc/5889630/begleitmaterial--anthropoz%C3%A4n-; zuletzt aufgerufen am 09.09.2019).

Allen, Peter M., Geological Surveys, in: Richard C. Selley, L. R. M. Cocks, I. R. Plimer (Hrsg.), Encyclopedia of Geology. Bd. 3. Amsterdam, Boston 2005, 65–72.

Allenby, Brad R., Geoengineering redivivus, in: Elementa. Science of the Anthropocene 2, 2014, Art. 23.

Altheide, David L./Snow, Robert P., Media Worlds in the Postjournalism Era. New York 1991.

Altvater, Elmar, The Capitalocene, or, Geoengineering against Capitalism's Planetary Boundaries, in: Jason W. Moore (Hrsg.), Anthropocene or Capitalocene? Nature, History, and the Crisis of Capitalism. Oakland, CA 2016, 138–152.

Ammarell, Gene, Whither Southeast Asia in the Anthropocene? Comments on the papers from the 2014 roundtable JAS at AAS: Asian Studies and Human Engagement with the Environment, in: The Journal of Asian Studies 73, 2014, H. 4, 1005–1007.

Amos, Jonathan, ›Loneliest tree‹ records human epoch, in: BBC, 19.02.2018.

Amos, Jonathan, Welcome to the Meghalayan Age – a new phase in history, in: BBC News. Science and Environment, 18.07.2018.

Anders, Günther, Die Antiquiertheit des Menschen. Band I. Über die Seele im Zeitalter der zweiten industriellen Revolution. München ⁵1980.

–, Die Antiquiertheit des Menschen. Band II. Über die Zerstörung des Lebens im Zeitalter der dritten industriellen Revolution. München 1980.

Andersson, A. J., Coastal ocean and carbonate systems in the high CO_2 world of the Anthropocene, in: American Journal of Science 305, 2005, H. 9, 875–918.

Angus, Ian, Knocking down straw figures, in: International Socialist Review, 2016, H. 103.

–, Broiler chickens: The defining species of the Anthropocene?, in: Climate and Capitalism, 19.03.2019.

–/ Foster, John B., In Defense of Ecological Marxism: John Bellamy Foster responds to a critic. 06.06.2016, (URL: https://climateandcapitalism.com/2016/06/06/in-defense-of-ecological-marxism-john-bellamy-foster-responds-to-a-critic/; zuletzt aufgerufen am 17.08.2020).

Anshelm, Jonas/Hansson, Anders, Has the grand idea of geoengineering as Plan B run out of steam?, in: The Anthropocene Review 3, 2016, H. 1, 64–74.

Anthropocene Working Group, Results of binding vote by AWG Released. Released 21st May 2019 (URL: http://quaternary.stratigraphy.org/working-groups/anthropocene/; zuletzt aufgerufen am 29.05.2019).

Anthropocene Working Group (AWG) Meeting, Mainz 06.09.2018–07.09.2018 (Max-Planck-Institut für Chemie).

Apel, Linde/Andresen, Knut (Organisatoren), Glauben, was man hört. Hören, was man glaubt? Zeitgeschichtliche Potenziale von Interviews und Oral History, Hamburg 23.09.2016 (51. Deutscher Historikertag, 20.–23. September 2016).

Arias-Maldonado, Manuel, Environment and Society. Socionatural Relations in the Anthropocene. Cham 2015.

Armesto, Juan J. u. a., From the Holocene to the Anthropocene: A historical framework for land cover change in southwestern South America in the past 15,000 years, in: Land Use Policy 27, 2010, H. 2, 148–160.

Armitage, David/Guldi, Jo, The History Manifesto. London 2014.

Arons, Wendy/May, Theresa J., Introduction, in: dies. (Hrsg.), Readings in Performance and Ecology, Basingstoke 2015, 1–10.

Asafu-Adjaye, John u. a., Ecomodernist Manifesto, 2015 (URL: https://static1.squarespace.

com/static/5515d9f9e4b04d5c3198b7bb/t/552d37bbe4b07a7dd69fcdbb/1429026747046/
An+Ecomodernist+Manifesto.pdf; zuletzt aufgerufen am 13.09.2017).

Ash, Mitchell, Wissenschaft(en) und Öffentlichkeit(en) als Ressourcen füreinander, in: Sybilla Nikolow, Arne Schirrmacher (Hrsg.), Wissenschaft und Öffentlichkeit als Ressourcen füreinander. Studien zur Wissenschaftsgeschichte im 20. Jahrhundert. Frankfurt a. M. 2007, 349–362.

Atteslander, Peter, Methoden der empirischen Sozialforschung. Berlin [13]2010.

Austin, Gareth (Hrsg.), Economic Development and Environmental History in the Anthropocene. Perspectives on Asia and Africa. London 2017.

Austin, Gareth, Introduction, in: ders. (Hrsg.), Economic Development and Environmental History in the Anthropocene. Perspectives on Asia and Africa. London 2017, 1–22.

Autin, Whitney J./Holbrook, John M., Is the Anthropocene an issue of stratigraphy or pop culture?, in: GSA Today 22, 2012, H. 7, 60–61.

aviso, Anthropozän – Das Zeitalter der Menschen, (2016), H. 3 (URL:https://www.google. com/url?sa=t&rct=j&q=&esrc=s&source=web&cd=2&ved=2ahUKEwju77rSx93mA hUFa1AKHSoaCKsQFjABegQIBBAC&url=https%3A%2F%2Fwww.stmwk.bayern. de%2Fdownload%2F14926_aviso_3_2016_barrierefrei.pdf&usg=AOvVaw04KHZ2OqeY_ hmHaa4YDhLA; zuletzt aufgerufen am 08.01.2018).

Bacon, K. L./Swindles, G. T., Could a potential Anthropocene mass extinction define a new geological period?, in: The Anthropocene Review 3, 2016, H. 3, 208–217.

Badal, Luciano, Es oficial: La era del Antropoceno está aquí, in: El Desconcierto, 30.08.2016.

bademeisterTV, Die Ärzte – Abschied, Youtube 17.03.2019 (URL: https://www.youtube.com/ watch?v=YqKSWIRK9dg; zuletzt aufgerufen am 11.09.2019).

Bailey, Geoff, Time perspectives, palimpsests and the archaeology of time, in: Journal of Anthropological Archaeology 26, 2007, H. 2, 198–223.

Bardsley, Douglas K., Limits to adaptation or a second modernity? Responses to climate change risk in the context of failing socio-ecosystems, in: Environment, Development and Sustainability 17, 2015, H. 1, 41–55.

Barnosky, Anthony D., Megafauna biomass tradeoff as a driver of Quaternary and future extinctions, in: PNAS 105, 2008, H. 1, 11543–11548.

–, Palaeontological evidence for defining the Anthropocene, in: Colin N. Waters, Jan A. Zalasiewicz, Mark W. Williams u. a. (Hrsg.), A Stratigraphical Basis for the Anthropocene? London 2014, 149–165.

– u. a., Prelude to the Anthropocene. Two new North American Land Mammal Ages (NALMAs), in: The Anthropocene Review 1, 2014, H. 3, 225–242.

– u. a., Assessing the Causes of Late Pleistocene Extinctions on the Continents, in: Science 306, 2004, 70–75.

– u. a., Has the Earth's sixth mass extinction already arrived?, in: Nature 471, 2011, H. 7336, 51–57.

– u. a., Late Quaternary Extinctions, in: Jan A. Zalasiewicz u. a. (Hrsg.), The Anthropocene as a Geological Time Unit. A Guide to the Scientific Evidence and Current Debate, Cambridge 2019, 115–119.

Barry, Andrew/Maslin, Mark A., The Politics of the Anthropocene. A Dialogue, in: Geography and Environment 3, 2016, H. 2, 1–12.

Baskin, Jeremy, Paradigm Dressed as Epoch: The Ideology of the Anthropocene, in: Environmental Values 24, 2015, H. 1, 9–29.

–, Global Justice and the Anthropocene: Reproducing a Development Story, in: Frank Biermann, Eva Lövbrand (Hrsg.), Anthropocene Encounters. New Directions in Green Political Thinking. Cambridge 2019, 150–168.

Bauer, Andrew M./Ellis, Erle C., The Anthropocene Divide. Obscuring Understanding of Social-Environmental Change, in: Current Anthropology 59, 2018, H. 2, 209–227.

Baumgarten, Siegmund Jacob, Untersuchung Theologischer Streitigkeiten. Erster Band. Mit einigen Anmerkungen, Vorrede und fortgesetzten Geschichte der christlichen Glaubenslehre. Hrsg. von Johann Salomo Semler. Halle 1762.

Baumgartner, Christoph, Transformations of Stewardship in the Anthropocene, in: Celia Deane-Drummond, Sigurd Bergmann, Markus Vogt (Hrsg.), Religion in the Anthropocene. Eugene 2017, 53–66.

Bayer, Anja T./Seel, Daniela (Hrsg.), All dies hier, Majestät, ist deins. Lyrik im Anthropozän: Anthologie. Berlin 2016.

Benjamin, Walter, Über den Begriff der Geschichte, in: Rolf Tiedemann, Hermann Schweppenhäuser (Hrsg.), Gesammelte Schriften. Bd. I, 2. Frankfurt a. M. 1974, 691–703.

Bennett, Carys E. u. a., The broiler chicken as a signal of a human reconfigured biosphere, in: Royal Society Open Science 5, 2018, H. 12, 1–11.

Bennett, Jane, Vibrant Matter. A Political Ecology of Things. Durham 2010.

Berg, W. W. u. a., First measurements of total chlorine and bromine in the lower stratosphere, in: Geophysical Research Letters 7, 1980, H. 11, 937–940.

Berkhout, Frans, Anthropocene Futures, in: The Anthropocene Review 1, 2014, H. 2, 154–159.

Biermann, Frank, The Anthropocene. A governance perspective, in: The Anthropocene Review 1, 2014, H. 1, 57–61.

Bijker, Wiebe E./Hughes, Thomas P./Pinch, Trevor (Hrsg.), The Social Construction of Technological Systems. New Directions in the Sociology and History of Technology. Cambridge, MA, London 1987.

Bittlingmayer, Uwe H., ›Wissensgesellschaft‹ als Wille und Vorstellung. Konstanz 2005.

Bloch, Ernst, Erbschaft dieser Zeit. Frankfurt a. M. 1985.

Blog de la rédaction, Bienvenue dans l'ère géologique du poulet en batterie, in: Le Monde, 13.12.2018.

Bloom, Madison/Blais-Billie, Braudie, Grimes Announces New Album Miss_Anthropocene, in: Pitchfork, 20.03.2019.

Boettcher, Miranda/Schäfer, Stefan, Reflecting upon 10 years of geoengineering research. Introduction to the Crutzen + 10 special issue, in: Earth's Future 5, 2017, H. 3, 266–277.

Bogner, Alexander/Littig, Beate/Menz, Wolfgang (Hrsg.), Experteninterviews. Theorien, Methoden, Anwendungsfelder. Wiesbaden ³2009.

Bohle, Martin/Bilham, Nic, The ›Anthropocene Proposal‹: A Possible Quandary and A Work-Around, in: Quaternary 2, 2019, H. 2, Art. 19.

Bonneuil, Christophe/Fressoz, Jean-Baptiste, The Shock of the Anthropocene. The Earth, History, and Us. London, New York 2016.

Boomgaard, Peter, The Forests of Southeast Asia, Forest Transition Theory and the Anthropocene, 1500–2000, in: Gareth Austin (Hrsg.), Economic Development and Environmental History in the Anthropocene. Perspectives on Asia and Africa. London 2017, 179–197.

Böschen, Stefan, Zur Einleitung: Fragile Evidenz – Wissenspolitischer Sprengstoff. Einführung in den Schwerpunkt, in: Technikfolgenabschätzung – Theorie und Praxis 22, 2013, H. 3, 4–9.

–, Wissensgesellschaft, in: Marianne Sommer, Staffan Müller-Wille, Carsten Reinhardt (Hrsg.), Handbuch Wissenschaftsgeschichte. Stuttgart 2017, 324–332.

–/ Wehling, Peter, Neue Wissensarten: Risiko und Nichtwissen, in: Sabine Maasen, Mario Kaiser (Hrsg.), Handbuch Wissenschaftssoziologie. Wiesbaden 2012, 317–327.

Bösl, Elsbeth, Doing Ancient DNA. Zur Wissenschaftsgeschichte der aDNA-Forschung. Bielefeld 2017.

–, Zur Wissenschaftsgeschichte der aDNA-Forschung, in: NTM 25, 2017, H. 1, 99–142.

Bostic, Heidi/Howey, Meghan, To address the Anthropocene, engage the liberal arts, in: Anthropocene 18, 2017, 105–110.

Bostrom, Nick, The Transhumanist FAQ. A General Introduction. Version 2.1.2003 (URL: https://nickbostrom.com/views/transhumanist.pdf; zuletzt aufgerufen am 13.08.2019).

Bowman, David M.J.S., What is the relevance of pyrogeography to the Anthropocene?, in: The Anthropocene Review 2, 2015, H. 1, 73–76.

Bradney, Lauren u. a., Particulate plastics as a vector for toxic trace-element uptake by aquatic and terrestrial organisms and human health risk, in: Environment International 131, 2019, Art. 104937.

Bradshaw, Steve, Anthropocene. Vereinigtes Königreich 2015.

Braidotti, Rosi, Four Theses on Posthuman Feminism, in: Richard A. Grusin (Hrsg.), Anthropocene Feminism. Minneapolis 2017, 21–48.

–, Posthuman Critical Theory, in: Journal of Posthuman Studies 1, 2017, H. 1, 9–25.

–/ Laugstien, Thomas, Posthumanismus. Leben jenseits des Menschen. Frankfurt a. M. 2014.

Braje, Todd J./Erlandson, Jon M., Looking forward, looking back. Humans, anthropogenic change, and the Anthropocene, in: Anthropocene 4, 2013, 116–121.

Branagan, D. F., History of Geology from 1900 to 1962, in: Richard C. Selley, L. R. M. Cocks, I. R. Plimer (Hrsg.), Encyclopedia of Geology. Bd. 3. Amsterdam, Boston 2005, 185–196.

Broecker, Wallace S./Stocker, Thomas, The Holocene CO2 rise: Anthropogenic or natural?, in: EOS Transactions 87, 2006, H. 3, 27.

Bromme, Rainer, Schwerpunktprogramm »Wissenschaft und Öffentlichkeit: Das Verständnis fragiler und konfligierender wissenschaftlicher Evidenz«. (SPP 1409). 2009–2019 (URL: https://gepris.dfg.de/gepris/projekt/73397437?context=projekt&task=showDetail&id=73397437&; zuletzt aufgerufen am 20.11.2019).

Brondizio, E. S. u. a. (Hrsg.), IPBES Global assessment report on biodiversity and ecosystem services of the Intergovernmental Science-Policy Platform on Biodiversity and Ecosystem Services. Bonn 2019.

Brook, Barry W. u. a., Would the Australian megafauna have become extinct if humans had never colonised the continent? Comments on »A review of the evidence for a human role in the extinction of Australian megafauna and an alternative explanation« by S. Wroe and J. Field, in: Quaternary Science Reviews 26, 2007, H. 3–4, 560–564.

Brook, Barry W./Ellis, Erle C./Buettel, Jessie, What is the evidence for planetary tipping points?, in: Peter Kareiva (Hrsg.), Effective conservation science. New York 2017, 51–57.

Brughmans, Tom/Collar, Anna/Coward, Fiona S. (Hrsg.), The Connected Past. Challenges to Network Studies in Archaeology and History. Oxford 2016.

Bruns, Axel u. a. (Hrsg.), The Routledge Companion to Social Media and Politics. New York 2016.

Brydson, J. A., Plastics Materials. Burlington ⁶1995.

Burnet, Thomas, The Theory of the Earth. Containing an Account of the Original of the Earth and of all the Changes Which it hath already undergone, or is to undergo, Till the Cinsummation of all Things. The Two Last Books, Concerning the Burning of the World, and Concerning the New Heavens and New Earth. London 1690.

–, The Theory of the Earth. Containing an Account of the Original of the Earth and of all the Changes Which it hath already undergone, or is to undergo, Till the Cinsummation of all Things. The Two First Books, Concerning the Deluge, and Concerning Paradise. London ³1697.

Burtynsky, Edward/Baichwal, Jennifer/Pencier, Nicolas de, Anthropocene: The Human Epoch. Kanada 2018.

Cahn, Michael, Wissenschaft und Literatur. Eine Berührungsstelle der zwei Kulturen, in: Helmut Bachmaier, Ernst Peter Fischer (Hrsg.), Glanz und Elend der zwei Kulturen. Über die Verträglichkeit der Natur- und Geisteswissenschaften. Konstanz 1991, 181–193.

Caldeira, Ken/Wickett, Michael E., Anthropogenic carbon and ocean pH, in: Nature 425, 2003, H. 6956, 365.

Cantarero Tomás, David, El uso no normativo de las nuevas tecnologías en la práctica artística contemporánea. Estudio de caso: Obras Tecnofósil I y Tecnofósil II. [Online-dokument], in: Libro de Actas – III Congreso Internacional de Investigación en Artes Visuales ANIAV 2017 GLOCAL. Valencia 2017 (URL: https://riunet.upv.es/bitstream/handle/10251/106969/4835-17431-1-PB.pdf?sequence=1&isAllowed=y; zuletzt aufgerufen am 28.05.2019).

Caradonna, Jeremy L., Sustainability. A History. New York 2016.

Carmichael, Deirdre B., Technofossils. 2019 (URL: https://www.deirdreboeyencarmichael.com/technofossils; zuletzt aufgerufen am 10.12.2019).

Carol, E. u. a., The hydrologic landscape of the Ajó coastal plain, Argentina. An assessment of human-induced changes, in: Anthropocene 18, 2017, 1–14.

Carpenter, Evan/Wolverton, Steve, Plastic litter in streams: The behavioral archaeology of a pervasive environmental problem, in: Applied Geography 84, 2017, 93–101.

Carrington, Damian, The Anthropocene epoch: scientists declare dawn of human-influenced age, in: The Guardian, 29.08.2016.

Carson, Rachel, Der stumme Frühling. München 1968.

Cartwright, Nancy/Hardie, Jeremy, Evidence-Based Policy. A Practical Guide to Doing it Better. Oxford, New York 2012.

Castree, Noel, The Anthropocene and the Environmental Humanities, in: Environmental Humanities 5, 2014, 233–260.

–, Speaking for the ›people disciplines‹. Global change science and its human dimensions, in: The Anthropocene Review 4, 2017, H. 3, 160–182.

Catlin, Kathryn A., Archaeology for the Anthropocene. Scale, soil, and the settlement of Iceland, in: Anthropocene 15, 2016, 13–21.

Caviezel, Claudio/Revermann, Christoph, Climate Engineering. Kann und soll man die Erderwärmung technisch eindämmen? Berlin 2014.

cdutv, Berliner Gespräch: Das Anthropozän – Unsere Verantwortung für Natur und Schöpfung. Youtube 23.08.2018 (URL: https://www.youtube.com/watch?v=1ju36pDid_M; zuletzt aufgerufen am 22.07.2019).

Ceballos, Gerardo u. a., Accelerated modern human-induced species losses. Entering the sixth mass extinction, in: Science Advances 1, 2015, H. 5, 1–5.

Certini, Giacomo/Scalenghe, Riccardo, Anthropogenic soils are the golden spikes for the Anthropocene, in: The Holocene 21, 2011, H. 8, 1269–1274.

–, Is the Anthropocene really worthy of a formal geologic definition?, in: The Anthropocene Review 2, 2015, H. 1, 77–80.

–, Anthropogenic Soils as the Marker, in: Dominick A. DellaSala, Michael I. Goldstein (Hrsg.), Geologic History and Energy. San Diego 2018, 129–132.

Chakrabarty, Dipesh, Provincializing Europe. Postcolonial Thought and Historical Difference. Princeton 2009.

–, The Climate of History: Four Theses, in: Critical Inquiry 35, 2009, 197–222.

–, The Anthropocene and the convergence of histories, in: Christophe Bonneuil, François Gemenne, Clive Hamilton (Hrsg.), The Anthropocene and the Global Environmental Crisis. Rethinking Modernity in a New Epoch. London 2015, 44–56.

–, Humanities in the Anthropocene. The Crisis of an Enduring Kantian Fable, in: New Literary History 47, 2016, H. 2–3, 377–397.

–, The Seventh History and Theory Lecture. Anthropocene Time, in: History and Theory 57, 2018, H. 1, 5–32.

Chapin, F. Stuart u. a., Ecosystem Consequences of Changing Biodiversity, in: BioScience 48, 1998, H. 1, 45–52.

Chernilo, Daniel, The question of the human in the Anthropocene debate, in: European Journal of Social Theory 20, 2017, H. 1, 44–60.

Christian, David, History and Science after the Chronometric Revolution, in: Steven J. Dick, Mark L. Lupisella (Hrsg.), Cosmos & Culture. Cultural Evolution in a Cosmic Context. Pittsburgh 2012, 303–316.

Cicerone, Ralph J., Geoengineering. Encouraging Research and Overseeing Implementation, in: Climatic Change 77, 2006, H. 3–4, 221–226.

Clark, Nigel/Gunaratnam, Yasmin, Earthing the Anthropos? From ›socializing the Anthropocene‹ to geologizing the social, in: European Journal of Social Theory 20, 2017, H. 1, 146–163.

Coen, Deborah R., Big is a Thing of the Past. Climate Change and Methodology in the History of Ideas, in: Journal of the History of Ideas 77, 2016, H. 2, 305–321.

Cohen, Deborah/Mandler, Peter, The History Manifesto: A Critique, in: American Historical Review 120, 2015, H. 2, 530–542.

Cohen, K. M./Harper, D. A. T./Gibbard, Philip L., ICS International Chronostratigraphic Chart 2019/05. International Commission on Stratigraphy, IUGS. 2019 (URL: http://www.stratigraphy.org/; zuletzt aufgerufen am 30.12.2019).

Colebrook, Claire, We Have Always Been Post-Anthropocene. The Anthropocene Counterfactual, in: Richard A. Grusin (Hrsg.), Anthropocene Feminism. Minneapolis 2017, 1–20.

Comos, Gina/Rosenthal, Caroline (Hrsg.), Anglophone Literature and Culture in the Anthropocene. Newcastle 2019.

Conrad, Jobst, Von der Entdeckung des Ozons bis zum Ozonloch. Disziplinäre Verankerungen theoretischer Erklärungen in der Ozonforschung. Berlin 2008.

Conrad, Sebastian, What is Global History? Princeton, Oxford 2016.

Corcoran, P. L./Jazvac, Kelly/Ballent, A., Plastics and the Anthropocene, in: Dominick A. DellaSala, Michael I. Goldstein (Hrsg.), Geologic History and Energy. San Diego 2018, 163–170.

–/ Moore, Charles J./Jazvac, Kelly, An anthropogenic marker horizon in the future rock record, in: GSA Today 24, 2014, H. 6, 4–8.

Corell, Ida-Marie, Alltagsobjekt Plastiktüte. Wien 2011.

Corlett, Richard T., Becoming Europe. Southeast Asia in the Anthropocene, in: Elementa. Science of the Anthropocene 1, 2013, Art. 16.

Costanza, Robert/Graumlich, Lisa J./Steffen, Will (Hrsg.), Sustainability or Collapse? An Integrated History and Future of People on Earth. Cambridge, MA, London 2007.

– u. a., Sustainability or Collapse. What Can We Learn from Integrating the History of Humans and the Rest of Nature?, in: Ambio 36, 2007, H. 7, 522–527.

– u. a., Developing an Integrated History and future of People on Earth (IHOPE), in: Current Opinion in Environmental Sustainability 4, 2012, H. 1, 106–114.

Council of the European Commission, ANNEX to the proposal for a Directive of the European Parliament and of the Council on the reduction of the impact of certain plastic products on the environment. 2018 (URL: https://data.consilium.europa.eu/doc/document/ST-9465-2018-ADD-1/en/pdf; zuletzt aufgerufen am 03.06.2019).

Cowie, John W., Guidelines for Boundary Stratotypes, in: Episodes 9, 1986, H. 2, 78–82.

– u. a., Guidelines and statutes of the International Commission on Stratigraphy (ICS), in: Courier Forschungsinstitut Senckenberg 83, 1986, 1–14.

Crossland, Christopher J. u. a. (Hrsg.), Coastal Fluxes in the Anthropocene. The Land-Ocean Interactions in the Coastal Zone Project of the International Geosphere-Biosphere Programme. Berlin, Heidelberg 2005.

Crutzen, Paul J., The influence of nitrogen oxides on the atmospheric ozone content, in: Quarterly Journal of the Royal Meteorological Society 96, 1970, 320–325.

–, Geology of mankind, in: Nature 415, 2002, H. 6867, 23.

–, Albedo Enhancement by Stratospheric Sulfur Injections. A Contribution to Resolve a Policy Dilemma?, in: Climatic Change 77, 2006, H. 3–4, 211–220.

−/ Steffen, Will, How Long Have We Been in the Anthropocene Era?, in: Climatic Change 61, 2003, H. 3, 251–257.

−/ Stoermer, Eugene F., The »Anthropocene«, in: Global Change Newsletter 41, 2000, 17–18.

Cunha, Daniel, The Anthropocene as Fetishism, in: Mediations 28, 2015, H. 2, 65–77.

−, The geology of the ruling class?, in: The Anthropocene Review 2, 2015, H. 3, 262–266.

Cushman, Gregory T., Guano and the Opening of the Pacific World. A Global Ecological History. Cambridge 2013.

da F. Costa, Luciano u. a. (Hrsg.), Complex Networks. Second International Workshop, CompleNet 2010, Rio de Janeiro, Brazil, October 13–15, 2010, Revised Selected Papers. Berlin, Heidelberg 2011 (= Communications in Computer and Information Science, Bd. 116).

Dalrymple, G. Brent, The age of the Earth in the twentieth century: a problem (mostly) solved, in: Cherry Lewis (Hrsg.), The Age of the Earth. From 4004 BC to AD 2002. London 2001, 205–221.

Damianos, Alex/Waters, Colin N., Minutes. Anthropocene Working Group (AWG) meeting Max Planck Institute for Chemistry Mainz, Germany. 06/09/2018–07/09/2018, s. l. 12.09.2018.

Daston, Lorraine, Die Kultur der wissenschaftlichen Objektivität, in: Dies, Otto Gerhard Oexle, Dieter Simon (Hrsg.), Naturwissenschaft, Geisteswissenschaft, Kulturwissenschaft. Einheit – Gegensatz – Komplementarität? Göttingen 1998, 9–40.

Davies, Jeremy, The Birth of the Anthropocene. Oakland, CA 2016.

Davis, Heather/Turpin, Etienne (Hrsg.), Architecture in the Anthropocene. Encounters Among Design, Deep Time, Science and Philosophy. Ann Arbor 2013.

−   (Hrsg.), Art in the Anthropocene. Encounters Among Aesthetics, Politics, Environments and Epistemologies. London 2015.

Davison, Nicola, The Anthropocene epoch: have we entered a new phase of planetary history?, in: The Guardian, 30.05.2019.

de Buffon, Georges Louis LeClerc, Les Époques de la Nature. Par Monsieur Le Comte De Buffon. Intendant du Jardin & du Cabinet du Roi, de l'Académie Françoise, de celle des Sciences. Paris 1780.

Deane-Drummond, Celia/Bergmann, Sigurd/Vogt, Markus (Hrsg.), Religion in the Anthropocene. Eugene 2017.

DellaSala, Dominick A./Goldstein, Michael I. (Hrsg.), Encyclopedia of the Anthropocene. 5 Bde. Oxford 2018.

DeLoughrey, Elizabeth M., Allegories of the Anthropocene. Durham 2019.

DeMello, Margo, Animals and Society. An Introduction to Human-Animal Studies. New York 2012.

Demos, T. J., Against the Anthropocene: Visual Culture and Environment Today. Berlin 2017.

Deppert, Wolfgang/Theobald, Werner, Eine Wissenschaftstheorie der Interdisziplinarität. Zur Grundlegung interdisziplinärer Umweltforschung und -bewertung, in: Achim Daschkeit, Winfried Schröder (Hrsg.), Umweltforschung quergedacht. Perspektiven integrativer Umweltforschung und -lehre. Berlin 1998, 75–106.

Descartes, René, Prinzipien der Philosophie, hrsg. v. Karl-Maria Guth. Berlin 2016.

Descola, Philippe/Sahlins, Marshall, Beyond Nature and Culture. Chicago, London 2014.

Desnoyers, Jules, Observations sur un ensemble de dépôts marins plus récents que les terrains tertiaires du bassin de la Seine, et constituant une formation géologique distincte; précédées d'un aperçu de la nonsimultanéité des bassins tertiares, in: Annales des sciences naturelles. comprenant La physiologie animale et végétale, l'anatomie comparée des deux règnes, la zoologie, la botanique, la minéralogie et la géologie. Paris 1829, 171–214.

Diskussionsrunde, Kulturelles Anthropozän: Auf dem Weg zu einer europäischen Kulturpolitik? 16.10.2019.

Donges, Jonathan F. u. a., The technosphere in Earth System analysis. A coevolutionary perspective, in: The Anthropocene Review 4, 2017, H. 1, 23–33.

Dönges, Jan, Was von der Menschenwelt übrig bleibt, in: Spektrum, 13.12.2018.

Drake, Jeana L./Mass, Tali/Falkowski, Paul G., The evolution and future of carbonate precipitation in marine invertebrates. Witnessing extinction or documenting resilience in the Anthropocene?, in: Elementa. Science of the Anthropocene 2, 2014, Art. 26.

Dramaten, Anthropocen. 2015 (URL: https://www.dramaten.se/Repertoar-arkiv/Antropocen--Manniskans-scen/; zuletzt aufgerufen am 12.09.2019).

Droysen, Johann Gustav, Grundriss der Historik. Leipzig ²1875.

–, Historik. Vorlesungen über Enzyklopädie und Methodologie der Geschichte, hrsg. v. Rudolf Hübner. München ⁵1967.

Dukes, Paul, Minutes to Midnight. History and the Anthropocene Era from 1763. London u. a. 2011.

Dürbeck, Gabriele, Narrative des Anthropozän – Systematisierung eines interdisziplinären Diskurses, in: Kulturwissenschaftliche Zeitschrift 3, 2018, H. 1, 1–20.

Düring, Marten u. a. (Hrsg.), Handbuch Historische Netzwerkforschung. Grundlagen und Anwendungen. Berlin 2016 (= Schriften des Kulturwissenschaftlichen Instituts Essen (KWI) zur Methodenforschung, Bd. 1).

Dusi, Elena, Troppo forte la traccia dell'uomo. Benvenuti nell'era dell'antropocene, in: La Repubblica, 30.08.2016.

Edgeworth, Matt, Introduction, in: Journal of Contemporary Archaeology 1, 2014, H. 1, 73–77.

– u. a., Diachronous beginnings of the Anthropocene. The lower bounding surface of anthropogenic deposits, in: The Anthropocene Review 2, 2015, H. 1, 33–58.

– u. a., The chronostratigraphic method is unsuitable for determining the start of the Anthropocene, in: Progress in Physical Geography 43, 2019, H. 3, 334–344.

– u. a., Conference Report. Second Anthropocene Working Group Meeting. 2015 (URL: http://nora.nerc.ac.uk/id/eprint/513430/1/Conference%20report_anthropocene_text%20(NORA).pdf; zuletzt aufgerufen am 06.05.2019).

– u. a., Second Anthropocene Working Group meeting, in: The European Archaeologist 47, 2016, 27–34.

Edwards, Martin, Sea Life (Pelagic and Planktonic Ecosystems) as an Indicator of Climate and Global Change, in: Trevor M. Letcher (Hrsg.), Climate Change. Observed Impacts on Planet Earth. Amsterdam Boston 2009, 233–251.

Edwards, Paul N., Knowledge infrastructures for the Anthropocene, in: The Anthropocene Review 4, 2017, H. 1, 34–43.

Egler, Christian E. u. a., Das Manifest. Elf führende Neurowissenschaftler über Gegenwart und Zukunft der Hirnforschung, in: Gehirn & Geist, 2004, H. 6, 30–37.

Ehlers, Sarah/Zachmann, Karin, Wissen und Begründen: Evidenz als umkämpfte Ressource in der Wissensgesellschaft. Einleitung, in: dies. (Hrsg.), Wissen und Begründen. Evidenz als umkämpfte Ressource in der Wissensgesellschaft. Baden-Baden 2019, 9–29.

Elder, Max, Why your chicken wings mean we've entered a new epoch, in: The Guardian, 10.01.2019.

Elias, Scott A., Basis for Establishment of Geologic Eras, Periods, and Epochs, in: Dominick A. DellaSala, Michael I. Goldstein (Hrsg.), Encyclopedia of the Anthropocene. Oxford 2018, 9–17.

Elias, Scott A., Finding a »Golden Spike« to Mark the Anthropocene, in: Dominick A. DellaSala, Michael I. Goldstein (Hrsg.), Encyclopedia of the Anthropocene. Oxford 2018, 19–28.

Ellenberger, François, The First International Geological Congress (1878) (URL: http://iugs.org/uploads/images/PDF/1st%20IGC.pdf; zuletzt aufgerufen am 22.01.2019).

Ellis, Erle C., Using the Planet, in: Global Change, 2013, H. 81, 32–35.

–, Anthropocene. A very short introduction. Oxford 2018.

– u.a., Used planet. A global history, in: Proceedings of the National Academy of Sciences of the United States of America 110, 2013, H. 20, 7978–7985.

– u.a., Involve Social Scientists in Defining the Anthropocene, in: Nature 540, 2016, 192–193.

Ellis, Michael A. u.a., One-day meeting at the Geological Society, London 11.05.2011 (The Anthropocene: A New Epoch of Geological Time?).

Ellul, Jacques, The Technological Society. New York 1967.

Elverskog, Johan, (Asian Studies + Anthropocene), in: The Journal of Asian Studies 73, 2014, H. 4, 963–974.

Emmett, Robert/Lekan, Thomas (Hrsg.), Whose Anthropocene? Revisiting Dipesh Chakrabarty's »Four Theses«. München 2016 (= RCC Perspectives: Transformations in Environment and Society 2016/2).

Engelen, Eva-Maria (Hrsg.), Heureka. Evidenzkriterien in den Wissenschaften. Heidelberg 2010.

Ereshefsky, Marc, Species, in: Edward N. Zalta (Hrsg.), Stanford Encyclopedia of Philosophy. Stanford 2016 (URL: https://plato.stanford.edu/archives/fall2017/entries/species/; zuletzt aufgerufen am 31.07.2019).

Erlandson, Jon M., Shell middens and other anthropogenic soils as global stratigraphic signatures of the Anthropocene, in: Anthropocene 4, 2013, 24–32.

–/ Braje, Todd J., Archeology and the Anthropocene, in: Anthropocene 4, 2013, 1–7.

Falb, Daniel, Anthropozän. Dichtung in der Gegenwartsgeologie. Berlin 2015 (= Edition Poeticon, Bd. 9).

Farman, J.C./Gardiner, B.G./Shanklin, J.D., Large losses of total ozone in Antarctica reveal seasonal ClOx/NOx interaction, in: Nature 315, 1985, 207–210.

Ferrando, Francesca, The Party of the Anthropocene. Post-humanism, Environmentalism and the Post-anthropocentric Paradigm Shift, in: Relations 4, 2016, H. 2, 159–173.

Fiedel, Stuart/Haynes, Gary, A premature burial: comments on Grayson and Meltzer's »Requiem for overkill«, in: Journal of Archaeological Science 31, 2004, 121–131.

Field, Christopher B. u.a. (Hrsg.), Climate Change 2014: Impacts, Adaptation, and Vulnerability. Working Group II Contribution to the Fifth Assessment Report of the Intergovernmental Panel on Climate Change. New York 2014.

Finney, Stanley C., International Commission on Stratigraphy. Compiled ICS Subcommission Annual Reports for 2009. s.l. 2009 (URL: http://www.stratigraphy.org/images/Archive/ICS_AnnReport2009.pdf; zuletzt aufgerufen am 04.04.2019).

–, Result details of the FIRST vote on the definition of Quaternary – Pleistocene. 2009 (zuletzt aufgerufen am 27.12.2019).

–, Result details of the SECOND vote on the definition of Quaternary – Pleistocene. 2009 (zuletzt aufgerufen am 25.03.2019).

–, The ›Anthropocene‹ as a Ratified Unit in the ICS International Chronostratigraphic Chart. Fundamental Issues that Must be Addressed by the Task Group, in: Colin N. Waters u.a. (Hrsg.), A Stratigraphical Basis for the Anthropocene? London 2014, 23–28.

–, IUGS Ratification to ICS Holocene subdivisions. 2018 (URL: http://quaternary.stratigraphy.org/wp-content/uploads/2018/07/IUGS-Ratification-to-ICS_Holocene-subdiv.pdf; zuletzt aufgerufen am 14.05.2019).

–/ Edwards, Lucy E., The »Anthropocene« epoch. Scientific decision or political statement?, in: GSA Today 26, 2016, H. 3, 4–10.

Firestone, R.B. u.a., Evidence for an extraterrestrial impact 12,900 years ago that contributed to the megafaunal extinctions and the Younger Dryas cooling, in: Proceedings of the National Academy of Sciences of the United States of America 41, 2007, H. 104, 16016–16021.

Foley, Stephen F. u.a., The Palaeoanthropocene – The beginnings of anthropogenic environmental change, in: Anthropocene 3, 2013, 83–88.

Ford, J.R. u.a., An assessment of lithostratigraphy for anthropogenic deposits, in: Colin N. Waters u.a. (Hrsg.), A Stratigraphical Basis for the Anthropocene? London 2014, 55–89.

França Junior, Pedro/Korb, Carina C./Brannstrom, Christian, Research on Technogene/ Anthropocene in Brazil, in: Quaternary and Environmental Geosciences 9, 2018, H. 1, 1–10.

Frank, Adam/Sullivan, Woodruff, Sustainability and the astrobiological perspective. Framing human futures in a planetary context, in: Anthropocene 5, 2014, 32–41.

Fraunholz, Uwe/Wölfel, Sylvia (Hrsg.), Ingenieure in der technokratischen Hochmoderne. Thomas Hänseroth zum 60. Geburtstag. Münster 2012 (= Cottbuser Studien zur Geschichte von Technik, Arbeit und Umwelt, Bd. 40).

Frazer, Persifor (Hrsg.), The Work of the International Congress of Geologists, and of its Committees. s. l. 1886.

Frodeman, Robert/Klein, Julie Thompson/Pacheco, Roberto Carlos dos Santos (Hrsg.), The Oxford Handbook of Interdisciplinarity. Oxford ²2017.

Froschauer, Ulrike/Lueger, Manfred, Das qualitative Interview. Zur Praxis interpretativer Analyse sozialer Systeme. Wien 2003 (= UTB Soziologie, Bd. 2418).

Fruchterman, Thomas M. J./Reingold, Edward M., Graph Drawing by Force-directed Placement, in: Software – Practice and Experience 21, 1991, H. 11, 1129–1164.

Fulda, Daniel/Jaeger, Friedrich, Historismus, in: Helmut Reinalter, Peter J. Brenner (Hrsg.), Lexikon der Geisteswissenschaften. Sachbegriffe – Disziplinen – Personen. Wien 2011, 328–336.

Fuller, Dorian Q. u. a., The contribution of rice agriculture and livestock pastoralism to prehistoric methane levels: An archeological assessment, in: The Holocene 21, 2011, H. 5, 743–759.

Funtowicz, Silvio O./Ravetz, Jerome R., Science for the post-normal age, in: Futures 25, 1993, H. 7, 739–755.

Future Earth, Future Earth and COVID-19 (URL: https://futureearth.org/covid19/; zuletzt aufgerufen am 17.08.2020).

Future Earth, Knowledge-Action Networks (URL: https://futureearth.org/networks/knowledge-action-networks/; zuletzt aufgerufen am 11.09.2019).

Gale, S. J./Hoare, P. G., The stratigraphic status of the Anthropocene, in: The Holocen 22, 2012, H. 12, 1491–1494.

Galison, Peter, Image and logic. A Material Culture of Microphysics. Chicago 2000.

Galison, Peter, Trading with the Enemy, in: Michael E. Gorman (Hrsg.), Trading Zones and Interactional Expertise. Creating New Kinds of Collaboration. Cambridge, MA, London 2010, 25–52.

Galuszka, Agnieszka/Migaszewski, Zdzislaw M., Chemical Signals of the Anthropocene, in: Dominick A. DellaSala, Michael I. Goldstein (Hrsg.), Geologic History and Energy. San Diego 2018, 213–217.

–/ Zalasiewicz, Jan A., Assessing the Anthropocene with geochemical methods, in: Colin N. Waters u. a. (Hrsg.), A Stratigraphical Basis for the Anthropocene? London 2014, 221–238.

Garay, Lollie u. a., ASPIRE. Teachers and researchers working together to enhance student learning, in: Elementa. Science of the Anthropocene 2, 2014, Art. 34.

Gärdebo, Johan/Marzecova, Agata/Knowles, Scott G., The orbital technosphere. The provision of meaning and matter by satellites, in: The Anthropocene Review 4, 2017, H. 1, 44–52.

Garrard, Greg/Kerridge, Richard, Ecocritical Approaches to Literary Form and Genre, in: Greg Garrard (Hrsg.), The Oxford Handbook of Ecocriticism. Oxford u. a. 2014, 361–376.

Gauger, Jörg-Dieter/Rüther, Günther (Hrsg.), Warum die Geisteswissenschaften Zukunft haben! Ein Beitrag zum Jahr der Geisteswissenschaften. Freiburg 2007.

Geary, Patrick/Veeramah, Krishna, Mapping European Population Movement through Genomic Research, in: Medieval Worlds 4, 2016, 65–78.

Geimer, Peter/Krüger, Klaus, Kolleg-Forschergruppe BildEvidenz. Geschichte und Ästhetik. Forschungsprogramm (URL: http://bildevidenz.de/; zuletzt aufgerufen am 20.11.2019).

Gervais, Paul, Zoologie et paléontologie générales. Nouvelles recherches sur les animaux vertébrés vivants et fossils. Par Paul Gervais. Paris 1867–1869.

Ghosh, Amitav, Die grosse Verblendung. Der Klimawandel als das Undenkbare. München 2017.

Giaimo, Cara, The Island That May Hold the Key to the Beginning of the Anthropocene, in: Atlas Obscura, 08.03.2018.

Gibbard, Philip L., Subcommission on Quaternary Stratigraphy. Annual Report 2008. Cambridge 2008 (URL: http://quaternary.stratigraphy.org/wp-content/uploads/2018/04/SQS Annual-report-08.doc; zuletzt aufgerufen am 20.02.2019).

–, Subcommission on Quaternary Stratigraphy. Annual Report 2010. Cambridge 2010 (URL: http://quaternary.stratigraphy.org/wp-content/uploads/2018/04/SQSAnnual-report10.doc; zuletzt aufgerufen am 20.02.2019).

–, Giovanni Arduino – the man who invented the Quaternary, in: Quaternary International 500, 2019, 11–19.

–/ Lewin, John, Partitioning the Quaternary, in: Quaternary Science Reviews 151, 2016, 127–139.

– u. a., What status for the Quaternary?, in: Boreas 34, 2005, H. 1, 1–6.

–/ Walker, Mike, The term ›Anthropocene‹ in the context of formal geological classification, in: Colin N. Waters u. a. (Hrsg.), A Stratigraphical Basis for the Anthropocene? London 2014, 29–37.

Gibbons, Michael u. a., The New Production of Knowledge. The Dynamics of Science and Research in Contemporary Societies. London 1994.

Ginz, Cornelia C., Die Ungefragten der Geschichte. Eine Lektüre von Stefan Heyms »Der König David Bericht« mit dem Diskurs um Gedächtnis und Geschichte. Berlin 2014 (= Literatur – Medien – Religion, Bd. 22).

Glikson, Andrew, Fire and human evolution. The deep-time blueprints of the Anthropocene, in: Anthropocene 3, 2013, 89–92.

Goddéris, Yves/Brantley, Susan L., Earthcasting the future Critical Zone, in: Elementa. Science of the Anthropocene 1, 2013, Art. 19.

Goertz, Hans-Jürgen, Umgang mit Geschichte. Eine Einführung in die Geschichtstheorie. Reinbek 1995.

Gorman, James, It Could Be the Age of the Chicken, Geologically, in: New York Times, 11.12.2018.

Gould, Stephen J., Time's Arrow Time's Cycle. Myth and Metaphor in the Discovery of Geological Time. Cambridge, MA, London 1987.

Graber, Jörn, Selbstreferenz und Objektivität: Organisationsmodelle von Menschheits- und Weltgeschichte in der deutschen Spätaufklärung, in: Hans Erich Bödeker, Peter Hanns Reill, Jürgen Schlubohm (Hrsg.), Wissenschaft als kulturelle Praxis. 1750–1900. Göttingen 1999, 137–185.

Gradstein, Felix M. u. a., ICS on stage, in: Lethaia 36, 2003, H. 4, 371–377.

–/ Ogg, James G., Time Scale, in: Richard C. Selley, L. R. M. Cocks, I. R. Plimer (Hrsg.), Encyclopedia of Geology. Bd. 5. Amsterdam, Boston 2005, 503–520.

–/ Ogg, James G./Smith, Alan G. (Hrsg.), A Geologic Time Scale 2004. Cambridge 2005.

– u. a., A new Geologic Time Scale, with special reference to Precambrian and Neogene, in: Episodes 27, 2005, H. 2, 83–100.

Graf, Rüdiger/Zentrum für Zeithistorische Forschung Potsdam, Zeit und Zeitkonzeptionen in der Zeitgeschichte. s.l. 2012 (URL: https://zeitgeschichte-digital.de/doks/frontdoor/deliver/index/docId/266/file/docupediagrafzeitundzeitkonzeptionenv2de2012.pdf; zuletzt aufgerufen am 04.04.2018).

Grayson, Donald K./Meltzer, David J., A requiem for North American overkill, in: Journal of Archaeological Science 30, 2003, H. 5, 585–593.

Greiner, Andreas, Nach der Natur: Kunst im Anthropozän. Ankündigung für einen Vortrag im Rahmen von VISIT (Artist in Residence Program der innogy Stiftung), Essen 05.2018.

Griffiths, Tom, How many trees make a forest? Cultural debates about vegetation change in Australia, in: Australian Journal of Botany 50, 2002, H. 4, 375–389.

Grinevald, Jacques u. a., History of the Anthropocene Concept, in: Jan A. Zalasiewicz u. a. (Hrsg.), The Anthropocene as a Geological Time Unit. A Guide to the Scientific Evidence and Current Debate. Cambridge 2019, 4–11.

Groß, Robert, Wie das 1950er Syndrom in die Täler kam. Umwelthistorische Überlegungen zur Konstruktion von Wintersportlandschaften am Beispiel Damüls in Vorarlberg. Regensburg 2012 (= Institut für Sozialwissenschaftliche Regionalforschung. Veröffentlichungen, Bd. 10).

Grunwald, Armin, Transformative Wissenschaft – eine neue Ordnung im Wissenschaftsbetrieb?, in: GAIA 24, 2015, H. 1, 17–20.

Grusin, Richard A. (Hrsg.), Anthropocene Feminism. Minneapolis 2017.

Güncelleme, Son, ›İnsan Çağı‹ ne zaman başladı?, in: Gazete Duvar, 02.09.2016.

Habermas, Jürgen, Vorstudien und Ergänzungen zur Theorie des kommunikativen Handelns. Frankfurt a. M. 1984.

–, Strukturwandel der Öffentlichkeit. Untersuchungen zu einer Kategorie der bürgerlichen Gesellschaft. Frankfurt a. M. ⁵1996 (= Suhrkamp-Taschenbuch Wissenschaft, Bd. 891).

Haff, Peter K., Being Human in the Anthropocene (URL: http://blogs.nicholas.duke.edu/anthropocene/2-5-three-revolutions/; zuletzt aufgerufen am 06.06.2018).

–, Technology and human purpose. The problem of solids transport on the Earth's surface, in: Earth System Dynamics 3, 2012, H. 2, 149–156.

–, Humans and technology in the Anthropocene. Six rules, in: The Anthropocene Review 1, 2014, H. 2, 126–136.

–, Technology as a geological phenomenon: implications for human well-being, in: Colin N. Waters u. a. (Hrsg.), A Stratigraphical Basis for the Anthropocene? London 2014, 301–309.

–, Being human in the Anthropocene, in: The Anthropocene Review 4, 2017, H. 2, 103–109.

Halbfass, Wilhelm/Held, Klaus, Evidenz, in: Historisches Wörterbuch der Philosophie online. Basel 2017 (URL: https://www.schwabeonline.ch/schwabe-xaveropp/elibrary/start. xav?start=%2F%2F*%5B%40attr_id%3D%27verw.evidenz%27%5D; zuletzt aufgerufen am 17.09.2019).

Halfmann, Jost/Rohbeck, Johannes (Hrsg.), Zwei Kulturen der Wissenschaft – revisited. Weilerswist 2007.

Hamilton, Clive, The Delusion of the »Good Anthropocene«: Reply to Andrew Revkin. 2014 (URL: https://clivehamilton.com/the-delusion-of-the-good-anthropocene-reply-to-andrew-revkin/; zuletzt aufgerufen am 12.06.2019).

–, Getting the Anthropocene so wrong, in: The Anthropocene Review 2, 2015, H. 2, 102–107.

–, The Theodicy of the »Good Anthropocene«, in: Environmental Humanities 7, 2016, H. 1, 233–238.

–, Defiant Earth. The Fate of Humans in the Anthropocene. Cambridge, Malden, MA 2017.

–/ Grinevald, Jacques, Was the Anthropocene anticipated?, in: The Anthropocene Review 2, 2015, H. 1, 59–72.

Hancock, Gary J. u. a., The release and persistence of radioactive anthropogenic nuclides, in: Colin N. Waters u. a. (Hrsg.), A Stratigraphical Basis for the Anthropocene? London 2014, 265–281.

Hannig, Nicolai/Thießen, Malte (Hrsg.), Vorsorgen in der Moderne. Akteure, Räume und Praktiken. Berlin, Boston 2017 (= Schriftenreihe der Vierteljahreshefte für Zeitgeschichte, Bd. 115).

Hänseroth, Thomas, Technischer Fortschritt als Heilsversprechen und seine selbstlosen

Bürgen: Zur Konstituierung einer Pathosformel der technokratischen Hochmoderne, in: Hans Vorländer (Hrsg.), Transzendenz und die Konstitution von Ordnungen. Berlin 2013, 267–288.

Haraway, Donna J., The Companion Species Manifesto. Dogs, People, and Significant Otherness. Chicago 2003.

–, Simians, Cyborgs, and Women. The Reinvention of Nature. New York 2010.

–, Anthropocene, Capitalocene, Plantationocene, Chthulucene: Making Kin, in: Environmental Humanities 6, 2015, 159–165.

–, Staying with the Trouble. Making Kin in the Chthulucene. Durham 2016.

–/ Hammer, Carmen/Stiess, Immanuel, Die Neuerfindung der Natur. Primaten, Cyborgs und Frauen. Frankfurt a. M., New York 1995.

Harland, Walter B. u. a. (Hrsg.), A Geologic Time Scale 1989. Cambridge 1990.

Harper, Kyle u. a., Bio-History in the Anthropocene: Interdisciplinary Study on the Past and Present of Human Life, in: Chicago Journal of History 7, 2016, 5–19.

Harris, Edward C., Principles of Archaeological Stratigraphy. London ²1989.

–, Archaeological Stratigraphy: A Paradigm for the Anthropocene, in: Journal of Contemporary Archaeology 1, 2014, H. 1, 105–109.

Harrison, James, The Roots of IUGS. 1978 (URL: http://iugs.org/uploads/images/PDF/Roots.pdf; zuletzt aufgerufen am 30.08.2018).

Hartley, Daniel, Anthropocene, Capitalocene, and the Problem of Culture, in: Jason W. Moore (Hrsg.), Anthropocene or Capitalocene? Nature, History, and the Crisis of Capitalism. Oakland, CA 2016, 154–165.

Hassan, Ihab, Prometheus as Performer: Toward a Posthumanist Culture?, in: The Georgia Review 31, 1977, H. 4, 830–850.

Haus der Kulturen der Welt, Technosphere Magazine. Editorial (URL: https://technosphere-magazine.hkw.de/about; zuletzt aufgerufen am 30.12.2019).

Haus der Kulturen der Welt, Das Anthropozän-Projekt. Ein Bericht. 16.10.–8.12.2014. s.l. 2014.

Havenstein, G. B./Ferket, P. R./Qureshi, M. A., Growth, Livability, and Feed Conversion of 1957 Versus 2001 Broilers When Fed Representative 1957 and 2001 Broiler Diets, in: Poultry Science 82, 2003, H. 10, 1500–1508.

Hays, Brooks, ›Loneliest tree in the world‹ offers evidence of Anthropocene's beginning, in: UPI, 19.02.2018.

Head, Lesley, Contingencies of the Anthropocene. Lessons from the ›Neolithic‹, in: The Anthropocene Review 1, 2014, H. 2, 113–125.

Head, Martin J., The Anthropocene: A Cultural Revolution or Legitimate Unit of Geological Time?, Tokio 29.–31.01.2016 (Museums in the Anthropocene. Toward the History of Humankind within Biosphere & Technosphere. National Museum of Nature and Science).

–/ Gibbard, Philip L., Formal subdivision of the Quaternary System/Period. Past, present, and future, in: Quaternary International 383, 2015, 4–35.

–/ Gibbard, Philip L./Salvador, Amos, The Quaternary: its character and definition, in: Episodes 31, 2008, H. 2, 234–238.

Hecht, Gabrielle, Being Nuclear. Africans and the Global Uranium Trade. Cambridge, MA 2012.

–, Interscalar Vehicles for an African Anthropocene: On Waste, Temporality, and Violence, in: Cultural Anthropology 33, 2018, H. 1, 109–141.

–, The African Anthropocene. The Anthropocene feels different depending on where you are – too often, the ›we‹ of the world is white and Western, in: Aeon, 06.02.2018.

Hedberg, Hollis D., International Stratigraphic Guide. A Guide to Stratigraphic Classification, Terminology, and Procedure. New York 1976.

Heil, Reinhard, Trans- und Posthumanismus. Eine Begriffsbestimmung, in: Annette Hilt (Hrsg.), Endlichkeit, Medizin und Unsterblichkeit. Geschichte – Theorie – Ethik. Stuttgart 2010, 127–149.

Heise, Ursula K., Nach der Natur. Das Artensterben und die moderne Kultur. Berlin 2010.

–, The Posthuman Turn. Rewriting Species in Recent American Literature, in: Caroline Field Levander, Robert S. Levine (Hrsg.), A Companion to American Literary Studies. New York 2011, 454–468.

Helama, Samuli/Oinonen, Markku, Exact dating of the Meghalayan lower boundary based on high-latitude tree-ring isotope chronology, in: Quaternary Science Reviews 214, 2019, 178–184.

Heller, Nicole, Integrating Environmental Humanities into the Natural History Museum: Toward an Anthropocene Center at the Carnegie Museum of Natural History, München 18.06.2019 (Rachel Carson Center for Environment and Society).

Herbrechter, Stefan, Posthumanism. A Critical Analysis. London 2013.

–, Posthumanistische Bildung?, in: Sven Kluge, Ingrid Lohmann, Gerd Steffens (Hrsg.), Menschenverbesserung – Transhumanismus. Frankfurt a.M. 2014, 267–281.

Hickmann, Thomas u.a. (Hrsg.), The Anthropocene Debate and Political Science. Abingdon, New York 2019.

Hilgen, Frederik J. u.a., The Global boundary Stratotype Section and Point (GSSP) of the Tortorian Stage (Upper Miocene) at Monte Dei Corvi, in: Episodes 28, 2005, H. 1, 6–17.

– u.a., Paleogene and Neogene Periods of the Cenozoic Era. A formal proposal and inclusive solution for the status of the Quaternary, in: Stratigraphy 6, 2009, H. 1, 1–16.

Hillis, Danny u.a., Time in the 10.000-Year Clock. 2011 (URL: https://arxiv.org/ftp/arxiv/papers/1112/1112.3004.pdf; zuletzt aufgerufen am 23.06.2019).

Hobbs, Sean, ›The Human Scene‹: exploring what it means to live in the Anthropocene. 23.02.2015 (URL: https://www.sei.org/featured/human-scene-exploring-means-live-anthropocene/; zuletzt aufgerufen am 12.09.2019).

Hodder, Ian, Entangled. An Archaeology of the Relationships between Humans and Things. Malden 2012.

Hoegh-Guldberg, O., Coral reefs in the Anthropocene: persistence or the end of the line?, in: Colin N. Waters u.a. (Hrsg.), A Stratigraphical Basis for the Anthropocene? London 2014, 167–183.

Hoffmann, Gösta/Reicherter, Klaus, Reconstructing Anthropocene extreme flood events by using litter deposits, in: Global and Planetary Change 122, 2014, 23–28.

Hofmann, Eileen u.a., IMBER – Research for marine sustainability. Synthesis and the way forward, in: Anthropocene 12, 2015, 42–53.

Hohendahl, Peter U. (Hrsg.), Öffentlichkeit. Geschichte eines kritischen Begriffs. Stuttgart 2000.

Hoiß, Christian, Deutschunterricht im Anthropozän. Didaktische Konzepte einer Bildung für nachhaltige Entwicklung (URL: https://edoc.ub.uni-muenchen.de/24608/1/Hoiss_Christian.pdf; zuletzt aufgerufen am 19.11.2019).

Hölder, Helmut, Kurze Geschichte der Geologie und Paläontologie. Ein Lesebuch. Berlin, Heidelberg 1989.

Hölscher, Lucian, Öffentlichkeit, in: Otto Brunner, Werner Konze, Reinhart Koselleck (Hrsg.), Geschichtliche Grundbegriffe. Historisches Lexikon zur politisch-sozialen Sprache in Deutschland. Bd. 4 Mi-Pre. Stuttgart 1978, 413–467.

Hong, Sungmin u.a., Greenland Ice Evidence of Hemispheric Lead Pollution Two Millennia Ago by Greek and Roman Civilizations, in: Science 265, 1994, H. 5180, 1841–1843.

– u.a., History of Ancient Copper Smelting Pollution During Roman and Medieval Times Recorded in Greenland Ice, in: Science 272, 1996, H. 5259, 246–248.

Horn, Eva/Bergthaller, Hannes, The Anthropocene. Key Issues for the Humanities. Abingdon, New York 2020.

Hornborg, Alf, Technology as Fetish. Marx, Latour, and the Cultural Foundations of Capitalism, in: Theory, Culture and Society 31, 2013, H. 4, 119–140.

–, Does the Anthropocene Really Imply the End of Culture/Nature and Subject/Object Distinctions?, in: International Colloquium The Thousand Names of Gaia: From the Anthropocene to the Age of the Earth. September 15–19, 2014. Rio de Janeiro 2014, 1–16 (URL: https://osmilnomesdegaia.files.wordpress.com/2014/11/alf-hornborg-does-the-anthropocene-really-imply-the-end-of-culturenature-and-subjectobject-distinctions.pdf; zuletzt aufgerufen am 06.06.2019).

–, The Political Ecology of the Technocene: Uncovering Ecologically Unequal Exchange in the World-System, in: Clive Hamilton, Christophe Bonneuil, François Gemenne (Hrsg.), The Anthropocene and the Global Environmental Crisis. Rethinking modernity in a new epoch. London 2015, 57–69.

–, Fetishistic causation. The 2017 Stirling Lecture, in: HAU: Journal of Ethnographic Theory 7, 2017, H. 3, 89–103.

–/ Malm, Andreas, Yes, it is all about fetishism. A response to Daniel Cunha, in: The Anthropocene Review 3, 2016, H. 3, 205–207.

Hörnes, M., Mittheilungen an Professor Bronn gerichtet. Wien, 3. Okt. 1853., in: K. C. von Leonhard, H. G. Bronn (Hrsg.), Neues Jahrbuch für Mineralogie, Geologie, Geognosie und Petrefakten-Kunde. Stuttgart 1853, 806–810.

Houtermans, F. G., Determination of the Age of the Earth from the Isotopic Composition of Meteoritic Lead, in: Il Nuovo Cimento 10, 1953, H. 12, 1623–1633.

Howard, Jeffrey L., Proposal to add anthrostratigraphic and technostratigraphic units to the stratigraphic code for classification of anthropogenic Holocene deposits, in: The Holocene 24, 2014, H. 12, 1856–1861.

Howe, Cymene, Latin America in the Anthropocene: Energy Transitions and Climate Change Mitigations, in: The Journal of Latin American and Caribbean Anthropology 20, 2015, H. 2, 231–241.

Hudson, Mark J., Placing Asia in the Anthropocene: Histories, Vulnerabilities, Responses, in: The Journal of Asian Studies 73, 2014, H. 4, 941–962.

– u. a., JAS at AAS: Asian Studies and Human Engagement with the Environment, Philadelphia 29.03.2014 (Association for Asian Studies).

Hummel, Antônio C., Deforestation in the Amazon. What is illegal and what is not?, in: Elementa. Science of the Anthropocene 4, 2016, Art. 141.

Hutton, James, Theory of the Earth, in: Royal Society of Edinburgh (Hrsg.), Transactions of the Royal Society of Edinburgh. Edinburgh 1788, 209–304.

Huttunen, Suvi/Skytén, Emmi/Hildén, Mikael, Emerging policy perspectives on geoengineering. An international comparison, in: The Anthropocene Review 2, 2015, H. 1, 14–32.

Huxley, Julian, New Bottles For New Wine, Essays. London 1957.

Intergovernmental Panel on Climate Change, History of the IPCC (URL: https://www.ipcc. ch/about/history/; zuletzt aufgerufen am 04.11.2019).

–, Climate Change 2001. The Scientific Basis. Contribution of Working Group I to the Third Assessment Report of the Intergovernmental Panel on Climate Change [Houghton, J. T; Ding, Y; Griggs, D. J; Noguer, M; van der Linden, P. J; Dai, X; Maskell, K; Johnson. C. A. (Hrsg.)]. Cambridge 2001 (URL: https://www.ipcc.ch/site/assets/uploads/2018/03/WGI_TAR_full_report.pdf; zuletzt aufgerufen am 11.06.2019).

–, Climate Change 2007. Synthesis Report. Contribution of Working Groups I, II and III to the Fourth Assessment Report of the Intergovernmental Panel on Climate Change [Core Writing Team; Pachauri, R. K; Reisinger, A. (Hrsg.)], Genf 2008 (URL: https://www.ipcc.ch/site/assets/uploads/2018/02/ar4_syr_full_report.pdf; zuletzt aufgerufen am 15.04.2019).

–, Understanding Climate Change. 22 years of IPCC assessment. s.l. 2010 (URL: https://www.ipcc.ch/site/assets/uploads/2018/04/ipcc-brochure_understanding.pdf; zuletzt aufgerufen am 17.10.2019).

–, Climate Change 2013. The Physical Science Basis. Working Group I Contribution to the

Fifth Assessment Report of the Intergovernmental Panel on Climate Change [Stocker, T. F; Qin, D; Plattner, G.-K; Tignor, M; Allen, S. K; Boschung, J; Nauels, A; Xia, Y; Bex, V; Midgley, P. M. (Hrsg.)]. Cambridge u. a. 2013 (URL: https://www.ipcc.ch/site/assets/uploads/2018/02/WG1AR5_all_final.pdf; zuletzt aufgerufen am 09.05.2019).

–, Climate Change 2014 Synthesis Report. Contribution of Working Groups I, II and III to the Fifth Assessment Report of the Intergovernmental Panel on Climate Change [Core Writing Team; Pachauri, R. K; Meyer, L. A. (Hrsg.)]. Genf 2015 (URL: https://www.ipcc.ch/site/assets/uploads/2018/02/SYR_AR5_FINAL_full.pdf; zuletzt aufgerufen am 05.06.2019).

–, Global Warming of 1.5°C. An IPCC Special Report on the impacts of global warming of 1.5°C above pre-industrial levels and related global greenhouse gas emission pathways, in the context of strengthening the global response to the threat of climate change, sustainable development, and efforts to eradicate poverty. [Masson-Delmotte, V; Zhai, P; Pörtner, H.-O; Roberts, D; Skea, J; Shukla, P. R; Pirani, A; Moufouma-Okia, W; Péan, C; Pidcock, R; Connors, S; Matthews, J. B. R; Chen, Y; Zhou, X; Gomis, M. I; Lonnoy, E; Maycok, T; Tignor, M; Waterfield, T. (Hrsg.)]. s.l. 2018 (URL: https://www.ipcc.ch/site/assets/uploads/sites/2/2019/06/SR15FullReportHighRes.pdf; zuletzt aufgerufen am 22.08.2019).

–, Climate Change and Land. An IPCC Special Report on climate change, desertification, land degradation, sustainable land management, food security, and greenhouse gas fluxes in terrestrial ecosystems. s.l. 2019 (URL: https://www.ipcc.ch/srccl/; zuletzt aufgerufen am 18.09.2019).

–, Climate Change and Land. An IPCC Special Report on climate change, desertification, land degradation, sustainable land management, food security, and greenhouse gas fluxes in terrestrial ecosystems. Summary for Policymakers. s.l. 2020 (URL: https://www.ipcc.ch/site/assets/uploads/sites/4/2020/02/SPM_Updated-Jan20.pdf zuletzt aufgerufen am 10.08.2020).

International Commission on Stratigraphy, GSSP Table – All Periods. Global Boundary Stratotype Section and Point (GSSP) of the International Commission on Stratigraphy (URL: http://www.stratigraphy.org/gssp/; zuletzt aufgerufen am 26.03.2019).

–, International Commission on Stratigraphy (ICS). Statutes 2017 (URL: http://www.stratigraphy.org/index.php/ics-statutesofics; zuletzt aufgerufen am 25.02.2019).

International Energy Agency, World Energy Outlook 2018. s.l. 2018.

–, Global Energy & CO2 Status Report 2018. The latest Trends in Energy and Emissions in 2018. s.l. 2019.

International Geosphere-Biosphere Programme, Earth System Definitions (URL: http://www.igbp.net/globalchange/earthsystemdefinitions.4.d8b4c3c12bf3be638a80001040.html; zuletzt aufgerufen am 19.11.2019).

–, IGBP (URL: http://www.igbp.net/; zuletzt aufgerufen am 04.11.2019).

–, The International Geosphere-Biosphere Programme: A Study of Global Change. Final Report of the Ad Hoc Planning Group. ICSU 21st General Assembly, Berne, Switzerland 14–19 September, 1986. s.l. 1986 (URL: http://www.igbp.net/download/18.950c2fa1495db7081e192c/1430900153144/IGBP_report_01-final_report_adhocplanning.pdf; zuletzt aufgerufen am 17.10.2019).

–, Developing an Integrated History and Future of People on Earth (IHOPE): Research Plan. IGBP Report No. 59. Stockholm 2010 (URL: http://www.igbp.net/download/18.1b8ae20512db692f2a680006394/1376383134962/report_59-IHOPE.pdf zuletzt aufgerufen am 16.07.2019).

–/ Stockholm Resilience Center, The Great Acceleration (URL: http://www.igbp.net/images/18.950c2fa1495db7081ebd1/1421396650502/GreatAcceleration2015igbpsrclowres.jpg; zuletzt aufgerufen am 12.06.2019).

International Union of Geological Sciences, 36th International Geological Congress (URL: https://www.36igc.org/; zuletzt aufgerufen am 10.08.2020).

–, The International Geological Congress (A Brief History) (URL: http://iugs.org/uploads/ images/PDF/A%20Brief%20History.pdf; zuletzt aufgerufen am 22.01.2019).

–, Voting details. 2008 (URL: http://quaternary.stratigraphy.org/wp-content/uploads/2018/04/ HoloceneGSSP_to_IUGS.doc; zuletzt aufgerufen am 25.02.2019).

–, Statutes and Bylaws of the International Union of Geological Sciences. 2016 (URL: http:// iugs.org/uploads/Statutes%20and%20Bylaws%20IUGS%2035th%20IGC.pdf; zuletzt aufgerufen am 25.02.2019).

–, The latest version of the International Chronostratigraphic Chart/Geologic Time Scale is now available! New #Holocene subdivisions: #Greenlandian (11,700 yr b2k) #Northgrippian (8326 yr b2k) #Meghalayan (4200 yr before 1950) [Twitter-Account der International Union for Geological Sciences]. 13.07.2018, 20:23 h (URL: https://twitter.com/ theIUGS/status/1017837047548186624; zuletzt aufgerufen am 10.08.2020).

–, Correction: # Greenlandian (11,700 yr b2k) # Northgrippian (8326 yr b2k) # Meghalayan (4200 yr b2k) – The Meghalayan extends to the present not to 1950 [Twitter-Account der International Union for Geological Sciences]. 18.07.2018, 13:36 h (URL: https://twitter. com/theIUGS/status/1019546368971591680; zuletzt aufgerufen am 05.11.2019).

Iovino, Serenella, Reading the Anthropocene with Italo Calvino, München 12.04.2018 (Lunchtime Colloquium. Rachel Carson Center for Environment and Society).

Issberner, Liz-Rejane/Lena, Philippe (Hrsg.), Brazil in the Anthropocene: Conflicts between Predatory Development and Environmental Policies. London 2017.

Ivanchikova, Alla, Geomediations in the Anthropocene. Fictions of the Geologic Turn, in: C21 Literature: Journal of 21st-Century Writings 6, 2018, H. 1, 1–24.

Ivar do Sul, Juliana Assunção/Costa, Monica F., The present and future of microplastic pollution in the marine environment, in: Environmental Pollution 185, 2014, 352–364.

–, Pelagic microplastics around an archipelago of the Equatorial Atlantic, in: Marine Pollution Bulletin 75, 2013, H. 1–2, 305–309.

–/ Spengler, Ângela/Costa, Monica F., Here, there and everywhere. Small plastic fragments and pellets on beaches of Fernando de Noronha (Equatorial Western Atlantic), in: Marine Pollution Bulletin 58, 2009, H. 8, 1236–1238.

Jackson, Catherine M., Laboratorium, in: Marianne Sommer, Staffan Müller-Wille, Carsten Reinhardt (Hrsg.), Handbuch Wissenschaftsgeschichte. Stuttgart 2017, 244–255.

Jaeger, Friedrich/Rüsen, Jörn, Geschichte des Historismus. Eine Einführung. München 1992.

Jaeger, Lars, Die Naturwissenschaften. Eine Biographie. Berlin 2015.

Jardine, Nicholas/Secord, James A./Spary, Emma C. (Hrsg.), Cultures of Natural History. Cambridge 1996.

Jarren, Otfried/Donges, Patrick, Politische Kommunikation in der Mediengesellschaft. Eine Einführung. Wiesbaden ³2011.

Jasanoff, Sheila S., Ordering knowledge, ordering society, in: dies. (Hrsg.), States of Knowledge. The Co-Production of Science and Social Order. London 2010, 13–44.

–, The idiom of co-production, in: dies. (Hrsg.), States of Knowledge. The Co-Production of Science and Social Order. London 2010, 1–12.

Jonsson, Fredrik A, The Origins of Cornucopianism: A Preliminary Genealogy, in: Critical Historical Studies 1, 2014, H. 1, 151–168.

Jordheim, Helge, Introduction: Multiple Times and the Work of Synchronization, in: History and Theory 53, 2014, H. 4, 498–518.

–, Europe at Different Speeds: Asynchronicities and Multiple Times in European Conceptual History, in: Willibald Steinmetz, Michael Freeden, Javier Fernández-Sebastián (Hrsg.), Conceptual History in the European Space. New York 2017, 47–62.

–/ Wigen, Einar, Conceptual Synchronisation. From Progress to Crisis, in: Millennium: Journal of International Studies 46, 2018, H. 3, 421–439.

Jørgensen, Dolly, Not by Human Hands. Five Technological Tenets for Environmental History in the Anthropocene, in: Environment and History 20, 2014, H. 4, 479–489.

Kalender, Ute, Körper von Wert. Eine kritische Analyse der bioethischen Diskurse über die Stammzellforschung. Bielefeld 2012.

Kaminsky, Uwe, Oral History, in: Hans-Jürgen Pandel, Gerhard Schneider (Hrsg.), Handbuch Medien im Geschichtsunterricht. Schwalbach ⁶2011, 483–499.

Kaplan, Jed O./Krumhardt, Kristen M./Zimmermann, Niklaus, The prehistoric and pre-industrial deforestation of Europe, in: Quaternary Science Reviews 28, 2009, 3016–3034.

Karlsson, Rasmus, Three metaphors for sustainability in the Anthropocene, in: The Anthropocene Review 3, 2016, H. 1, 23–32.

Kathrina Neumann, Kunst im Anthropozän II. Veranstaltungsinformation der Philosophischen Fakultät, Abteilung Kunstgeschichte, Düsseldorf SoSe 2013.

Kelly, Thomas, Evidence, in: Edward N. Zalta (Hrsg.), Stanford Encyclopedia of Philosophy. Stanford 2016 (URL: https://plato.stanford.edu/entries/evidence/; zuletzt aufgerufen am 16.09.2019).

Kemmann, Ansgar, Evidentia, Evidenz, in: Gert Ueding (Hrsg.), Historisches Wörterbuch der Rhetorik. Eup-Hör. Bd. 3. Tübingen 1996, Spalten 33–47 (URL: https://www-degruyter-com.emedien.ub.uni-muenchen.de/view/HWRO/evidentia_evidenz?rskey=ctFomr&result=391; zuletzt aufgerufen am 11.12.2019).

Kempe, Michael, Wissenschaft, Theologie, Aufklärung. Johann Jakob Scheuchzer (1672–1733) und die Sintfluttheorie. Epfendorf 2003 (= Frühneuzeit-Forschungen, Bd. 10).

Kersten, Jens, Das Anthropozän-Konzept. Kontrakt, Komposition, Konflikt. Baden-Baden 2014.

–, Leben im Menschenzeitalter. Mehr Rechte für Natur und Tiere. Deutschlandfunk Kultur 27.07.2018 (URL: https://www.deutschlandfunkkultur.de/leben-im-menschheitszeitalter-mehr-rechte-fuer-natur-und.1008.de.html?dram:article_id=423978; zuletzt aufgerufen am 18.07.2019).

–, Natur als Rechtssubjekt. Für eine ökologische Revolution des Rechts, in: Aus Politik und Zeitgeschichte, 2020, H. 11.

Kidner, David W., Why ›anthropocentrism‹ is not anthropocentric, in: Dialectical Anthropology 38, 2014, H. 4, 465–480.

Kiesow, Rainer M., Auf der Suche nach der verlorenen Wahrheit. Eine Vorbemerkung, in: ders., Dieter Simon (Hrsg.), Auf der Suche nach der verlorenen Wahrheit. Zum Grundlagenstreit in der Geschichtswissenschaft. Frankfurt a. M. 2000, 7–12.

King, David A., Environment. Climate change science. Adapt, mitigate, or ignore?, in: Science 303, 2004, H. 5655, 176–177.

Kistler, Sebastian, Wie viel Gleichheit ist gerecht? Sozialethische Untersuchungen zu einem nachhaltigen und gerechten Klimaschutz. Marburg 2018 (= Beiträge zur sozialwissenschaftlichen Nachhaltigkeitsforschung Bd. 23).

Klein, Julie T., Crossing Boundaries. Knowledge, Disciplinarities, and Interdisciplinarities. Charlottesville 1996.

Klingan, Katrin/Rosol, Christoph (Hrsg.), Technosphäre. Berlin 2019.

Knapton, Sarah, Age of the chicken: why the Anthropocene will be geologically egg-ceptional, in: The Telegraph, 12.12.2018.

Knight, Jasper, Anthropocene futures. People, resources and sustainability, in: The Anthropocene Review 2, 2015, H. 2, 152–158.

Knorr-Cetina, Karin/Harré, Rom, Die Fabrikation von Erkenntnis. Zur Anthropologie der Naturwissenschaft. Frankfurt a. M. ³2012 (= Suhrkamp Taschenbuch Wissenschaft, Bd. 959).

Kohler, Robert E., Lab History: Reflections, in: Isis 99, 2008, H. 4, 761–768.

–/ Vetter, Jeremy, The Field, in: Bernard V. Lightman (Hrsg.), A Companion to the History of Science. Chichester, Malden, MA 2016, 283–295.

Kolbert, Elizabeth, Enter the Anthropocene – Age of Man, in: National Geographic 219, 2011, H. 3, 60–85.

Komjáthy, Lóránt, Üdv az Antropocénban: Új korszakba lépett az emberiség, de nem túl biztató, in: Korkep, 01.09.2016.

Kompatscher-Gufler, Gabriela/Spannring, Reingard/Schachinger, Karin, Human-Animal Studies. Eine Einführung für Studierende und Lehrende. Mit Beiträgen von Reinhard Heuberger und Reinhard Margreiter. Münster u. a. 2017 (= UTB Kulturwissenschaften, Bd. 4759).

Koselleck, Reinhart/Gadamer, Hans-Georg, Zeitschichten. Studien zur Historik. Frankfurt a. M. [3]2013.

Koyré, Alexandre, Von der geschlossenen Welt zum unendlichen Universum. Frankfurt am Main [2]2008 (= Suhrkamp-Taschenbuch Wissenschaft, Bd. 320).

Krachler, Michael u. a., Global atmospheric As and Bi contamination preserved in 3000 year old Arctic ice, in: Global Biogeochemical Cycles 23, 2009, H. 3, GB3011.

Kraus, Hans-Christof, Kultur, Bildung und Wissenschaft im 19. Jahrhundert. München 2008 (= Enzyklopädie Deutscher Geschichte, Bd. 82).

Krüger, Oliver, Virtualität und Unsterblichkeit. Die Visionen des Posthumanismus. Freiburg i. B. 2004 (= Rombach Wissenschaften Reihe Litterae, Bd. 123).

–, Tod und Unsterblichkeit im Posthumanismus und Transhumanismus, in: Transit Europäische Revue, 2007, H. 33.

Kübler, Hans-Dieter, Mythos Wissensgesellschaft. Gesellschaftlicher Wandel zwischen Information, Medien und Wissen. Eine Einführung. Wiesbaden [2]2009.

Kuklick, Henrika/Kohler, Robert E. (Hrsg.), Science in the Field. Chicago 1996 (= Osiris, Jg. 11).

Kurzweil, Ray, The Age of Spiritual Machines. When Computers Exceed Human Intelligence. New York 2000.

Lange, Rainer, Experimentalwissenschaft Biologie. Methodische Grundlagen und Probleme einer technischen Wissenschaft vom Lebendigen. Würzburg 1999 (= Epistemata Reihe Philosophie, Bd. 259).

Latour, Bruno, Give Me a Laboratory and I Will Raise the World, in: Karin Knorr-Cetina, Michael Mulkay (Hrsg.), Science Observed. Perspectives on the Social Study of Science. London 1983, 141–170.

–, Science in action. How to follow scientists and engineers through society. Cambridge, MA [11]2003.

–, Will non-humans be saved? An argument in ecotheology, in: Journal of the Royal Anthropological Institute 15, 2009, 459–475.

–, Love Your Monsters: Why We Must Care for Our Technologies as We Do Our Children, in: Breakthrough Journal, 2011, 21–28.

–, Agency at the Time of the Anthropocene, in: New Literary History 45, 2014, H. 1, 1–18.

–, How Better to Register the Agency of Things, Yale 26./27.03.2014 (Tanner Lectures. Yale University).

–, Anthropology at the Time of the Anthropocene – a personal view of what is to be studied, Washington, D. C. 14.12.2014.

–, Telling Friends from Foes in the Time of the Anthropocene, in: Clive Hamilton, Christophe Bonneuil, François Gemenne (Hrsg.), The Anthropocene and the Global Environmental Crisis. Rethinking modernity in a new epoch. London 2015, 145–155.

–, Is Geo-logy the new umbrella for all the sciences? Hints for a neo-Humboldtian university, Ithaca 25.10.2016 (Cornell University).

–/ Woolgar, Steve, Laboratory Life. The Construction of Scientific Facts: With a New Postscript and Index by the Authors. Princeton 1986.

LaViolette, Paul A., Evidence for a Solar Flare Cause of the Pleistocene Mass Extinction, in: Radiocarbon 53, 2011, H. 2, 303–323.

Lawrence, Mark G., The Geoengineering Dilemma. To Speak or not to Speak, in: Climatic Change 77, 2006, H. 3–4, 245–248.

–/ Crutzen, Paul J., Was breaking the taboo on research on climate engineering via albedo modification a moral hazard, or a moral imperative?, in: Earth's Future 5, 2017, H. 2, 136–143.

– u. a., Evaluating climate geoengineering proposals in the context of the Paris Agreement temperature goals, in: Nature Communications 9, 2018, H. 1, 1–19.

LeCain, Timothy J., Against the Anthropocene. A Neo-Materialist Perspective, in: International Journal of History, Culture and Modernity 3, 2015, H. 1, 1–28.

–, Heralding a New Humanism. The Radical Implications of Chakrabarty's »Four Theses«, in: Robert Emmett, Thomas Lekan (Hrsg.), Whose Anthropocene? Revisiting Dipesh Chakrabarty's »Four Theses«. München 2016, 15–20.

–, The Matter of History. How Things Create the Past. Cambridge 2017.

Leibniz, Gottfried Wilhelm, Protogaea Oder Abhandlung Von der ersten Gestalt der Erde und den Spuren der Historie in den Denkmalen der Natur. Leipzig 1749.

Leinfelder, Reinhold, Assuming Responsibility for the Anthropocene: Challenges and Opportunities in Education, in: RCC Perspectives: Transformations in Environment and Society, 2013, H. 3, 9–28.

–, Using the State of Reefs for Anthropocene Stratigraphy: An Ecostratigraphic Approach, in: Jan A. Zalasiewicz u. a. (Hrsg.), The Anthropocene as a Geological Time Unit. A Guide to the Scientific Evidence and Current Debate. Cambridge 2019, 128–136.

–/ Ivar do Sul, Juliana Assunção, The Stratigraphy of Plastics and Their Preservation in Geological Records, in: Jan A. Zalasiewicz u. a. (Hrsg.), The Anthropocene as a Geological Time Unit. A Guide to the Scientific Evidence and Current Debate. Cambridge 2019, 147–155.

– im Gespräch mit Krauter, Ralf, Geologe zum Meghalayum. Die Erdgeschichte hat neue Kapitel. 24.07.2018 (= Deutschlandfunk Kultur).

Lethen, Helmut, Vorwort, in: Rüdiger Campe, Helmut Lethen (Hrsg.), Auf die Wirklichkeit zeigen. Zum Problem der Evidenz in den Kulturwissenschaften. Frankfurt a. M. 2015, 9–12.

Lewis, Cherry, Arthur Holmes‹ vision of a geological timescale, in: dies. (Hrsg.), The Age of the Earth. From 4004 BC to AD 2002. London 2001, 121–138.

Lewis, Simon L./Maslin, Mark A., A transparent framework for defining the Anthropocene Epoch, in: The Anthropocene Review 2, 2015, H. 2, 128–146.

–, Defining the Anthropocene, in: Nature 519, 2015, H. 7542, 171–180.

–, Human Planet. How We Created the Anthropocene. New Haven, London 2018.

Lipphardt, Veronika/Patel, Kiran K., Neuverzauberung im Gestus der Wissenschaftlichkeit. Wissenspraktiken im 20. Jahrhundert am Beispiel menschlicher Diversität, in: Geschichte und Gesellschaft 34, 2008, 425–454.

Ljungkvist, John u. a., The Urban Anthropocene: Lessons for Sustainability from the Environmental History of Constantinople, in: Paul J. J. Sinclair u. a. (Hrsg.), The Urban Mind. Cultural and Environmental Dynamics. Uppsala 2010, 367–390.

Lo, Kwai-Cheung/Yeung, Jessica, Chinese Shock of the Anthropocene. Image, Music and Text in the Age of Climate Change. Singapur 2019.

Locher, Fabien/Fressoz, Jean-Baptiste, Modernity's Frail Climate: A Climate History of Environmental Reflexivity, in: Critical Inquiry 38, 2012, H. 3, 579–598.

Lorimer, Jamie, The Anthropo-scene. A guide for the perplexed, in: Social Studies of Science 4, 2017, H. 1, 117–142.

Lourens, Lucas J., On the Neogene – Quaternary debate, in: Episodes 31, 2008, H. 2, 239–242.

Lövbrand, Eva u. a., Who speaks for the future of Earth? How critical social science can extend the conversation on the Anthropocene, in: Global Environmental Change 32, 2015, 211–218.

−/ Stripple, Johannes/Wiman, Bo, Earth System governmentality, in: Global Environmental Change 19, 2009, H. 1, 7–13.

Lovecraft, Howard P., H. P. Lovecraft. Das Werk, hrsg. v. Leslie S. Klinger. Frankfurt a. M. 2017.

Lovelock, James E./Margulis, Lynn, Atmospheric homeostasis by and for the biosphere: the gaia hypothesis, in: Tellus 26, 1974, H. 1–2, 2–10.

Lucas, Spencer G., The GSSP Method of Chronostratigraphy. A Critical Review, in: Frontiers in Earth Science 6, 2018, Art. 191.

Luhmann, Niklas, Soziale Systeme. Grundriß einer allgemeinen Theorie. Frankfurt a. M. ⁸2000.

Lundershausen, Johannes, The Anthropocene Working Group and its (inter-)disciplinarity, in: Sustainability: Science, Practice and Policy 14, 2018, H. 1, 31–45.

Lyell, Charles, Principles of Geology: Being an attempt to explain the former changes of the Earth's surface are referable to causes now in operation. London ³1835.

Maasen, Sabine/Dickel, Sascha, Partizipation, Responsivität, Nachhaltigkeit. Zur Realfiktion eines neuen Gesellschaftsvertrags, in: Dagmar Simon u. a. (Hrsg.), Handbuch Wissenschaftspolitik. Wiesbaden 2016, 225–242.

Macilenti, Alessandro, Characterising the Anthropocene. Ecological Degradation in Italian Twenty-First Century Literary Writing. Frankfurt a. M. 2018 (= Studies in Literature, Culture, and the Environment, Bd. 2).

MacLeod, N., Stratigraphical Principles, in: Richard C. Selley, L. R. M. Cocks, I. R. Plimer (Hrsg.), Encyclopedia of Geology. Bd, 5. Amsterdam, Boston 2005, 295–305.

MacPhee, Ross D. E. (Hrsg.), Extinctions in Near Time. Causes, Contexts, and Consequences. New York, London 1999.

Malm, Andreas, Fossil Capital. The Rise of Steam Power and the Roots of Global Warming. London, New York 2016.

−/ Hornborg, Alf, The geology of mankind? A critique of the Anthropocene narrative, in: The Anthropocene Review 1, 2014, H. 1, 62–69.

Manemann, Jürgen, Kritik des Anthropozäns. Plädoyer für eine neue Humanökologie. Bielefeld, Berlin 2014.

Mangerud, Jan u. a., Quaternary stratigraphy of Norden, a proposal for terminology and classification, in: Boreas 3, 1974, H. 3, 109–126.

March Dance, Bodies, Space and the Anthropocene. In partnership with the Sydney Environment Institute. 06.03.2019 (URL: http://sydney.edu.au/environment-institute/events/making-space-bodies-space-anthropocene/; zuletzt aufgerufen am 09.09.2019).

Marquard, Jens, Worlds apart? The Global South and the Anthropocene, in: Thomas Hickmann u. a. (Hrsg.), The Anthropocene Debate and Political Science. Abingdon, New York 2019, 200–218.

Martens, Helge, Goethe und der Basalt-Streit. 11. Sitzung der Humboldt-Gesellschaft am 13.06.1995 (URL: http://www.humboldtgesellschaft.de/inhalt.php?name=goethe; zuletzt aufgerufen am 09.04.2019).

Marx, Samuel K./Rashid, Shaqer/Stromsoe, Nicola, Global-scale patterns in anthropogenic Pb contamination reconstructed from natural archives, in: Environmental Pollution, 2016, H. 213, 283–298.

Maslin, Mark A./Ellis, Erle C., Scientists still don't understand the Anthropocene – and they're going about it the wrong way, in: The Conversation, 7.12.2016.

−/ Lewis, Simon L., Anthropocene. Earth System, geological, philosophical and political paradigm shifts, in: The Anthropocene Review 2, 2015, H. 2, 108–116.

−/ Lewis, Simon L., Anthropocene Now, in: New Scientist 239, 2018, H. 3188, 24–25.

−/ Lewis, Simon L., If we're in the Meghalayan, whatever happened to the Anthropocene?, in: New Scientist, 19.07.2018.

-/ Lewis, Simon L., Anthropocene vs Meghalayan: why geologists are fighting over whether humans are a force of nature, in: The Conversation, 08.08.2018.

Mauelshagen, Franz, Bridging the Great Divide: The Anthropocene as a Challenge to the Social Sciences and Humanities, in: Celia Deane-Drummond, Sigurd Bergmann, Markus Vogt (Hrsg.), Religion in the Anthropocene. Eugene 2017, 87–102.

Max-Planck-Institut für Chemie, Das Ozonloch (URL: https://www.mpic.de/3550340/ausstellung-meilensteine11; zuletzt aufgerufen am 26.11.2019).

May, Theresa J., *Tú eres mi otro yo* – Staying with the Trouble: Ecodramaturgy & the AnthropoScene, in: The Journal of American Drama and Theatre 29, 2016–17, H. 2, 1–18.

McAfee, Kathleen, The Politics of Nature in the Anthropocene, in: Robert Emmett, Thomas Lekan (Hrsg.), Whose Anthropocene? Revisiting Dipesh Chakrabarty's »Four Theses«. München 2016, 65–72.

McLaren, Duncan P., Time, Life, and Boundaries, in: Journal of Paleontology 44, 1970, H. 5, 801–815.

McNeill, John R., Something New Under the Sun. An Environmental History of the Twentieth-Century World. New York 2001.

–, Blue Planet. Die Geschichte der Umwelt im 20. Jahrhundert. Frankfurt a. M. 2003.

–, The Industrial Revolution and the Anthropocene, in: Jan A. Zalasiewicz u. a. (Hrsg.), The Anthropocene as a Geological Time Unit. A Guide to the Scientific Evidence and Current Debate. Cambridge 2019, 250–254.

-/ Engelke, Peter, The Great Acceleration. An Environmental History of the Anthropocene since 1945. Cambridge, MA, London 2014.

Meadows, Donella H., The Limits to Growth. A Report for the Club of Rome's Project on the Predicament of Mankind. New York ²1974.

Mehar, Pranjal, Broiler chicken is the hallmark of the Anthropocene, study, in: TechExplorist, 13.12.2018.

Melamed, Megan L. u. a., The international global atmospheric chemistry (IGAC) project. Facilitating atmospheric chemistry research for 25 years, in: Anthropocene 12, 2015, 17–28.

Menely, Tobias/Taylor, Jesse O. (Hrsg.), Anthropocene Reading. Literary History in Geologic Times, University Park. Pennsylvania 2017.

Meuser, Michael/Nagel, Ulrike, Das Experteninterview. Konzeptionelle Grundlagen und methodische Anlage, in: Susanne Pickel u. a. (Hrsg.), Methoden der vergleichenden Politik- und Sozialwissenschaft. Neue Entwicklungen und Anwendungen. Wiesbaden 2009, 465–479.

–, Experteninterview und der Wandel in der Wissensproduktion, in: Alexander Bogner, Beate Littig, Wolfgang Menz (Hrsg.), Experteninterviews. Theorien, Methoden, Anwendungsfelder. Wiesbaden ³2009, 35–60.

Meybeck, Michel, Global analysis of river systems. From Earth system controls to Anthropocene syndromes, in: Philosophical Transactions of the Royal Society of London. Series B, Biological Sciences 358, 2003, H. 1440, 1935–1955.

Meyen, S. V., The concepts of »naturalness« and »synchroneity« in stratigraphy, in: International Geology Review 18, 2009, H. 1, 80–88.

Meyer, Robinson, Geology's Timekeepers are Feuding, in: The Atlantic, 20.07.2018.

Miller, Richard W., Deep Responsibility for the Deep Future, in: Theological Studies 77, 2016, H. 2, 436–465.

Mitchell, Logan u. a., Constraints on the Late Holocene Anthropogenic Contribution to the Atmospheric Methane Budget, in: Science 342, 2013, H. 6161, 964–966.

Mittelstraß, Jürgen, Geist, Natur und die Liebe zum Dualismus – Wider den Mythos von zwei Kulturen, in: Helmut Bachmaier, Ernst Peter Fischer (Hrsg.), Glanz und Elend der zwei Kulturen. Über die Verträglichkeit der Natur- und Geisteswissenschaften. Konstanz 1991, 9–28.

–, Auf dem Wege zur Transdisziplinarität, in: GAIA 1, 1992, H. 5, 250.

–, Evidenz, in: ders. (Hrsg.), Enzyklopädie Philosophie und Wissenschaftstheorie. Bd. 1: A–G. Stuttgart, Weimar 1995, 609–610.

Molina, Mario J./Rowland, Frank S., Stratospheric sink for chlorofluoromethanes: chlorine atomc-atalysed destruction of ozone, in: Nature 249, 1974, 810–812.

Möllers, Nina, Cur(at)ing the Planet – How to Exhibit the Anthropocene and Why, in: RCC Perspectives: Transformations in Environment and Society, 2013, H. 3, 57–66.

–, Ist das Anthropozän museumsreif? Eine Bilanz der Ausstellung im Deutschen Museum, in: aviso – Zeitschrift für Wissenschaft und Kunst in Bayern, 2016, H. 3, 24–29.

–/ Keogh, Luke/Trischler, Helmuth, A new machine in the garden? Staging technospheres in the Anthropocene, in: Maria Paula Diogo u. a. (Hrsg.), Gardens and Human Agency in the Anthropocene. Abingdon, New York 2019, 161–179.

Montoya, José M./Donohue, Ian/Pimm, Stuart L., Planetary Boundaries for Biodiversity. Implausible Science, Pernicious Policies, in: Trends in Ecology & Evolution 33, 2018, H. 2, 71–73.

Moore, Berrien u. a., The Amsterdam Declaration on Global Change, in: Will Steffen u. a. (Hrsg.), Challenges of a Changing Earth. Proceedings of the Global Change Open Science Conference. Amsterdam, The Netherlands, 10–13 July 2001. Berlin u. a. 2002, 207–208.

Moore, Jason W., Anthropocene or Capitalocene? 13.05.2013 (URL: https://jasonwmoore. wordpress.com/2013/05/13/anthropocene-or-capitalocene/; zuletzt aufgerufen am 29.07.2019).

–, Anthropocene or Capitalocene? Part II. 16.05.2013 (URL: https://jasonwmoore.wordpress. com/2013/05/16/anthropocene-or-capitalocene-part-ii/; zuletzt aufgerufen am 29.07.2019).

–, Anthropocene or Capitalocene? Part III. 19.05.2013 (URL: https://jasonwmoore.wordpress. com/2013/05/19/anthropocene-or-capitalocene-part-iii/; zuletzt aufgerufen am 29.07.2019).

–, Capitalism in the Web of Life. Ecology and the Accumulation of Capital. London, New York 2015.

– (Hrsg.), Anthropocene or Capitalocene? Nature, History, and the Crisis of Capitalism. Oakland, CA 2016.

–, Introduction. Anthropocene or Capitalocene? Nature, History, and the Crisis of Capitalism, in: ders. (Hrsg.), Anthropocene or Capitalocene? Nature, History, and the Crisis of Capitalism. Oakland, CA 2016, 1–11.

–, The Rise of Cheap Nature, in: ders. (Hrsg.), Anthropocene or Capitalocene? Nature, History, and the Crisis of Capitalism. Oakland, CA 2016, 78–115.

–, The Capitalocene Part II. Accumulation by appropriation and the centrality of unpaid work/energy, in: The Journal of Peasant Studies 45, 2018, H. 2, 237–279.

Moravec, Hans P., The Future of Robot and Human Intelligence. Cambridge, MA 1988.

–, Robot. Mere Machine to Transcendent Mind. New York 1999.

Morrell, Jack, Genesis and geochronology: the case of John Phillips (1800–1874), in: Cherry Lewis (Hrsg.), The Age of the Earth. From 4004 BC to AD 2002. London 2001, 85–90.

Morton, Timothy, The Ecological Thought. Cambridge, MA 2012.

–, Hyperobjects. Philosophy and Ecology after the End of the World. Minneapolis. London 2013.

–, How I Learned to Stop Worrying and Love the Term Anthropocene, in: Cambridge Journal of Postcolonial Literary Inquiry 1, 2014, H. 2, 257–264.

–, Anna L. Tsing's »The Mushroom at the End of the World: On the Possibility of Life in Capitalist Ruins«. 12.08.2015 (URL: http://somatosphere.net/2015/anna-lowenhaupt-tsings-the-mushroom-at-the-end-of-the-world-on-the-possibility-of-life-in-capitalist-ruins.html/; zuletzt aufgerufen am 29.08.2019).

Murphy, Michael A./Salvador, Amos, International Stratigraphic Guide – An abridged version, in: Episodes 22, 1999, H. 4, 255–272.

Musch, Tilman/Badi, Dida, Multiple African anthropocenes: universal concepts, local manifestations, Edinburgh 14.06.2019 (ECAS 2019 Africa: Connections and Disruptions).

Museum Art Architecture Technology, Eco-Visionaries: Art and Architecture after the Anthropocene, Lissabon 11.04.–08.10.2018 (URL: https://www.maat.pt/en/exhibitions/eco-visionaries-art-and-architecture-after-anthropocene; zuletzt aufgerufen am 09.09.2019).

Museum Folkwang, Thomas Struth Nature & Politics, Essen 04.03.–29.05.2016 (URL: https://www.museum-folkwang.de/de/aktuelles/ausstellungen/archiv/thomas-struth.html; zuletzt aufgerufen am 09.09.2019).

Mychajliw, A. M./Kemp, M. E./Hadly, Elizabeth A., Using the Anthropocene as a teaching, communication and community engagement opportunity, in: The Anthropocene Review 2, 2015, H. 3, 267–278.

Nakicenovic, Nebojsa, The Coronavirus Crisis as an Opportunity for an Innovative Future, in: Future Earth Blog, 14.07.2020.

NASA, Global Mean CO2 Mixing Ratios (ppm): Observations (URL: https://data.giss.nasa.gov/modelforce/ghgases/Fig1A.ext.txt; zuletzt aufgerufen am 15.05.2019).

NASA Advisory Council, Earth System Science. Overview. A Program for Global Change. Washington, D. C. 1986.

–, Earth System Science. A Closer View. Washington, D. C. 1988.

NASA. Earth Observatory, The Keeling Curve. 25.06.2005 (URL: https://earthobservatory.nasa.gov/images/5620/the-keeling-curve; zuletzt aufgerufen am 26.11.2019).

NASA. Jet Propulsion Laboratory. California Institute of Technology, Explorer 1 (URL: https://explorer1.jpl.nasa.gov/; zuletzt aufgerufen am 26.11.2019).

National Assembly, Legislative and Oversight Committee, Constitution of the Republic of Ecuador. 20.10.2008.

National Taiwan University, Research Center for Future Earth, 2019 Conference on Pan-Pacific Anthropocene (ConPPA), Taipeh 14.–16.05.2019 (National Taiwan University, Research Center for Future Earth).

Naveh, Zev, Landscape ecology as an emerging branch of human ecosystem science, in: A. Macfadyen, E. D. Ford (Hrsg.), Advances in Ecological Research. Volume 12. London u. a. 1982, 189–237.

Nayeri, Kamran, ›Capitalism in the Web of Life‹ – A Critique. 19.07.2016 (URL: https://climateandcapitalism.com/2016/07/19/capitalism-in-the-web-of-life-a-critique/; zuletzt aufgerufen am 17.08.2020).

Neidhardt, Friedhelm u. a. (Hrsg.), Wissensproduktion und Wissenstransfer. Wissen im Spannungsfeld von Wissenschaft, Politik und Öffentlichkeit. Bielefeld 2008.

Newell, Norman D., Problems of Geochronology, in: Proceedings of the Academy of Natural Sciences of Philadelphia 118, 1966, 63–89.

Neyrat, Frédéric, The Unconstructable Earth. An Ecology of Separation. New York 2018.

Nichols Goodeve, Thyrza, Donna Haraway with Thyrza Nichols Goodeve, in: The Brooklyn Rail. Critical Perspectives on Arts, Politics, and Culture, Dezember 2017–Januar 2018.

Nickelsen, Kärin, Kooperation und Konkurrenz in den Naturwissenschaften, in: Ralph Jessen (Hrsg.), Konkurrenz in der Geschichte. Praktiken – Werte – Institutionalisierungen. Frankfurt a. M., New York 2014, 353–379.

Nickelsen, Kärin/Krämer, Fabian, Introduction: Cooperation and Competition in the Sciences, in: NTM 24, 2016, H. 2, 119–123.

Niefanger, Dirk, Historismus, in: Gert Ueding (Hrsg.), Historisches Wörterbuch der Rhetorik. Eup-Hör. Bd. 3. Tübingen 1996, 1410–1420.

Nikolow, Sybilla/Schirrmacher, Arne, Das Verhältnis von Wissenschaft und Öffentlichkeit als Beziehungsgeschichte. Historiographische und systematische Perspektiven, in: dies. (Hrsg.), Wissenschaft und Öffentlichkeit als Ressourcen füreinander. Studien zur Wissenschaftsgeschichte im 20. Jahrhundert. Frankfurt a. M. 2007, 11–36.

–/ Wessely, Christina, Öffentlichkeit als epistemologische und politische Ressource für die Genese umstrittener Wissenschaftskonzepte, in: Sybilla Nikolow, Arne Schirrmacher

(Hrsg.), Wissenschaft und Öffentlichkeit als Ressourcen füreinander. Studien zur Wissenschaftsgeschichte im 20. Jahrhundert. Frankfurt a.M. 2007, 273–285.

Nisbet, Hugh B., Herder and the Philosophy and History of Science. Cambridge 1970.

Noe-Nygaard, Arne, The Twenty-First International Geological Congress, in: Nature 188, 1960, H. 4754, 901–902.

Nordhaus, Ted/Shellenberger, Michael, Break Through. From the Death of Environmentalism to the Politics of Possibility. New York 2007.

Nowotny, Helga, Eigenzeit. Entstehung und Strukturierung eines Zeitgefühls. Frankfurt a.M. 1990.

Obertreis, Julia (Hrsg.), Oral History. Stuttgart 2012 (= Basistexte Geschichte, Bd. 8).

O'Callaghan-Gordo, Cristina/Antó, Josep M., COVID-19: The disease of the anthropocene, in: Environmental Research 187, 2020, Art. 109683.

Oexle, Otto G., Geschichtswissenschaft im Zeichen des Historismus. Studien zu Problemgeschichten der Moderne. Göttingen 1996 (= Kritische Studien zur Geschichtswissenschaft, Bd. 116).

Ogg, James G., Introduction to concepts and proposed standardization of the term Quaternary, in: Episodes 27, 2004, H. 2, 125–126.

–/ Pillans, Brad, Establishing Quaternary as a formal international Period/System, in: Episodes 31, 2008, H. 2, 230–233.

O'Hara, Kieran D., A Brief History of Geology. Cambridge, MA 2018.

Oldfield, Frank A., A personal review of the book reviews, in: The Anthropocene Review 5, 2018, H. 1, 97–101.

Oldham, P. u.a., Mapping the landscape of climate engineering, in: Philosophical Transactions of the Royal Society. Series A, Mathematical, Physical & Engineering Sciences 372, 2014, H. 2031, 1–20.

Oldroyd, David R., History of Geology from 1780 to 1835, in: Richard C. Selley, L.R.M. Cocks, I.R. Plimer (Hrsg.), Encyclopedia of Geology. Bd. 3. Amsterdam, Boston 2005, 173–179.

–, History of Geology from 1835 to 1900, in: Richard C. Selley, L.R.M. Cocks, I.R. Plimer (Hrsg.), Encyclopedia of Geology. Bd. 3. Amsterdam, Boston 2005, 179–185.

–, Die Biographie der Erde. Zur Wissenschaftsgeschichte der Geologie. Frankfurt a.M. [2]2007.

Oliveira, Luiz A., Museum of Tomorrow, Rio de Janeiro 2015.

OperaVision, ANTHROPOCENE MacRae/Welsh – Scottish Opera. Youtube Juni 2019 (URL: https://www.youtube.com/watch?v=jvMV9I_uEzE&lc=UgybGfTeG1Qsej8Ebhd4AaABAg; zuletzt aufgerufen am 09.09.2019).

Oppermann, Serpil/Iovino, Serenella (Hrsg.), Environmental Humanities. Voices from the Anthropocene. London, New York 2017.

Oren, Peter, Anthropocene. 2017 (URL: https://peteroren.bandcamp.com/album/anthropocene; zuletzt aufgerufen am 11.09.2019).

Oreskes, Naomi/Conway, Erik M., Merchants of Doubt. How a Handful of Scientists Obscured the Truth on Issues from Tobacco Smoke to Global Warming. London 2012.

Osborne, Hannah, We Eat so Much Chicken That We've Altered Earth's Biosphere, in: News Week, 11.12.2018.

Otter, Chris u.a., Roundtable. The Anthropocene in British History, in: Journal of British Studies 57, 2018, H. 3, 568–596.

Overpeck, Jonathan T. u.a., Paleoclimatic Evidence for Future Ice-Sheet Instability and Rapid Sea-Level Rise, in: Science 311, 2006, H. 5768, 1747–1750.

Pádua, José Augusto, Brazil in the History of the Anthropocene, in: Liz-Rejane Issberner, Philippe Lena (Hrsg.), Brazil in the Anthropocene: Conflicts between Predatory Development and Environmental Policies. London 2017, 19–40.

Paglia, Eric, Not a proper crisis, in: The Anthropocene Review 2, 2015, H. 3, 247–261.

Pak, Michael S., Beyond the North-South Debate. The Global Significance of Sustainable

Development in Debates in South Korea, in: Problemy Ekorozwoju – Problems of Sustainable Development 10, 2015, H. 2, 79–86.

Palsson, Gisli u. a., Reconceptualizing the ›Anthropos‹ in the Anthropocene. Integrating the social sciences and humanities in global environmental change research, in: Environmental Science & Policy 28, 2013, 3–13.

Pappas, Stephanie, Future Humans May Call Us the ›Chicken People,‹ and Here's Why, in: Live Science, 12.12.2018.

Papst Franziskus, Laudato Si. Die Umwelt-Enzyklika des Papstes. Freiburg 2015.

–, Amazonien. Neue Wege für die Kirche für eine ganzheitliche Ökologie. Schlussdokument, hrsg. v. Deutsche Bischofskonferenz. Vatikan 2020.

Parenti, Christian, Environment-Making in the Capitalocene. Political Ecology of the State, in: Jason W. Moore (Hrsg.), Anthropocene or Capitalocene? Nature, History, and the Crisis of Capitalism. Oakland, CA 2016, 166–184.

Pascale, Francesco de/Roger, Jean-Claude, Coronavirus: An Anthropocene's hybrid? The need for a geoethic perspective for the future of the Earth, in: AIMS Geosciences 6, 2020, H. 1, 131–134.

Pasini, Antonello/Mastrojeni, Grammenos/Tubiello, Francesco N., Climate actions in a changing world, in: The Anthropocene Review 5, 2018, H. 3, 237–241.

Pattberg, Philipp/Davies-Venn, Michael, Dating the Anthropocene, in: Gabriele Dürbeck, Philip Hüpkes (Hrsg.), The Anthropocenic Turn. The Interplay between Disciplinary and Interdisciplinary Responses to a New Age. London, New York 2020, 70–90.

Patterson, C./Tilton, G./Inghram, M., Age of the Earth, in: Science 121, 1955, H. 3134, 69–75.

Peters, Joris u. a., Holocene cultural history of Red jungle fowl (Gallus gallus) and its domestic descendant in East Asia, in: Quaternary Science Reviews 142, 2016, 102–119.

Petsch, Steve, Welcome to the new Meghalayan age – here's how it fits with the rest of Earth's geologic history, in: The Conversation, 11.09.2018.

Pfister, Christian, Das 1950er Syndrom. Die Epochenschwelle der Mensch-Umwelt-Beziehung zwischen Industriegesellschaft und Konsumgesellschaft, in: GAIA – Ecological Perspectives for Science and Society 3, 1994, H. 2, 71–90.

–, Energiepreis und Umweltbelastung. Zum Stand der Diskussion über das 1950er Syndrom, in: Wolfram Siemann, Nils Freytag (Hrsg.), Umweltgeschichte. Themen und Perspektiven. München 2003, 61–86.

–, The »1950s Syndrome« and the Transition from a Slow-Going to a Rapid Loss of Global Sustainability, in: Frank Uekötter (Hrsg.), The Turning Points of Environmental History. Pittsburgh 2010, 90–118.

–/ Ogi, Adolf (Hrsg.), Das 1950er Syndrom. Der Weg in die Konsumgesellschaft. Bern u. a. 1995.

Philip, Kavita, Doing Interdisciplinary Asian Studies in the Age of the Anthropocene, in: The Journal of Asian Studies 73, 2014, H. 4, 975–987.

Phillips, John, Figures and Descriptions of the Palaeozoic Fossils of Cornwall, Devon, and West Somerset. Observed in the Course of the Ordnance Geological Survey of that district. London 1841.

–, Life on the Earth: Its Origin and Succession. Cambridge 1860.

Pickering, Andrew, The Mangle of Practice. Time, Agency, and Science. Chicago 1995.

–, Practice and posthumanism. Social theory and a history of agency, in: Karin Knorr-Cetina, Theodore R. Schatzki, Eike von Savigny (Hrsg.), The Practice Turn in Contemporary Theory. London 2001, 163–174.

Pielke, Roger A., The Honest Broker. Making Sense of Science in Policy and Politics. Cambridge [10]2014.

Pillans, Brad, Proposal to redefine the Quaternary, in: Episodes 27, 2004, H. 2, 127.

Pilny, Karl, Asia 2030. Was der globalen Wirtschaft blüht. Frankfurt a. M. 2018.

Pinter, Nicholas u. a., The Younger Dryas impact hypothesis: A requiem, in: Earth-Science Reviews 106, 2011, H. 3–4, 247–264.

PlasticsEurope Association of Plastics Manufacturers, Plastics – the Facts 2011. An analysis of European plastics production, demand and recovery for 2010. 2011 (URL: https://www.plasticseurope.org/en/resources/publications/115-plastics-facts-2011; zuletzt aufgerufen am 27.05.2019).

–, Plastics – the Facts 2013. An analysis of European latest plastics production, demand and waste data. 2013, (URL: https://www.plasticseurope.org/en/resources/publications/103-plastics-facts-2013; zuletzt aufgerufen am 27.05.2019).

Playfair, John, Biographical Account of James Hutton, M. D. F. R.S. Ed. Cambridge 1797.

Pross, Wolfgang, Die Begründung der Geschichte aus der Natur: Herders Konzept von »Gesetzen« in der Geschichte, in: Hans E. Bödeker, Peter H. Reill, Jürgen Schlumbohm (Hrsg.), Wissenschaft als kulturelle Praxis. 1750–1900. Göttingen 1999, 187–225.

Przyborski, Aglaja/Wohlrab-Sahr, Monika, Qualitative Sozialforschung. Ein Arbeitsbuch. München ⁴2014.

Pulvertaft, T. Christoph R., »Paleocene« or »Palaeocene«, in: Bulletin of the Geological Society of Denmark 46, 1999, 52.

Radkau, Joachim, Die Ära der Ökologie. München 2011.

Rapp, Friedrich, Analytical Philosophy of Technology. Dordrecht 1981 (= Boston Studies in the Philosophy of Science, Bd. 63).

Rasplus, Julie, Préparez-vous à entrer dans l'anthropocène, une nouvelle ère géologique, in: Le Monde, 29.08.2016.

Rat der EU, EU action to restrict plastic pollution: Council agrees its position. 31.10.2018 (URL: https://www.consilium.europa.eu/de/press/press-releases/2018/10/31/eu-acts-to-restrict-plastic-pollution-council-agrees-its-stance/; zuletzt aufgerufen am 03.06.2019).

Raworth, Kate, Must the Anthropocene be a Manthropocene?, in: The Guardian, 20.10.2014.

Reed, Christina, Plastic Age: How it's reshaping rocks, oceans and life, in: New Scientist, 28.01.2015.

Reill, Peter H., Aufklärung und Historismus: Bruch oder Kontinuität?, in: Otto G. Oexle, Jörn Rüsen (Hrsg.), Historismus in den Kulturwissenschaften. Geschichtskonzepte, historische Einschätzungen, Grundlagenprobleme; [Konferenz vom 24. bis zum 27. November 1993 im Kulturwissenschaftlichen Institut im Wissenschaftszentrum Nordrhein-Westfalen in Essen]. Köln 1996, 45–68.

Remane, Jürgen/Bassett, Michael G./Cowie, John W./Gohrbrandt, Klaus H./Lane, Richard/Michelsen, Olaf/Naiwen, Wang, Revised guidelines for the establishment of global chronostratigraphic standards by the International Commission on Stratigraphy (ICS), in: Episodes 19, 1996, 77–81.

Renn, Jürgen (Hrsg.), The Globalization of Knowledge in History. Based on the 97ᵗʰ Dahlem Workshop. Berlin 2012.

–, From the History of Science to the History of Knowledge – and Back, in: Centaurus 57, 2015, H. 1, 37–53.

–, The Evolution of Knowledge: Rethinking Science in the Anthropocene, in: HoST – Journal of History of Science and Technology 12, 2018, H. 1, 1–22.

–, The Evolution of Knowledge. Rethinking Science for the Anthropocene. Princeton, Oxford 2020.

–, Wissen im Anthropozän. Jahrbuch Max-Planck-Institut für Wissenschaftsgeschichte 2013/2014. Berlin 2014.

República de Colombia. Corte Suprema de Justicia, STC 4360–2018.05.04.2018.

Rescher, Nicholas, Ignorance. On the Wider Implications of Deficient Knowledge. Pittsburgh 2009.

Revkin, Andrew C., Global Warming. Understanding the Forecast. New York 1992.

–, Does the Anthropocene, the Age of Humans, Deserve a Golden Spike?, in: New York Times Blog, 16.10.2014.

–, Scientists Focused on Geoengineering Challenge the Inevitability of Multi-Millennial Global Warming, in: Medium, 02.09.2016.

–, Can Humans Go from Unintended Global Warming to Climate By Design?, in: New York Times Blog, 18.10.2016.

Riccardi, Alberto, Formal ratification letter of base Quaternary and Pleistocene at 2.6 ma. 30.06.2009 (URL: http://quaternary.stratigraphy.org/wp-content/uploads/2018/07/IUGS-ratification-letter-1.doc; zuletzt aufgerufen am 22.02.2019).

Richtlinie (EU) 2015/720 des Europäischen Parlaments und des Rates vom 29. April 2015 zur Änderung der Richtlinie 94/ 62/ EG betreffend die Verringerung des Verbrauchs von leichten Kunststofftragetaschen, in: Official Journal of the European Union L 115, 2015, 11–15.

Roberts, J. Timmons/Parks, Bradley C., A Climate of Injustice. Global Inequality, North-South Politics, and Climate Policy. Cambridge, MA 2007.

Robin, Libby, A Future Beyond Numbers, in: Nina Möllers, Christian Schwägerl, Helmuth Trischler (Hrsg.), Welcome to the Anthropocene. The Earth in Our Hands. München 2015, 19–24.

–/ Steffen, Will, History for the Anthropocene, in: History Compass 5, 2007, H. 5, 1694–1719.

–/ Warde, Paul/Sörlin, Sverker (Hrsg.), The Future of Nature. Documents of Global Change. New Haven 2013.

Rockström, Johan/Richardson, Katherine/Steffen, Will, A fundamental misrepresentation of the Planetary Boundaries framework – Stockholm Resilience Centre (URL: https://www.stockholmresilience.org/research/research-news/2017-11-20-a-fundamental-misrepresentation-of-the-planetary-boundaries-framework.html; zuletzt aufgerufen am 21.11.2019).

– u. a., Planetary Boundaries: Separating Fact from Fiction. A response to Montoya et al., in: Trends in Ecology & Evolution 33, 2018, H. 4, 233–234.

– u. a., Planetary Boundaries: Exploring the Safe Operating Space for Humanity, in: Ecology and Society 14, 2009, H. 2, Art. 32.

Röda Sten Konsthall, 2016 Thematic: The Anthropocene, Göteborg 01.01.–13.11.2016 (URL: http://rodastenkonsthall.se/index.php/rs_events/view/anthropocene; zuletzt aufgerufen am 09.09.2019).

Roelvink, Gerda, Rethinking Species-Being in the Anthropocene, in: Rethinking Marxism 25, 2013, H. 1, 52–69.

Rojas, David, Climate Politics in the Anthropocene and Environmentalism Beyond Nature and Culture in Brazilian Amazonia, in: Political and Legal Anthropology Review 39, 2016, H. 1, 16–32.

Roosevelt, A. C., The Amazon and the Anthropocene. 13,000 years of human influence in a tropical rainforest, in: Anthropocene 4, 2013, 69–87.

Rorty, Richard, Der Spiegel der Natur. Eine Kritik der Philosophie. Übers. v. Michael Gebauer. Frankfurt a. M. 1987.

Rose, Neil L., Spheroidal carbonaceous fly ash particles provide a globally synchronous stratigraphic marker for the Anthropocene, in: Environmental Science & Technology 49, 2015, H. 7, 4155–4162.

–/ Galuszka, Agnieszka, Novel Materials as Particulates, in: Jan A. Zalasiewicz u. a. (Hrsg.), The Anthropocene as a Geological Time Unit. A Guide to the Scientific Evidence and Current Debate. Cambridge 2019, 51–58.

Rosol, Christoph/Nelson, Sara/Renn, Jürgen, Introduction. In the machine room of the Anthropocene, in: The Anthropocene Review 4, 2017, H. 1, 2–8.

Rousseau, Denise M. (Hrsg.), The Oxford Handbook of Evidence-Based Management. Oxford 2012.

Ruccio, David F., Anthropocene – or how the world was remade by capitalism (URL: https://anticap.wordpress.com/2011/03/04/anthropocene%E2%80%94or-how-the-world-was-remade-by-capitalism/; zuletzt aufgerufen am 01.08.2019).

Ruddiman, William F., The Anthropogenic Greenhouse Era Began Thousands of Years Ago, in: Climatic Change 61, 2003, H. 3, 261–293.

–, The Anthropocene, in: Annual Review of Earth and Planetary Sciences 41, 2013, H. 1, 45–68.

–, Geographic evidence of the early anthropogenic hypothesis, in: Anthropocene 20, 2017, 4–14.

–, Three flaws in defining a formal ›Anthropocene‹, in: Progress in Physical Geography: Earth and Environment 42, 2018, H. 4, 451–461.

–, Reply to Anthropocene Working Group responses, in: Progress in Physical Geography: Earth and Environment 110, 2019, H. 10, 1–7.

– u. a., Holocene carbon emissions as a result of anthropogenic land cover change, in: The Holocene 21, 2011, H. 5, 775–791.

–/ Ellis, Erle C., Effect of per-capita land use changes on Holocene forest clearance and CO_2 emissions, in: Quaternary Science Reviews 28, 2009, 3011–3015.

– u. a., Does pre-industrial warming double the anthropogenic total?, in: The Anthropocene Review 1, 2014, H. 2, 147–153.

Rudwick, Martin J., The Great Devonian Controversy. The Shaping of Scientific Knowledge Among Gentlemanly Specialists. Chicago 1985.

Rull, Valentí, The ›Anthropocene‹. A requiem for the Geologic Time Scale?, in: Quaternary Geochronology 36, 2016, 76–77.

–, The »Anthropocene«. Neglects, misconceptions, and possible futures: The term »Anthropocene« is often erroneously used, as it is not formally defined yet, in: EMBO reports 18, 2017, H. 7, 1056–1060.

–, What If the ›Anthropocene‹ Is Not Formalized as a New Geological Series/Epoch?, in: Quaternary 1, 2018, H. 3, Art. 24.

Sá, Luís Carlos de u. a., Studies of the effects of microplastics on aquatic organisms. What do we know and where should we focus our efforts in the future?, in: The Science of the Total Environment 645, 2018, 1029–1039.

Salvador, Amos, International Stratigraphic Guide. A Guide to Stratigraphic Classification, Terminology, and Procedure. Trondheim, Boulder [2]1994.

Samida, Stefanie/Feuchter, Jörg, Why Archaeologists, Historians and Geneticists Should Work Together – and How, in: Medieval Worlds 4, 2016, 5–21.

Sarewitz, Daniel R./Pielke, Roger A./Byerly, Radford (Hrsg.), Prediction. Science, Decision Making, and the Future of Nature. Washington, D. C. 2000.

Sattler, Friederike/Mattes, Monika/Schuhmann, Annette, Das Ende der Zuversicht? Die Strukturkrisen der 1970er Jahre als zeithistorische Zäsur (URL: https://www.hsozkult.de/conferencereport/id/tagungsberichte-1699; zuletzt aufgerufen am 03.09.2020).

Savi, Melina P., The Anthropocene (and) (in) the Humanities. Possibilities for Literary Studies, in: Revista Estudos Feministas 25, 2017, H. 2, 945–959.

Scharping, Nathaniel, Scientists Propose a New Marker for the Anthropocene: Chickens, in: Science for the Curious Discover, 11.12.2018.

Schellnhuber, Hans J., ›Earth system‹ analysis and the second Copernican revolution, in: Nature 402, 1999, C19-C23.

–, Seuche im Anthropozän. Was uns die Krisen lehrten, in: Frankfurter Allgemeine Zeitung, 16.04.2020.

Scherer, Bernd, Leben im Anthropozän. Die Pandemie ist kein Überfall von Außerirdischen, in: Frankfurter Allgemeine Zeitung, 03.05.2020.

Schimel, David u. a., Analysis, Integration and Modeling of the Earth System (AIMES).

Advancing the post-disciplinary understanding of coupled human-environment dynamics in the Anthropocene, in: Anthropocene 12, 2015, 99–106.

Schmidt, Jeremy J./Brown, Peter G./Orr, Christopher J., Ethics in the Anthropocene. A research agenda, in: The Anthropocene Review 3, 2016, H. 3, 188–200.

Schmidt-Bachern, Heinz, Tüten, Beutel, Tragetaschen. Zur Geschichte der Papier, Pappe und Folien verarbeitenden Industrie in Deutschland. Münster u. a. 2001.

Schmieder, Falko, Gleichzeitigkeit des Ungleichzeitigen, in: Zeitschrift für kritische Sozialtheorie und Philosophie 4, 2017, H. 1–2, 325–363.

Schneidewind, Uwe, Transformative Wissenschaft – Motor für gute Wissenschaft und lebendige Demokratie, in: GAIA 24, 2015, H. 2, 88–91.

Schönberger, Rolf, Evidenz und Erkenntnis. Zu mittelalterlichen Diskussionen um das erste Prinzip, in: Görres-Gesellschaft (Hrsg.), Philosophisches Jahrbuch. Bd. 102. Freiburg 1995, 4–19.

Schucher, Günter (Hrsg.), Asien zwischen Ökonomie und Ökologie. Wirtschaftswunder ohne Grenzen? Hamburg 1998 (= Mitteilungen des Instituts für Asienkunde Hamburg, Bd. 295).

Schulz, David, Die Natur der Geschichte. Die Entdeckung der geologischen Tiefenzeit und die Geschichtskonzeptionen zwischen Aufklärung und Moderne. Boston 2020 (= Ordnungssysteme, Bd. 56).

Schwägerl, Christian, Menschenzeit. Zerstören oder gestalten? Die entscheidende Epoche unseres Planeten. München 2010.

–, A concept with a past, in: Nina Möllers, Christian Schwägerl, Helmuth Trischler (Hrsg.), Welcome to the Anthropocene. The Earth in Our Hands. München 2015, 128–129.

–, Das Gegenteil von Rechtspopulismus ist Denken in den Dimensionen des Anthropozäns. In hysterischen Zeiten kann die Idee den Blick auf das Wesentliche richten, in: AnthropoScene, 25.08.2018.

Scott, James C., Seeing Like a State. How Certain Schemes to Improve the Human Condition Have Failed. New Haven 1998.

Seitzinger, Sybil P. u. a., International Geosphere-Biosphere Programme and Earth system science. Three decades of co-evolution, in: Anthropocene 12, 2015, 3–16.

Shahul Hamid, Fauziah u. a., Worldwide distribution and abundance of microplastic: How dire is the situation?, in: Waste Management & Research 36, 2018, H. 10, 873–897.

Shellenberger, Michael/Nordhaus, Ted, The Death of Environmentalism. Global Warming-Politics in a Post-Environmental World, in: Geopolitics, History, and International Relations 1, 2009, H. 1, 121–163.

Sideris, Lisa, Anthropocene Convergences. A Report from the Field, in: Robert Emmett, Thomas Lekan (Hrsg.), Whose Anthropocene? Revisiting Dipesh Chakrabarty's »Four Theses«. München 2016, 89–96.

Sieferle, Rolf P., Der unterirdische Wald. Energiekrise und Industrielle Revolution. München 1982.

–, Epochenwechsel. Die Deutschen an der Schwelle zum 21. Jahrhundert. Berlin 1994.

Siemann, Wolfram/Freytag, Nils (Hrsg.), Umweltgeschichte. Themen und Perspektiven. München 2003 (= Beck'sche Reihe, Bd. 1519).

Skrandies, Timo/Dümler, Romina (Hrsg.), Kunst im Anthropozän. Köln 2019.

Smil, Vaclav, It's Too Soon to Call This the Anthropocene Era, in: IEEE Spectrum 52, 2015, H. 6, 28.

Smith, Bruce D./Zeder, Melinda A., The onset of the Anthropocene, in: Anthropocene 4, 2013, 8–13.

Snow, Charles P., Die zwei Kulturen. Literarische und naturwissenschaftliche Intelligenz. Stuttgart 1967.

Sørensen, Henning, The 21st International Geological Congress, Norden 1960, in: Episodes 30, 2007, H. 2, 125–130.

Soriano, Carles, On theoretical approaches to the Anthropocene challenge, in: The Anthropocene Review 5, 2018, H. 2, 214–218.

Soriano, Carles, The Anthropocene and the production and reproduction of capital, in: The Anthropocene Review 5, 2018, H. 2, 202–213.

Sörlin, Sverker, Humanities of transformation. From crisis and critique towards the emerging integrative humanities, in: Research Evaluation 14, 2018, H. 1, 287–297.

–, Reform and responsibility – the climate of history in times of transformation, in: Historisk tidsskrift 97, 2018, H. 1, 7–23.

–/ Wynn, Graeme, Fire and Ice in the Academy. The rise of the integrative humanities, in: Literary Review of Canada 24, 2016, H. 6, 14–15.

Spindler, Edmund A., The History of Sustainability. The Origins and Effects of a Popular Concept, in: Ian Jenkins, Roland Schröder (Hrsg.), Sustainability in Tourism. A Multidisciplinary Approach. Wiesbaden 2013, 9–31.

Star, Susan L./Griesemer, James R., Institutional Ecology, ›Translations‹ and Boundary Objects: Amateurs and Professionals in Berkeley's Museum of Vertebrate Zoology, 1907–39, in: Social Studies of Science 19, 1989, H. 3, 387–420.

State of Nature in India, Mumbai 23–25.08.2018 (Goethe Institut Max Mueller Bhavan).

Steffen, Will, Current and Projected Trends, in: Jan A. Zalasiewicz u. a. (Hrsg.), The Anthropocene as a Geological Time Unit. A Guide to the Scientific Evidence and Current Debate. Cambridge 2019, 260–266.

–, Mid-20th-Century ›Great Acceleration‹, in: Jan A. Zalasiewicz u. a. (Hrsg.), The Anthropocene as a Geological Time Unit. A Guide to the Scientific Evidence and Current Debate. Cambridge 2019, 254–260.

– u. a., The trajectory of the Anthropocene. The Great Acceleration, in: The Anthropocene Review 2, 2015, H. 1, 81–98.

–/ Crutzen, Paul J./McNeill, John R., The Anthropocene: Are Humans Now Overwhelming the Great Forces of Nature?, in: Ambio 36, 2007, H. 8, 614–621.

– u. a., The Anthropocene. Conceptual and historical perspectives, in: Philosophical Transactions of the Royal Society. Series A, Mathematical, Physical & Engineering Sciences 369, 2011, H. 1938, 842–867.

– u. a., Stratigraphic and Earth System approaches to defining the Anthropocene, in: Earth's Future 4, 2016, H. 8, 324–345.

– u. a., The Anthropocene. From Global Change to Planetary Stewardship, in: Ambio 40, 2011, H. 7, 739–761.

– u. a., Planetary boundaries. Guiding human development on a changing planet, in: Science 347, 2015, H. 6223, S. 736 (1259855-1-10).

– u. a. (Hrsg.), Global Change and the Earth System: A Planet Under Pressure. Berlin, Heidelberg 2004.

Stegbauer, Christian/Häussling, Roger (Hrsg.), Handbuch Netzwerkforschung. Wiesbaden 2010 (= Netzwerkforschung, Bd. 4).

Stegmüller, Wolfgang, Metaphysik, Skepsis, Wissenschaft. Berlin u. a. ²1969.

Steiner, Sherrie M., Moral Pressure for Responsible Globalization. Religious Diplomacy in the Age of the Anthropocene. Boston 2018 (= International Studies in Religion and Society, Bd. 30).

Stensen, Niels, De solido intra solidum naturaliter contento dissertationis prodromus. Lugduni Batavorum 1679.

Stichweh, Rudolf, Zur Entstehung des modernen Systems wissenschaftlicher Disziplinen. Physik in Deutschland, 1740–1890. Frankfurt a. M. 1984.

–, Wissenschaft, Universität, Professionen. Soziologische Analysen. Bielefeld 2013.

Stocker, B. D./Strassmann, K./Joos, F., Sensitivity of Holocene atmospheric CO_2 and the modern carbon budget to early human land use. Analyses with a process-based model, in: Biogeosciences 8, 2011, H. 1, 69–88.

Stockholm Resilience Centre, Sustainability Science for Biosphere Stewardship, Planetary Boundaries Research. 19.09.2012 (URL: https://www.stockholmresilience.org/research/planetary-boundaries.html; zuletzt aufgerufen am 04.11.2019).

Stocking, George W., Observers Observed. Essays on Ethnographic Fieldwork. Madison 1983 (= History of Anthropology, Bd. 1).

Stoker, Gerry/Evans, Mark (Hrsg.), Evidence-Based Policy Making in the Social Sciences. Methods That Matter. Bristol, Chicago 2016.

Strohschneider, Peter, Zur Politik der Transformativen Wissenschaft, in: André Brodocz, Dietrich Herrmann, Rainer Schmidt u. a. (Hrsg.), Die Verfassung des Politischen. Festschrift für Hans Vorländer. Wiesbaden 2014, 175–192.

Struth, Thomas, Nature & Politics. London 2016.

Stuart, Anthony J., Late Quaternary megafaunal extinctions on the continents. A short review, in: Geological Journal 50, 2015, H. 3, 338–363.

Subcommision on Neogene Stratigraphy (URL: http://www.sns.unipr.it/; zuletzt aufgerufen am 04.11.2019).

Subcommission on Quaternary Stratigraphy, ICS formal vote on the base of the Quaternary and redefinition of Pleistocene 2009 (URL: http://quaternary.stratigraphy.org/definitions/ics-vote/; zuletzt aufgerufen am 04.11.2019).

–, Working Group on the ›Anthropocene‹ (URL: http://quaternary.stratigraphy.org/working-groups/anthropocene/; zuletzt aufgerufen am 11.11.2019).

Süddeutsche Zeitung, Anthropozän, München 2018 (URL: https://www.sueddeutsche.de/thema/Anthropoz%C3%A4n; zuletzt aufgerufen am 11.12.2019).

Suni, T. u. a., The significance of land-atmosphere interactions in the Earth system – iLEAPS achievements and perspectives, in: Anthropocene 12, 2015, 69–84.

Surovell, Todd A. u.a, An independent evaluation of the Younger Dryas extraterrestrial impact hypothesis, in: Proceedings of the National Academy of Sciences of the United States of America 106, 2009, H. 43, 18155–18158.

Syvitski, James P. M./Seitzinger, Sybil P. (Hrsg.), IGBP and Earth-System Science. Stockholm 2015 (= Global Change, Bd. 84).

Syvitski, James P. M. u. a., Impact of Humans on the Flux of Terrestrial Sediment to the Global Coastal Ocean, in: Science 308, 2005, 376–380.

Szeman, Imre/Boyer, Dominic (Hrsg.), Energy Humanities. An Anthology. Baltimore 2017.

Szerszynski, Bronislaw, Gods of the Anthropocene. Geo-Spiritual Formations in the Earth's New Epoch, in: Theory, Culture and Society 34, 2017, H. 2–3, 253–275.

–, Viewing the technosphere in an interplanetary light, in: The Anthropocene Review 4, 2017, H. 2, 92–102.

Taffel, Sy, Technofossils of the Anthropocene: Media, Geology, and Plastics, in: Cultural Politics 12, 2016, H. 3, 355–375.

Thackray, John C., The Murchinson-Sedgwick Controversy, in: Journal of the Geological Society 132, 1976, 367–372.

The International Subcommission on Paleogene Stratigraphy, International Subcommission on Paleogene Stratigraphy (URL: http://www.paleogene.org/; zuletzt aufgerufen am 04.11.2019).

The Long Now Foundation, The 10,000 Year Clock (URL: http://longnow.org/clock/; zuletzt aufgerufen am 12.06.2019).

The Royal Institution, The Anthropocene – with Jan Zalasiewicz and Christian Schwägerl. Youtube 29.04.2015 (URL: https://www.youtube.com/watch?v=xP9P2i5jx-4; zuletzt aufgerufen am 13.11.2019).

Thibault-Picazo, Yesenia, Craft in the Anthropocene. A Future Geology (URL: https://vimeo.com/68612912; zuletzt aufgerufen am 23.07.2019).

Thomas, Chris D. u. a., Extinction risk from climate change, in: Nature 427, 2004, H. 6970, 145–148.

Thomas, Julia A., History and Biology in the Anthropocene: Problems of Scale, Problems of Value, in: American Historical Review 119, 2014, H. 5, 1587–1607.

–, Economic Development in the Anthropocene. Perspectives on Asia and Africa, Genf 26.–27. September 2014 (Graduate Institute of International & Development Studies).

–, The Present Climate of Economics and History, in: Gareth Austin (Hrsg.), Economic Development and Environmental History in the Anthropocene. Perspectives on Asia and Africa. London 2017, 291–312.

–, Why Do Only Some Places Have History? Japan, the West, and the Geography of the Past, in: Journal of World History 28, 2017, H. 2, 187–218.

–, The Historians' Task in the Age of the Anthropocene: Finding Hope in Japan? Berlin 12.10.2017, (Anthropocene Lecture Series).

– u. a., JAS Round Table on Amitav Ghosh, The Great Derangement: Climate Change and the Unthinkable, in: The Journal of Asian Studies 75, 2016, H. 4, 929–955.

–/ Zalasiewicz, Jan A./Williams, Mark W., The Anthropocene. A Multidisciplinary Approach. Cambridge 2020.

Thompson Klein, Julie (Hrsg.), Transdisciplinarity: Joint Problem Solving Among Science, Technology, and Society. An Effective Way for Managing Complexity. Basel 2001.

Thomson, Giles/Newman, Peter, Cities and the Anthropocene: Urban governance for the new era of regenerative cities, in: Urban Studies 7, 2018, H. 1, 1–18.

Thornber, Karen L., Literature, Asia, and the Anthropocene: Possibilities for Asian Studies and the Environmental Humanities, in: The Journal of Asian Studies 73, 2014, H. 4, 989–1000.

Thornton, T. F./Malhi, Yadvinder, The Trickster in the Anthropocene, in: The Anthropocene Review 3, 2016, H. 3, 201–204.

Tobey, Ronald C., Saving the Prairies. The Life Cycle of the Founding School of American Plant Ecology, 1895–1955. Berkeley 1981.

Toivanen, T. u. a., The many Anthropocenes: A transdisciplinary challenge for the Anthropocene research, in: The Anthropocene Review 4, 2017, H. 3, 183–198.

Töpfer, Klaus, Nachhaltigkeit im Anthropozän, in: Nova Acta Leopoldina 117, 2013, H. 398, 31–40.

–, Das Anthropozän – Konsequenzen für die parlamentarische Demokratie? Klaus Töpfer in Augsburg, Augsburg Sommersemester 2019 (Internationale Gastdozentur am Jakob-Fugger-Zentrum).

Trexler, Adam, Anthropocene Fictions. The Novel in a Time of Climate Change. Charlottesville 2015.

Triplett, Laura D. u. a., The potential for multiple signatures of invasive species in the geologic record, in: Anthropocene 5, 2014, 59–64.

Trischler, Helmuth, The Anthropocene from the Perspective of History of Technology, in: Nina Möllers, Christian Schwägerl, Helmuth Trischler (Hrsg.), Welcome to the Anthropocene. The Earth in Our Hands. München 2015, 25–29.

–, The Anthropocene. A Challenge for the History of Science, Technology, and the Environment, in: NTM 24, 2016, H. 3, 309–335.

–/ Will, Fabienne, Technosphere, Technocene, and the History of Technology, in: ICON 23, 2017, 1–17.

–/ Will, Fabienne, Die Provokation des Anthropozäns, in: Martina Heßler, Heike Weber (Hrsg.), Provokationen der Technikgeschichte. Zum Reflexionszwang historischer Forschung. Paderborn 2019, 69–105.

Tsing, Anna L., The Mushroom at the End of the World. On the Possibility of Life in Capitalist Ruins. Princeton, Oxford 2015.

–, Berlin 27.03.2018 (Anthropocene Lecture Series).

Turney, Chris S. M. u. a., Global Peak in Atmospheric Radiocarbon Provides a Potential De-finition for the Onset of the Anthropocene Epoch in 1965, in: Scientific Reports 8, 2018, H. 3293, 1–10.

Tyrrell, Toby, On Gaia. A Critical Investigation of the Relationship Between Life and Earth, Princeton. Oxford 2013.

Uekötter, Frank, Umweltbewegung zwischen dem Ende der nationalsozialistischen Herrschaft und der »ökologischen Wende«: Ein Literaturbericht, in: Historische Sozialforschung 28, 2003, H. 1–2, 270–289.

–, Von der Rauchplage zur ökologischen Revolution. Eine Geschichte der Luftverschmutzung in Deutschland und den USA 1880–1970. Essen 2003 (= Veröffentlichungen des Instituts für Soziale Bewegungen. Schriftenreihe A: Darstellungen, Bd. 26).

UKERC, Global Oil Depletion. An assessment of the evidence for a near-term peak in global oil production. s.l. 2009 (URL: https://web.archive.org/web/20130308022818/http://www.ukerc.ac.uk/support/Global+Oil+Depletion; zuletzt aufgerufen am 16.10.2019).

UNFCCC, Übereinkommen von Paris (URL: https://www.bmu.de/fileadmin/Daten_BMU/Download_PDF/Klimaschutz/paris_abkommen_bf.pdf; zuletzt aufgerufen am 06.08.2019).

United Nations, Report of the World Commission on Environment and Development. Our Common Future. s.l. 1987 (URL: http://www.un-documents.net/our-common-future.pdf; zuletzt aufgerufen am 06.01.2020).

–, United Nations Framework Convention on Climate Change. 1992.

–, Kyoto Protocol to the United Nations Framework Convention on Climate Change. 1998.

University of Michigan, Asia and the Anthropocene, Ann Arbor 23.–27.08.2018 (University of Michigan).

Vai, Gian B., The Second International Geological Congress. Bologna, 1881 (URL: http://iugs.org/uploads/images/PDF/2nd%20IGC.pdf; zuletzt aufgerufen am 30.08.2018).

–, Giovanni Capellini and the origin of the International Geological Congress, in: Episodes 25, 2002, H. 4, 248–254.

van Couvering, John u. a., The base of the Zanclean Stage and of the Pliocene Series, in: Epi-sodes 23, 2000, H. 3, 179–187.

van der Kaars, Sander u. a., Humans rather than climate the primary cause of Pleistocene megafaunal extinction in Australia, in: Nature Communications 8, 2017, Art. 14142.

van der Pluijm, Ben, The Meghalayan? 2018 (URL: https://vdpluijm.blogspot.com/2018/07/why-meghalayan.html; zuletzt aufgerufen am 17.12.2019).

–, WTF is the # Meghalayan. Ever thinner (and ever more meaningless) slices for the #geologictimescale. What's next for this silliness? The Kennedyan, the Lennonian, the Mandelian, each with type locality and golden spike? # geology @theIUGS @geosociety [Twitter-Account Ben van der Pluijm]. 18.07.2018, 16:19 h (URL: https://twitter.com/vdpluijm/status/1019587404343148544; zuletzt aufgerufen am 04.11.2019).

van Dijck, José/Poell, Thomas, Understanding Social Media Logic, in: Media and Commu-nication 1, 2013, H. 1, 2–14.

Vanden Eynde, Maarten, Technofossils. 2015 (URL: http://www.maartenvandeneynde.com/?rd_project=technofossils&lang=en; zuletzt aufgerufen am 28.05.2019).

Verburg, Peter H. u. a., Land system science and sustainable development of the earth system. A global land project perspective, in: Anthropocene 12, 2015, 29–41.

Vetter, Jeremy, Introduction, in: ders. (Hrsg.), Knowing Global Environments. New Historical Perspectives on the Field Sciences. Piscataway 2011, 1–16.

Vidas, Davor, The Anthropocene and the international law of the sea, in: Philosophical Trans-actions of the Royal Society. Series A, Mathematical, Physical & Engineering Sciences 369, 2011, H. 1938, 909–925.

–, Sea-Level Rise and International Law, in: Climate Law 4, 2014, H. 1–2, 70–84.

–, Oceans in the Anthropocene – and Rules for the Holocene, in: Nina Möllers, Christian

Schwägerl, Helmuth Trischler (Hrsg.), Welcome to the Anthropocene. The Earth in Our Hands. München 2015, 56–59.

–, The Earth in the Anthropocene – and the World in the Holocene?, in: ESIL Reflections 4, 2015, H. 6.

– u.a., International law for the Anthropocene? Shifting perspectives in regulation of the oceans, environment and genetic resources, in: Anthropocene 9, 2015, 1–13.

Vince, Gaia, An Epoch Debate, in: Science 334, 2011, H. 6052, 32–37.

Visconti, Guido, Anthropocene. Another academic invention?, in: Rendiconti Lincei 25, 2014, H. 3, 381–392.

Vogt, Markus, Prinzip Nachhaltigkeit. Ein Entwurf aus theologisch-ethischer Perspektive. München 2009 (= Hochschulschriften zur Nachhaltigkeit, Bd. 39).

–, Eine neue Qualität von Verantwortung, in: aviso – Zeitschrift für Wissenschaft und Kunst in Bayern, 2016, H. 3, 14–19.

–, Humanökologie – Neuinterpretation eines Paradigmas mit Seitenblick auf die Umweltenzyklika Laudato si', in: Wolfgang Haber, Martin Held, Markus Vogt (Hrsg.), Die Welt im Anthropozän. Erkundungen im Spannungsfeld zwischen Ökologie und Humanität. München 2016, 93–104.

–, Human Ecology as a Key Discipline of Environmental Ethics in the Anthropocene, in: Celia Deane-Drummond, Sigurd Bergmann, Markus Vogt (Hrsg.), Religion in the Anthropocene. Eugene 2017, 235–252.

–, Ethik des Wissens. Freiheit und Verantwortung der Wissenschaft in Zeiten des Klimawandels. München 2019.

Vowinckel, Gerhard, Verwandtschaft und was die Kultur daraus macht, in: Wulf Schiefenhövel u.a. (Hrsg.), Zwischen Natur und Kultur. Der Mensch in seinen Beziehungen. Beiträge aus dem Funkkolleg »Der Mensch – Anthropologie heute«. Stuttgart 1994, 32–42.

Wagreich, Michael/Draganits, Erich, Early mining and smelting lead anomalies in geological archives as potential stratigraphic markers for the base of an early Anthropocene, in: The Anthropocene Review 5, 2018, H. 2, 177–201.

– u.a., Pre-Industrial Revolution Start Dates for the Anthropocene, in: Jan A. Zalasiewicz u.a. (Hrsg.), The Anthropocene as a Geological Time Unit. A Guide to the Scientific Evidence and Current Debate. Cambridge 2019, 246–250.

Walker, Mike/Gibbard, Philip L./Lowe, John, Comment on »When did the Anthropocene begin? A mid-twentieth century boundary level is stratigraphically optimal« by Jan Zalasiewicz et al. (2015), *Quaternary International*, 282, 196–203, in: Quaternary International 383, 2015, 204–207.

– u.a., Formal ratification of the subdivision of the Holocene Series/Epoch (Quaternary System/Period). Two new Global Boundary Stratotype Sections and Points (GSSPs) and three new stages/subseries, in: Episodes 41, 2018, H. 4, 213–223.

– u.a., Formal definition and dating of the GSSP (Global Stratotype Section and Point) for the base of the Holocene using the Greenland NGRIP ice core, and selected auxiliary records, in: Journal of Quaternary Science 24, 2009, H. 1, 3–17.

– u.a., The Global Stratotype Section and Point (GSSP) for the base of the Holocene Series/Epoch (Quaternary System/Period) in the NGRIP ice core, in: Episodes 31, 2008, H. 2, 264–267.

Wallerstein, Immanuel M., The Modern World-System I. Capitalist Agriculture and the Origins of the European World-Economy in the Sixteenth Century. New York 1974.

–, The Modern World-System II. Mercantilism and the Consolidation of the European World-Economy 1600–1750. New York 1980.

–, The Modern World-System III. The Second Era of Great Expansion of the Captialist World-Economy, 1730–1840s. San Diego 1989.

–, The Modern World-System IV. Centrist Liberalism Triumphant, 1789/1914. Berkeley 2011.

Walliss, Jillian, Exhibiting Environmental History: The Challenge of Representing Nation, in: Environment and History 18, 2012, H. 3, 423–445.

Walter, Henrik, Contributions of Neuroscience to the Free Will Debate: From random movement to intelligible action, in: Robert Kane (Hrsg.), The Oxford Handbook of Free Will. Second Edition. New York 2011, 515–529.

Warde, Paul/Robin, Libby/Sörlin, Sverker, Stratigraphy for the Renaissance: Questions of expertise for ›the environment‹ and ›the Anthropocene‹, in: The Anthropocene Review 4, 2017, H. 3, 246–258.

Warmer, Jesse G., Anthropocene. 2018 (URL: https://genius.com/albums/Warmer/Anthropocene; zuletzt aufgerufen am 11.09.2019).

Waters, Colin N., Potential GSSP/GSSA Levels, in: Jan A. Zalasiewicz u. a. (Hrsg.), The Anthropocene as a Geological Time Unit. A Guide to the Scientific Evidence and Current Debate. Cambridge 2019, 269–285.

–, Progress in the investigation for a potential Global Boundary Stratotype Section and Point (GSSP) for the Anthropocene Series, Mailand 04.07.2019 (3rd International Congress on Stratigraphy – Strati 2019. Unversità degli Studi di Milano, 02.–05.07.2019).

– u. a., How to date natural archives of the Anthropocene, in: Geology Today 34, 2018, H. 5, 182–187.

– u. a., Artificial Radionuclide Fallout Signals, in: Jan A. Zalasiewicz u. a. (Hrsg.), The Anthropocene as a Geological Time Unit. A Guide to the Scientific Evidence and Current Debate. Cambridge 2019, 192–199.

– u. a., Can nuclear weapons fallout mark the beginning of the Anthropocene Epoch?, in: Bulletin of the Atomic Scientists 71, 2015, H. 3, 46–57.

–/ Zalasiewicz, Jan A., Newsletter of the Anthropocene Working Group. Volume 6: Report of activities 2014–15. s.l. 2015 (URL: http://quaternary.stratigraphy.org/wp-content/uploads/2018/08/Anthropocene-Working-Group-Newsletter-Vol-6-release.pdf; zuletzt aufgerufen am 08.10.2018).

–/ Zalasiewicz, Jan A., Newsletter of the Anthropocene Working Group. Volume 7: Report of activities 2016–17. s.l. 2017 (URL: http://quaternary.stratigraphy.org/wp-content/uploads/2018/08/Anthropocene-Working-Group-Newsletter-Vol-7-release.pdf; zuletzt aufgerufen am 08.10.2018).

–/ Zalasiewicz, Jan A., Concrete: The Most Abundant Novel Rock Type of the Anthropocene, in: Dominick A. DellaSala, Michael I. Goldstein (Hrsg.), Geologic History and Energy. San Diego 2018, 75–85.

–/ Zalasiewicz, Jan A./Damianos, Alex, Newsletter of the Anthropocene Working Group. Volume 8: Report of activities 2018. s.l. 2018 (URL: http://quaternary.stratigraphy.org/wp-content/uploads/2018/12/Anthropocene-Working-Group-Newsletter-Vol-8.pdf; zuletzt aufgerufen am 20.02.2019).

–/ Zalasiewicz, Jan A./Head, Martin J., Hierarchy of the Anthropocene, in: Jan A. Zalasiewicz u. a. (Hrsg.), The Anthropocene as a Geological Time Unit. A Guide to the Scientific Evidence and Current Debate. Cambridge 2019, 266–268.

– u. a., Global Boundary Stratotype Section and Point (GSSP) for the Anthropocene Series. Where and how to look for potential candidates. 2019 (URL: https://research.birmingham.ac.uk/portal/files/47311817/Waters_et_al_Global_boundary_stratotype_Eart_Science_Reviews_2017.pdf; zuletzt aufgerufen am 14.10.2019).

– u. a., A Stratigraphical Basis for the Anthropocene?, in: dies. (Hrsg.), A Stratigraphical Basis for the Anthropocene? London 2014, 1–23.

–/ Zhisheng, An, Black Carbon and Primary Organic Carbon from Combustion, in: Jan A. Zalasiewicz u. a. (Hrsg.), The Anthropocene as a Geological Time Unit. A Guide to the Scientific Evidence and Current Debate. Cambridge 2019, 58–60.

Watson, Judith u. a., Disentangling Capital's Web, in: Capitalism Nature Socialism 27, 2016, H. 2, 103–121.

Weber, Max, Wissenschaft als Beruf. München ⁶1975.

Weigand, Gabriele/Hess, Remi (Hrsg.), Teilnehmende Beobachtung in interkulturellen Situationen. Frankfurt a. M. 2007 (= Europäische Bibliothek interkultureller Studien, Bd. 13).

Weik von Mossner, Alexa, Imagining Geological Agency: Storytelling in the Anthropocene, in: Robert Emmett, Thomas Lekan (Hrsg.), Whose Anthropocene? Revisiting Dipesh Chakrabarty's »Four Theses«. München 2016, 83–88.

Weiland, Sabine, Evidenzbasierte Politik zwischen Eindeutigkeit und Reflexivität, in: Technikfolgenabschätzung – Theorie und Praxis 22, 2013, H. 3, 9–15.

Weingart, Peter, Die Wissenschaft der Öffentlichkeit. Essays zum Verhältnis von Wissenschaft, Medien und Öffentlichkeit. Weilerswist ²2006.

–, Die Stunde der Wahrheit? Zum Verhältnis der Wissenschaft zu Politik, Wirtschaft und Medien in der Wissensgesellschaft. Weilerswist ³2011.

Weisman, Alan, The World Without Us. New York 2008.

Weiss, Philipp, Am Weltenrand sitzen die Menschen und lachen. Roman. Berlin 2018.

Wengenroth, Ulrich, Technik der Moderne – Ein Vorschlag zu ihrem Verständnis. Version 1.0. München 2015 (URL: https://www.fggt.edu.tum.de/fileadmin/tueds01/www/Wengenroth-offen/TdM-gesamt-1.0.pdf; zuletzt aufgerufen am 05.06.2019).

Wenninger, Andreas u. a., Ein- und Ausschließen: Evidenzpraktiken in der Anthropozändebatte und der Citizen Science, in: Karin Zachmann, Sarah Ehlers (Hrsg.), Wissen und Begründen. Evidenz als umkämpfte Ressource in der Wissensgesellschaft. Baden-Baden 2019, 31–58.

Wiedeburg, Johann Ernst Basilius, Neue Muthmasungen über die SonnenFlecken Kometen und die erste Geschichte der Erde. Gotha 1776.

Wierling, Dorothee, Oral History, in: Michael Maurer (Hrsg.), Aufriß der historischen Wissenschaften. Neue Themen und Methoden der Geschichtswissenschaft. Stuttgart 2003, 81–151.

Wiersing, Erhard, Geschichte des historischen Denkens. Zugleich eine Einführung in die Theorie der Geschichte. Paderborn 2007.

Wilke, Sabine/Johnstone, Japhet (Hrsg.), Readings in the Anthropocene. The Environmental Humanities, German Studies, and Beyond. New York 2017 (= New Directions in German Studies, Bd. 19).

Wilkinson, Bruce, Humans as geologic agents: A deep-time perspective, in: Geology 33, 2005, H. 3, 161–164.

Wilkinson, Ian u. a., Microbiotic signatures of the Anthropocene in marginal marine and freshwater palaeoenvironments, in: Colin N. Waters u. a. (Hrsg.), A Stratigraphical Basis for the Anthropocene? London 2014, 185–219.

Will, Fabienne, Negotiating and Communicating Evidence: Lessons from the Anthropocene Debate. 26.01.2018, in: German Historical Institute Washington (Hrsg.), History of Knowledge. Research, Resources, and Perspectives. Washington, D. C. (URL: https://historyofknowledge.net/2018/01/26/negotiating-and-communicating-evidence-anthropocene-debate/; zuletzt aufgerufen am 11.09.2018).

Williams, Mark W./Kerr, Andrew C./Ramankutty, Navin, Earth System Science and Education for the Anthropocene I Posters. Section Global Environmental Change, Abstracts GC11A-0662-GC11A-0675. 2008 (URL: http://abstractsearch.agu.org/meetings/2008/FM/GC11A.html; zuletzt aufgerufen am 15.04.2019).

– u. a., The Anthropocene biosphere, in: The Anthropocene Review 2, 2015, H. 3, 196–219.

– u. a., Is the fossil record of complex animal behaviour a stratigraphical analogue for the Anthropocene?, in: Colin N. Waters u. a. (Hrsg.), A Stratigraphical Basis for the Anthropocene? London 2014, 143–148.

– u. a., Fossils as Markers of Geological Boundaries, in: Jan A. Zalasiewicz u. a. (Hrsg.), The Anthropocene as a Geological Time Unit. A Guide to the Scientific Evidence and Current Debate. Cambridge 2019, 110–115.

– u. a., The Biostratigraphic Signal of the Neobiota, in: Jan A. Zalasiewicz u. a. (Hrsg.), The Anthropocene as a Geological Time Unit. A Guide to the Scientific Evidence and Current Debate. Cambridge 2019, 119–127.

– u. a. (Hrsg.), The Anthropocene: a new epoch of geological time? London 2011 (= Philosophical Transactions of the Royal Society. Series A, Mathematical, Physical & Engineering Sciences, Jg. 369, H. 1938).

– u. a., The Anthropocene. A conspicuous stratigraphical signal of anthropogenic changes in production and consumption across the biosphere, in: Earth's Future 4, 2016, H. 3, 34–53.

– u. a., The palaeontological record of the Anthropocene, in: Geology Today 34, 2018, H. 5, 188–193.

Windeler, Arnold, Unternehmungsnetzwerke. Konstitution und Strukturation. Wiesbaden 2001.

Winner, Langdon, Autonomous Technology: Technics-out-of-Control as a Theme in Political Thought. Cambridge 1977.

Winter, Jonathan M. u. a., Representing water scarcity in future agricultural assessments, in: Anthropocene 18, 2017, 15–26.

Wissenschaftlicher Beirat der Bundesregierung Globale Umweltveränderungen (WBGU) (Hrsg.), Welt im Wandel. Neue Strukturen globaler Umweltpolitik. Berlin u. a. 2001.

Wittkau-Horgby, Annette, Historismus. Zur Geschichte des Begriffs und des Problems. Göttingen 1992.

Wolfe, Alexander P. u. a., Stratigraphic expressions of the Holocene-Anthropocene transition revealed in sediments from remote lakes, in: Earth-Science Reviews 116, 2013, 17–34.

Wolff, Eric W., Ice Sheets and the Anthropocene, in: Colin N. Waters u. a. (Hrsg.), A Stratigraphical Basis for the Anthropocene? London 2014, 255–263.

Wong, Sam, When humans are wiped from Earth, the chicken bones will remain, in: New Scientist, 12.12.2018.

Woodburne, Michael O. (Hrsg.), Late Cretaceous and Cenozoic Mammals of North America. Biostratigraphy and Geochronology. New York 2004.

Worboys, Michael, The Emergence of Tropical Medicine: A Study in the Establishment of a Scientific Speciality, in: Gérard Lemaine (Hrsg.), Perspectives on the Emergence of Scientific Disciplines. Den Haag 1976, 75–98.

Worland, Justin, The Anthropocene Should Bring Awe – and Act As a Warning, in: Time, 12.09.2016.

World Climate Research Programme, WCRP (URL: https://www.wcrp-climate.org/; zuletzt aufgerufen am 04.11.2019).

Worm, Boris u. a., Plastic as a Persistent Marine Pollutant, in: Annual Review of Environment and Resources 42, 2017, H. 1, 1–26.

Yates, Joshua J., Abundance on Trial: The Cultural Significance of »Sustainability«, in: The Hedgehog Review 14, 2012, H. 2, 8–25.

Yazdani, Saeid/Dola, Kamariah, Sustainable City Priorities in Global North Versus Global South, in: Journal of Sustainable Development 6, 2013, H. 7, 38–47.

Yoldas, Pinar, Ecosystems of Excess, 2014 (URL: https://pinaryoldas.info/WORK/Ecosystem-of-Excess-2014; zuletzt aufgerufen am 03.06.2019).

Yu, Chen Lei, 科学家宣布地质纪元进入》人类世«, in: China Daily, 14.09.2016.

Yusoff, Kathryn, A Billion Black Anthropocenes or None. Minneapolis 2018.

Zachmann, Karin, Practicing Evidence – Evidencing Practice. DFG Forschergruppe 2448. Evidenzpraktiken in Wissenschaft, Medizin, Technik und Gesellschaft. Förderphase I 2017–2020 (URL: http://www.evidenzpraktiken-dfg.tum.de/; zuletzt aufgerufen am 21.11.2019).

Zachmann, Karin/Ehlers, Sarah (Hrsg.), Wissen und Begründen. Evidenz als umkämpfte Ressource in der Wissensgesellschaft. Baden-Baden 2019.

Zalasiewicz, Jan A. u. a., Petrifying Earth Process: The Stratigraphic Imprint of Key Earth System Parameters in the Anthropocene, in: Theory, Culture & Society 34, 2017, H. 2–3, 83–104.

–/ Williams, Mark, Skeletons. The Frame of Life. Oxford 2018.

–, Anthropocene Working Group of the Subcommission on Quaternary Stratigraphy (International Commission on Stratigraphy). Newsletter 1, December 2009. s. l. 2009 (URL:http:// quaternary.stratigraphy.org/wp-content/uploads/2018/08/Anthropocene-Working-Group-Newsletter-No1-2009.pdf; zuletzt aufgerufen am 18.12.2019).

–/ Crutzen, Paul J./Steffen, Will, The Anthropocene, in: Felix M. Gradstein (Hrsg.), The geologic time scale 2012. Volume 2. Amsterdam, Boston 2012, 1033–1040.

–/ Freedman, Kim, The Earth after us. What legacy will humans leave in the rocks? Oxford 2008.

–/ Haywood, Alan/Ellis, Erle C., Earth System Science and Education for the Anthropocene II. Section Global Environmental Change, Abstracts GC22B-01-GC22B-05, San Francisco 2008 (URL: https://abstractsearch.agu.org/meetings/2008/FM/GC22B.html; zuletzt aufgerufen am 15.04.2019).

–/ Kryza, Ryszard/Williams, Mark W., The mineral signature of the Anthropocene in its deep-time context, in: Colin N. Waters u. a. (Hrsg.), A Stratigraphical Basis for the Anthropocene? London 2014, 109–117.

– u. a., Stratigraphy and the Geological Time Scale, in: Jan A. Zalasiewicz u. a. (Hrsg.), The Anthropocene as a Geological Time Unit. A Guide to the Scientific Evidence and Current Debate. Cambridge 2019, 11–31.

–/ Waters, Colin N., Anthropocene Working Group. Report of activities 2011. s. l. 2012 (URL: http://quaternary.stratigraphy.org/wp-content/uploads/2018/08/Anthropocene-Working-Group-Newsletter-3A.pdf; zuletzt aufgerufen am 16.04.2019).

–/ Waters, Colin N., Newsletter of the Anthropocene Working Group. Volume 4. Report of activities 2012. s. l. 2013 (URL: http://quaternary.stratigraphy.org/wp-content/uploads/2018/12/Anthropocene-Working-Group-Newsletter-Vol-8.pdf; zuletzt aufgerufen am 17.04.2019).

–/ Waters, Colin N., Newsletter of the Anthropocene Working Group. Volume 5. Report of activities 2013–14. s. l. 2014 (URL: http://quaternary.stratigraphy.org/wp-content/uploads/2018/08/Anthropocene-Working-Group-Newsletter-Vol-5.pdf; zuletzt aufgerufen am 16.04.2019).

–/ Waters, Colin N., Anthropocene – Oxford Research Encyclopedia of Environmental Science. New York, Oxford 2015.

– u. a., Colonization of the Americas, ›Little Ice Age‹ climate, and bomb-produced carbon. Their role in defining the Anthropocene, in: The Anthropocene Review 2, 2015, H. 2, 117–127.

– u. a., A formal Anthropocene is compatible with but distinct from its diachronous anthropogenic counterparts: a response to W. F. Ruddiman's »three-flaws in defining a formal Anthropocene«, in: Progress in Physical Geography 43, 2019, H. 3, 319–333.

– u. a., The geological cycle of plastics and their use as a stratigraphic indicator of the Anthropocene, in: Anthropocene 13, 2016, 4–17.

– u. a., The Anthropocene, in: Geology Today 34, 2018, H. 5, 177–181.

– u. a., The Working Group on the Anthropocene. Summary of evidence and interim recommendations, in: Anthropocene 19, 2017, 55–60.

– u. a., Technofossil Stratigraphy, in: Jan A. Zalasiewicz u. a. (Hrsg.), The Anthropocene as a Geological Time Unit. A Guide to the Scientific Evidence and Current Debate. Cambridge 2019, 144–147.

- u. a., When did the Anthropocene begin? A mid-twentieth century boundary level is stratigraphically optimal, in: Quaternary International 383, 2015, 196–203.
- u. a. (Hrsg.), The Anthropocene as a Geological Time Unit. A Guide to the Scientific Evidence and Current Debate. Cambridge 2019.
- u. a., Making the case for a formal Anthropocene Epoch. An analysis of ongoing critiques, in: Newsletters on Stratigraphy 50, 2017, H. 2, 205–226.
- u. a., Stratigraphy of the Anthropocene. Fall Meeting Supplement, Abstract GC11A-0664, in: EOS Transactions 89, 2008, H. 53.
-/ Williams, Mark W., Anthropocene Working Group. Report of activities 2010. s.l. 2010 (URL: http://quaternary.stratigraphy.org/wp-content/uploads/2018/08/Anthropocene-Working-Group-Newsletter-3A.pdf; zuletzt aufgerufen am 16.04.2019).
-/ Williams, Mark W., The Anthropocene. A comparison with the Ordovician-Silurian boundary, in: Rendiconti Lincei 25, 2014, H. 1, 5–12.
- u. a., Stratigraphy of the Anthropocene, in: Philosophical Transactions of the Royal Society 369, 2011, H. 1938, 1036–1055.
- u. a., The Anthropocene. A new epoch of geological time?, in: Philosophical Transactions of the Royal Society. Series A, Mathematical, Physical & Engineering Sciences 369, 2011, H. 1938, 835–841.
- u. a., Are we now living in the Anthropocene?, in: GSA Today 18, 2008, H. 2, 4–8.
- u. a., Response to »The Anthropocene forces us to reconsider adaptationist models of human-environment interactions«, in: Environmental Science & Technology 44, 2010, H. 16, 6008.
- u. a., The new world of the Anthropocene, in: Environmental Science & Technology 44, 2010, H. 7, 2228–2231.
- u. a., The technofossil record of humans, in: The Anthropocene Review 1, 2014, H. 1, 34–43.
- u. a., Scale and diversity of the physical technosphere. A geological perspective, in: The Anthropocene Review 4, 2017, H. 1, 9–22.
- on behalf of Mark Williams, Neobiota signals for biostratigraphy, Mainz 06.09.2018, (AWG Meeting. MPI for Chemistry, 06.09.–07.09.2018).
Zenke, Martin/Marx-Stölting, Lilian/Schickl, Hannah (Hrsg.), Stammzellforschung. Aktuelle wissenschaftliche und gesellschaftliche Entwicklungen. Baden-Baden 2018.
Zlatkin-Troitschanskaia, Olga, EviS. Evidenzbasiertes Handeln im schulischen Mehrebenensystem – Bedingungen, Prozesse und Wirkungen (EviS II) (URL: https://www.blogs.uni-mainz.de/evis/; zuletzt aufgerufen am 20.11.2019).
Zuidhof, M. J. u. a., Growth, efficiency, and yield of commercial broilers from 1957, 1978, and 2005, in: Poultry Science 93, 2014, H. 12, 2970–2982.
Zwierlein, Cornel, Imperial Unknowns. The French and British in the Mediterranean, 1650–1750. Cambridge 2016.
- (Hrsg.), The Dark Side of Knowledge. Histories of Ignorance, 1400 to 1800. Leiden, Boston 2016 (= Intersections, Bd. 46).

Register

Personenregister

(enthält auch Institutionen/Körperschaften/Zeitschriften, die im Buch als Akteure behandelt werden)

Ortsregister

Sachregister